中国职业技术教育学会科研项目优秀成果

The Excellent Achievements in Scientific Research Project of The Chinese Society Vocational and Technical Education

高等职业教育模具设计与制造专业“双证课程”培养方案规划教材

冲压工艺编制与模具设计制造

高等职业技术教育研究会 审定
杨占尧 主编

The Process Planning and Die Design and Manufacture for Punching

人民邮电出版社
北京

图书在版编目（CIP）数据

冲压工艺编制与模具设计制造 / 杨占尧主编. -- 北京 : 人民邮电出版社, 2010.4（2021.1重印）
中国职业技术教育学会科研项目优秀成果. 高等职业教育模具设计与制造专业“双证课程”培养方案规划教材
ISBN 978-7-115-22064-6

Ⅰ. ①冲… Ⅱ. ①杨… Ⅲ. ①冲压－工艺－高等学校：技术学校－教材②冲模－设计－高等学校：技术学校－教材③冲模－制模工艺－高等学校：技术学校－教材
Ⅳ. ①TG38

中国版本图书馆CIP数据核字(2010)第011468号

内 容 提 要

本书以培养学生对冲压成形工艺的制订与模具设计制造能力为核心，按照模具设计与制造的整个工作过程，以几套典型模具为载体，综合训练学生的应用能力。

本书内容以模具设计与制造技术为主线，设置了 9 个综合性训练项目，分别是冲压加工基础、冲裁工艺与模具设计、弯曲工艺与模具设计、拉深工艺及模具设计、其他冲压工艺与模具设计、多工位级进模具设计、冲压设备的选用与操作、冲压模具制造与装配和冲压模具课程设计。每个项目最后都配有实训与练习，引导学生将所学知识与企业实际零距离对接。

本书可作为高等职业院校、五年制高职、高等专科院校、成人高校、民办高校及本科院校举办的二级职业技术学院模具及相关专业的教材，也可作为从事模具设计与制造的工程技术人员的参考书。

中国职业技术教育学会科研项目优秀成果
高等职业教育模具设计与制造专业“双证课程”培养方案规划教材

冲压工艺编制与模具设计制造

◆ 审　　定　高等职业技术教育研究会
　主　　编　杨占尧
　责任编辑　李育民
◆ 人民邮电出版社出版发行　　北京市丰台区成寿寺路11号
　邮编　100164　　电子函件　315@ptpress.com.cn
　网址　http://www.ptpress.com.cn
　北京天宇星印刷厂印刷
◆ 开本：787×1092　1/16
　印张：18.75　　　2010 年 4 月第 1 版
　字数：465 千字　　2021 年 1 月北京第 10 次印刷

ISBN 978-7-115-22064-6

定价：32.00 元

读者服务热线：(010)81055256　印装质量热线：(010)81055316
反盗版热线：(010)81055315

职业教育与职业资格证书推进策略与“双证课程”的研究与实践课题组

组　长：

俞克新

副组长：

李维利　张宝忠　许　远　潘春燕

成　员：

林　平　周　虹　钟　健　赵　宇　李秀忠　冯建东　散晓燕　安宗权
黄军辉　赵　波　邓晓阳　牛宝林　吴新佳　韩志国　周明虎　顾　晔
吴晓苏　赵慧君　潘新文　李育民

课题鉴定专家：

李怀康　邓泽民　吕景泉　陈　敏　于洪文

高等职业教育模具设计与制造专业“双证课程”
培养方案规划教材编委会

丛书出版前言

职业教育是现代国民教育体系的重要组成部分，在实施科教兴国战略和人才强国战略中具有特殊的重要地位。教育部《关于全面提高高等职业教育教学质量的若干意见》（教高［2006］16号）中也明确提出，要推行“双证书”制度，强化学生职业能力的培养，使有职业资格证书专业的毕业生取得“双证书”。

为配合各高职院校积极实施“双证书”制度工作，推进示范校建设，中国高等职业技术教育研究会和人民邮电出版社在广泛调研的基础上，联合向中国职业技术教育学会申报了《职业教育与职业资格证书推进策略与“双证课程”的研究与实践》课题（中国职业技术教育学会科研规划项目，立项编号 225753）。此课题拟将职业教育的专业人才培养方案与职业资格认证紧密结合起来，使每个专业课程设置嵌入一个对应的证书，拟为一般高职院校提供一个可以参照的“双证课程”专业人才培养方案。该课题研究的对象包括数控加工操作、数控设备维修、模具设计与制造、机电一体化技术、汽车制造与装配技术、汽车检测与维修技术等多个专业。

该课题由教育部的权威专家牵头，邀请了中国职教界、人力资源和社会保障部及有关行业的专家，以及全国50多所高职高专机电类专业教学改革领先的学校，一起进行课题研究，目前已召开多次研讨会，将课题涉及的每个专业的人才培养方案按照“专业人才定位—对应职业资格证书—职业标准解读与工作过程分析—专业核心技能—专业人才培养方案—课程开发方案”的过程开发。即首先对各专业的工作岗位进行分析和分类，按照相应岗位职业资格证书的要求提取典型工作任务、典型产品或服务，进而分析得出专业核心技能、岗位核心技能，再将这些核心技能进行分解，进而推出各专业的专业核心课程与双证课程，最后开发出各专业的人才培养方案。

根据以上研究成果，课题组对专业课程对应的教材也做了全面系统的研究，开发的教材具有以下鲜明特色。

1. 注重专业整体策划。本套教材是根据课题的研究成果——专业人才培养方案开发的，每个专业各门课程的教材内容既相互独立，又有机衔接，整套教材具有一定的系统性与完整性。

2. 融通学历证书与职业资格证书。本套教材将各专业对应的职业资格证书的知识和能力要求都嵌入到各双证教材中，使学生在获得学历文凭的同时获得相关的国家职业资格证书。

3. 紧密结合当前教学改革趋势。本套教材紧扣教学改革的最新趋势，专业核心课程、“双证课程”按照工作过程导向及项目教学的思路编写，较好地满足了当前各高职高专院校的需求。

4. 免费为选用本套教材的老师提供相关专业的整体教学方案及相关教学资源。

我们希望通过本套教材，为各高职高专院校提供一个可实施的基于“双证书”的专业教学方案，也热切盼望各位关心高等职业教育的读者能够对本套教材的不当之处提出修改意见，共同探讨教学改革和教材编写等相关问题。来信请发至 panchunyan@ptpress.com.cn。

前　言

进入21世纪，制造技术发展迅猛，模具技术作为现代制造技术的一个重要组成部分，对国民经济的发展起着越来越重要的作用。冲压加工具有生产率高、生产成本低、操作简单、适合大批量生产等优点，在机械、电子、航空、家电等领域得到越来越广泛的应用。

冲压模具是应用最广泛的模具品种之一，本书是模具设计与制造专业的一门核心专业技术课程。本书以工作过程系统化为导向，根据冲压模具设计与制造实际工作整合出相应的知识和技能，重构课程结构和知识序列，选择典型项目，精选项目载体，培养学生进行冲压工艺设计、典型冲压模具设计、冲压模具零件加工工艺设计以及冲压模具装调工作能力。

本书具有以下特点。

1. 特别重视对高等职业教育所面向的基本岗位分析。本书是在深度分析模具专业所面对的产业基础、发展导向和岗位特征的基础上编写而成的，充分体现高等职业教育的类型特色。

2. 以典型工作项目统领整个教学内容，以典型模具的设计工作过程为导向，通过案例引入、任务驱动，完成单个项目的训练。

3. 本书是在高职高专国家示范性专业建设成果和“双证课程”研究与实践的基础上编写的。内容强化职业技能和综合技能的培养，与职业技能鉴定相融合，在教学时，要求教师在“教中做”、学生在“做中学”，实现“教、学、做”合一。

4. 多方参与。充分利用各种资源，尤其是行业、企业的资源，在学校参与的基础上，着重行业、企业的参与。

本书的参考学时为64～90学时，各项目的参考学时参见下面的学时分配表。

项　目	项 目 内 容	学　时
项目一	冲压加工基础	3～4
项目二	冲裁工艺与模具设计	16～20
项目三	弯曲工艺与模具设计	10～14
项目四	拉深工艺及模具设计	10～14
项目五	其他冲压工艺与模具设计	4～8
项目六	多工位级进模具设计	4～8
项目七	冲压设备的选用与操作	4～6
项目八	冲压模具制造与装配	6～10
项目九	冲压模具课程设计	5～6
课时总计		64～90

全书由第五届高等教育国家级教学名师、河南机电高等专科学校杨占尧教授任主编并统稿，成都农业科技职业学院白柳副教授任副主编，参加本书编写的还有河南工业大学王高平，新沛高级技工学校平毅、索卫东、王晓波、李静、沈丽，贵州省电子信息技师学院邓小芳，潍坊职业学

院姜雪燕，新疆高等专科学校孙筱。在本书编写过程中，得到各个兄弟院校的大力支持，在此一并表示感谢！

由于编者水平有限，书中难免存在不足之处，希望广大读者提出宝贵意见。我们的联系方式是 E-mail：yangzhanyaoyzy@126.com。

编者

2009 年 11 月

目录

项目一

冲压加工基础

【能力目标】

能够针对不同的冲压制件区分其加工的工序

【知识目标】

- 掌握冲压加工与冲压模具的概念
- 熟悉冲压加工的基本工序
- 了解金属塑性变形的基本概念
- 了解金属塑性条件
- 熟悉冲压件与冲压模具常用材料

一、项目引入

在我们的日常生活中，经常遇到如图 1-1 所示的各种制件，它们与我们的生活息息相关。

以下制件是采用什么加工方法生产的？是采用什么材料生产的？要生产这些制件需要什么工具或模具？这些工具或模具是采用什么材料制造的？这些都是我们这门课程所要学习的，也是本项目所要告诉大家的。

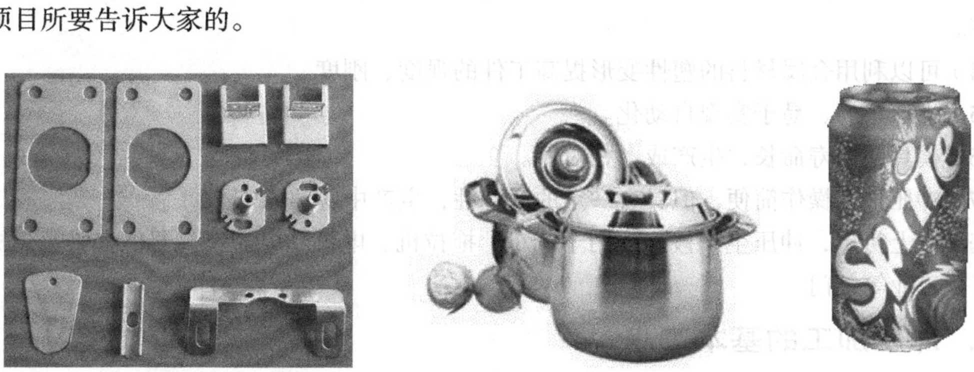

图 1-1　各种常见制品

图 1-1　各种常见制品（续）

二、相关知识

（一）冲压加工的分类、特点及应用

1. 冲压加工与冲压模具的概念

冲压加工是现代机械制造业中先进、高效的加工方法之一，它是在室温下，利用安装在压力机上的模具对材料施力，使其产生分离或塑性变形，从而获得所需零件的一种压力加工方法。由于冲压加工通常是在室温下进行的，所以常常称为冷冲压，又由于它的加工材料主要是板料，所以又称为板料加工。冲压不但可以加工金属材料，还可以加工非金属材料。

在冲压加工中，将材料加工成冲压零件（或半成品）的一种专用工艺装备，称为冲压模具或冷冲模。冲压模具在实现冲压加工中是必不可少的工艺装备，没有符合要求的冲压模具，冲压加工就无法进行；没有先进的冲压模具，先进的冲压工艺就无法实现。冲模设计是实现冷冲压加工的关键，一个冲压零件往往要用几副模具才能加工成形。

2. 冲压加工的特点

和其他的加工方法（如机械加工）相比，冲压成形具有以下一些特点。

（1）可以获得其他加工方法不能或难以加工的形状复杂的零件，如汽车覆盖件、车门等。

（2）由于尺寸精度主要由模具来保证，所以加工出的零件质量稳定，一致性好，具有“一模一样”的特征。

（3）冲压加工是少无切削加工的一种，部分零件冲压直接成形，无需任何再加工，材料利用率高。

（4）可以利用金属材料的塑性变形提高工件的强度、刚度。

（5）生产率高、易于实现自动化。

（6）模具使用寿命长，生产成本相对低。

（7）冲压加工操作简便，但具有一定的危险性，生产中应注意安全。

基于以上特点，冲压生产被广泛用于汽车、拖拉机、电机、电器、仪器仪表以及飞机、国防、日用工业等部门。

3. 冲压加工的基本工序

由于冲压件的形状、尺寸和精度不同，因此，冲压所采用的工序种类各异。根据其变形特点，可以分为以下两大类。

（1）分离工序　使板料沿一定的轮廓线分离而获得一定形状、尺寸和断面质量的冲压件（俗称冲裁件）的工序。分离工序主要包括冲孔、落料、切边等工序。

（2）成形工序　材料在不破裂的条件下产生塑性变形而获得一定形状、尺寸和精度的冲压件的加工工序。成形工序主要包括弯曲、拉深、翻边、胀形、缩口等。

常用的冲压工序见表 1-1。

表 1-1　常用的冲压工序

工序名称		简图	特点及应用范围
分离工序	落料		用冲模沿封闭轮廓线冲切，冲下部分是零件
	冲孔	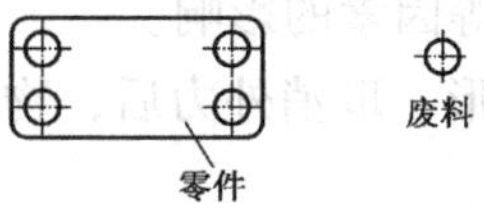	用冲模沿封闭轮廓线冲切，冲下部分是废料
	切边	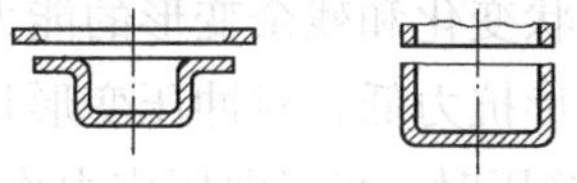	将成形零件的边缘修切整齐或切成一定形状
	切断	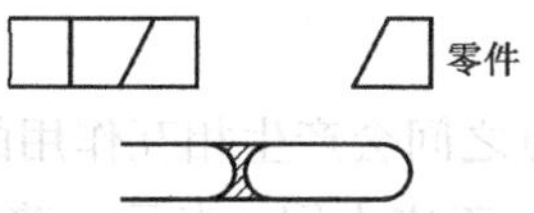	用剪刀或冲模沿不封闭线切断，多用于加工形状简单的平板零件
	剖切	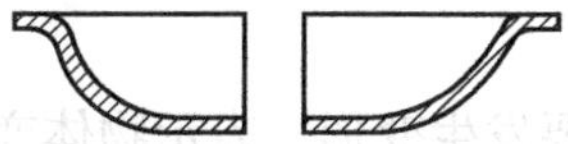	将冲压加工成的半成品切开成为两个或多个零件，多用于不对称零件的成双或成组冲压成形之后
成形工序	弯曲	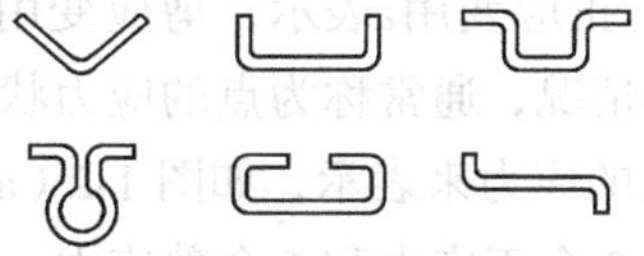	将板材沿直线弯成各种形状，可以加工形状复杂的零件
	卷圆	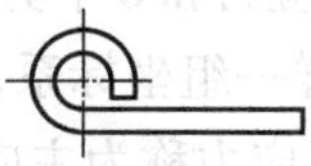	将板材端部卷成接近封闭的圆头，用于加工类似铰链的零件
	拉深	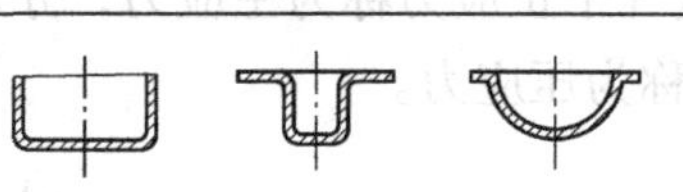	将板材毛坯拉成各种空心零件，还可以加工汽车覆盖件
	翻边	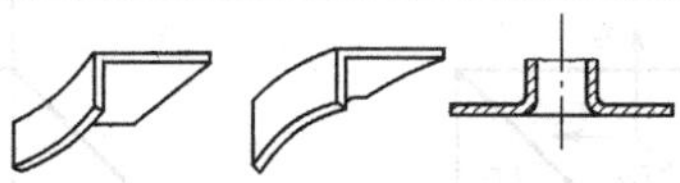	将零件的孔边缘或外边缘翻出竖立成一定角度的直边
	胀形	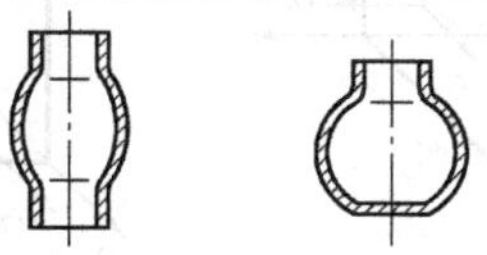	在双向拉应力作用下的变形，可成形各种空间曲面形状的零件
	起伏	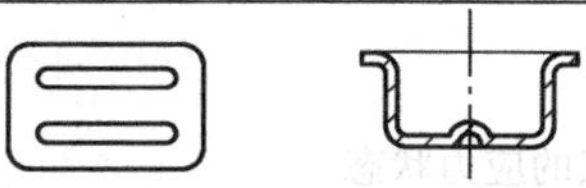	在板材毛坯或零件的表面上用局部成形的方法制成各种形状的突起与凹陷

此外，为了提高劳动生产率，常将两个以上的基本工序合并成一个工序，如落料拉深、切断弯曲、冲孔翻边等，称为复合工序。在生产实际中，批量生产的绝大部分冲压零件是采用复合工序制造的。

（二）板料塑性变形及其基本规律

冲压件的冲压成形过程，实质上是板料的塑性变形过程。关于塑性变形的基本理论，在有关塑性加工力学的著作中已有详尽、系统的论述，这里只对有关理论做简单描述，而不再做细致的讨论。

1. 金属塑性变形的基本概念

（1）塑性　塑性是金属在外力作用下，能稳定地发生永久变形而不破坏其完整性的能力。它反映了金属的变形能力，是金属的一种重要的加工性能。塑性的大小可以用塑性指标来评定。如拉伸实验时塑性指标可以用延伸率δ和断面收缩率φ来表示。金属的塑性不是固定不变的，它受金属的组织、变形温度、变形速度、制件尺寸等因素的影响。

（2）塑性变形　物体在外力的作用下产生变形，取消外力后，物体不能恢复到原始的形状与尺寸，这样的变形称为塑性变形。

（3）变形抗力　变形抗力是指金属抵抗形状变化和残余变形的能力。变形抗力反映了材料塑性变形的难易程度。一般来说，塑性好，变形抗力低，对冲压变形是有利的，但不能说某种材料塑性好，变形抗力就一定低。材料进行冷挤压时，在三向压应力作用下表现出很好的塑性，但冷挤压力同样也很大。

（4）应力　在外力的作用下，物体内各质点之间会产生相互作用的力，称为内力。单位面积上的内力叫做应力。应力有正应力和剪应力，正应力用σ表示，剪应力用τ表示。应力的单位一般用 MPa。

（5）应变　当物体受外力和内力作用时，要发生变形。表示物体变形大小的物理量称为应变。与应力一样，应变也有正应变和剪应变。正应变用ε表示，剪应变用γ表示。

（6）点的应力状态　材料内每一点的受力情况，通常称为点的应力状态。点的应力状态通过在该点所取的单元体上相互垂直的各个表面上的应力来表示，如图 1-2（a）所示。一般可沿坐标方向将这些力分解为 9 个应力分量，其中包括 3 个正应力和 6 个剪应力，如图 1-2（b）所示。

（7）主应力　任何一种应力状态，总是存在这样一组坐标系，使得单元体各表面只出现正应力，而没有剪应力，如图 1-2（c）所示。这 3 个正应力称为主应力，分别用σ_1、σ_2、σ_3表示。当应力$\sigma_1 > 0$时称为拉应力，当应力$\sigma_1 < 0$时称为压应力。

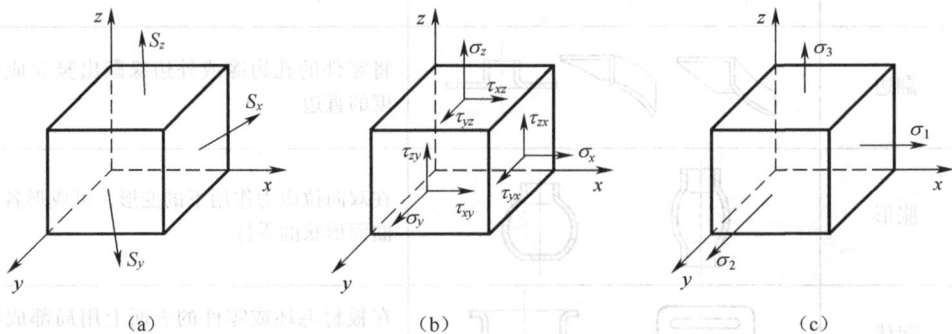

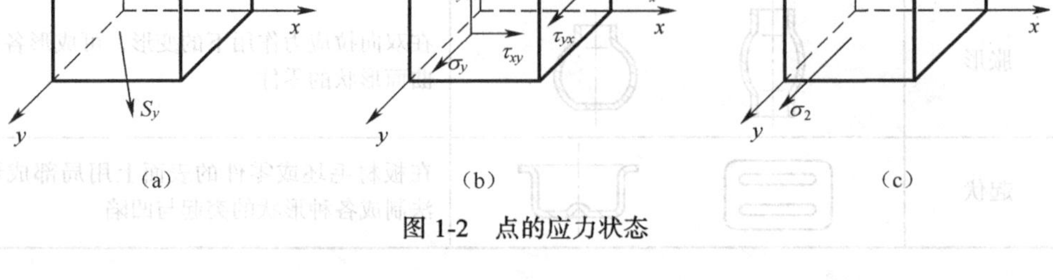

图 1-2　点的应力状态

实验证明，应力状态对金属的塑性影响很大，压应力的数目越多，数值越大，金属的塑性越好，拉应力的数目越多，数值越大，金属的塑性就越差。

（8）主应变与主应变图　变形体内存在应力必定伴随应变，点的应变状态也是通过单元体来表示的。与应力状态相似，点的应变状态也可以用应变状态图来表示，同样，也可以找到一组坐标系，使得单元体各表面只出现主应变分量ε_1、ε_2、ε_3而没有切应变分量，如图 1-3（a）所示。一种应变状态只有一级主应变，其可能的应变状态仅有 3 种，如图 1-3（b）所示。

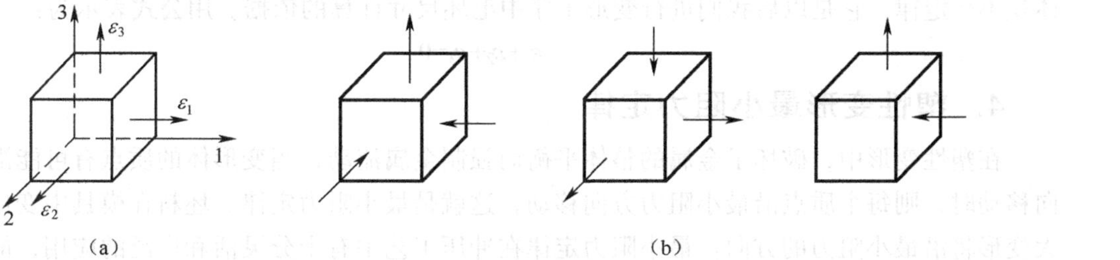

图 1-3　主应变状态图

应变状态对金属塑性有很大的影响。由实践可知，单向压缩得到的变形程度比单向拉伸大得多，三向压应力状态的挤压比二向压缩一向拉伸的拉丝能发挥更大的塑性。应力状态中的压应力个数多、压应力大，则塑性好；反之，压应力个数少、压应力小，甚至存在拉应力，则塑性就差。这是因为在拉应变的方向材料的裂纹与缺陷易于暴露和发展，沿着压应变的方向则不易暴露和发展。

2. 应力—应变曲线

图 1-4 是低碳钢拉伸试验下的应力—应变曲线。从图中可以看出，材料在应力达到初始屈服极限σ_0时开始塑性变形，此时，在应力增加不大的情况下能产生较大的变形，图上出现一个平台，这一现象称为屈服。经过一段屈服平台后，应力就开始随着应变的增大而上升（如图中 *cGb* 曲线）。如果在变形中途（如图中 *G* 处）卸载，应力应变将沿 *GH* 直线返回，使弹性变形（*HJ*）恢复而保留其塑性变形（*oH*）。若对试件重新加载，这时曲线就由 *H* 出发，沿 *HG* 直线回升，进行弹性变形，直到 *G* 点才开始屈服，以后的应力应变就仍按 *GbK* 曲线变化。可见 *G* 点处应力是试样重新加载时的屈服应力。如果重复上述卸载、加载过程，就会发现，重新加载时的屈服应力由于变形的逐次增大而不断地沿 *Gb* 曲线提高，这表明材料在逐渐硬化。材料的加工硬化对板料的成形影响很大，不仅使变形力增大，而且限制毛料的进一步变形。例如拉深件进行多次拉深时，在后次拉深之前一般要进行退火处理，以消除前次拉深产生的加工硬化。但硬化有时也是有利的，如在伸长类成形工艺中，能减少过大的局部变形，使变形趋向均匀。

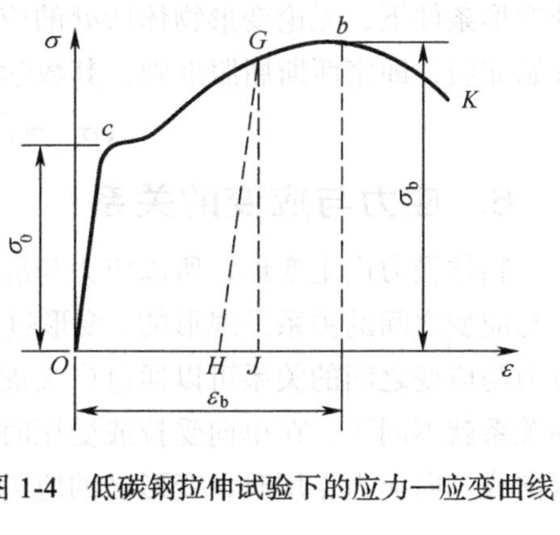

图 1-4　低碳钢拉伸试验下的应力—应变曲线

为了实用上的需要，必须把应力—应变曲线用数学式表示出来。但是，由于各种材料的硬化曲线具有不同的特点，用同一个数学式精确地把它们表示出来是不可能的，目前常用的几种硬化曲线的数学表达式都是近似的。例如应力—应变曲线的线性表达式为：

$$\sigma=\sigma_0+F\varepsilon \tag{1-1}$$

式中：σ_0——近似的屈服极限，也是硬化直线在纵坐标轴上的截距；

F——硬化直线的斜率，称为硬化模数，它表示材料硬化强度的大小。

3. 塑性变形体积不变定律

实践证明，在物体的塑性变形中，变形前的体积等于变形后的体积，这就是金属塑性变形体积不变定律。它是以后我们进行变形工序中毛坯尺寸计算的依据。用公式表示为：

$$\varepsilon_1+\varepsilon_2+\varepsilon_3=0 \tag{1-2}$$

4. 塑性变形最小阻力定律

在塑性变形中，破坏了金属的整体平衡而强制金属流动，当变形体的质点有可能沿不同方向移动时，则每个质点沿最小阻力方向移动，这就是最小阻力定律。坯料在模具中变形，其最大变形将沿最小阻力的方向。最小阻力定律在冲压工艺中有十分灵活和广泛的应用，能正确指导冲压工艺及模具设计，解决实际生产中出现的质量问题。

5. 塑性条件

所谓塑性条件就是在单向应力状态下，如果拉伸或压缩应力达到材料的屈服点σ_s便可以屈服，从弹性状态进入塑性状态。但对复杂应力状态就不能仅仅根据一个应力分量来判断一点是否已经屈服，而要同时考虑各应力分量的综合作用。那么，在复杂应力状态下，各应力分量之间符合某种关系时，才能同单向应力状态下确定的屈服点等效，从而使物体从弹性状态进入塑性状态，此时，应力分量之间的这种关系就称为塑性条件，或称为屈服准则。

塑性条件必须经过实验验证。经过实践考验并为大家公认的塑性条件有两种：屈雷斯加（H.Tresca）屈服准则和密西斯（Von Mises）屈服准则。

（1）屈雷斯加屈服准则　法国工程师屈雷斯加（H.Tresca）认为：材料中最大剪应力τ_{max}达到一定值时开始屈服，即屈雷斯加屈服准则，其数学表达式为：

$$\tau_{max}=\left|\frac{\sigma_1-\sigma_3}{2}\right|=\frac{\sigma_s}{2} \tag{1-3}$$

$$|\sigma_1-\sigma_3|=\sigma_s \tag{1-4}$$

式中：σ_s——材料的屈服极限。

（2）密西斯（Von Mises）屈服准则　1913年德国学者密西斯（Von Mises）提出：在一定的变形条件下，无论变形物体所处的应力状态如何，只要其3个主应力满足以下条件，材料便开始屈服，即密西斯屈服准则，其数学表达式为：

$$(\sigma_1-\sigma_2)^2+(\sigma_2-\sigma_3)^2+(\sigma_3-\sigma_1)^2=2\sigma_s^2 \tag{1-5}$$

6. 应力与应变的关系

物体受力产生变形，所以应力与应变之间一定存在某种关系。当物体产生弹性变形时，应力与应变之间的关系是线形的、变形过程是可逆的，其变形可以恢复，与物体的加载过程无关，应力与应变之间的关系可以通过广义虎克定律来表示，但物体进入塑性变形后，其应力与应变的关系就不同了。在单向受拉或受压时，应力与应变关系可以用硬化曲线来表示，然而在受到双向或三向应力作用时，变形区的应力与应变关系相当复杂。研究表明，简单加载（加载过程中只加载不卸载，且应力分量之间按一定比例递增）时，塑性变形的每一瞬间，主应力与主应变之间存在以下关系：

$$\frac{\sigma_1-\sigma_2}{\varepsilon_1-\varepsilon_2}=\frac{\sigma_2-\sigma_3}{\varepsilon_2-\varepsilon_3}=\frac{\sigma_3-\sigma_1}{\varepsilon_3-\varepsilon_1}=C \tag{1-6}$$

也可表示为：

$$\frac{\sigma_1-\sigma_m}{\varepsilon_1}=\frac{\sigma_2-\sigma_m}{\varepsilon_2}=\frac{\sigma_3-\sigma_m}{\varepsilon_3}=C \tag{1-7}$$

式中，C为非负数的比例常数，σ_{m}为平均应力。在一定条件下，C只与材料性质及变形程度有关，而与物体所处的应力状态无关，故C值也可由单向拉伸实验求出。

上述物理方程又称为塑性变形时的全量理论。

（三）冲压常用材料

1. 冲压加工对材料的要求

冲压所用的材料，不仅要满足产品设计的技术要求，还应当满足冲压工艺的要求和冲压后的加工要求（如切削加工、电镀、焊接等）。冲压工艺对材料的基本要求如下。

（1）良好的塑性　对于冲压成形工序，为了有利于冲压变形和制件质量的提高，材料应该具有良好的塑性。对于分离工序，塑性好的材料可以得到较好的断面质量。对变形工序，塑性好，材料允许的变形程度大，可以减少冲压工序次数及中间退火次数。

（2）良好的表面质量　冲压时一般要求冲压材料表面光洁、平整，无氧化皮、裂纹、锈斑、划痕等缺陷。表面质量好的材料，冲压时工件不易破裂，废品较少，模具不易擦伤，寿命提高，而且制件的表面质量好。

（3）符合国家标准的厚度公差　材料的厚度公差应符合国家标准规定，一定的模具间隙适应于一定厚度的材料，厚度公差太大，将影响工件质量，并可能损伤模具和设备。

2. 冲压加工常用材料及其力学性能

冲压加工常用的材料包括金属材料和非金属材料两类，金属材料又分为黑色金属和有色金属两类。

常用的黑色金属材料有如下几种。

（1）普通碳素钢钢板　如Q195、Q235等。

（2）优质碳素结构钢钢板　如08、08F、10、20等。

（3）低合金结构钢板　如Q345（16Mn）、Q295（09Mn2）等。

（4）电工硅钢板　如DT1、DT2。

（5）不锈钢板　如1Cr18Ni9Ti、1Cr13等。

常用的有色金属有铜及铜合金，牌号有T1、T2、H62、H68等，其塑性、导电性与导热性均很好；还有铝及铝合金，常用的牌号有1060、1050A、3A21、2A12等，有较好的塑性，变形抗力小且轻。

非金属材料有胶木板、橡胶、塑料板等。

冲压用材料最常用的是板料，常见规格如710mm×1420mm和1000mm×2000mm等，大量生产可采用专门规格的带料（卷料），特殊情况可采用块料，它适用于单件小批生产和价值昂贵的有色金属的冲压。

板料按表面质量可分为Ⅰ（高质量表面）、Ⅱ（较高质量表面）、Ⅲ（一般质量表面）3种。

用于拉深复杂零件的铝镇静钢板，其拉深性能可分为ZF（最复杂）、HF（很复杂）、F（复杂）3种；一般深拉深低碳薄钢板可分为Z（最深拉深）、S（深拉深）、P（普通拉深）3种；板料供应状态可分为M（退火状态）、C（淬火状态）、Y（硬态）、Y2（半硬、1/2硬）等；板料有冷轧和热轧两种轧制状态。

常用金属板料的力学性能见表1-2。

表1-2　　冲压常用金属材料的力学性能

材料名称	牌　　号	材料状态及代号	力学性能			
			屈服点 σ_s(MPa)	抗剪强度 τ(MPa)	抗拉强度 σ_b(MPa)	伸长率 δ(%)
普通碳素钢	Q195	未经退火	195	255～314	315～390	28～33
	Q235		235	303～372	375～460	26～31
	Q275		275	392～490	490～610	15～20
碳素结构钢	08F	已退火	180	230～310	275～380	27～30
	08		200	260～360	215～410	27
	10F		690	220～340	275～410	27
	10		210	260～340	295～430	26
	15		230	270～380	335～470	25
	20		250	280～400	355～500	24
	35		320	400～520	490～635	19
	45		360	440～560	530～685	15
	50		380	440～580	540～715	13
不锈钢	1Cr13	已退火	120	320～380	440～470	20
	1Cr18Ni9Ti	经热处理	200	460～520	560～640	40
铝	1060 1050A 1200	已退火	50～80	80	70～110	20～28
		冷作硬化	—	100	130～140	3～4
硬铝	2A12	已退火	—	105～125	150～220	12～14
		淬硬并经自然时效	368	280～310	400～435	10～13
		淬硬后冷作硬化	340	280～320	400～465	8～10
纯铜	T1 T2 T3	软	70	160	210	29～48
		硬	—	240	300	25～40
黄铜	H62	软	—	260	294～300	3
		半硬	200	300	343～460	20
		硬	—	420	≥12	10
	H68	软	100	240	294～300	40
		半硬	—	280	340～441	25
		硬	250	400	392～400	13

3. 冲压加工常用材料在图纸上的表示

在冲压工艺资料和图纸上，对材料的表示方法有特殊的规定，现举例说明：

钢板 $\dfrac{\text{B}-1.0\times1000\times1500-\text{GB708}-1988}{08-\text{II}-\text{S}-\text{GB13237}-1991}$

表示 08 钢板，板料尺寸为 1.0mm×1000mm×1500mm，普通精度，较高级的精整表面，深拉深级的冷轧钢板。材料的牌号可查阅相关资料。

（四）冲压模具常用材料

1. 模具材料在模具工业中的地位

模具材料是模具制造的基础，模具材料和热处理技术对模具的使用寿命、精度和表面粗糙度起着重要的甚至决定性的作用。因此，根据模具的使用条件合理选用材料，采用适当的热处理和表面工程技术以便充分发挥模具材料的潜力，根据模具材料的性能特点选用合理的模具结构，根据模具材料的特性采用相应的维护措施等是十分重要的。只有这样，才能有效地提高模具的使用寿命，防止模具的早期失效。

模具材料使用性能的好坏直接影响模具的质量和使用寿命，模具材料的工艺性能将影响模具加工的难易程度、模具加工的质量和加工成本。因此，在模具设计时，除设计出合理的模具结构外，还应选用合适的模具材料及热处理工艺，才能使模具获得良好的工作性能和较长的使用寿命。

2. 冲模材料的选用原则

制造冲压模具用的材料有灰铸铁、铸钢、钢、钢结硬质合金、硬质合金、低熔点合金、塑料、聚氨酯橡胶等。

模具材料与模具寿命和模具制造成本及模具总成本都有直接关系，在选择模具材料时应充分考虑以下几点。

（1）根据被冲裁零件的性质、工序种类及冲模零件的工作条件和作用来选择模具材料。如冲模工作零件的工作条件，是否有应力集中、冲击载荷等，这就要求所选用的模具材料具有较高的强度和硬度、高耐磨性及足够的韧性，导向零件要求具有耐磨性和较好的韧性，一般常采用低碳钢，表面渗碳淬火。

（2）根据冲压件的尺寸、形状和精度要求来选材。一般来说，对于形状简单、冲压件尺寸不大的模具，其工作零件常用高碳工具钢制造；对于形状较复杂、冲压件尺寸较大的模具，其工作零件选用热处理变形较小的合金工具钢制造；而冲压件精度要求很高的精密冲模的工作零件，常选用耐磨性较好的硬质合金等材料制造。

（3）根据冲压零件的生产批量来选择材料。对于大批量生产的零件，其模具材料应采用质量较好的、能保证模具耐用度的材料；反之，对于小批量生产的零件，则采用较便宜、耐用度较差的材料。

（4）根据我国模具材料的生产与供应情况，兼顾本单位材料状况与热处理条件选材。

3. 冲模常用材料及热处理

表 1-3 和表 1-4 给出部分冲压模具的常用材料。由于用于制造凸、凹模的材料均为工具钢，价格较为昂贵，且加工困难，故常根据凸、凹模的工作条件和制件生产批量的大小而选用最适宜的材料。

表 1-3　　冲模工作零件常用材料及热处理要求

模具类型		冲件情况及对模具工作零件的要求	选用材料及热处理：材料牌号	选用材料及热处理：热处理	热处理硬度（HRC）：凸　模	热处理硬度（HRC）：凹　模
冲裁模	Ⅰ	形状简单、精度较低、冲裁材料厚度小于或等于 3mm、批量中等 带台肩的、快换式的凹凸模和形状简单的镶块	T8A、T10A 9Mn2V	淬火	56～60 —	60～64
	Ⅱ	材料厚度小于或等于 3mm、形状复杂 冲裁材料大于 3mm、形状复杂的镶块	9CrSi CrWMn Cr12 Cr12MoV	淬火	58～62	60～64
	Ⅲ	要求耐磨、高寿命	Cr12MoV	淬火	56～62	60～64
			YG15 YG20		—	—
	Ⅳ	冲薄材料用的凹模	T10A		—	—
弯曲模	Ⅰ	一般弯曲的凹、凸模及镶块	T8A、T10A	淬火	56～62	
	Ⅱ	形状复杂、高度耐磨的凹、凸模及镶块	CrWMn Cr12 Cr12MoV	淬火	60～64	
		生产批量特别大	YG15	—	—	
	Ⅲ	加热弯曲	5CrNiMo 5CrNiTi 5CrMnMo	淬火	52～56	
拉深模	Ⅰ	一般拉深	T10A	淬火	56～60	58～62
	Ⅱ	形状复杂、高度耐磨	Cr12 Cr12MoV	淬火	58～62	60～64
	Ⅲ	生产批量特别大	Cr12MoV	淬火	58～62	60～64
			YG10 YG15	淬火	≥86HRA	≥84HRA
拉深模	Ⅳ	变薄拉深凸模	Cr12MoV	淬火	58～62	
		变薄拉深凹模	Cr12MoV W18Cr4V	淬火		60～64
			YG10 YG15	—		—
	Ⅴ	加热拉深	5CrNiTi 5CrNiMo	淬火	52～56 —	52～56 —
大型拉深模	Ⅰ	中小批量	HT200 QT600-2	— —	HB197～269	
	Ⅱ	大批量	镍铬铸铁 钼铬铸铁 钼钒铸铁	淬火	火焰淬硬 40～45 火焰淬硬 50～55 火焰淬硬 50～55	
冷挤压模	Ⅰ	挤压铝、锌等有色金属	T10A Cr12 Cr12Mo	淬火	61 或更高	58～62
	Ⅱ	挤压黑色金属	Cr12MoV Cr12Mo W18Cr4V	淬火	61 以上	58～62

表 1-4　　冲模一般零件的材料和热处理要求

零件名称	选用材料	热处理	硬度（HRC）
上、下模板	HT200、HT250	—	—
	ZG270-500、ZG310-570	—	—
	厚钢板加工而成 Q235、Q255	—	—
模柄	45 钢、Q255	—	—
导柱	20 钢、T10A	20 钢渗碳淬硬	60～62
导套	20 钢、T10A	20 钢渗碳淬硬	57～60
凸模、凹模固定板	Q255、45 钢	—	
托料板	Q235	—	
导尺	Q255 或 45 钢	淬硬	43～48
挡料销	45 钢、T7A	淬硬	43～48（45 钢） 52～57（T7A）
导正销、定位销	T7、T8	淬硬	52～56
垫板	45 钢、T8A	淬硬	43～48（45 钢） 54～58（T8A）
螺钉	45 钢	头部淬硬	43～48
销钉	45 钢、T7	淬硬	43～48（45 钢） 52～54（T7）
推杆、顶杆	45 钢	淬硬	43～48
顶板	45 钢、Q255	—	
拉深模压边圈	T8A	淬硬	54～58
定距侧刃、废料切刀	T8A	淬硬	58～62
侧刃挡板	T8A	淬硬	54～58
定位板	45 钢、T7	淬硬	43～48（45 钢） 52～54（T7）
斜楔与滑块	T8A、T10A	淬硬	60～62
弹簧	65Mn、60SiMnA	淬硬	40～45

三、项目实施

在老师的带领下，参观有代表性的冲压工厂或冲压车间，现场了解各种冲压基本工序以及不同种类的冲压材料、冲压模具，增加感性认识，为学习好本课程打好基础。同时思考并回答以下问题：

1. 什么是冲压？与其他方法相比，冲压加工有何特点？
2. 冲压工序如何分类？各有什么特点？
3. 金属的塑性和塑性变形的含义是什么？
4. 对冲压工艺所用材料的基本要求有哪些？
5. 冲压材料在图纸上如何表示？
6. 冲模材料的选用原则是什么？
7. 冲压工艺对材料的基本要求有哪些？常用的冲压材料有哪些种类？
8. 冲压模具包括哪些类型？

项目二

冲裁工艺与模具设计

【能力目标】

能够进行一般复杂程度冲裁模的设计

【知识目标】

- 了解冲裁件的断面特征
- 能够正确选择冲裁模的合理间隙
- 掌握凸、凹模刃口尺寸的计算方法
- 熟悉降低冲裁力的方法和措施
- 能够合理地进行冲裁排样
- 掌握冲裁模的典型结构
- 掌握冲裁模主要零部件的设计

一、项目引入

本项目以图 2-1 所示的紫铜板的冲孔模具设计为载体，综合训练学生确定冲裁工艺和设计冲裁模具的初步能力。

零件名称：紫铜板

生产批量：5000 件/年

材料：紫铜（硬）

料厚：5mm

生产零件图如图 2-1 所示。

通过本项目的实施，将使学生掌握冲裁的变形过程及其断面特征，掌握冲裁模工作零件尺寸的计算方法并正确确定冲裁的合理间隙；能够正确地进行冲裁工艺的计算，并在学习过项目七之后能够以此为依据进行冲压设备的正确选择；能够根据不同的制件进行冲裁件的排样，并在不同的排样方案中选择最优方案，计算出材料利用率；学习冲裁件的工艺性分析，判断冲裁件的工艺性并进行优化改进；学习冲裁模的结构选定以及各组成零部件的设计。

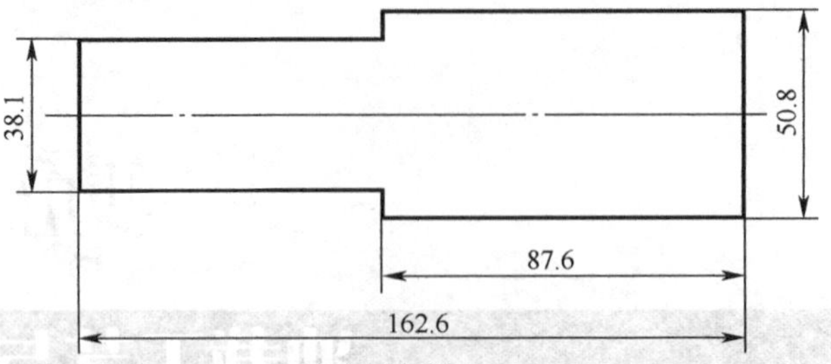

（a）毛坯图

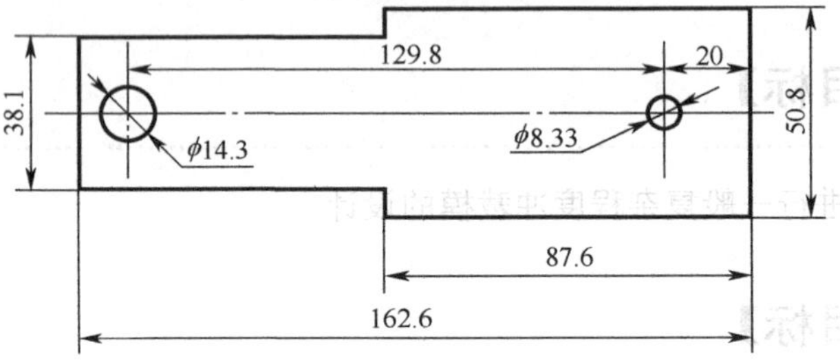

（b）零件图

图 2-1　紫铜板冲孔零件图

二、相关知识

（一）冲裁概述

冲裁是利用模具使板料沿一定轮廓线产生分离的冲压工序。冲裁时所使用的模具称为冲裁模。

根据变形机理的不同，冲裁可分为普通冲裁和精密冲裁，通常所说的冲裁是普通冲裁。精密冲裁断面较光洁，精度较高，但需专门的精冲设备与模具。本项目主要讨论普通冲裁。图 2-2 所示的模具是冲压一板状零件的冲裁模的典型结构及其各个部分的相互尺寸关系。

冲裁工艺的种类很多，常用的有切断、落料、冲孔、切边、切口、剖切等，其中落料和冲孔应用最多。落料是沿工件的外形封闭轮廓线冲切，冲下部分为工件。冲孔是沿工件的内形封闭轮廓线冲切，冲下部分为废料。图 2-3（c）所示的垫圈即由落料和冲孔两道工序完成，图 2-3（a）所示为落料，图 2-3（b）所示冲孔，图 2-3（c）所示为最后完成的垫圈产品。

落料与冲孔的变形性质完全相同，但在进行模具设计时，模具尺寸的确定方法不同，因此，工艺上必须作为两个工序加以区分。冲裁工艺是冲压生产的主要方法之一，主要有以下用途：

① 直接冲出成品零件。

② 为弯曲、拉深、成形等其他工序备料。

③ 对已成形的工件进行再加工（如切边，切舌，拉深件、弯曲件上的冲孔等）。

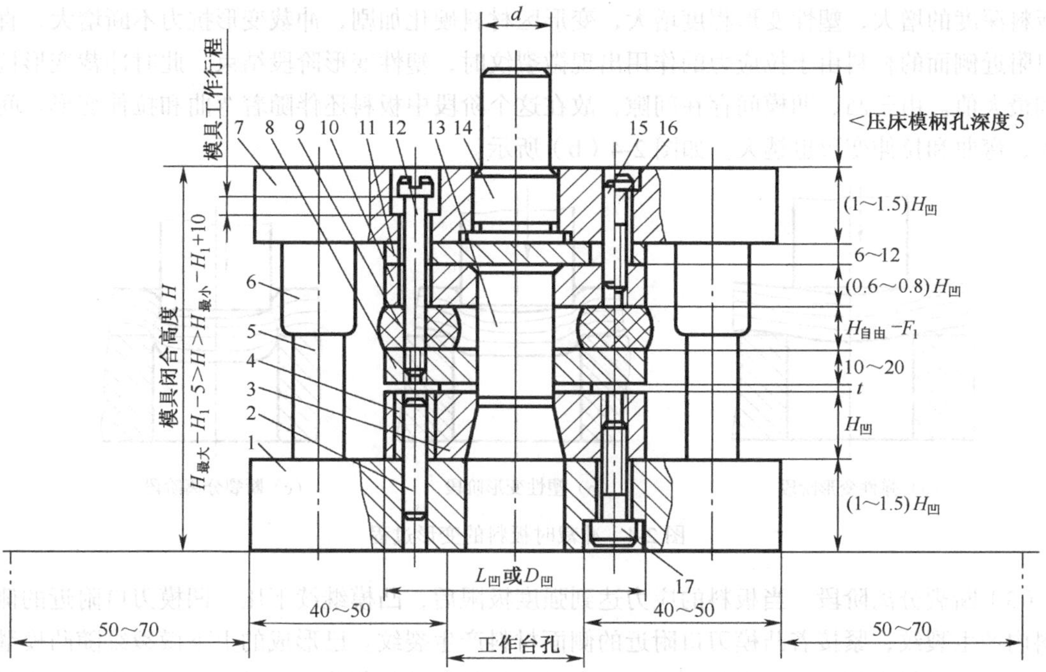

图 2-2 冲裁模典型结构与模具总体设计尺寸关系图

1—下模座 2、15—销钉 3—凹模 4—套 5—导柱 6—导套 7—上模座 8—卸料板 9—橡胶 10—凸模固定板 11—垫板 12—卸料螺钉 13—凸模 14—模柄 16、17—螺钉

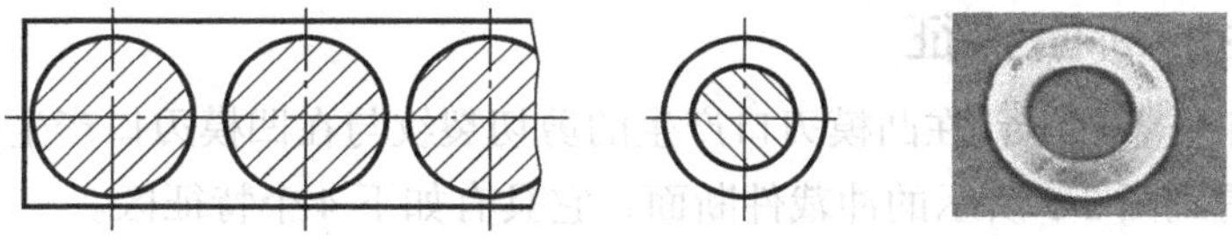

（a）落料 （b）冲孔 （c）产品

图 2-3 垫圈的落料与冲孔

（二）冲裁变形过程及断面特征

1. 冲裁板料的变形过程

在冲裁过程中，冲裁模的凸、凹模组成上下刃口，在压力机的作用下，凸模逐渐下降，接触被冲压材料并对其加压，使材料发生变形直至产生分离。板料的冲裁是瞬间完成的。当模具间隙正常时，整个冲裁变形分离过程大致可分为 3 个阶段，如图 2-4 所示。

（1）弹性变形阶段 当凸模开始接触板料并下压时，凸模与凹模刃口周围的板料产生应力集中现象，使材料产生弹性压缩、弯曲、拉深等复杂的变形。板料略有挤入凹模洞口的现象。此时，凸模下的材料略有弯曲，凹模上的材料则向上翘。间隙越大，弯曲和上翘越严重。随着凸模继续压入，直到材料内的应力达到弹性极限。如图 2-4（a）所示。

（2）塑性变形阶段 当凸模继续下压，材料内的应力达到屈服点，材料进入塑性变形阶段。凸模切入板料上部，同时板料下部挤入凹模洞口。在板料剪切面的边缘由于弯曲拉伸等作用形成圆角，同时由于塑性剪切变形在切断面上形成一小段光亮且与板面垂直的直边。随着凸模挤入板料深度的增大，塑性变形程度增大，变形区材料硬化加剧，冲裁变形抗力不断增大，直到刃口附近侧面的材料由于拉应力的作用出现微裂纹时，塑性变形阶段结束，此时冲裁变形抗力达到最大值。由于凸、凹模间存在间隙，故在这个阶段中板料还伴随着弯曲和拉伸变形。间隙越大，弯曲和拉伸变形也越大。如图 2-4（b）所示。

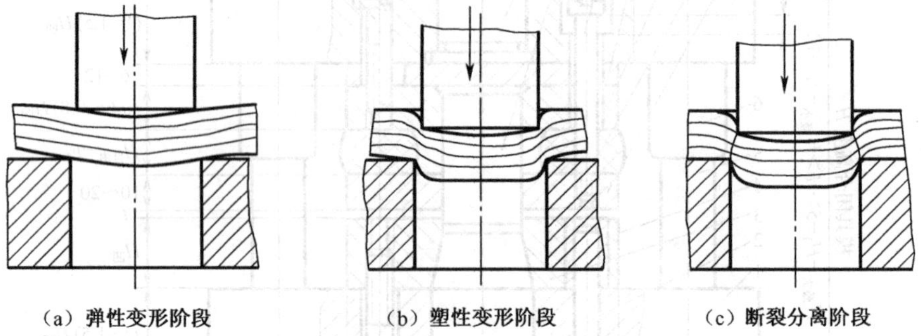

图 2-4 冲裁时板料的变形过程

（3）断裂分离阶段 当板料的应力达到强度极限后，凸模继续下压，凹模刃口附近的侧面材料内产生裂纹，紧接着凸模刃口附近的侧面材料产生裂纹。已形成的上下微裂纹随凸模继续压入不断向材料内部扩展，当上下裂纹重合时，板料便被剪断分离。随后，凸模将分离的材料推人凹模洞口。如图 2-4（c）所示。

由上述冲裁变形过程的分析可知，冲裁过程的变形是很复杂的，除了剪切变形外，还存在拉深、弯曲、横向挤压等变形。所以冲裁件及废料的平面不平整，常有翘曲现象。

2. 冲裁件的断面特征

在正常冲裁工作条件下，在凸模刃口产生的剪切裂纹与在凹模刃口产生的剪切裂纹是相互汇合的，这时可得到图 2-5 所示的冲裁件断面，它具有如下 4 个特征区。

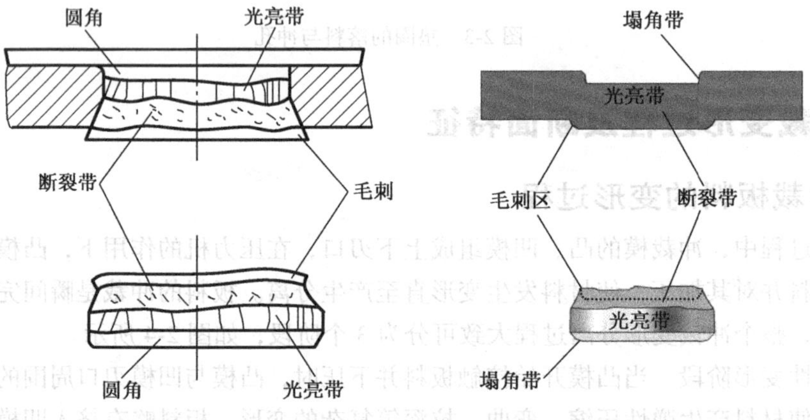

图 2-5 冲裁件的断面特征

（1）塌角（圆角）区 该区域是由于当凸模刃口压入材料时，刃口附近的材料产生弯曲和伸长变形，材料被拉入凸凹模间隙形成的。冲孔工序中，塌角位于孔断面的小端；落料工序中，塌角位于工件断面的大端。板料的塑性越好，凸、凹模之间的间隙越大，形成的塌角也越大。

（2）光亮带 该区域发生在塑性变形阶段。当刃口切入板料后，板料与凸、凹模刃口的侧表面挤压而形成光亮垂直的断面。通常占全部断面的 1/3～1/2。冲孔工序中，光亮带位于孔断面的小端；落料工序中，光亮带位于零件断面的大端。板料塑性越好，凸、凹模之间的间隙越小，光亮带的宽度越宽。光亮带通常是测量带面，影响着制件的尺寸精度。

（3）断裂带　该区域是在断裂阶段形成。断裂带紧挨着光亮带，是由刃口附近的微裂纹在拉应力作用下不断扩展而形成的撕裂面，断裂带表面粗糙，并带有 4°～6° 的斜角。在冲孔工序中，断裂位于孔断面的大端；在落料工序中，断裂位于零件断面的小端。凸、凹模之间的间隙越大，断裂带越宽且斜角越大。

（4）毛刺　毛刺的形成是由于在塑性变形阶段后期，凸模和凹模的刃口切入被加工板料一定深度时，刃口正面材料被压缩，刃尖部分是高静压应力状态，使裂纹的起点不会在刃尖处发生，而是在模具侧面距刃尖不远的地方发生，在拉应力的作用下，裂纹加长，材料断裂而产生毛刺，裂纹的产生点和刃口尖的距离成为毛刺的高度。在普通冲裁中毛刺是不可避免的。

影响冲裁件断面质量的因素很多，其中影响最大的是凸、凹模之间的冲裁间隙。在具有合理间隙的冲裁条件下，所得到的冲裁件断面塌角较小，有正常的光亮带，其断裂带虽然粗糙，但比较平坦，斜度较小，毛刺也不明显。

3. 冲裁件的尺寸精度

冲裁件的尺寸精度，是指冲裁件的实际尺寸与图纸上基本尺寸之差。差值越小，精度越高。这个差值包括两方面的偏差：一是模具本身的制造偏差，二是冲裁件相对于凸模或凹模尺寸的偏差。

冲裁件的尺寸精度与许多因素有关，如冲模的制造精度、冲裁间隙、材料性能等，其中主要因素是冲裁间隙。

（1）冲模的制造精度　冲模的制造精度对冲裁件尺寸精度有直接影响。冲模的精度越高，在其他条件相同时，冲裁件的精度也越高。一般情况下，冲模的制造精度要比冲裁件的精度高 2～4 个精度等级。表 2-1 所示为当冲裁模具有合理间隙与锋利刃口时，其模具制造精度与冲裁件精度的关系。

表 2-1　　冲裁件的精度

冲模制造精度	材料厚度 t(mm)											
	0.5	0.8	1.0	1.6	2	3	4	5	6	8	10	12
IT6～IT7	IT8	IT8	IT9	IT10	IT10	—	—	—	—	—	—	—
IT7～IT8	—	IT9	IT10	IT10	IT12	IT12	IT12	—	—	—	—	—
IT9	—	—	—	IT12	IT12	IT12	IT12	IT12	IT14	IT14	IT14	IT14

（2）冲裁间隙　当间隙过大时，板料在冲裁过程中除受剪切外还产生较大的拉伸与弯曲变形，冲裁后材料弹性恢复使冲裁件尺寸向实际方向收缩。对于落料件，其尺寸将会小于凹模尺寸，对于冲孔件，其尺寸将会大于凸模尺寸。

当间隙过小时，则板料的冲裁过程中除剪切外还会受到较大的挤压作用，冲裁后，材料的弹性恢复使冲裁件尺寸向实体的反方向胀大。对于落料件，其尺寸将会大于凹模尺寸；对于冲孔件，其尺寸将会小于凸模尺寸。

当间隙适当时，在冲裁过程中，板料的变形区在比较纯的剪切作用下被分离，使落料件的尺寸等于凹模尺寸，冲孔件尺寸等于凸模的尺寸。

（3）材料的性能　材料的性能对材料在冲裁过程中的弹性变形量有很大影响。软钢的弹性变形量较小，冲裁后的回弹值也较小，因而零件精度高。而硬钢情况正好与此相反。

4. 冲裁件的形状误差

冲裁件的形状误差是指翘曲、扭曲、变形等缺陷。间隙过大容易引起翘曲（穹弯）；材料的不平、间隙不均匀、凹模后角对材料摩擦不均匀会产生扭曲缺陷；坯料的边缘冲孔或孔距太小等原因会因胀形而产生变形。

影响冲裁件形状误差的主要因素是刃口间隙。研究表明，间隙对冲裁件穹弯影响的一般规律为：小间隙时，穹弯较大；间隙为(5%～15%)t 时穹弯较小；随着间隙的增大穹弯又增大，使冲裁件的平直度降低。

（三）冲裁间隙

冲裁模凸、凹模刃口部分尺寸之差称为冲裁间隙，用 Z 表示，又称双面间隙（单面间隙用 $Z/2$ 表示）。间隙是冲裁模设计中一个很重要的工艺参数。冲裁间隙对冲裁件的质量、冲裁力、模具寿命等都有很大影响，在长期的研究中发现影响的规律各不相同。因此，并不存在一个绝对合理的间隙值，能同时满足冲裁件断面质量最佳、尺寸精度最高、寿命最长、冲裁力最小等各方面要求。在实际生产中，间隙的选用主要考虑冲裁件断面质量和模具寿命这两个主要因素，它与生产成本和产品质量密切相关。

1. 合理间隙

冲裁间隙对冲裁件质量、模具寿命、卸料力等都有很大影响。但影响规律不同，不可能存在一个间隙同时满足工件质量、模具寿命和冲裁力的要求。实际生产中，间隙的选择主要考虑冲裁断面的质量和模具寿命这两个方面，同时考虑到模具制造中的偏差及使用中的磨损，而选择一个合适的间隙范围，只要在这个范围内就可加工出良好的冲裁件。这个范围的最小值称为最小合理间隙，用 Z_{min} 表示；最大值称为最大合理间隙，用 Z_{max} 表示。考虑到模具在使用过程中的磨损使间隙增大，因此实际设计与制造模具时常采用最小合理间隙 Z_{min}。

2. 合理间隙的确定

目前确定合理间隙值的方法有理论确定法、经验确定法和查表法 3 种。

（1）理论确定法　理论确定法又称公式法，此法的主要根据是保证上、下微裂纹重合，获得良好的冲裁断面。

图 2-6 所示为冲裁过程中开始产生裂纹的瞬时状态，根据图中几何关系可求得合理间隙 Z 为

$$Z = 2(t - h_0)\tan\beta = 2t(1 - h_0/t)\tan\beta \qquad (2\text{-}1)$$

式中：t——材料厚度；

h_0——产生裂纹时凸模挤入材料深度；

h_0/t——产生裂纹时凸模挤入材料的相对深度；

β——剪切裂纹与垂线间的夹角。

由式 2-1 可看出，合理间隙 Z 与材料厚度 t、凸模相对挤入材料深度 h_0/t、裂纹夹角 β 有关，而 h_0/t 不仅与材料塑性有关，而且还受材料厚度的综合影响。h_0/t

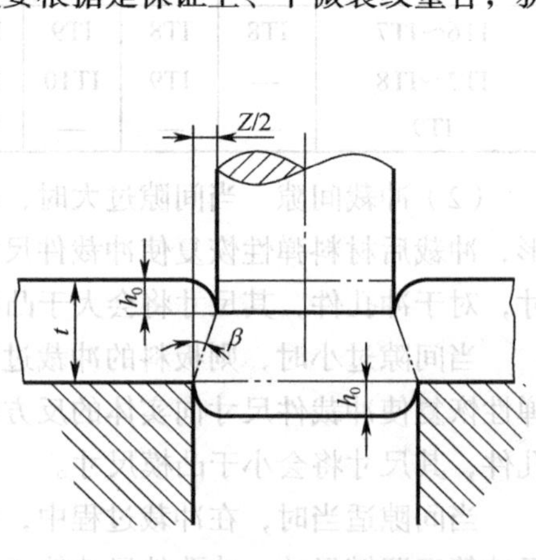

图 2-6　理论间隙计算图

和β值见表 2-2。

表 2-2　　部分材料的 h_0/t 与β值

材　料	h_0/t		β（°）	
	退　火	硬　化	退　火	硬　化
软钢、纯铜、软黄铜	0.5	0.35	6	5
硬钢、硬黄铜	0.3	0.2	5	4
硬钢、硬青铜	0.2	0.1	4	4

总之，材料厚度越大，塑性越低的硬脆材料，所需间隙 Z 值就越大；材料厚度越薄，塑性越好的材料，所需间隙 Z 值就越小。

由于理论计算法在生产中使用不便，故目前广泛采用的是经验数据。

（2）经验确定法　生产中常用下述经验公式计算合理间隙 Z 的数值。

$$Z=c\,t \tag{2-2}$$

式中：t——材料厚度，mm；

c——系数，与材料性能及厚度有关，当 $t<3$mm 时，c=6%～12%；当 $t>3$mm 时，c=15%～25%。当材料软时，取小值；当材料硬时，取大值。

（3）查表法　表 2-3 和表 2-4 所提供的经验数据为落料、冲孔模具的初始间隙，可用于一般条件下的冲裁。表中初始间隙的最小值 Z_{min} 为最小合理间隙，而初始间隙的最大值 Z_{max} 是考虑到凸模和凹模的制造误差，在 Z_{min} 的基础上增加一个数值。在使用过程中，由于模具工作部分的磨损，间隙将会有所增加，因而使间隙的最大值（最大合理间隙）可能超过表中所列数值。

3. 合理间隙的选择原则

生产实践证明，冲裁间隙取小值时，冲裁件的断面质量较好。间隙过小会增大冲裁力和退料力，降低模具使用寿命。因此，在选择冲裁间隙时，应综合考虑各方面因素。

① 当冲裁件断面质量要求不高时，在合理的间隙范围内，应尽量取较大的间隙，从而有利于延长模具寿命，降低冲裁力、推件力、卸料力。

② 当冲裁件质量要求高时，在合理间隙范围内，应尽量取较小值，这样尽管模具寿命有所降低，但保证了零件的冲裁质量。

在设计冲模时，一般取 Z_{min} 作为初始间隙，主要是考虑模具工作一段时间之后，要进行刃磨。修磨后会使间隙增大，使 Z_{min} 向 Z_{max} 过渡。所以，为了使模具能在较长时间内冲制出合格的零件，提高模具的利用率，降低生产成本，一般设计模具时取 Z_{min} 作为初始间隙。

表 2-3　　较小的冲裁模具初始双面间隙　　单位：mm

材料厚度 t	软　铝		纯铜、黄铜、软钢 ω_c=0.08%～0.2%		杜拉铝、中等硬钢 ω_c=0.3%～0.4%		硬钢 ω_c=0.5%～0.6%	
	Z_{min}	Z_{max}	Z_{min}	Z_{max}	Z_{min}	Z_{max}	Z_{min}	Z_{max}
0.2	0.008	0.012	0.010	0.014	0.012	0.016	0.014	0.018
0.3	0.012	0.018	0.015	0.021	0.018	0.024	0.021	0.027
0.4	0.016	0.024	0.020	0.028	0.024	0.032	0.028	0.036
0.5	0.020	0.030	0.025	0.035	0.030	0.040	0.035	0.045
0.6	0.024	0.036	0.030	0.042	0.036	0.048	0.042	0.054
0.7	0.028	0.042	0.035	0.049	0.042	0.056	0.049	0.063
0.8	0.032	0.048	0.040	0.056	0.048	0.064	0.056	0.072

续表

材料厚度 t	软铝		纯铜、黄铜、软钢 ω_c=0.08%～0.2%		杜拉铝、中等硬钢 ω_c=0.3%～0.4%		硬钢 ω_c=0.5%～0.6%	
	Z_{min}	Z_{max}	Z_{min}	Z_{max}	Z_{min}	Z_{max}	Z_{min}	Z_{max}
0.9	0.036	0.054	0.045	0.063	0.054	0.072	0.063	0.081
1.0	0.040	0.060	0.050	0.070	0.060	0.080	0.070	0.090
1.2	0.050	0.084	0.072	0.096	0.084	0.108	0.096	0.120
1.5	0.075	0.105	0.090	0.120	0.105	0.135	0.120	0.150
1.8	0.090	0.126	0.108	0.144	0.126	0.162	0.144	0.180
2.0	0.100	0.140	0.120	0.160	0.140	0.180	0.160	0.200
2.2	0.132	0.176	0.154	0.198	0.176	0.220	0.198	0.242
2.5	0.150	0.200	0.175	0.225	0.200	0.250	0.225	0.275
2.8	0.168	0.224	0.196	0.252	0.224	0.280	0.252	0.308
3.0	0.180	0.240	0.210	0.270	0.240	0.300	0.270	0.330
3.5	0.245	0.315	0.280	0.350	0.315	0.385	0.350	0.420
4.0	0.280	0.360	0.320	0.400	0.360	0.440	0.400	0.480
4.5	0.315	0.405	0.360	0.450	0.405	0.490	0.450	0.540
5.0	0.350	0.450	0.400	0.500	0.450	0.550	0.500	0.600
6.0	0.380	0.600	0.540	0.660	0.600	0.720	0.660	0.780
7.0	0.560	0.700	0.630	0.770	0.700	0.840	0.770	0.910
8.0	0.720	0.880	0.800	0.960	0.880	1.040	0.960	1.120
9.0	0.870	0.990	0.900	1.080	0.990	1.170	1.080	1.260
10.0	0.900	1.100	1.000	1.200	1.100	1.300	1.200	1.400

注：1. 初始间隙的最小值相当于间隙的公称数值；

2. 初始间隙的最大值是考虑到凸模和凹模的制造公差所增加的数值；

3. 在使用工程中，由于模具工作部分的磨损，间隙将有所增加，因而间隙的使用最大数值要超过列表数值。

表 2-4　　较大的冲裁模具初始双面间隙 Z　　单位：mm

材料厚度 t	08、10、35、09Mn2、Q235		40、50		16Mn		65Mn	
	Z_{min}	Z_{max}	Z_{min}	Z_{max}	Z_{min}	Z_{max}	Z_{min}	Z_{max}
<0.5	极小间隙							
0.5	0.040	0.060	0.040	0.060	0.040	0.060	0.040	0.060
0.6	0.048	0.072	0.048	0.072	0.048	0.072	0.048	0.072
0.7	0.064	0.092	0.064	0.092	0.064	0.092	0.064	0.092
0.8	0.072	0.104	0.072	0.104	0.072	0.104	0.064	0.092
0.9	0.090	0.126	0.090	0.126	0.090	0.126	0.090	0.126
1.0	0.100	0.140	0.100	0.140	0.100	0.140	0.090	0.126
1.2	0.126	0.180	0.132	0.180	0.132	0.180		
1.5	0.132	0.240	0.170	0.240	0.170	0.240		
1.75	0.220	0.320	0.220	0.320	0.220	0.320		
2.0	0.246	0.360	0.260	0.380	0.260	0.380		
2.1	0.260	0.380	0.280	0.400	0.280	0.400		
2.5	0.360	0.500	0.380	0.540	0.380	0.540		
2.75	0.400	0.560	0.420	0.600	0.420	0.600		
3.0	0.460	0.640	0.480	0.660	0.480	0.660		
3.5	0.540	0.740	0.580	0.780	0.580	0.780		
4.0	0.640	0.880	0.680	0.920	0.680	0.920		
4.5	0.720	1.000	0.780	1.040	0.680	0.960		
5.5	0.940	1.280	0.980	1.320	0.780	1.100		
6.0	1.080	1.440	1.140	1.500	0.840	1.200		
6.5					0.940	1.300		
8.0					1.200	1.680		

注：冲裁皮革、石棉和纸板时，间隙取 08 钢的 25%。

（四）凸、凹模刃口尺寸的计算

模具刃口尺寸及公差是影响冲裁件尺寸精度的主要因素，模具的合理间隙值也是靠凸、凹模刃口尺寸及其公差来保证。因此，正确确定凸、凹模刃口尺寸和公差，是冲裁模设计中的一项关键工作。

1．凸、凹模刃口尺寸的计算原则

凸、凹模间隙的存在使冲裁件断面都带有锥度，所以冲裁件尺寸的测量和使用中，都是以光亮带的尺寸为基准。落料件的光亮带是因为凹模刃口挤切材料产生的，冲孔件的光亮带是由于凸模刃口挤切材料产生的。因此，设计凸、凹模刃口尺寸应区分冲孔和落料，并遵循以下原则。

（1）确定基准模刃口尺寸。设计落料模先确定凹模刃口尺寸，间隙取在凸模上，冲裁间隙通过减小凸模尺寸获得。设计冲孔模先确定凸模刃口尺寸，以凸模为基准，间隙取在凹模上，冲裁间隙通过增大凹模尺寸获得。

（2）遵循冲模在使用过程中的磨损规律。冲裁过程中，凸、凹模与冲裁零件或废料发生摩擦，凸模轮廓越磨越小，凹模轮廓越磨越大，凸、凹模间隙越磨越大。设计落料模时，凹模基本尺寸应取接近或等于工件的最小尺寸；设计冲孔模时，凸模基本尺寸取接近或等于工件孔的最大极限尺寸。

模具磨损预留量与工件制造精度有关。用 $x\Delta$ 表示，其中 Δ 为工件的公差值，x 为磨损系数，其值在 0.5～1 之间，根据工件制造精度选取：

工件精度 IT10 以上	x=1
工件精度 IT11～IT13	x=0.75
工件精度 IT14	x=0.5

（3）考虑工件精度与模具精度的关系。选择模具刃口制造公差时，要考虑工件精度与模具精度的关系，既要保证工件的精度要求，又要保证有合理的间隙值。一般冲模精度较工件精度高 2～4 级。对于形状简单的圆形、方形刃口，其制造偏差值可按 IT6～IT7 级来选取；对于形状复杂的刃口，制造偏差可按工件相应部位公差值的 1/4 来选取；对于刃口尺寸磨损后无变化的，制造偏差值可取工件相应部位公差值的 1/8 并冠以（±）。

（4）公差标注遵循“入体”原则。工件尺寸公差与冲模刃口尺寸的制造偏差原则上都应按“入体”原则标注为单向公差，所谓“入体”原则是指标注工件尺寸公差时应向材料实体方向单向标注。但对于磨损后无变化的尺寸，一般标注双向偏差。

（5）不管落料还是冲孔，冲裁间隙一般选用最小合理间隙值（Z_{min}）。

2．凸模、凹模刃口尺寸的计算

由于冲模加工方法不同，刃口尺寸的计算方法也不同，基本上可分为两类。

（1）按凸模与凹模图样分别加工法。这种方法主要适用于圆形或简单规则形状的工件，因冲裁此类工件的凸、凹模制造相对简单，精度容易保证，所以采用分别加工。设计时，需在图纸上分别标注凸模和凹模刃口尺寸及制造公差。

① 冲孔　设冲裁件孔的直径为 $d^{+\Delta}_{0}$，根据刃口尺寸计算原则，计算式如下。

凸模 $$d_{p}=\left(d+x\Delta\right)_{-\delta_{p}}^{\ 0} \tag{2-3}$$

凹模 $$d_{d}=\left(d+x\Delta+Z_{\min}\right)_{\ 0}^{+\delta_{d}} \tag{2-4}$$

② 落料　设冲裁件的落料尺寸为 $D_{-\Delta}^{\ 0}$，根据刃口尺寸计算原则，计算式如下。

凹模 $$D_{d}=\left(D-x\Delta\right)_{\ 0}^{+\delta_{d}} \tag{2-5}$$

凸模 $$D_{p}=\left(D-x\Delta-Z_{\min}\right)_{-\delta_{p}}^{\ 0} \tag{2-6}$$

③ 中心距　中心距属于磨损后基本不变的尺寸。在同一工步中，在工件上冲出孔距其凹模型孔中心距可按下式确定。

$$L_{d}=L\pm\frac{1}{8}\Delta \tag{2-7}$$

式（2-3）～式（2-7）中：

D、d—— 落料、冲孔工件基本尺寸，mm；

D_p、D_d—— 落料凸、凹模刃口尺寸，mm；

d_p、d_d—— 冲孔凸、凹模刃口尺寸，mm；

L_d、L—— 工件孔中心距和凹模孔中心距的公称尺寸，mm；

Δ—— 工件公差，mm；

δ_p、δ_d—— 凸、凹模制造公差，见表 2-5，或取 IT6 级左右精度，mm；

x—— 磨损系数（见表 2-6）；

Z_{min}——最小冲裁间隙。

表 2-5　　规则形状冲裁凸、凹模制造极限偏差

材料厚度 t(mm)	基本尺寸（mm）									
	～10		>10～50		>50～100		>100～150		>150～200	
	$+\delta_d$	$-\delta_p$	$+\delta_d$	$-\delta_p$	$+\delta_d$	$-\delta_p$	$+\delta_d$	$-\delta_p$	$+\delta_d$	$-\delta_p$
0.4	+0.006	−0.004	+0.006	−0.004	—	—	—	—	—	—
0.5	+0.006	−0.004	+0.006	−0.004	+0.008	−0.005	—	—	—	—
0.6	+0.006	−0.004	+0.008	−0.005	+0.008	−0.005	+0.010	−0.007	—	—
0.8	+0.007	−0.005	+0.008	−0.006	+0.010	−0.007	+0.012	−0.008	—	—
1.0	+0.008	−0.006	+0.010	−0.007	+0.012	−0.008	+0.015	−0.010	+0.017	−0.012
1.2	+0.010	−0.007	+0.012	−0.008	+0.017	−0.010	+0.017	−0.012	+0.022	−0.014
1.5	+0.012	−0.008	+0.015	−0.010	+0.020	−0.012	+0.020	−0.014	+0.025	−0.017
1.8	+0.015	−0.010	+0.017	−0.012	+0.025	−0.014	+0.025	−0.017	+0.032	−0.019
2.0	+0.017	−0.012	+0.020	−0.014	+0.030	−0.017	+0.029	−0.020	+0.035	−0.021
2.5	+0.023	−0.014	+0.027	−0.017	+0.035	−0.020	+0.035	−0.023	+0.040	−0.027
3.0	+0.027	−0.017	+0.030	−0.020	+0.040	−0.023	+0.040	−0.027	+0.045	−0.030

表 2-6　　磨损系数 x

材料厚度 t(mm)	非圆形工件 x 值			圆形工件 x 值	
	1	0.75	0.5	0.75	0.5
	工件公差Δ(mm)				
1	<0.16	0.17～0.35	≥0.36	<0.16	≥0.16
1～2	<0.20	0.21～0.41	≥0.42	<0.20	≥0.20

续表

材料厚度 t(mm)	非圆形工件 x 值			圆形工件 x 值	
	1	0.75	0.5	0.75	0.5
	工件公差Δ(mm)				
2～4	<0.24	0.25～0.49	≥0.50	<0.24	≥0.24
>4	<0.30	0.31～0.59	≥0.60	<0.30	≥0.30

这种计算方法适合于圆形和规则形状的冲裁件。设计时应分别在凸、凹模图上标注刃口尺寸及制造公差，为保证冲裁间隙在合理范围内，应保证下式成立：

$$|\delta_p|+|\delta_d|\leqslant Z_{max}-Z_{min} \tag{2-8}$$

如果上式不成立，则应提高模具制造精度，以减小δ_d、δ_p。所以当模具形状复杂时，则不宜采用这种方法。

例 2-1 冲裁加工如图 2-7 所示的连接片，已知零件的材料为 Q235，材料厚度为 t= 0.5mm。计算冲裁模具的凸、凹模刃口部分的尺寸及公差。

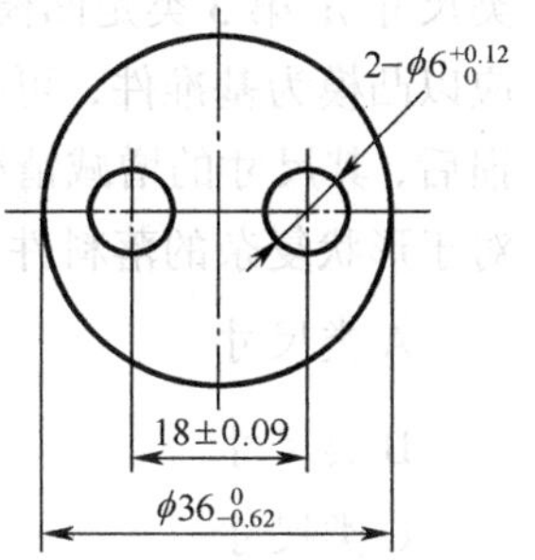

图 2-7 连接片零件图

解：由图 2-7 可知，该零件属于无特殊要求的一般冲孔、落料件，凸、凹模按互换加工法分别制造。外形尺寸 $\phi36_{-0.62}^{\ 0}$ 由落料获得，内孔尺寸 $2-\phi6_{\ 0}^{+0.12}$ 及尺寸 18±0.09 由冲孔同时获得。

确定初始间隙，查表 2-4 得 $Z_{min}=0.04$ mm，$Z_{max}=0.06$ mm

确定磨损系数 x，查表 2-6，冲孔 $2-\phi6_{\ 0}^{+0.12}$ 磨损系数 x=0.75；落料 $\phi36_{-0.62}^{\ 0}$ 磨损系数 x=0.5。

冲孔凸、凹模刃口尺寸的计算。

查表 2-5，$-\delta_p=-0.004$mm，$+\delta_d=+0.006$mm。

凸模刃口尺寸：$d_p=(d+x\Delta)_{-\delta_p}^{\ 0}=(6+0.75\times0.12)_{-\delta_p}^{\ 0}=6.09_{-0.004}^{\ 0}$ mm

凹模刃口尺寸：$d_d=(d_p+Z_{min})_{\ 0}^{+\delta_d}=(6.09+0.04)_{\ 0}^{+\delta_d}=6.13_{\ 0}^{+0.006}$ mm

校核，$|\delta_p|+|\delta_d|=0.004+0.006=0.01$mm，$Z_{max}-Z_{min}=0.06-0.04=0.02$mm。满足$|\delta_p|+|\delta_d|\leqslant Z_{max}-Z_{min}$的要求。

落料凸、凹模刃口尺寸计算。

查表 2-5，$-\delta_p=-0.004$ mm，$+\delta_d=+0.006$mm。

凹模刃口尺寸：$D_d=(D-x\Delta)_{\ 0}^{+\delta_d}=(36-0.5\times0.62)_{\ 0}^{+\delta_d}=35.69_{\ 0}^{+0.006}$ mm

凸模刃口尺寸：$D_p=(D_d-Z_{min})_{-\delta_p}^{\ 0}=(35.69-0.04)_{-\delta_p}^{\ 0}=35.65_{-0.004}^{\ 0}$ mm

校核，$|\delta_p|+|\delta_d|=0.004+0.006=0.01$ mm，$Z_{max}-Z_{min}=0.06-0.04=0.02$mm。满足$|\delta_p|+|\delta_d|\leqslant Z_{max}-Z_{min}$的要求。

中心距尺寸计算：

$$L_d=L\pm\frac{1}{8}\Delta=(18\pm0.125\times2\times0.09)=(18\pm0.023)\text{mm}$$

（2）凸模与凹模配合加工法采用凸、凹模分别加工法时，为了保证凸、凹模间一定的间隙值，必须严格限制冲模制造公差，因此，造成冲模制造困难。对于冲制薄材料（因 Z_{max} 与 Z_{min} 的差值很小）的冲模，或冲制复杂形状工件的冲模，或单件生产的冲模，常常采用凸模与凹模配合加工法。

凸模与凹模配合加工法就是先按设计尺寸制造出一个基准件（凸模或凹模），然后根据基准件的实际尺寸再按最小合理间隙配制另一件。这种加工方法的特点是模具的间隙由配制保证，工艺比较简单，不必校核$|\delta_p|+|\delta_d|\leqslant Z_{max}-Z_{min}$的条件，并且还可放大基准件的制造公差，使制造容易。设计时，基准件的刃口尺寸及制造公差应详细标注，而配作件上只标注公称尺寸，不注公差，只在图纸上注明："凸（凹）模刃口按凹（凸）模实际刃口尺寸配制，保证最小双面合理间隙值Z_{min}"即可。目前，一般工厂大多采用此种加工方法。

对于形状复杂的冲裁件，各部分的尺寸性质不同，凸模、凹模的磨损情况也不同，因此，基准件的刃口尺寸需按不同方法计算。

图 2-8（a）所示为落料件，计算时应以凹模为基准件，但凹模的磨损情况分为 3 类：第 1 类是凹模磨损后增大的尺寸（图中的 A 类尺寸）；第 2 类是凹模磨损后减小的尺寸（图中的 B 类尺寸）；第 3 类是凹模磨损后保持不变的尺寸（图中的 C 类尺寸）。图 2-8（b）所示为冲孔件，应以凸模为基准件，可根据凸模的磨损情况，按图示方式将尺寸分为 A、B、C 3 类。当凸模磨损后，其尺寸的增减情况也是 A 类尺寸增大、B 类尺寸减小、C 类尺寸保持不变的规律。这样，对于形状复杂的落料件和冲孔件，其基准件的刃口尺寸均可按下式计算：

A 类尺寸 $$A=(A_{max}-x\Delta)_{0}^{+\delta} \quad (2\text{-}9)$$

B 类尺寸 $$B=(B_{min}+x\Delta)_{-\delta}^{0} \quad (2\text{-}10)$$

C 类尺寸 $$C=C\pm\delta/2 \quad (2\text{-}11)$$

式（2-9）~式（2-11）中：

A、B、C—— 基准件基本尺寸，mm；

A_{max}—— 冲裁件 A 类尺寸最大极限值，mm；

B_{min}—— 冲裁件 B 类尺寸最小极限值，mm；

δ—— 模具制造公差，mm。

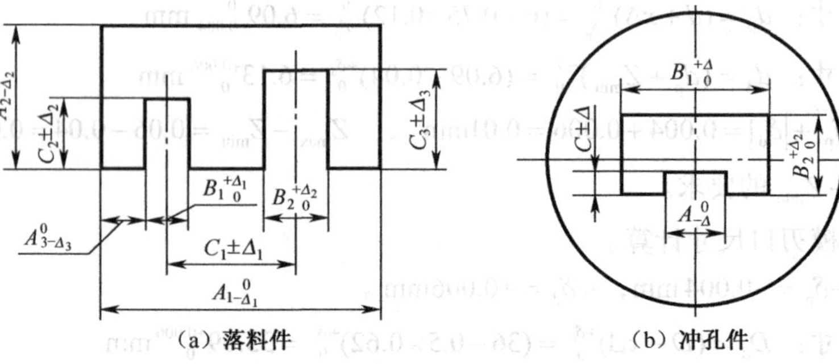

图 2-8　落料、冲孔尺寸分类

例 2-2　如图 2-9 所示的落料零件，材料为 10 号钢，材料厚度为 1mm，其中，尺寸$a=80_{-0.42}^{\ 0}$mm，$b=40_{-0.34}^{\ 0}$mm，$c=35_{-0.34}^{\ 0}$mm，$d=22\pm0.14$mm，$e=15_{-0.12}^{\ 0}$mm。试确定冲裁加工模具的凸模、凹模刃口部分的尺寸及公差。

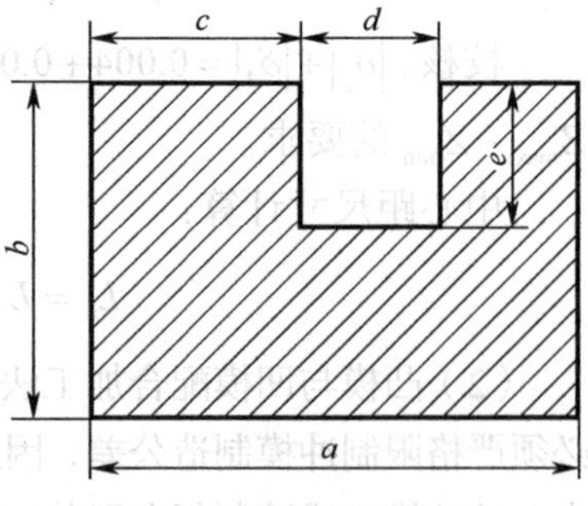

图 2-9　落料件零件图

解：该冲裁件属于落料件，选择凹模为基准件，按凸模与凹模配合加工法制造。计算时只需要确定落料凹模刃口尺寸及制造公差，凸模刃口尺寸按凹模实际尺寸保证最小间隙配合制造。

确定初始间隙：查表 2-4 得 $Z_{\min}=0.10\text{mm}$，$Z_{\max}=0.13\text{mm}$

确定磨损系数 x：查表 2-6，尺寸 $a=80_{-0.42}^{\ 0}\text{mm}$，磨损系数 x=0.5；尺寸 $e=15_{-0.12}^{\ 0}\text{mm}$，磨损系数 x=10；其余尺寸磨损系数按 x=0.75。

A 类尺寸：
$$a_d=(a-x\Delta)_{\ 0}^{+\delta}=(80-0.5\times0.42)_{\ 0}^{+0.42/4}=79.79_{\ 0}^{+0.105}(\text{mm})$$
$$b_d=(b-x\Delta)_{\ 0}^{+\delta}=(40-0.75\times0.34)_{\ 0}^{+0.34/4}=39.75_{\ 0}^{+0.085}(\text{mm})$$
$$c_d=(c-x\Delta)_{\ 0}^{+\delta}=(35-0.75\times0.34)_{\ 0}^{+0.34/4}=34.75_{\ 0}^{+0.085}(\text{mm})$$

B 类尺寸：$d_d=(d_{\min}+x\Delta)_{-\delta}^{\ 0}=(22-0.14+0.75\times0.28)_{-0.28/4}^{\ 0}=22.07_{-0.070}^{\ 0}(\text{mm})$

C 类尺寸：当磨损后不变的 C 类尺寸标注为单向偏差时，分两种情况，$C_{-\Delta}^{\ 0}$ 和 $C_{\ 0}^{+\Delta}$，此时以 C 的极限平均尺寸带入式（2-10）。所以，

$$e_d=\left(e+\frac{e_{\max}+e_{\min}}{2}\right)\pm\delta=\left(15+\frac{0.12}{2}\right)\pm\frac{0.12}{8}=14.94\pm0.015(\text{mm})$$

落料凸模的基本尺寸与凹模基本尺寸相同，分别为 79.79mm、39.75mm、34.75mm、26.07mm、14.94mm，不必标注尺寸偏差，但应在模具图中注明：凸模实际刃口尺寸与落料凹模配制，保证双面间隙为 0.10～0.13mm。落料凹模、凸模的尺寸如图 2-10 所示。

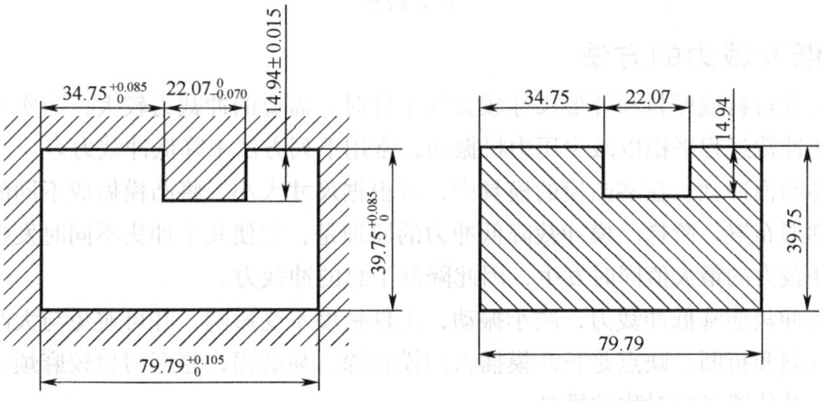

（a）落料凹模尺寸　　（b）落料凸模尺寸

图 2-10　落料凸、凹模尺寸

（3）制造法选用原则。

① 当冲裁件为复杂形状（尺寸数多）时，用配合加工法制造模具刃口。

② 当冲裁件为简单形状时（尺寸数少）时，根据下列判别式选择刃口制造方法。

当 $\delta_p+\delta_d>Z_{\max}-Z_{\min}$ 时，用配合加工法制造模具刃口；

当 $\delta_p+\delta_d\leqslant Z_{\max}-Z_{\min}$ 时，用分别加工法制造模具刃口。

（五）冲裁工艺的计算

1. 冲裁力的计算

冲裁力是冲裁过程中凸模对板料施加的压力，它是选用压力机和设计模具的重要依据之一。在整个冲裁过程中，冲裁力的大小是不断变化的，如图 2-11 所示。图中 OA 段为弹性变形阶段，板料上的冲裁力随凸模的下压直线增加。AB 段为塑性变形阶段。B 点为冲裁力的最大值。凸

模再下压，材料内部产生裂纹并迅速扩张，冲裁力下降，所以BC是断裂阶段。到达C点，上下裂纹重合，板料已经分离。CD所用的压力，仅是克服摩擦阻力，推出已分离的料。冲裁力是指板料作用在凸模上的最大抗力。用板料作用在凸模上产生最大抗力而出现裂纹时（即图中的B点）的板料内剪切变形区的切应力作为材料的抗剪强度（MPa）。

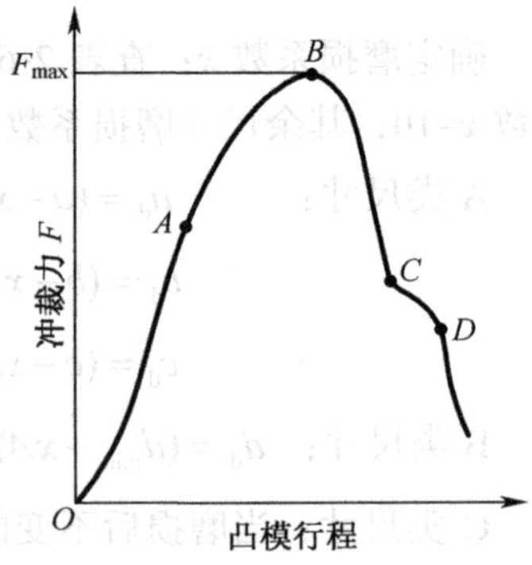

图 2-11　冲裁力变化曲线

对于普通平刃刀口的冲裁，其冲裁力 F 可按下式计算：

$$F = KLt\tau_b \quad (2\text{-}12)$$

式中：F——冲裁力；

L——冲裁周边长度；

t——材料厚度；

τ_b——材料抗剪强度；

K——系数。系数 K 是考虑到实际生产中，模具间隙值的波动和不均匀、刃口的磨损、板料力学性能和厚度波动等因素的影响而给出的修正系数。一般取 $K = 1.3$。

在一般情况下，材料的抗拉强度 $\sigma_b = 1.3\tau_b$，为计算方便，冲裁力也可按下式计算：

$$F = Lt\sigma_b \quad (2\text{-}13)$$

2. 降低冲裁力的方法

冲裁高强度材料或厚料和外形尺寸较大的工件时，需要的冲裁力较大，为实现小设备冲裁大工件，或使冲裁过程平稳以减少压力机振动，常用下列方法来降低冲裁力。

（1）阶梯凸模冲裁。在多凸模的模具中，可根据尺寸大小，将凸模做成不同的高度，使工作端面呈阶梯形布置。阶梯凸模冲裁降低冲力的原理是，它使几个冲头不同时发生冲裁，避免了多个凸模冲裁力的最大值同时发生，因此降低了总的冲裁力。

阶梯凸模冲裁能降低冲裁力，减小振动，工件精度不受影响，并可避免与大凸模相距甚近的小凸模的倾斜和折断。缺点是长凸模插入凹模较深，易磨损，修磨刃口较麻烦。其主要用于有多个凸模而其位置又较对称的模具。

（2）斜刃冲裁。平刃冲裁是沿刃口整个周边同时冲切材料，故冲裁力较大。若将凸模（或凹模）刃口平面做成不垂直于运动方向的斜面，则冲裁时刃口不是与冲裁件周边同时接触，而是逐步地将材料切离，因而能显著降低冲裁力。采用斜刃口冲裁，为了获得平整的零件，落料时凸模应为平刃，将凹模作成斜刃，冲孔时则凹模应为平刃，凸模为斜刃。斜刃还应当对称布置，以免冲裁时模具承受单向侧压力而发生偏移，啃伤刃口。

斜刃冲裁的优点是压力机可以在柔和条件下工作，冲裁件很大时，降力显著。缺点是模具制造复杂，刃口易磨损，修磨困难，冲裁件不够平整，且不适于冲裁外形复杂的冲件，因此在一般情况下尽量不用，只用于大型冲件或厚板的冲裁。

（3）加热冲裁。加热冲裁又称为红冲。金属在常温时其抗剪强度是一定的，但是，当金属材料加热到一定的温度之后，其抗剪强度显著降低，所以加热冲裁能降低冲裁力（将金属材料加热到700℃～900℃，冲裁力只及常温的1/3甚至更小）。

加热冲裁的优点是降力显著，缺点是加热易产生氧化皮，破坏工件表面质量；且因加热，劳动条件差。加热冲裁一般用于厚料冲裁及公差等级要求不高的工件冲裁。

3. 卸料力、推件力和顶件力的计算

冲裁时，材料分离前存在着弹性变形，在冲裁结束时，由于材料的弹性恢复及摩擦的存在，将落料件或冲孔废料梗塞在凹模内，而冲裁剩下的材料则紧箍在凸模上。为使冲裁工作继续进行，必须将箍在凸模上的料卸下，将梗塞在凹模内的料推出。从凸模上卸下箍着的料所需要的力称卸料力 $F_{卸}$；从凹模内将工件或废料顺着冲裁方向推出的力称为推件力 $F_{推}$，从凹模内将工件或废料逆着冲裁方向顶出所需要的力称为顶件力 $F_{顶}$。

要准确地计算这些力是困难的，生产中常用下列经验公式计算：

$$F_{卸}=K_{卸}F \tag{2-14}$$

$$F_{推}=nK_{推}F \tag{2-15}$$

$$F_{顶}=K_{顶}F \tag{2-16}$$

式中：F——冲裁力；

$F_{卸}$、$F_{推}$、$F_{顶}$——卸料力、推件力、顶件力系数，见表 2-7；

n——同时卡在凹模内的冲裁件（或废料）数。

$$n=\frac{h}{t} \tag{2-17}$$

式中：h——凹模洞口的直刃壁高度；

t——板料厚度。

表 2-7 卸料力、推件力、顶件力系数

料厚/mm		$K_{卸}$	$K_{推}$	$K_{顶}$
钢	≤0.1	0.06～0.09	0.1	0.14
	>0.1～0.5	0.04～0.07	0.065	0.08
	>0.5～2.5	0.025～0.06	0.05	0.06
	>2.5～6.5	0.02～0.05	0.045	0.05
	>6.5	0.015～0.04	0.025	0.03
紫铜、黄铜		0.02～0.06	0.03～0.09	
铝、铝合金		0.03～0.08	0.03～0.07	

注：卸料力系数 $K_{卸}$在冲孔、大搭边和轮廓复杂时取上限值。

4. 压力机公称压力的确定

卸料力、推件力和顶件力是由压力机和模具卸料装置或顶件装置传递的。所以在选择设备的公称压力或设计冲模时，应分别予以考虑。

冲裁时，压力机的公称压力必须大于或等于各种冲压工艺力的总和 $F_{总}$。$F_{总}$的计算应根据不同的模具结构分别对待，即：

采用弹压卸料装置和下出料方式的模具时

$$F_{总}=F+F_{卸}+F_{推} \tag{2-18}$$

采用弹压卸料装置和上出料方式的模具时

$$F_{总}=F+F_{卸}+F_{顶} \tag{2-19}$$

采用刚性卸料装置和下出料方式的模具时

$$F_{总}=F+F_{推} \tag{2-20}$$

5. 冲裁压力中心的计算

模具的压力中心就是冲压力合力的作用点。模具的压力中心必须通过模柄轴线与压力机滑块的中心线相重合。否则，冲压时滑块就会承受偏心载荷，导致滑块导轨和模具导向部分不正常的磨损，还会使合理间隙得不到保证，从而影响制件质量和降低模具寿命甚至损坏模具。

（1）简单几何图形零件模具压力中心的确定。

① 直线段的压力中心位于直线段的中心。

② 对称冲裁件的压力中心，位于冲裁件轮廓图形的几何中心上。

③ 冲裁圆弧线段时，其压力中心的位置，如图 2-12 所示，按下式计算：

$$x_0 = 180R\sin\alpha/\pi\alpha = Rb/l \tag{2-21}$$

式中：l——弧长。

其他符号意义如图 2-12 所示。

（2）多凸模模具压力中心的确定。确定多凸模模具的压力中心，是将各凸模的压力中心确定后，再计算模具的压力中心，图 2-13 所示为冲裁多个型孔的凸模位置分布情况。计算其压力中心的步骤如下。

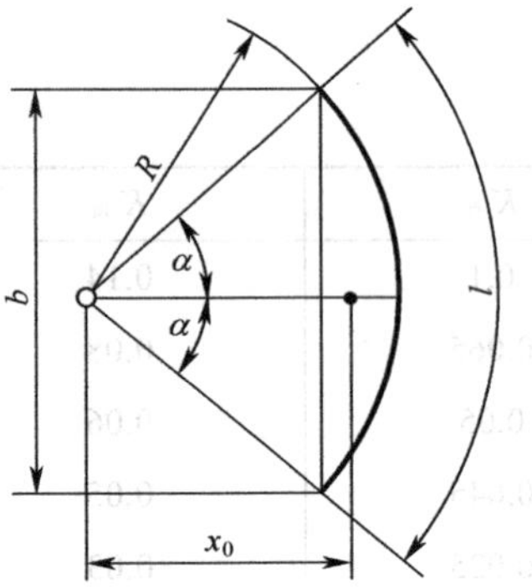

图 2-12　圆弧线段的压力中心

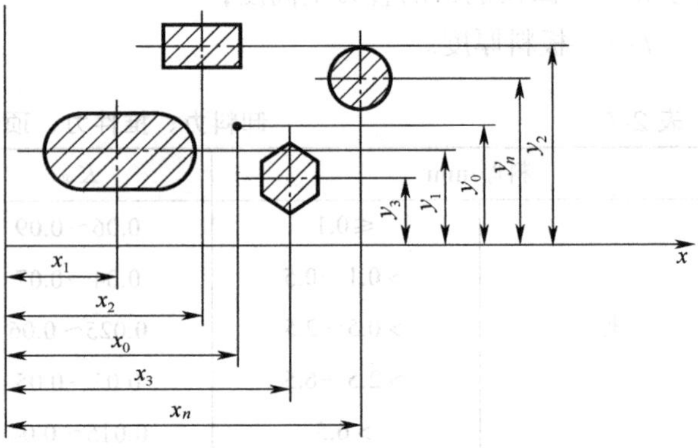

图 2-13　多凸模冲裁时的压力中心

① 按比例画出每一个凸模刃口轮廓的位置。

② 在任意位置画出坐标轴线 x，y。在选择坐标轴位置时，应尽量把坐标原点取在某一刃口轮廓的压力中心，或使坐标轴线尽量多的通过凸模刃口轮廓的压力中心，坐标原点最好是几个凸模刃口轮廓压力中心的对称中心，这样可使问题简化。

③ 分别计算凸模刃口轮廓的压力中心及坐标位置 x_1、x_2、…、x_n 和 y_1、y_2、…、y_n。

④ 分别计算凸模刃口轮廓的冲裁力 F_1、F_2、…、F_n 和每一个凸模刃口轮廓的周长 L_1、L_2、…、L_n。

$$F_1 = KL_1t_b$$
$$F_2 = KL_2t_b$$
$$\vdots$$
$$F_n = KL_nt_b$$

⑤ 对于平行力系，冲裁力的合力等于各力的代数和。即 $F=F_1+F_2+\cdots+F_n$

⑥ 根据力学定理，合力对某轴之力矩等于各分力对同轴力矩之代数和，则可得压力中心坐标计算公式。

$$x_0 = \frac{F_1x_1 + F_2x_2 + \mathrm{L}\ \ F_nx_n}{F_1 + F_2 + \mathrm{L}\ \ + F_n} = \frac{\sum_{i=1}^{n} F_i x_i}{\sum_{i=1}^{n} F_i} \tag{2-22}$$

$$y_0 = \frac{F_1y_1 + F_2y_2 + \mathrm{L}\ \ F_ny_n}{F_1 + F_2 + \mathrm{L}\ \ + F_n} = \frac{\sum_{i=1}^{n} F_i y_i}{\sum_{i=1}^{n} F_i} \tag{2-23}$$

将 F_1、F_2、…、F_n 分别带入上式，这时压力中心坐标变为：

$$x_0 = \frac{L_1x_1 + L_2x_2 + \mathrm{L}\ \ L_nx_n}{L_1 + L_2 + \mathrm{L}\ \ + L_n} = \frac{\sum_{i=1}^{n} L_i x_i}{\sum_{i=1}^{n} L_i} \tag{2-24}$$

$$y_0 = \frac{L_1y_1 + L_2y_2 + \mathrm{L}\ \ L_ny_n}{L_1 + L_2 + \mathrm{L}\ \ + L_n} = \frac{\sum_{i=1}^{n} L_i y_i}{\sum_{i=1}^{n} L_i} \tag{2-25}$$

（3）复杂形状零件模具压力中心的确定。冲裁复杂形状零件时，其模具压力中心的计算原理与多凸模冲裁压力中心的计算原理相同，如图 2-14 所示。具体步骤如下。

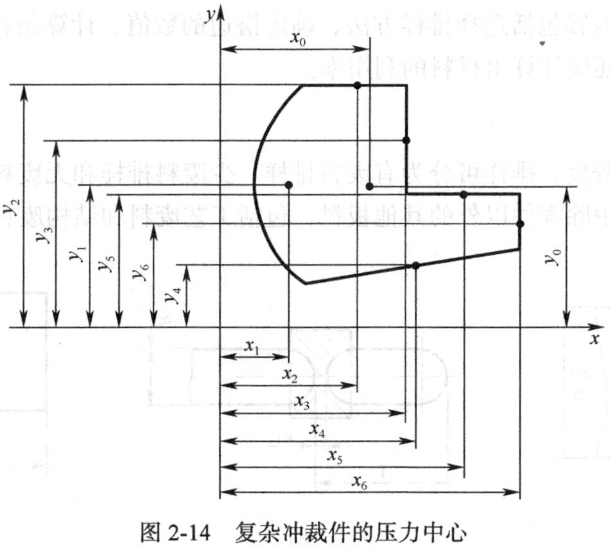

图 2-14　复杂冲裁件的压力中心

① 在刃口轮廓内任意处，选定 x 坐标轴和 y 坐标轴。

② 将刃口轮廓线按基本要素分成若干简单线段，求出各线段长度 L_1、L_2、…、L_n。

③ 确定各线段的重心位置 x_1、x_2、…、x_n 和 y_1、y_2、…、y_n。

④ 按式（2-24）、式（2-25）计算出刃口轮廓的压力中心坐标（x_0，y_0）。

冲裁模压力中心的确定，除上述的解析法外，还可以用作图法和悬挂法。

作图法与解析法一样，既可求出多凸模冲裁的压力中心，又可求出复杂形状零件冲裁的压力中心，但因作图法精确度不高，方法也不简单，因此在应用中受到一定限制。

在生产中，常用悬挂法来确定复杂冲裁件的的压力中心。悬挂法的具体做法是：用匀质细金属丝沿冲裁轮廓弯制成模拟件，然后用缝纫线将模拟件悬吊起来。并从吊点作铅垂线；再取模拟件的另一点，以同样的方法作另一铅垂线，两垂线的交点即为压力中心。悬挂法的理论依据是：用匀质金属丝代替均布于冲裁件轮廓的冲裁力，该模拟件的重心就是冲裁的压力中心。

（六）工件的排样与搭边

冲裁件在条料、带料或板料上的布置方式，称为冲裁件的排样，简称排样。合理的排样应是在保证制件质量、有利于简化模具结构的前提下，以最少的材料消耗，冲出最多数量的合格工件。

1. 排样原则

（1）提高材料利用率。冲裁件生产批量大，生产效率高，材料费用占总成本的60%以上，利用排样提高材料利用率是很有经济意义的。为了提高材料利用率，在不影响冲裁件使用性能的前提下，还可适当改变冲裁件的形状，提高材料利用率。

（2）改善操作性。排样要便于工人操作，减轻工人劳动强度。条料在冲裁过程中翻动要少，在材料利用率相同或相近时，应尽可能选条料宽、进距小的排样方法。尽量使翻动少，有规则，便于自动送料。

（3）使模具结构简单，模具寿命提高。

（4）保证冲裁件质量。排样应保证冲裁件质量，不能只考虑利用材料，不顾冲裁件性能。对于弯曲件的落料，在排样时还应考虑板料的纤维方向。

排样设计的工作内容包括选择排样方法、确定搭边的数值、计算条料宽度及送料步距、画出排样图等，必要时还应计算出材料的利用率。

2. 排样方法

按照材料的利用程度，排样可分为有废料排样、少废料排样和无废料排样 3 种，如图 2-15 所示。废料是指冲裁中除零件以外的其他板料，包括工艺废料和结构废料。

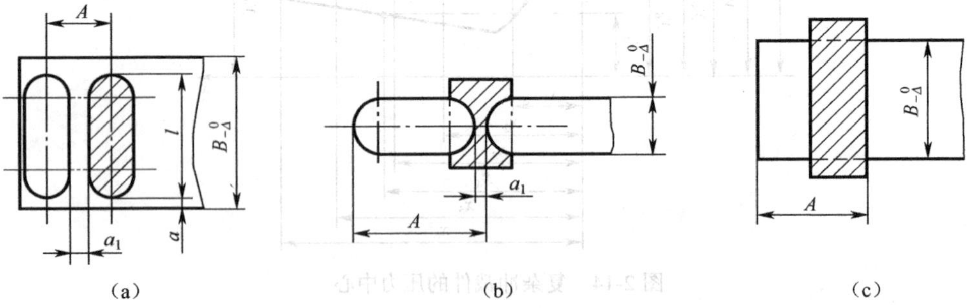

图 2-15　排样方式

（1）有废料排样　如图 2-15（a）所示，沿冲裁件全部外形轮廓线冲裁，各冲裁件之间、冲裁件与条料侧边之间都存在工艺余料（称搭边）。因为是沿着冲裁件的封闭轮廓冲切，冲裁件质量和模具寿命都较高，但材料利用率低。

（2）少废料排样　如图 2-15（b）所示，沿冲裁件部分外形轮廓线切断或冲裁，只在工件与工件之间或工件与条料侧边之间留有搭边。这种排样方法的冲裁，受剪裁条料质量和定位误差的影响，其冲裁件质量稍差，但材料利用率可达到 70%～90%。

（3）无废料排样　如图 2-15（c）所示，无废料排样是指在冲裁件与冲裁件之间、冲裁件与条料侧边之间均无搭边存在，冲裁件实际上是直接由切断条料获得的，材料利用率可高达 85%～90%。

采用少废料、无废料排样时，材料利用率高，不但有利于一次行程获得多个冲裁件，还可以简化模具结构、降低冲裁力，但受条料宽度误差及条料导向误差的影响，冲裁件尺寸及精度不易保证，另外，在有些无废料排样中，冲裁时模具会单面受力，影响模具使用寿命。有废料排样时冲裁件质量和模具寿命较高，但材料利用率较低。所以，在排样设计中，应全面权衡利弊。

对有废料排样和少、无废料排样还可以进一步按冲裁件在条料上的布置方法加以分类，其主要形式列于表 2-8。

对于形状复杂的冲件，通常用纸片剪成 3～5 个样件，然后摆出各种不同的排样方法，经过分析和计算，选出合理的排样方案。

3. 搭边

冲裁件与冲裁件之间，冲裁件与条料侧边之间留下的工艺余料称为搭边。搭边的作用是：避免因送料误差发生零件缺角、缺边或尺寸超差；使凸、凹模刃口受力均衡，提高模具使用寿命及冲裁件断面质量；此外，利用搭边还可以实现模具的自动送料。

冲裁时，搭边过大，会造成材料浪费，搭边太小，则起不到搭边应有的作用，过小的搭边还会导致板料被拉进凸模、凹模间隙，加剧模具的磨损，甚至会损坏模具刃口。

搭边的合理数值主要取决于冲裁件的板料厚度、材料性质、外廓形状、尺寸大小等。一般说来，材料硬时，搭边值可取小些；材料软或脆性材料时，搭边值应取大些；板料厚度大，需要的搭边值大；冲裁件的形状复杂，尺寸大，过渡圆角半径小，需要的搭边值大；手工送料或有侧压板导料时，搭边值可取小些。

表 2-8　有废料排样和少、无废料排样主要形式的分类

排样形式	有废料排样		少、无废料排样	
	简图	应用	简图	应用
直排	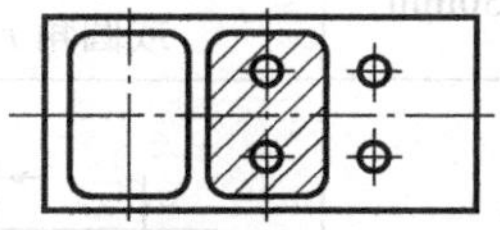	用于简单几何形状（方形、圆形、矩形）的冲件	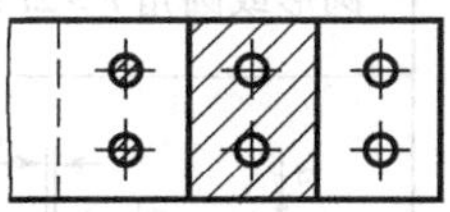	用于矩形或方形冲件
斜排	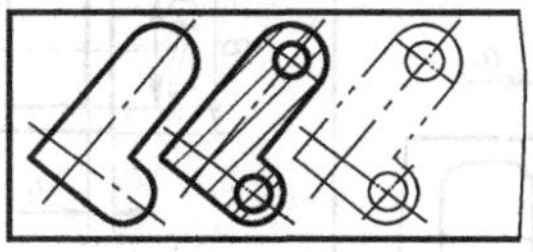	用于T形、L形、S形、十字形、椭圆形冲件	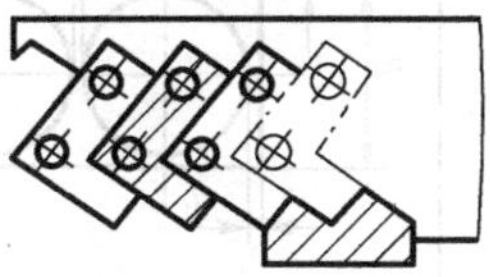	用于 L 形或其他形状的冲件，在外形上允许有少量的缺陷
直对排	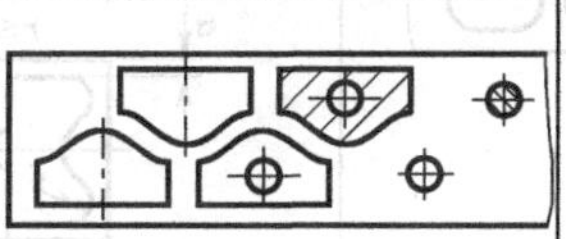	用于 T 形、Π 形、山形、梯形、三角形、半圆形的冲件	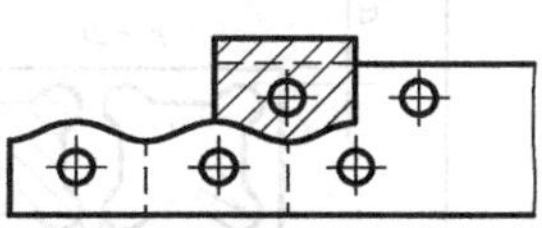	用于T形、Π形、山形、梯形、三角形冲件，在外形上允许有少量的缺陷
斜对排	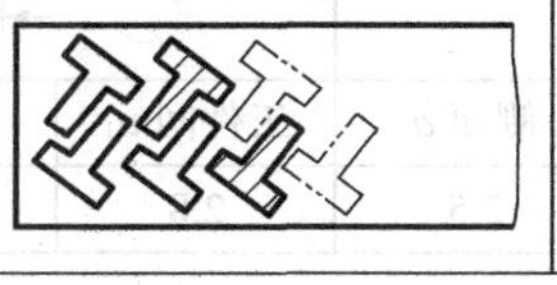	用于材料利用率比直对排高时的情况	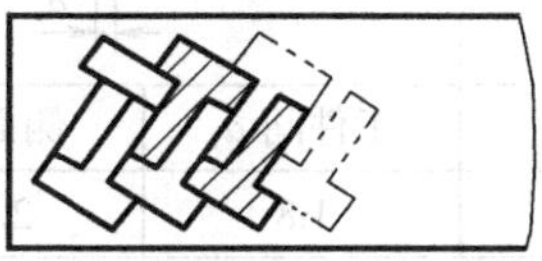	多用于T形冲件

续表

排样形式	有废料排样		少、无废料排样	
	简 图	应 用	简 图	应 用
混合排	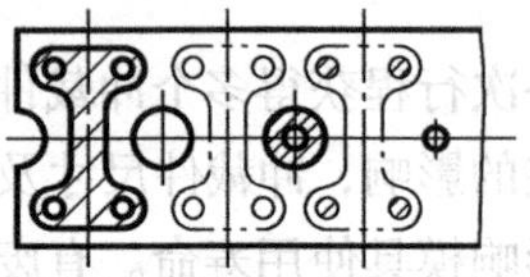	用于材料和厚度都相同的两种以下的冲件	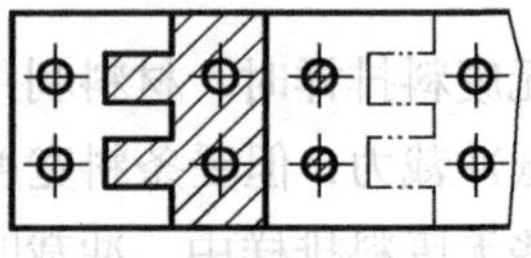	用于两个外形互相嵌入的不同冲件（铰链等）
多排	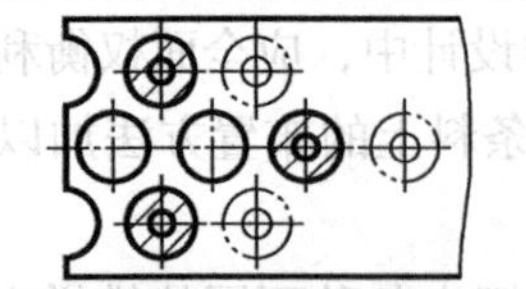	用于大批量生产中尺寸不大的圆形、六角形、方形、矩形冲件	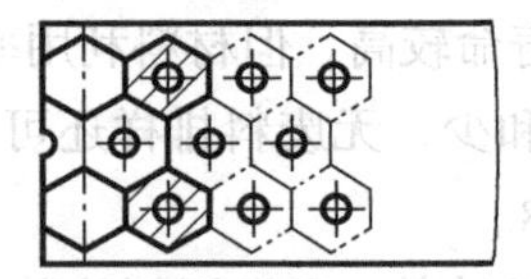	用于大批量生产中尺寸不大的方形、矩形或六角形冲件
冲裁搭边	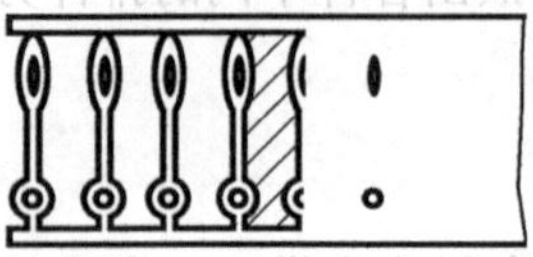	大批量生产中用于小的窄冲件（表针及类似的冲件）或带料的连续拉伸	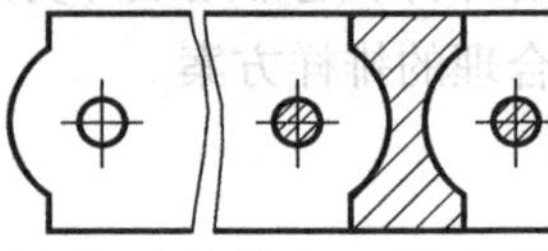	用于以宽度均匀的条料或带料冲裁长形件

搭边值通常由经验确定，表 2-9 列出了低碳钢冲裁时，常用的最小搭边值。

4. 送料步距、条料宽度与导料板间距离的计算

排样方式和搭边值确定之后，条料的步距、宽度和导料板的宽度也就可以设计出来。

（1）送料步距 A。条料在模具上每次送进的距离称为送料步距或进距。送料步距的大小应为条料上两个对应冲裁件的对应点之间的距离，如图 2-15（a）、（b）所示。每次只冲一个零件的步距 A 的计算公式为

$$A=D+a \tag{2-26}$$

式中：D——平行于送料方向的冲裁件宽度，mm；

a——冲裁件之间的搭边值，mm。

表 2-9 最小搭边经验值

	圆形或圆角 $r>2t$ 的工件		矩形件连长 $L<50$mm		矩形件连长 $L\geqslant50$mm 或圆角 $r\leqslant2t$	
材料厚度 t	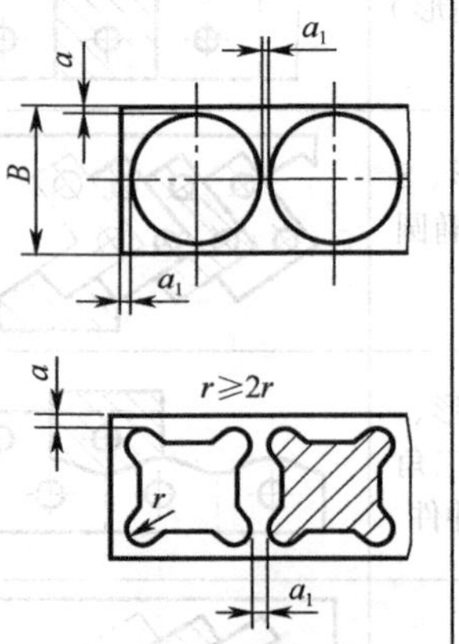		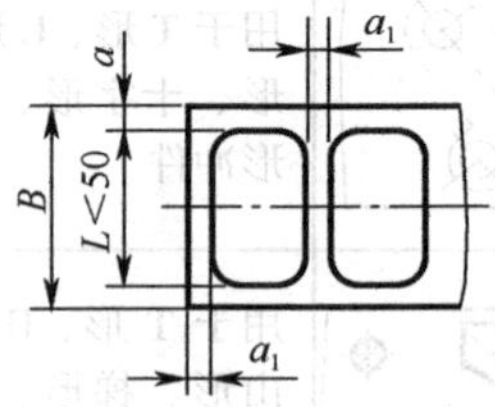		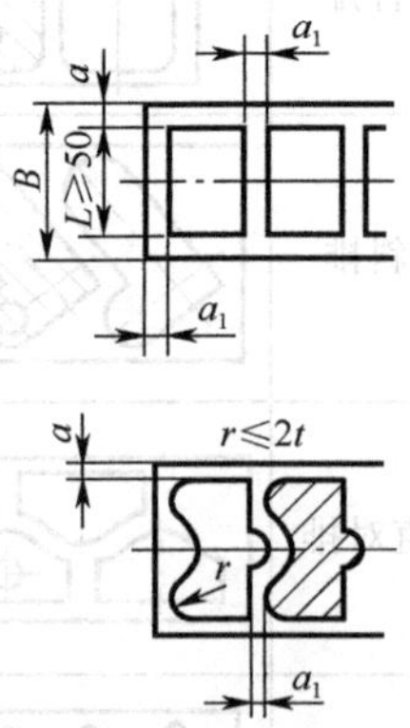	
材料厚度 t（mm）	工件间 a_1	侧面 a	工件间 a_1	侧面 a	工件间 a_1	侧面 a
0.25 以下	1.8	2.0	2.2	2.5	2.8	3.0

续表

材料厚度 t（mm）	工件间 a_1	侧面 a	工件间 a_1	侧面 a	工件间 a_1	侧面 a
0.25～0.5	1.2	1.5	1.8	2.0	2.2	2.5
0.5～0.8	1.0	1.2	1.5	1.8	1.8	2.0
0.8～1.2	0.8	1.0	1.2	1.5	1.5	1.8
1.2～1.6	1.0	1.2	1.5	1.8	1.8	2.0
1.6～2.0	1.2	1.5	1.8	2.5	2.0	2.2
2.0～2.5	1.5	1.8	2.0	2.2	2.2	2.5
2.5～3.0	1.8	2.2	2.2	2.5	2.5	2.8
3.0～3.5	2.2	2.5	2.5	2.8	2.8	3.2
3.5～4.0	2.5	2.8	2.5	3.2	3.2	3.5
4.0～5.0	3.0	3.5	3.5	4.0	4.0	4.5
5.0～12	$0.6t$	$0.7t$	$0.7t$	$0.8t$	$0.8t$	$0.9t$

（2）条料宽度和导料板间距离的计算。条料是由板料裁剪下料而得，为保证送料顺利，裁剪时的公差带分布规定为上偏差是 0，下偏差为负值（$-\Delta$）。

① 有侧压装置时条料宽度和导料板间距离的计算如图 2-16 所示，有侧压装置的模具，能使条料始终沿着导料板送进，因此条料宽度 B 和导料板间距离 A 按下式计算：

条料宽度：
$$B=\left(D_{\max}+2a\right)_{-\Delta}^{\ 0} \qquad (2\text{-}27)$$

导料板间距离：
$$A=B+C=D_{\max}+2a+C \qquad (2\text{-}28)$$

当用手将条料紧贴导料板或两个导料销送进时，条料宽度和导料板间距离计算公式同上。

② 无侧压装置时条料宽度和导料板间距离的计算　条料在无侧压装置的导料板之间送料时，如图 2-17 所示，条料宽度和导料板间距离按下式计算：

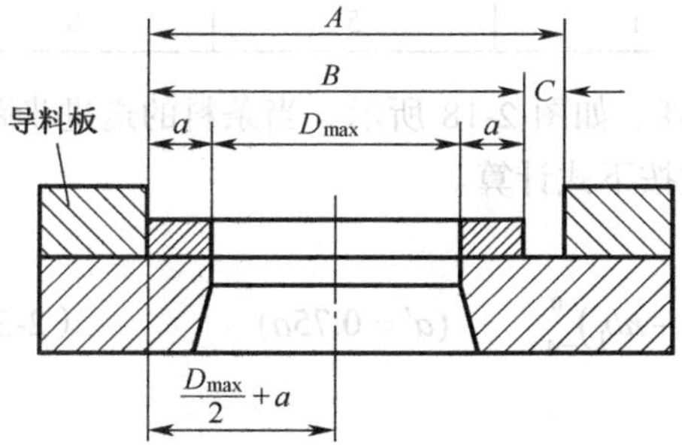

图 2-16　有侧压装置时的冲裁

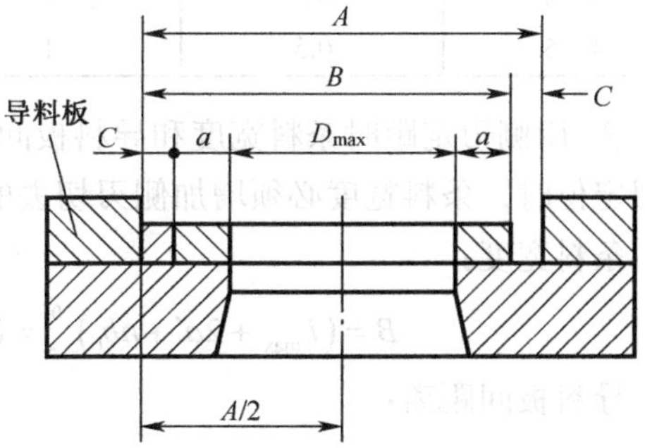

图 2-17　无侧压装置时的冲裁

条料宽度：
$$B=\left[D_{\max}+2a+C\right]_{-\Delta}^{\ 0} \qquad (2\text{-}29)$$

导料板间距离：
$$A=B+C=D_{\max}+2a+2c \qquad (2\text{-}30)$$

式中：B——条料的宽度（mm）；

$D_{\max}$——冲裁件垂直于送料方向的最大尺寸；

a——侧搭边的最小值，可参考表 2-9；

Δ——条料宽度的单向（负向）偏差，见表 2-10、表 2-11；

C——导料板与最宽条料之间的单面小间隙，其最小值见表 2-12。

表 2-10　　条料宽度偏差　　单位：mm

条料宽度 *B*	材料厚度 *t*		
	～0.5	＞0.5～1	＞1～2
～20	0.05	0.08	0.10
＞20～30	0.08	0.10	0.15
＞30～50	0.10	0.15	0.20

表 2-11　　条料宽度偏差　　单位：mm

条料宽度 *B*	材料厚度 *t*			
	～1	1～2	2～3	3～5
～50	0.4	0.5	0.7	0.9
50～100	0.5	0.6	0.8	1.0
100～150	0.6	0.7	0.9	1.1
150～220	0.7	0.8	1.0	1.2
220～300	0.8	0.9	1.1	1.3

表 2-12　　送料最小间隙 C_{min}　　单位：mm

材料厚度 *t*	无侧压装置			有侧压装置	
	调料宽度 *B*			调料宽度 *B*	
	100 以下	100～200	200～300	100 以下	100 以上
～0.5	0.5	0.5	1	5	8
0.5～1	0.5	0.5	1	5	8
1～2	0.5	1	1	5	8
2～3	0.5	1	1	5	8
3～4	0.5	1	1	5	8
4～5	0.5	1	1	5	8

③ 用侧刃定距时条料宽度和导料板间距离的计算。如图 2-18 所示，当条料的送进步距用侧刃定位时，条料宽度必须增加侧刃切去的部分，故按下式计算。

条料宽度：

$$B=\left(L_{\max}+2a'+nb_1\right)_{-\Delta}^{\ 0}=\left(L_{\max}+1.5a+nb_1\right)_{-\Delta}^{\ 0}\qquad(a'=0.75a)\tag{2-31}$$

导料板间距离：

$$B'=B+C=L_{\max}+1.5a+nb_1+C\tag{2-32}$$

$$B_1'=L_{\max}+1.5a+y\tag{2-33}$$

式（2-31）～式（2-33）中：

L_{max}——工件垂直于送料方向的最大尺寸；

n——侧刃数；

a——侧搭边值；见表 2-9；

b_1——侧刃冲切的料边宽度，见表 2-13；

C——冲裁前的条料宽度与导料板间的间隙，见表 2-12；

y——冲裁后的条料宽度与导料板间的间隙，见表 2-13。

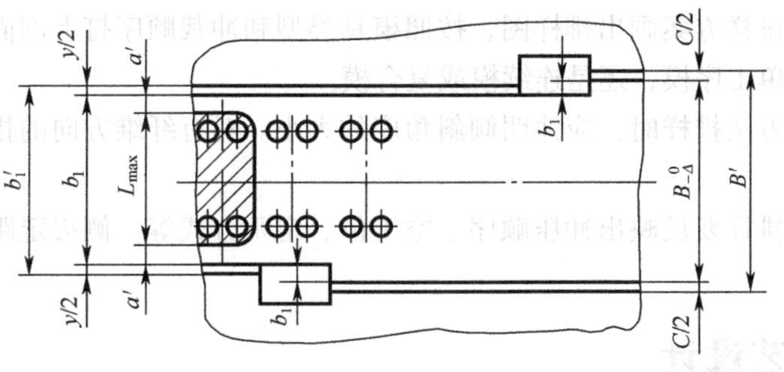

图 2-18　有侧刃的冲裁

表 2-13　b_1，y 的值

条料厚度 t	b_1		y
	金 属 材 料	非金属材料	
< 1.5	1.5	2	0.10
> 1.5～2.5	2.0	3	0.15
> 2.5～3	2.5	4	0.20

5. 材料利用率的计算

材料利用率是衡量合理利用材料的指标。材料的利用率通常是以一个步距内冲裁件的实际面积与所用毛坯面积的百分率来表示。

$$\eta=\frac{S_1}{S_0}\times100\%=\frac{S_1}{AB}\times100\% \tag{2-34}$$

式中：S_1——一个步距内冲裁件的实际面积；

S_0——一个步距内所需毛坯面积；

A——送料步距；

B——条料宽度。

若考虑到料头、料尾和边余料的材料消耗，则一张板料（或带料、条料）上总的材料利用率$\eta_{总}$为

$$\eta_{总}=\frac{nS_2}{LB}\times100\% \tag{2-35}$$

式中：n——条料上实际冲裁的零件数；

S_2——个冲裁件的实际面积；

L——条料长度；

B——条料宽度。

6. 排样图

排样图是排样设计的最终表达形式。它应绘在冲压工艺规程卡片上和冲裁模具总装图的右上角。排样图是排样设计的最终表达形式，是编制冲压工艺与设计模具的重要工艺文件。一张完整的排样图应标注条料宽度尺寸 B、条料长度 L、板料厚度 t、端距 l、步距 S、工件间搭边 a_1 和侧搭边 a。并习惯以剖面线表示冲压位置。如图 2-19 所示。

画排样图时应注意以下事项。

（1）按选定的排样方案画出排样图，按照模具类型和冲裁顺序打上剖面线，要能从排样图的剖面线上看出是单工序模，还是连续模或复合模。

（2）采用斜排方法排样时，应注明倾斜角度的大小。对有纤维方向的排样图，应用箭头表示出纤维方向。

（3）连续模的排样要反映出冲压顺序、空工位、定距方式等。侧刃定距时要画出侧刃冲切条料的位置。

（七）冲裁工艺设计

冲裁工艺设计包括冲裁件的工艺性和冲裁工艺方案确定。良好的工艺性和合理的工艺方案，可以用最少的材料，最少的工序数和工时，使得模具结构简单且模具寿命长，能稳定地获得合格冲件。

1. 冲裁件的工艺性分析

冲裁件的工艺性是指冲裁件对冲裁工艺的适应性，即冲裁加工的难易程度。良好的冲裁工艺性是指能用普通冲裁方法，在模具寿命较长、生产率较高、成本较低的条件下得到质量合格的工件。影响冲裁件工艺性的因素很多，但从技术和经济方面考虑，冲裁件的工艺性主要有以下要求。

（1）冲裁件的结构工艺性。

① 冲裁件的形状　冲裁件的形状应力求简单、对称，有圆角过渡，如图 2-20 所示，以便于模具加工，减少热处理或冲压时在尖角处开裂的现象，同时也可以防止尖角部位刃口的过快磨损。圆角半径的最小值见表 2-14。

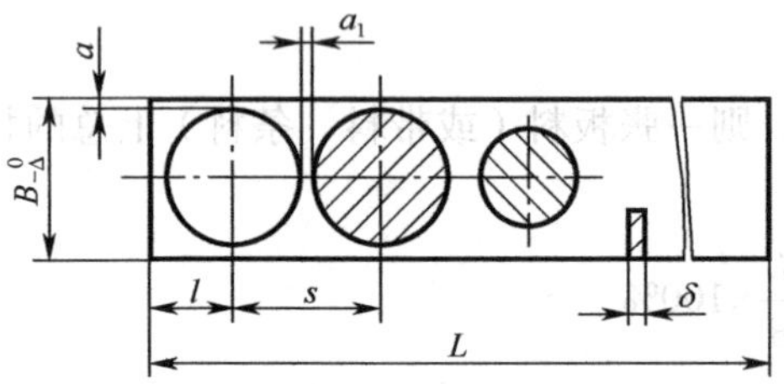

图 2-19　排样图

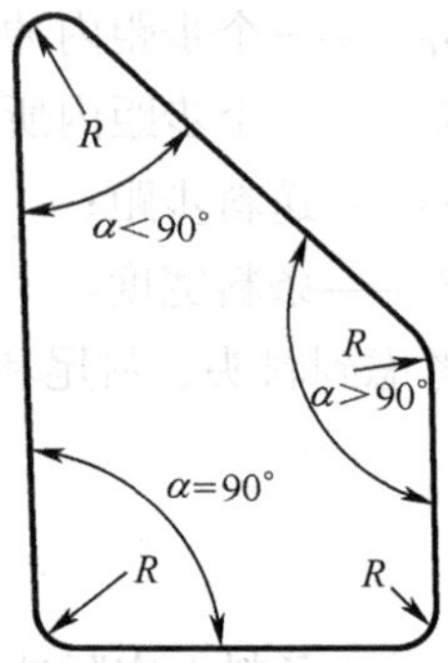

图 2-20　冲裁件的圆角图

表 2-14　　冲裁最小圆角半径 R

零件种类		软　钢	黄铜、铝	合　金　钢	备注（mm）
落料	交角≥90°	$0.25t$	$0.18t$	$0.35t$	>0.25
	<90°	$0.5t$	$0.35t$	$0.70t$	>0.5
冲孔	交角≥90°	$0.3t$	$0.2t$	$0.45t$	>0.3
	<90°	$0.6t$	$0.4t$	$0.9t$	>0.6

② 冲裁件的最小孔边距与孔间距　为避免工件变形和保证模具强度，孔边距和孔间距不能

过小。其最小许可值如图 2-21（a）所示。

③ 冲裁件上凸出的悬臂和凹槽　尽量避免冲裁件上过长的凸出悬臂和凹槽，悬臂和凹槽宽度也不宜过小，其许可值如图 2-21（a）所示。

④ 在弯曲件或拉深件上冲孔时的要求　在弯曲件或拉深件上冲孔时，孔边与直壁之间应保持一定距离，以免冲孔时凸模受水平推力而折断，如图 2-21（b）所示。

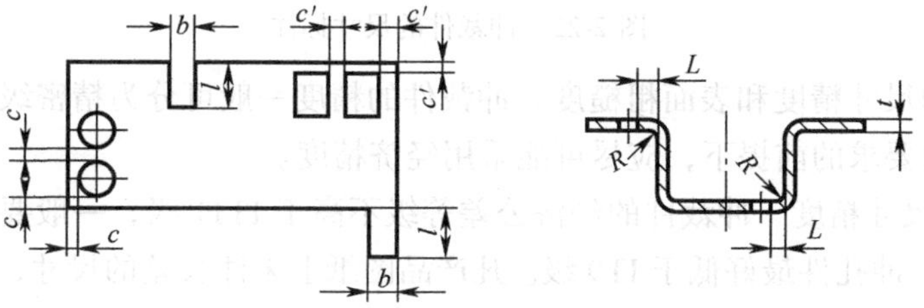

（a）　　　　　　　　　　　　（b）

$b_{min}=1.5t$　　$c \geqslant (1\sim1.5)t$　　$L \geqslant R+0.5t$

$l_{max}=5b$　　$c' \geqslant (1.5\sim2)t$

图 2-21　冲裁件的结构工艺性

⑤ 冲裁件的孔径　冲裁件的孔径太小时，凸模易折断或压弯。用无导向凸模和有导向凸模所能冲制的最小尺寸，分别见表 2-15 和表 2-16 。

表 2-15　　无导向凸模冲孔的最小尺寸

材　料	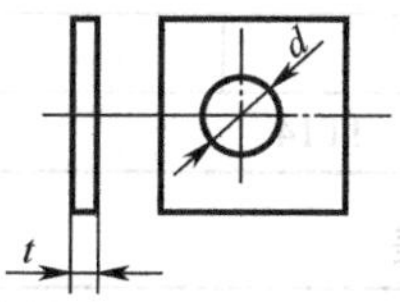	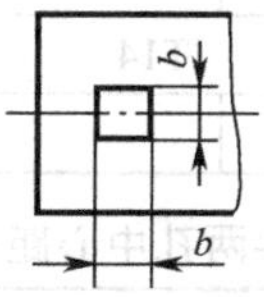	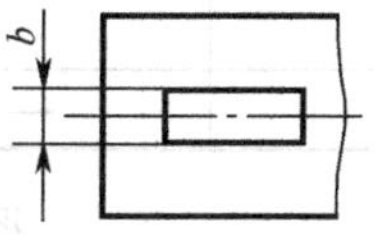	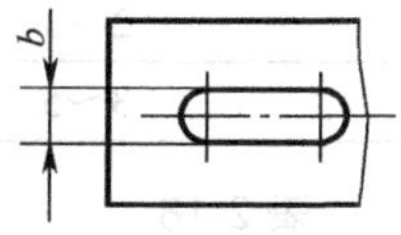
钢 $\tau>685$MPa	$d \geqslant 1.5t$	$b \geqslant 1.35t$	$b \geqslant 1.2t$	$b \geqslant 1.1t$
钢 $\tau \approx 390 \sim 685$MPa	$d \geqslant 1.3t$	$b \geqslant 1.2t$	$b \geqslant 1.0t$	$b \geqslant 0.9t$
钢 $T \approx 390$MPa	$d \geqslant 1.0t$	$b \geqslant 0.9t$	$b \geqslant 0.8t$	$b \geqslant 0.7t$
黄铜	$d \geqslant 0.9t$	$b \geqslant 0.8t$	$b \geqslant 0.7t$	$b \geqslant 0.6t$
铝、锌	$d \geqslant 0.8t$	$b \geqslant 0.7t$	$b \geqslant 0.6t$	$b \geqslant 0.5t$

注：t 为板料厚度，T 为抗剪强度。

表 2-16　　有导向凸模冲孔的最小尺寸

材　料	矩形（孔宽 b）	圆形（直径 d）
软钢及黄铜	$0.3t$	$0.35t$
硬钢	$0.4t$	$0.5t$
铝、锌	$0.28t$	$0.3t$

（2）冲裁件的尺寸标注。冲裁件的结构尺寸基准应尽可能与其冲压时定位基准重合，并选择在冲裁过程中基本上不变动的面或线上，以免造成基准不重合误差。如图 2-22（a）所示的尺寸标注，对孔距要求较高的冲裁件是不合理的。因为受模具（同时冲孔与落料）磨损的影响，使尺寸 B 和 C 的精度难以达到要求。改用图 2-22（b）的标注方法就比较合理，这时孔中心距尺寸不再受模具磨损的影响。

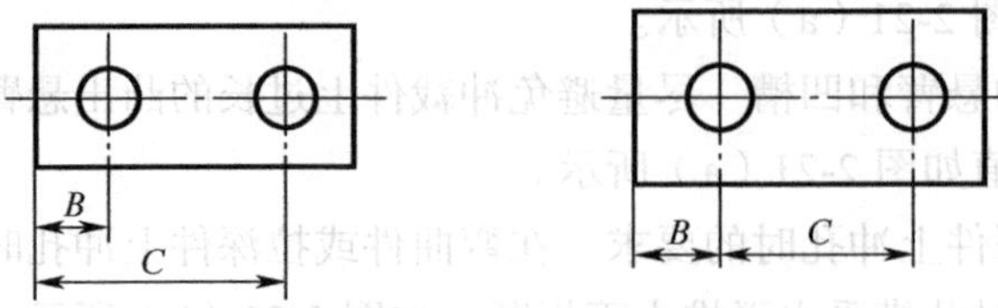

（a）不合理　　（b）合理

图 2-22　冲裁件的尺寸标注

（3）冲裁件的尺寸精度和表面粗糙度。冲裁件的精度一般可分为精密级与经济级两类。在不影响冲裁件使用要求的前提下，应尽可能采用经济精度。

① 冲裁件的尺寸精度　冲裁件的经济公差等级不高于 IT11 级，一般要求落料件公差等级最好低于 IT10 级，冲孔件最好低于 IT9 级。凡产品图纸上未注公差的尺寸，其极限偏差数值通常按 IT14 级处理。

冲裁得到的工件公差列于表 2-17、表 2-18、表 2-19。如果工件要求的公差值小于表值，冲裁后需经修整或采用精密冲裁。

表 2-17　冲裁件内外形所能达到的经济精度

基本尺寸（mm）／材料厚度 *t*（mm）	≤3	3～6	6～10	10～18	18～500
≤1	IT12～IT13			IT11	
1～2	IT14	IT12～IT13			IT11
2～3	IT14			IT12～I13T	
3～5	—	IT14			IT12～IT13

表 2-18　冲裁件两孔中心距公差　单位：mm

材料厚度 *t*	一般精度（模具）			较高精度（模具）		
	孔距基本尺寸			孔距基本尺寸		
	≤50	50～150	150～300	≤50	50～150	150～300
≤1	±0.1	±0.15	±0.2	±0.03	±0.05	±0.08
1～2	±0.12	±0.2	±0.3	±0.04	±0.06	±0.1
2～4	±0.15	±0.25	±0.35	±0.06	±0.08	±0.12
4～6	±0.2	±0.3	±0.4	±008	±0.10	±0.15

注：1. 表中所列孔距公差，适用于两孔同时冲出的情况；

2. 一般精度指模具工作部分达 IT8，凹模后角为 15′～30′ 的情况，较高精度指模具工作部分达 IT7。以上，凹模后角不超过 15′。

表 2-19　孔中心与边缘距离尺寸公差　单位：mm

材料厚度 *t*	孔中心与边缘距离尺寸			
	≤50	50～120	120～220	220～360
≤2	±0.5	±0.6	±0.7	±0.8
2～4	±0.6	±0.7	±0.8	±1.0
＞4	±0.7	±0.8	±1.0	±1.2

注：本表适用于先落料再进行冲孔的情况。

② 冲裁件的表面粗糙度　冲裁件的表面粗糙度与材料塑性、材料厚度、冲裁模间隙、刃口锐钝以及冲模结构等有关。当冲裁厚度为 2mm 以下的金属板料时，其断面粗糙度 *Ra* 一般可达 12.5～3.2μm。

2. 冲裁工艺方案的确定

（1）冲裁顺序的组合。确定工艺方案就是确定冲压件的工艺路线，主要包括冲压工序数、工序的组合和顺序等。在确定合理的冲裁工艺方案时，应在工艺分析基础上，根据冲裁件的生产批量、尺寸精度、尺寸大小、形状复杂程度、材料的厚薄、冲模制造条件、冲压设备条件等多方面的因素，拟定出多种可行的方案。再对这些方案进行全面分析与研究，比较其综合的经济技术效果，选择一个合理的冲压工艺方案。

确定工艺方案主要就是要确定用单工序冲裁模、复合冲裁模还是级进冲裁模。对于模具设计来说，这是首先要确定的重要一步。表 2-20 列出了生产批量与模具类型的关系。

表 2-20　　生产批量与模具类型的关系

项　目	生产批量				
	单　件	小　批	中　批	大　批	大　量
大型件 中型件 小型件	＜1	1～2 1～5 1～10	＞2～20 ＞5～50 ＞10～100	＞20～300 ＞50～100 ＞100～500	＞300 ＞1 000 ＞5 000
模具类型	单工序模 组合模 简易模	单工序模 组合模 简易模	单工序模 级进模、复合模半自动模	单工序模 级进模 复合模自动模	硬质合金级进模、复合模、自动模

注：表内数字为每年班产量数值，单位：千件。

确定模具类型时，还要考虑冲裁件尺寸形状的适应性。当冲裁件的尺寸较小时，考虑到单工序送料不方便和生产效率低，常采用复合冲裁或级进冲裁。对于尺寸中等的冲裁件，由于制造多副单工序模具的费用比复合模昂贵，则采用复合冲裁；当冲裁件上的孔与孔之间或孔与边缘之间的距离过小，不宜采用复合冲裁或单工序冲裁时，宜采用级进冲裁。所以级进冲裁可以加工形状复杂、宽度很小的异形冲裁件，且可冲裁的材料厚度比复合冲裁时要大，但级进冲裁受压力机工作台面尺寸与工序数的限制，冲裁件尺寸不宜太大，参见表 2-21。

表 2-21　　各种冲裁模的对比关系

比较项目＼模具种类	单工序模		级进模	复合模
	无导向	有导向		
零件公差等级	低	一般	可达 IT13～IT10 级	可达 IT10～IT8 级
零件特点	尺寸不受限制厚度不限	中小型尺寸厚度较厚	小型件，t=0.2～6mm 可加工复杂零件，如宽度极小的异形件、特殊形状零件	形状与尺寸受模具结构与强度的限制，尺寸可以较大，厚度可达 3mm
零件平面度	差	一般	中、小型件不平直，高质量工件需校平	由于压料冲裁的同时得到了校平，冲件平直且有较好的剪切断面

续表

比较项目 \ 模具种类	单工序模		级进模	复合模
	无导向	有导向		
生产效率	低	较低	工序间自动送料，可以自动排除冲件，生产效率高	冲件被顶到模具工作面上必须用手工或机械排除，生产效率较低
使用高速自动冲床的可能性	不能使用	可以使用	可在行程次数为 400 次/min 或更多的高速压力机上工作	操作时出件困难，可能损坏弹簧缓冲机构，不作推荐
安全性	不安全，需采取安全措施		比较安全	不安全，需采取安全措施
多排冲压法的应用			广泛用于尺寸较小的冲件	很少采用
模具制造工作量和成本	低	比无导向的稍高	冲裁较简单的零件时，比复合模低	冲裁复杂零件时，比级进模低

从冲裁件尺寸和精度等级考虑，复合冲裁避免了多次单工序冲裁的定位误差，并且在冲裁过程中可以进行压料，冲裁件较平整，所得到的冲裁件尺寸精度等级高，连续冲裁比复合冲裁精度等级低；从模具制造安装调整的难易和成本的高低考虑，对复杂形状的冲裁件来说，采用复合冲裁比采用级进冲裁较为适宜，因为模具制造安装调整比较容易，且成本较低。

总之，对于一个冲裁件，可以得出多种工艺方案。必须对这些方案进行比较，能满足冲裁件质量与生产率的要求、模具制造成本较低、模具寿命较高、操作较方便及安全的工艺方案为我们所选取的最优方案。

（2）冲裁顺序的安排。

① 多工序冲裁件用单工序冲裁时的顺序安排如下。

a. 先落料再冲孔或冲缺口。后继工序的定位基准要一致，以避免定位误差和尺寸链换算。

b. 冲裁大小不同、相距较近的孔时，为减少孔的变形，应先冲大孔后冲小孔。

② 连续冲裁顺序的安排如下。

a. 先冲孔或冲缺口，最后落料或切断。先冲出的孔可作后续工序的定位孔。当定位要求较高时，则可冲裁专供定位用的工艺孔（一般为两个），如图 2-18 所示。

b. 采用定距侧刃时，定距侧刃切边工序安排与首次冲孔同时进行（见图 2-18），以便控制送料进距。采用两个定距侧刃时，可以安排成一前一后，也可并列排布。

例 2-3 如图 2-23 所示零件，材料为 10 钢，厚度为 6.5mm，大批量生产，试制定冲压工艺方案。

解：分析零件的冲压工艺性。①材料 10 钢是优质碳素结构钢，具有良好的冲压性能；②工件结构 该零件形状简单、结构对称，孔边距大于凸凹模允许的最小壁厚，故可以考虑采用复合冲压工序；③尺寸精度 冲裁零件内、外形所能达到的经济精度为 IT12～IT13 级，采用一般普通冲压方法能够满足尺寸精度要求。

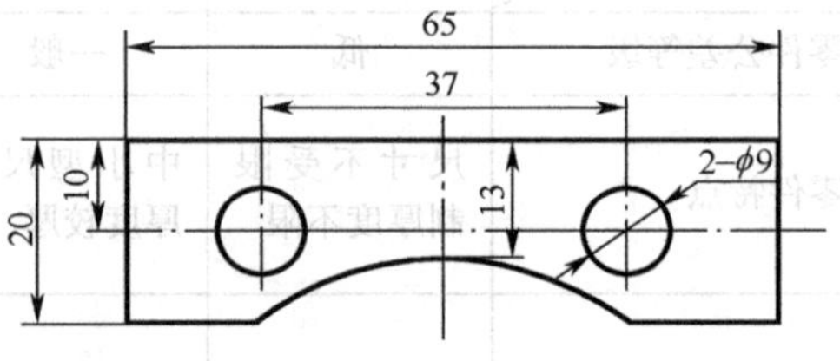

图 2-23 零件简图

（3）确定冲压工艺方案。该零件包括落料、冲孔两个基本工序，可有以下 3 种工艺方案。

方案一：先落料，后冲孔。采用单工序模生产。

方案二：落料—冲孔复合冲压，采用复合模生产。

方案三：冲孔—落料连续冲压，采用级进模生产。

方案一模具结构简单、但需两道工序两副模具，生产率较低，难以满足该零件的产量要求。方案二只需一副模具，冲压件的精度容易保证，且生产率也高。尽管模具结构较方案一复杂，但由于零件的几何形状简单对称，模具制造并不困难。方案三也只需要一副模具，生产率也很高，但零件的冲压精度稍差。欲保证冲压件的形位精度，需要在模具上设置导正销导正，故模具制造、安装较复合模复杂。通过对上述 3 种方案的分析比较，该件的冲压生产采用方案二为佳。

3. 模具结构的设计

冲裁工艺方案确定之后，就要确定模具的各个部分的具体结构，包括上、下模的导向方式及其模架的确定，毛坯定位方式的确定，卸料、压料与出件方式的确定，主要零部件的定位与固定方式和其他特殊结构的设计等。

在进行上述模具结构设计时，还应考虑凸、凹模刃口磨损后修磨方便，易损坏或易磨损零件拆换方便，重量较大的模具应有方便的起运孔或钩环，模具结构要在各个细小的环节尽可能考虑到操作者的安全等。

（八）冲裁模的典型结构

冲裁是冲压最基本的工艺方法之一，其模具的种类有很多。按照不同的工序组合方式，冲裁模可分为单工序冲裁模、级进冲裁模和复合冲裁模。

1. 冲裁模的结构组成

图 2-24（a）所示为冲裁模的典型结构，模具由上、下模两部分构成，上模由上模座 1、模

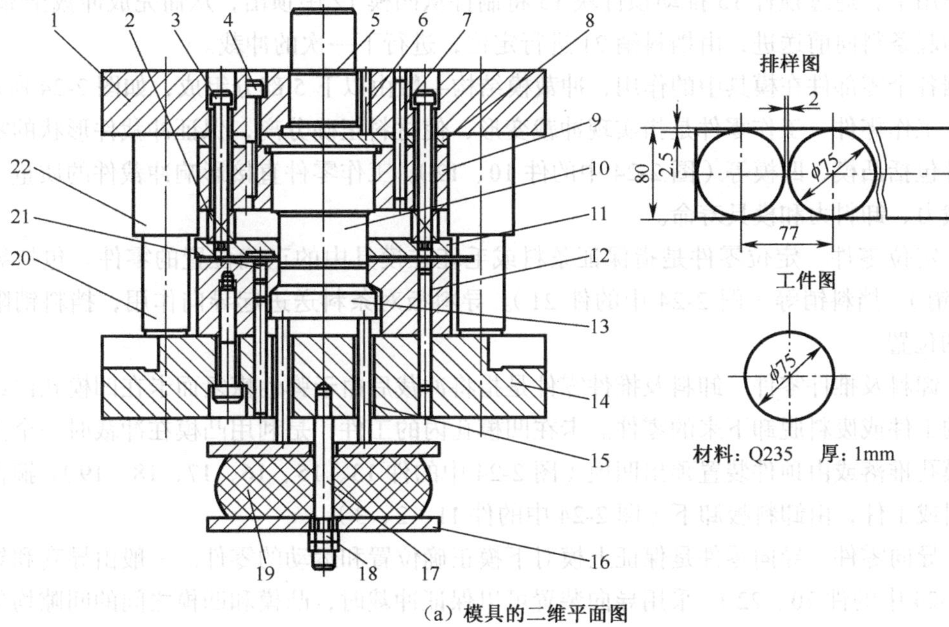

（a）模具的二维平面图

图 2-24 导柱式弹顶落料模

（b）模具的三维造型图

图 2-24　导柱式弹顶落料模（续）

1—上模座　2—弹簧　3—卸料螺钉　4—内六角螺钉　5—模柄　6—止转销　7—圆柱销　8—垫板　9—凸模固定板　10—凸模　11—卸料板　12—凹模　13—顶件块　14—下模座　15—顶杆　16—托板　17—螺栓　18—螺母　19—橡胶　20—导柱　21—挡料销　22—导套

柄 5、垫板 8、凸模固定板 9、凸模 10、卸料板 11、导套 22 和螺钉、销钉等零件组成；下模由凹模 12、顶件块 13、下模座 14、顶杆 15、托板 16、橡胶 19、导柱 20、挡料销 21 和螺钉、销钉等零件组成。上模通过模柄 5 安装在压力机滑块上，随滑块作上下往复运动，因此称为活动部分。下模通过下模座固定在压力机工作台上，所以又称为固定部分。

图 2-24（b）所示为模具的三维造型图，借助这个图可以更好的理解模具的结构与组成。模具开始工作时，将条料放在凹模 12 上，并由挡料销 21 定位。冲裁开始时，凸模 10 和顶件块 13 首先接触条料。当压力机滑块下行时，凸模 10 与凹模 12 共同作用冲出制件。冲裁变形完成后，滑块回升时，卸料板 11 在弹簧反弹力作用下，将条料从凸模 10 上刮下，同时，在橡胶 19 反弹力作用下，通过顶杆 15 推动顶件块 13 将制件从凹模 12 中顶出，从而完成冲裁全部过程。然后，抬起条料向前送进，由挡料销 21 进行定位，进行下一次的冲裁。

根据各个零部件在模具中的作用，冲裁模结构一般由以下 5 部分组成，如图 2-24 所示。

（1）工作零件　工作零件是指实现冲裁变形，使材料正确分离，保证冲裁件形状的零件。工作零件包括凸模、凹模等（图 2-24 中的件 10、12）。工作零件直接影响冲裁件的质量，并且影响冲裁力、卸料力和模具寿命。

（2）定位零件　定位零件是指保证条料或毛坯在模具中的正确位置的零件。包括导料板（或导料销）、挡料销等（图 2-24 中的件 21）。导料板对条料送进起导向作用，挡料销限制条料送进的位置。

（3）卸料及推件零件　卸料及推件零件是指将冲裁后由于弹性恢复而卡在凹模孔内或箍在凸模上的工件或废料脱卸下来的零件。卡在凹模孔内的工件，是利用凸模在冲裁时一个接一个地从凹模孔推落或由顶件装置顶出凹模（图 2-24 中的件 13、15、16、17、18、19）。箍在凸模上的废料或工件，由卸料板卸下（图 2-24 中的件 11、2、3）。

（4）导向零件　导向零件是保证上模对下模正确位置和运动的零件。一般由导套和导柱组成（图 2-24 中的件 20、22）。采用导向装置可以保证冲裁时，凸模和凹模之间的间隙均匀，有利于提高冲裁件质量和模具寿命。

（5）连接固定零件　连接固定零件是指将凸、凹模固定于上、下模座，以及将上、下模固定在压力机上的零件。包括固定板 9、垫板 8 与上、下模座 1、14 等。

冲裁模的典型结构一般由上述 5 部分零件组成，但不是所有的冲裁模都包含这 5 部分零件，如结构比较简单的开式冲模，上、下模就没有导向零件。冲模的结构取决于工件的要求、生产批量、生产条件和模具制造技术水平等多种因素，因此冲模结构是多种多样的，作用相同的零件其形式也不尽相同。

根据零部件在模具中的不同作用，又可以将它们分成工艺零件和结构零件两大类。

① 工艺零件　直接完成冲压工艺过程并和坯料直接发生作用的零件，包括工作零件、定位零件以及压料、卸料和顶件零件。

② 结构零件　不直接参与完成工艺过程，也不和坯料直接发生作用，只对模具完成工艺过程起保证作用或对模具的功能起完善作用的零件，包括导向零件、支承零件和联接件。

2. 冲裁模的典型结构

（1）单工序冲裁模。单工序冲裁模是指在压力机的一次行程中，只完成一道工序的冲裁模，如落料模、冲孔模、切边模、切口模等。根据模具导向装置的不同，常用的单工序冲裁模又可分为导板模与导柱模两种。

① 导板式单工序冲裁模　图 2-25 所示为导板式落料模。模具的上模部分由模柄 1、上模座 3、垫板 6、凸模固定板 7、凸模 5 及止动销 2 组成。模具的下模部分由导板 9、导料板 10、固定挡料销 16、凹模 13、下模座 15、承料板 11 及始用挡料装置 18、19、20 组成。其中，导板 9 与凸模 5 为滑动配合，冲裁时对上模起导向作用，保证凸、凹模间隙均匀，同时导板 9 还起卸料作用。

导板与凸模的配合间隙必须小于凸、凹模间隙。一般来说，对于薄料（t<0.8mm），导板与凸模的配合为 H6/h5；对于厚料（t>3mm），其配合为 H8/h7。

导板式冲裁模结构简单，但由于导板与凸模的配合精度要求高，特别是模具间隙小时，导板的加工非常困难，导向精度也不容易保证，所以，此类模具主要用于材料较厚，工件精度不

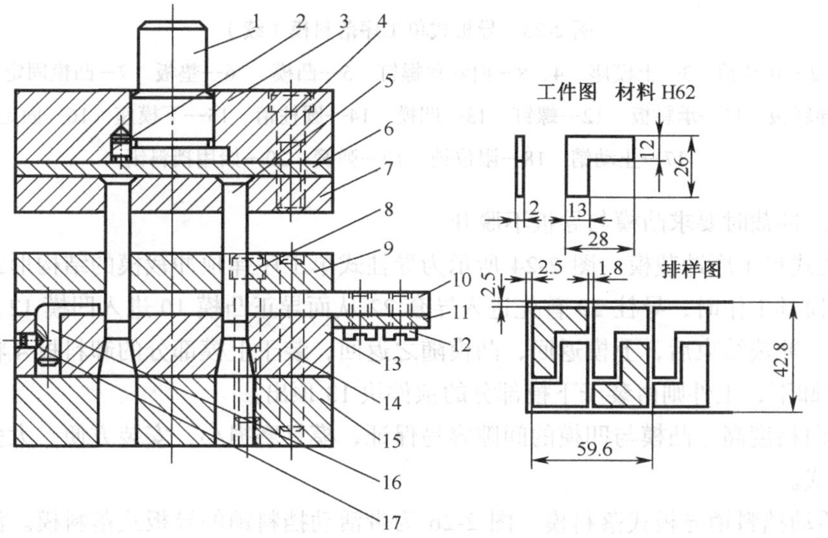

图 2-25　导板式单工序落料模

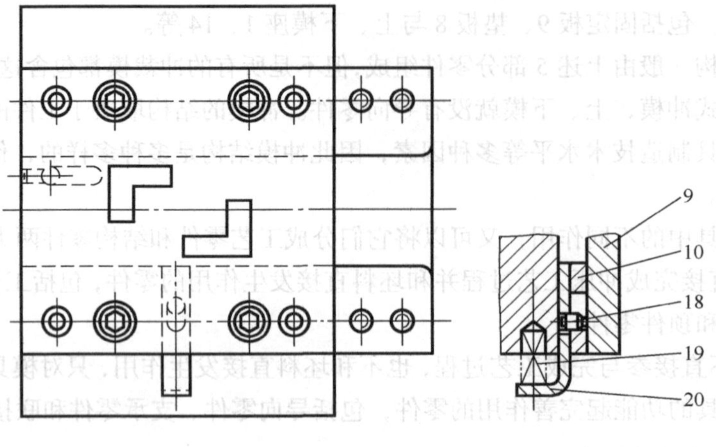

（a）二维视图

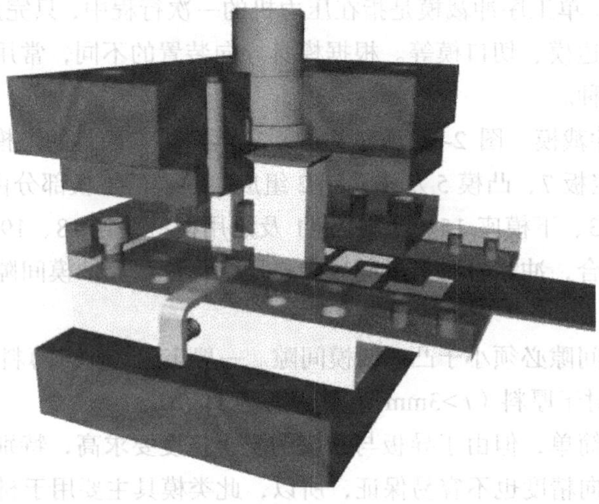

（b）三维造型图

图 2-25　导板式单工序落料模（续）

1—模柄　2—止动销　3—上模座　4、8—内六角螺钉　5—凸模　6—垫板　7—凸模固定板　9—导板　10—导料板　11—承料板　12—螺钉　13—凹模　14—圆柱销　15—下模座　16—固定挡料销　17—止动销　18—限位销　19—弹簧　20—始用挡料销

太高的场合。冲裁时要求凸模与导板不脱开。

② 导柱式单工序冲裁模　图 2-24 所示为导柱式单工序弹顶冲裁模的结构形式。该模具有两个导柱，模具工作时，导柱 20 首先进入导套 22 从而导正凸模 10 进入凹模 12，保证凸、凹模间隙均匀。冲裁结束后，上模返回，凸模随之返回，装于上模部分的卸料板 4 将箍紧于凸模 10 上的条料卸下，工件则由装于下模部分的顶件块 13 顶出。

导柱导向精度高，凸模与凹模的间隙容易保证，模具磨损小、安装方便。大多数冲裁模都采用这种形式。

③ 带活动挡料销导板式落料模　图 2-26 为带活动挡料销的导板式落料模。活动挡料销的工作原理如下：带有斜面的活动挡料销 1 安装在导板 2 中，其上端由板簧 4 夹紧。板簧 4 的一

端用螺钉 3 固定在导板上，另一端嵌在挡料销两侧的两条直槽内，所以板簧的作用使活动挡料销紧贴在凹模 5 的顶面上并且不会转动。送料时，条料的搭边通过挡料销的斜面将其向上顶起，当搭边通过后，挡料销又被板簧压在凹模面上，此时将挡料销拉回，利用搭边另一侧的圆柱部分控制送料步距。活动挡料销送料时不必抬起，比固定挡料销使用方便，但它在送料时要把条料先向前推再向后拉，还是不太方便。

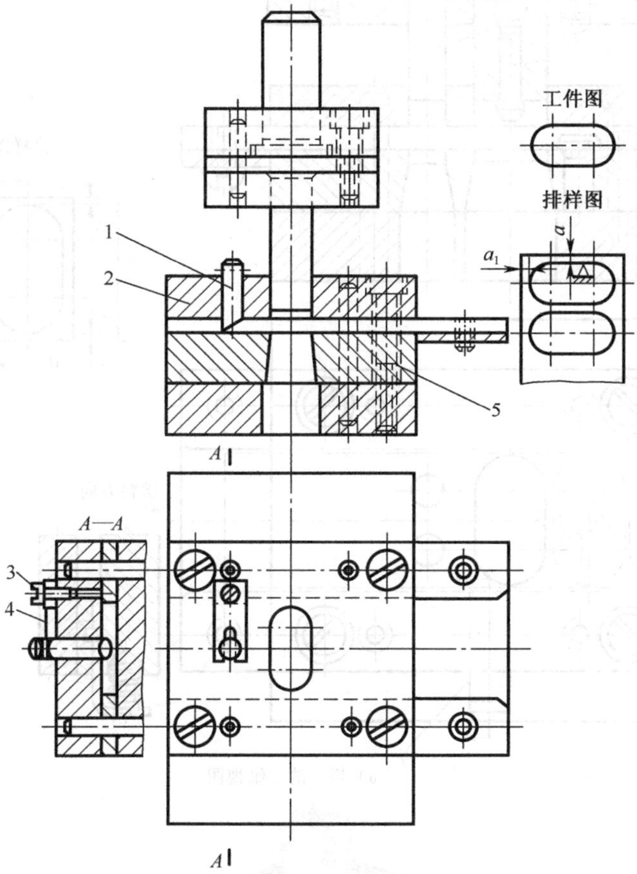

图 2-26　带活动挡料销的导板式落料模

1—活动挡料销　2—导板　3—螺钉　4—板簧　5—凹模

（2）级进冲裁模　在压力机的一次行程中，在模具的不同部位上同时完成数道冲压工序的模具称为级进模，又称连续模，它是一种工位多、效率高的冲模。整个冲件的成形是在连续过程中逐步完成的。连续成形是工序集中的工艺方法，可使切边、切口、切槽、冲孔、塑性成形、落料等多种工序（在级进模中称为工位）在一副模具上完成。它不但可以完成冲裁工序，还可以完成成形工序，甚至装配工序，许多需要多工序冲压的复杂冲压件可以在一副模具上完全成形，为高速自动冲压提供了有利条件。

级进冲裁模则是指在压力机的一次行程中，在模具的不同部位上完成两个或两个以上冲裁工序的模具。

图 2-27 所示为用导正销定距的冲孔落料连续模。上、下模用导板导向。冲孔凸模 3 与落料凸模 4 之间的距离就是送料步距 s。送料时由固定挡料销 6 进行初定位，由两个装在落料凸模

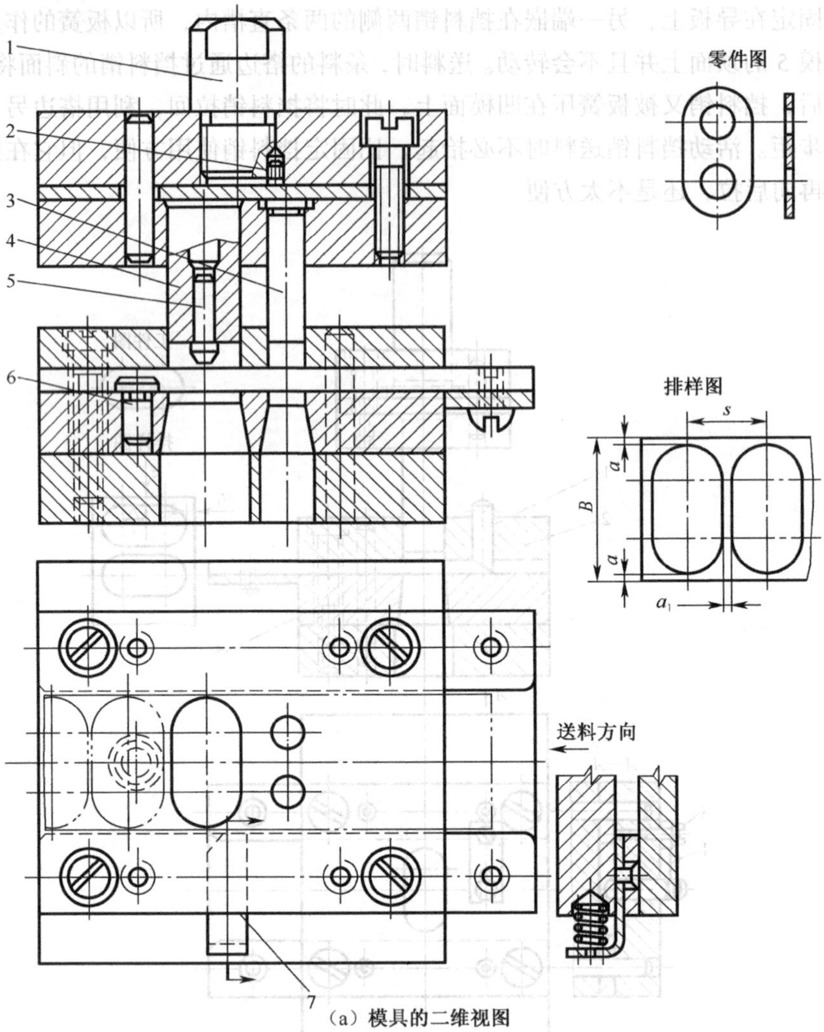

（a）模具的二维视图

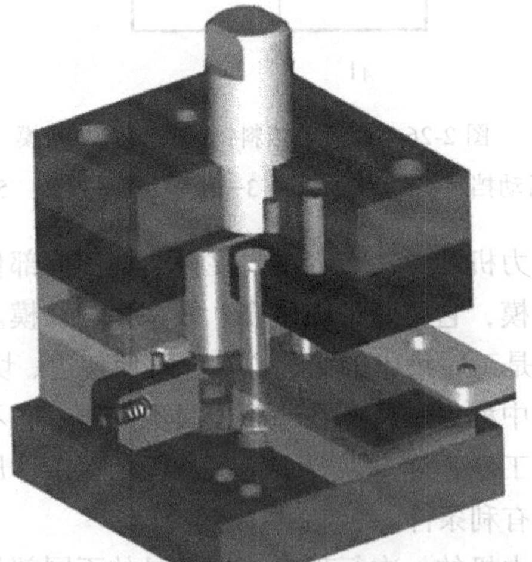

（b）模具的三维造型图

图 2-27　用导正销定距的冲孔落料级进模

1—模柄　2—螺钉　3—冲孔凸模　4—落料凸模　5—导正销　6—固定挡料销　7—始用挡料销

上的导正销 5 进行精定位。导正销与落料凸模的配合为 H7/r6，其连接应保证在修磨凸模时的装拆方便，因此，落料凹模安装导正销的孔是个通孔。导正销头部的形状应有利于在导正时插入已冲的孔，它与孔的配合应略有间隙。为了保证首件的正确定距，在带导正销的级进模中，常采用始用挡料装置。它安装在导板下的导料板中间。在条料上冲制首件时，用手推始用挡料销 7，使它从导料板中伸出来抵住条料的前端即可冲第一件上的两个孔。以后各次冲裁时就都由固定挡料销 6 控制送料步距作粗定位。

级进模比单工序模生产率高，减少了模具和设备的数量，工件精度较高，便于操作和实现生产自动化。对于特别复杂或孔边距较小的冲压件，用简单模或复合模冲制有困难时，可用级进模逐步冲出。但级进模轮廓尺寸较大，制造较复杂，成本较高，一般适用于大批量小型冲压件生产。

（3）复合冲裁模　在压力机的一次行程中，在模具的同一位置完成二道以上工序的模具称为复合模，复合冲裁模则是指在一个位置上同时完成落料与冲孔等多个冲裁工序的模具。复合冲裁模在结构上有一个既为落料凸模又为冲孔凹模的凸凹模。

按照凸凹模位置的不同，复合冲裁模有倒装式与正装式两种。正装式复合冲裁模如图 2-28（a）所示，冲裁时冲孔的废料落在下模或条料上，不易清除，一般很少采用。倒装式复合冲裁模结构如图 2-28（b）所示，冲孔废料由凸凹模孔直接漏下，零件被凸凹模顶入凹模孔内，待冲压结束时由推件板推出。

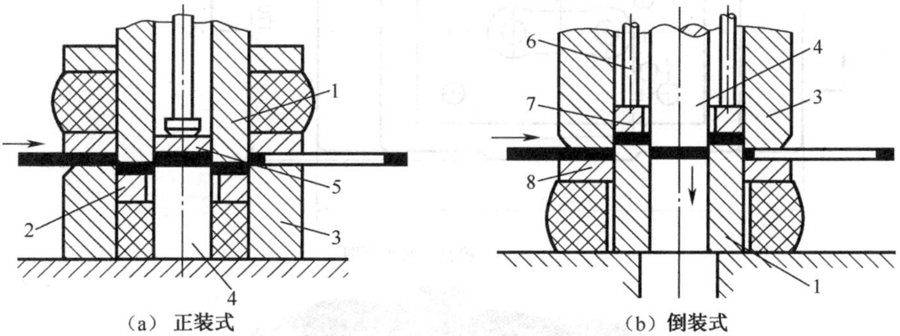

（a）正装式　　（b）倒装式

图 2-28　复合模的结构

1—凸凹模　2—顶料板　3—落料凹模　4—冲孔凸模　5—推件板

6—打料杆　7—推件板　8—卸料板

图 2-29 所示为一副典型的落料冲孔复合模，冲模开始工作时，将条料放在卸料板 19 上，并由 3 个定位销 22 定位。冲裁开始时，凹模 7 和推件块 8 首先接触条料。当压力机滑块下行时，凸凹模 18 的外形与凹模 7 共同作用冲出制件外形。与此同时，冲孔凸模 17 与凸凹模 18 的内孔共同作用冲出制件内孔。冲裁变形完成后，滑块回升时，在打杆 15 作用下，打下推件块 8，将制件排除凹模 7 外。而卸料板 19 在橡胶反弹力作用下，将条料刮出凸凹模，从而完成冲裁全部过程。

复合冲裁模结构紧凑，生产效率高，工件精度高，特别是工件内孔对外形的位置精度容易保证。并且这类模具对条料的要求低，边角余料也可以进行冲压。但复合模结构复杂，制造精度要求高，成本高。复合模主要用于生产批量大、精度要求高的冲裁件。

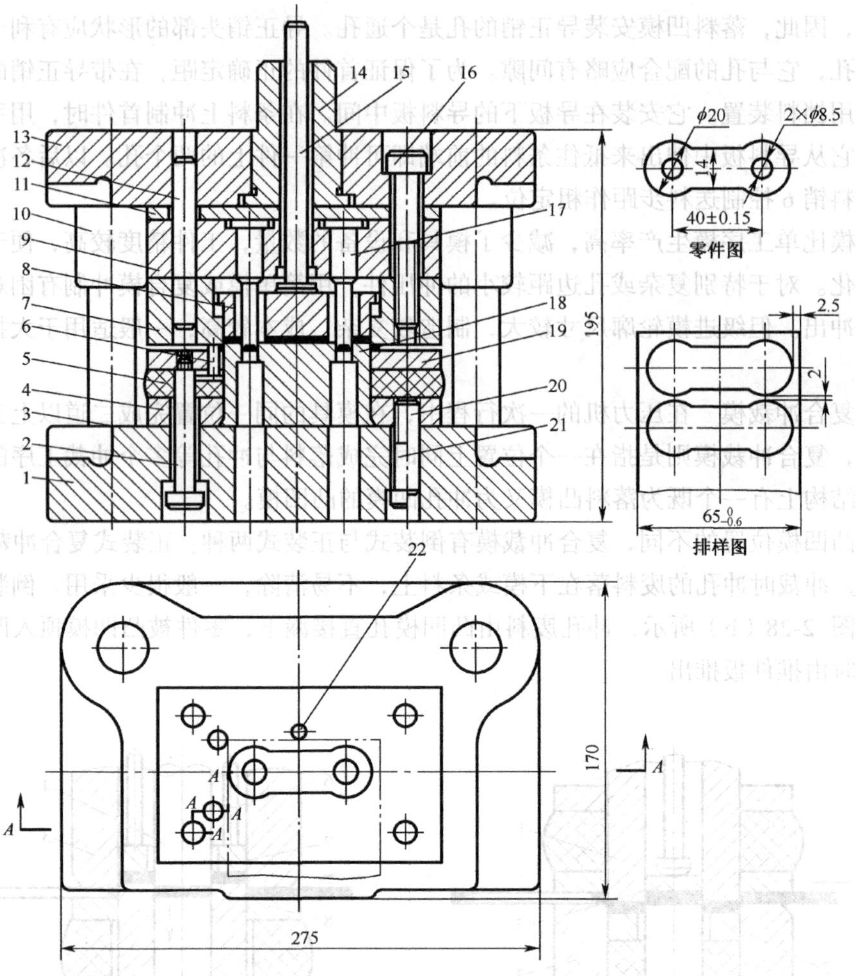

(a) 模具二维平面图

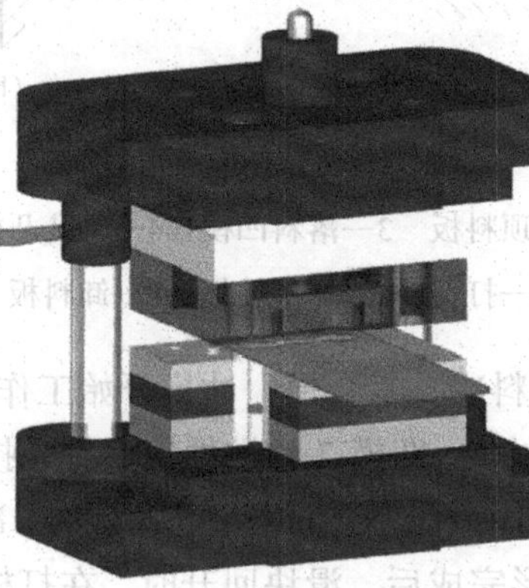
(b) 模具三维造型图

图 2-29 落料冲孔复合模

1—下模板 2—卸料螺钉 3—导柱 4—固定板 5—橡胶 6—导料销 7—落料凹模 8—推件块 9—固定板 10—导套 11—垫板 12、20—销钉 13—上模板 14—模柄 15—打杆 16、21—螺钉 17—冲孔凸模 18—凸凹模 19—卸料板 22—定位销

（九）冲裁模零部件设计

在冲压模的5大类零部件中，很多已经完成标准化工作。冲模设计的标准化、典型化是缩短模具制造周期、简化模具设计的有效方法，是应用模具CAD/CAM的前提，是模具工业化和现代化的基础。国家标准总局对冲压模具先后制定了冲模基础标准、冲模产品（零件）标准和冲模工艺质量标准等标准，见表2-22。

表2-22　冲模技术标准

标准类型	标准名称	标准号	简要内容
冲模基础标准	冲模术语	GB/T 8845—1988	对常用冲模类型、组成零件及零件的结构要素、功能等进行了定义性的阐述。每个术语都有中英文对照
	冲压件尺寸公差	GB/T 13914—1992	给出了技术经济性较合理的冲压件尺寸公差、形状位置公差
	冲压件角度公差	GB/T 13915—1922	
	冲裁间隙	GB/T 16743—1997	给出了合理冲裁间隙范围
冲模产品（零件）标准	冲模零件	GB/T 2855.1～14—1990	冲模滑动导向对角，中间，后侧，四角导柱上、下模座
		GB/T 2856.1～8—1990	冲模滚动导向对角，中间，后侧，四角导柱上、下模座
		GB/T 2861.1～16—1990	各种导柱、导套等
		JB/T 8057.1～5—1995	模柄，圆凸、凹模，快换圆凸模等
		JB/T 5825～5830—1991 JB/T 6499.1～2—1992 JB/T 7643～7653—1994 JB/T 7185～7187—1995	通用固定板、垫板，小导柱，各式模柄，导正销，侧刃，导料板，始用挡料装置；钢板滑动与滚动导向对角，中间，后侧，四角导柱上、下模座和导柱，导套等
	冲模模架	GJB/T 2851～2852—1990	滑动与滚动导向对角、中间、后侧、四角导柱模架（铸铁模座）
		JB/T 7181～7182—1995	滑动与滚动导向对角、中间、后侧、四角导柱钢板模架
冲模工艺质量标准	冲模技术条件	GB/T 14662—1993	各种模具零件制造和装配技术要求，以及模具验收的技术要求等
	冲模钢板模架技术条件	JB/T 7183—1995	钢板模架零件制造和装配技术要求，以及模架验收的技术要求等

1. 工作零部件设计

（1）凸模。

① 圆形凸模的结构形式　圆形凸模的结构如图2-30所示。其中，图2-30（a）所示的凸模用于冲制直径为1～8mm的工件；图2-30（b）所示的凸模用于冲制直径为8～30mm的工件；图2-30（c）所示的凸模用于直径较大的工件。国家标准的圆形凸模形式如图2-30（d）～（f）所示。根据国标（JB/T 8057.1～2—1995）规定，凸模材料用T10A、Cr6WV、9Mn2V、Cr12、Cr12MoV。刃口部分热处理硬度前两种材料为58～60HRC，后三种材料为58～62HRC，尾部回火至40～50HRC。

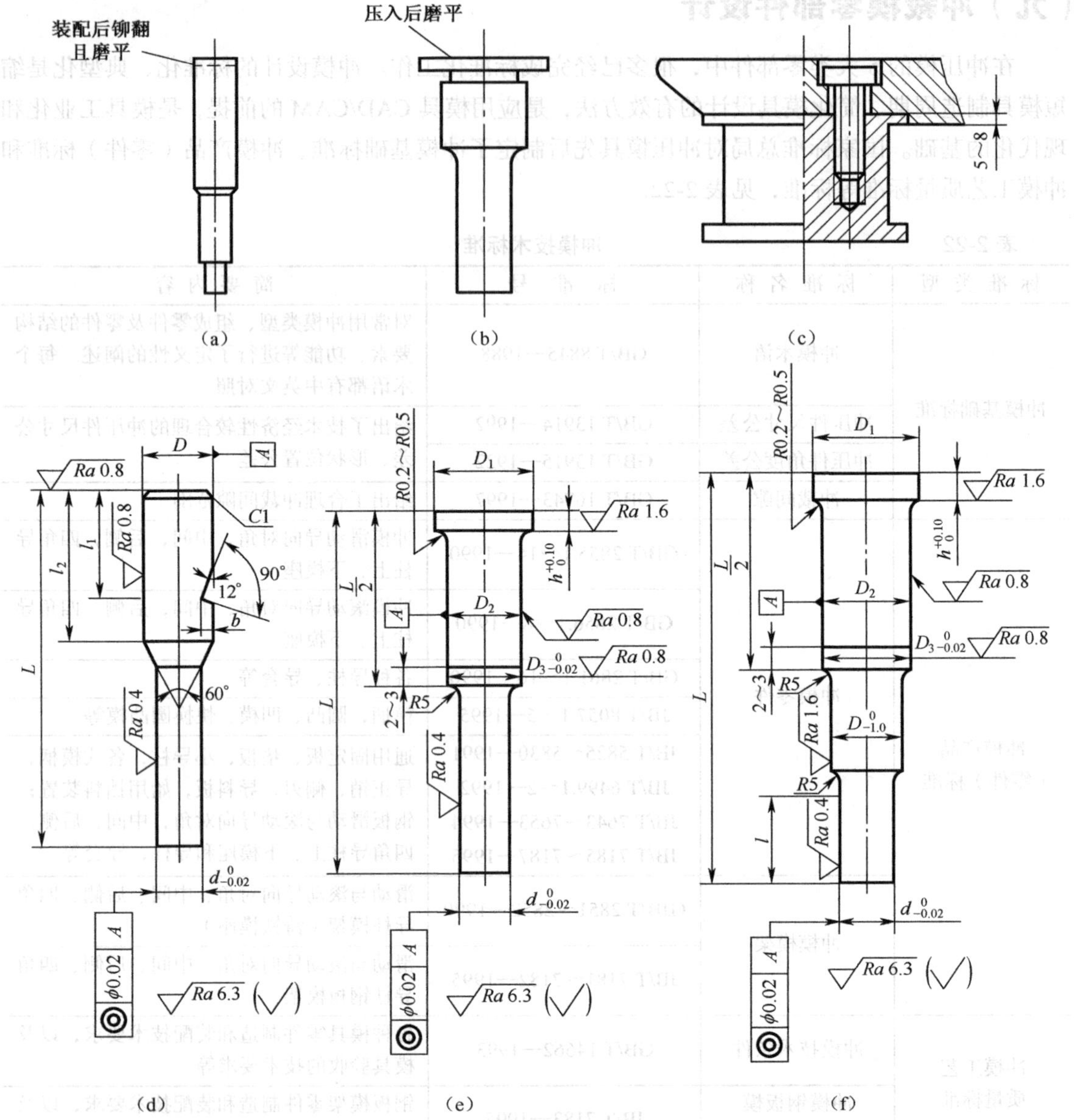

图 2-30　圆形凸模结构

② **非圆形凸模的结构形式**　冲裁非圆形孔及非圆形落料工件时，其凸模结构形式如图 2-31 所示。图 2-31（a）所示为整体式，图 2-31（b）所示为组合式，图 2-31（c）所示为镶拼式。为节约优质材料，降低模具成本，组合式及镶拼式凸模的基体部分可采用普通钢如 45 钢、仅在工作刃口部分采用模具钢如 Cr12、T10A 制造。

③ **凸模的固定**　凸模结构可以分为工作部分与安装部分，凸模的工作部分直接用来完成冲裁加工，其形状、尺寸应根据冲裁件的形状和尺寸，以及冲裁工序性质、特点进行设计。而凸模的安装部分多数是通过与固定板结合后，安装于模座上。凸模的安装形式主要取决于凸模的受力状态、安装空间的限制、有关的特殊要求、自身的形状及工艺特性等因素。其主要安装方式如图 2-32 所示。

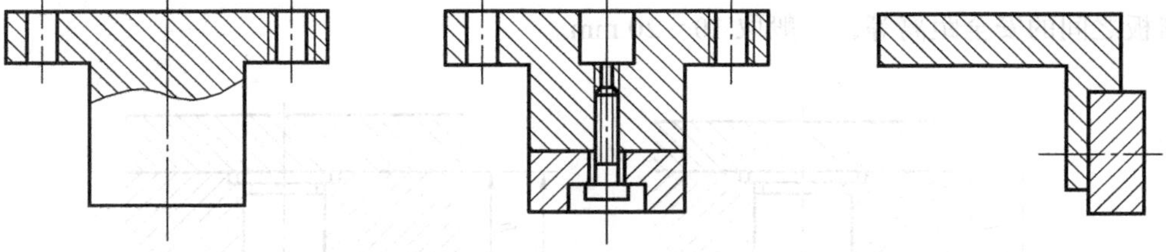

（a）（b）（c）

图 2-31　非圆形凸模结构

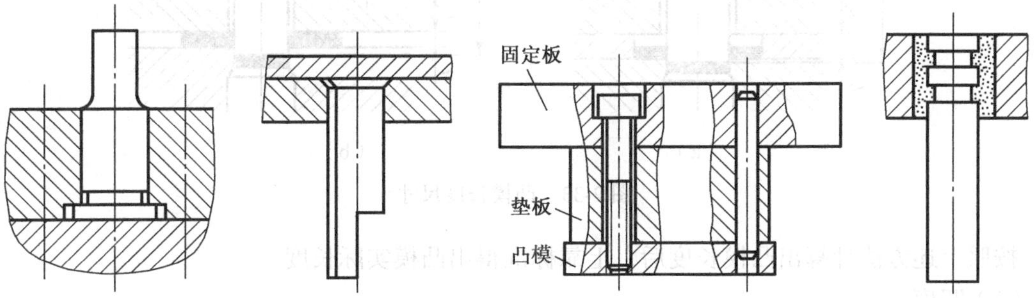

（a）（b）（c）（d）

图 2-32　凸模的固定形式

图 2-32（a）所示为应用较普遍的台阶式固定法，多用于圆形及规则形状凸模的场合，凸模安装部分设有大于安装尺寸的台阶，以防止凸模从固定板中脱落，凸模与固定板多采用 H7/m6 配合，装配稳定性好。图 2-32（b）所示为铆接式固定法，凸模装入固定板后，将凸模上端铆出（1.5～6.5）mm×45° 的斜面，以防止凸模脱落，多用于不规则形状断面的小凸模安装。图 2-32（c）所示为螺钉及销钉固定法，适用于大型或中型凸模，用螺钉及销钉将凸模直接固定在凸模固定板上，这种固定方法，安装与拆卸简便、稳定性好。图 2-32（d）所示为浇注粘接固定法，适用于冲裁件厚度小于 2mm 的冲裁模，采用低熔点合金、环氧树脂、无机粘结剂浇注粘接固定，利用浇注粘接固定，其固定板与凸模间有明显的间隙，固定板只需粗略加工，在凸模安装部位，不需精密加工，可以简化装配。

④ 凸模长度的计算　凸模长度尺寸应根据模具的具体结构，并考虑修磨、固定板与卸料板之间的安全距离、装配等的需要来确定。

当采用固定卸料板和导料板时，如图 2-33（a）所示，其凸模长度按下式计算：

$$L=h_1+h_2+h_3+h \tag{2-36}$$

当采用弹压卸料板时，如图 2-33（b）所示，其凸模长度按下式计算：

$$L=h_1+h_2+t+h \tag{2-37}$$

式（2-36）和式（2-37）中：

L——凸模长度（mm）；

h_1——凸模固定板厚度，mm；

h_2——卸料板厚度，mm；

h_3——导料板厚度，mm；

t——材料厚度，mm；

h ——增加长度。它包括凸模的修磨量、凸模进入凹模的深度（0.5～1 mm）、凸模固定板与卸料板之间的安全距离等，一般取 10～20 mm。

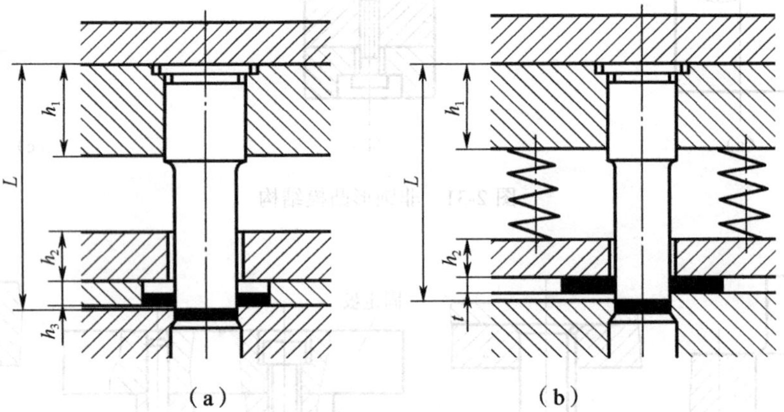

图 2-33　凸模长度尺寸

按照上述方法计算出凸模长度后，上靠标准得出凸模实际长度。

（2）凹模。

① 凹模的结构形式　图 2-34 所示为冲裁模常用凹模的主要结构形式。图 2-34（a）所示为整体式凹模，模具结构简单，强度好，适用于中小型冲压件及尺寸精度要求比较高的模具。在使用中，如果凹模刃口局部磨损、损坏就必须整体更换，同时由于凹模的非工作部分也采用模具钢材，制造成本较高。图 2-34（b）所示为组合式凹模，其工作部分和非工作部分是分别制造的。工作部分采用模具钢制造，非工作部分则由普通材料制造，模具制造成本低，维修方便，适合于精度要求不太高的大、中型冲压件使用。图 2-34（c）所示为镶拼式凹模，其优点是加工方便，易损部分更换容易，降低了复杂模具的加工难度。适于冲制窄臂、形状复杂的冲压件。

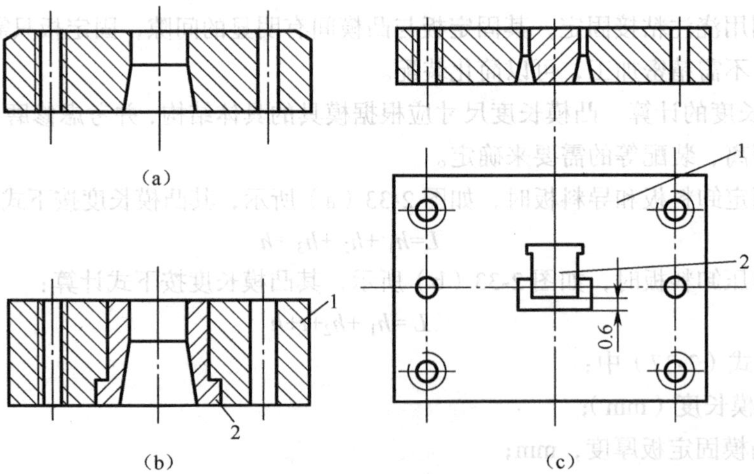

图 2-34　凹模结构形式

1—固定板　2—凹模

②凹模刃口形式确定 图 2-35 所示为冲裁模凹模直筒式刃口的主要形式。该种形式的模具刃口强度高，加工方便，并且冲压时刃口的尺寸和间隙不会因修磨而变化，冲压件的质量稳定。其缺点是冲裁件或冲裁废料不易排除。主要应用在冲裁形状复杂或精度较高，直径小于 5mm 的工件上。图 2-35（a）、（c）所示的凹模刃口常用于带有顶出装置的复合模。图 2-35（b）所示的凹模刃口常用于单工序冲模及连续模中，凹模下部锥度主要为了便于卸件，在设计时，一般β可取 2°～3°。图 2-35（d）～（g）所示为国家标准（JB/T 8057.3～4—1995）所列出的圆形凹模形式，凹模推荐材料为 T10A、Cr6WV、9Mn2V、Cr12，热处理硬度为 58～62HRC。

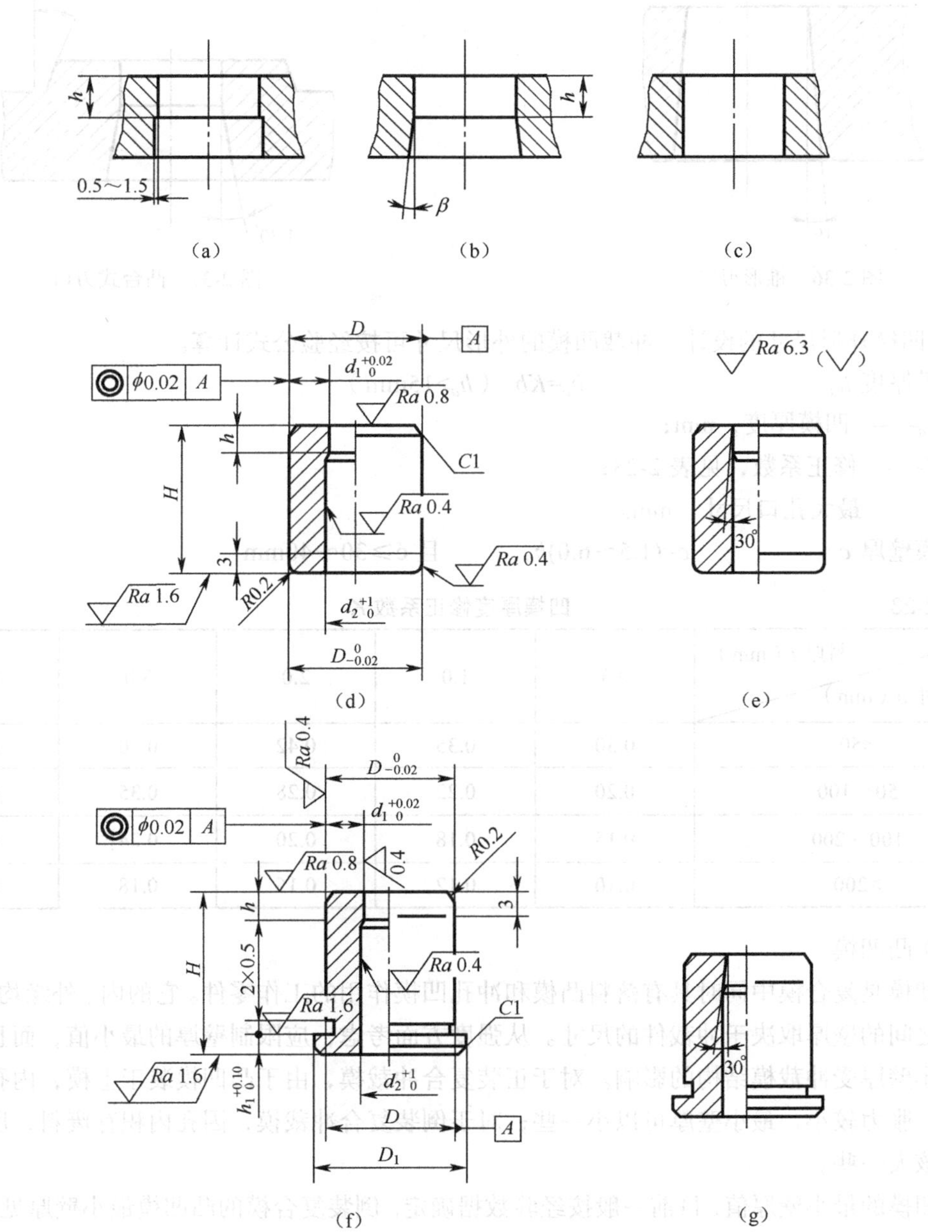

图 2-35 直筒式凹模刃口

图 2-36 所示为冲裁模凹模的锥形刃口形式。这种凹模强度较差，使用中由于刃口磨损会使间隙增大，但由于刃口成锥形，故工件或废料易于排出，并且凸模对孔壁的摩擦及压力也较小，从而可以使凹模寿命增加。这种凹模刃口多用于冲裁形状简单、精度要求不高的零件，刃口斜度α与材料厚度有关。

图 2-37 所示为冲裁模凹模的凸台式刃口形式，适用于冲裁 0.3mm 以下的工件。凹模淬火硬度一般为 35～40HRC，装配时，可以锤打凸台斜面来调整间隙，直到冲出合格的工件为止。

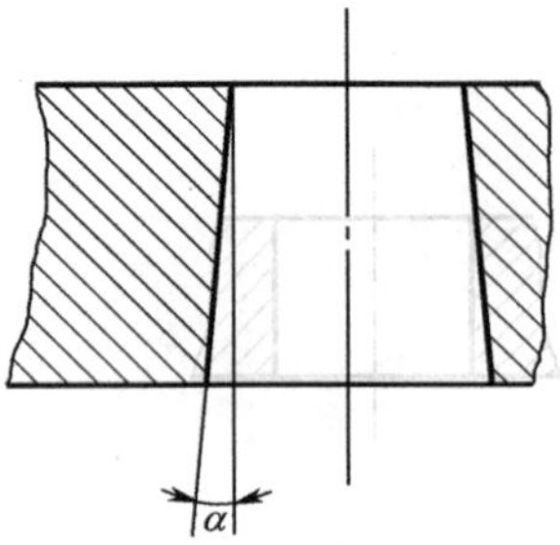

图 2-36　锥形刃口

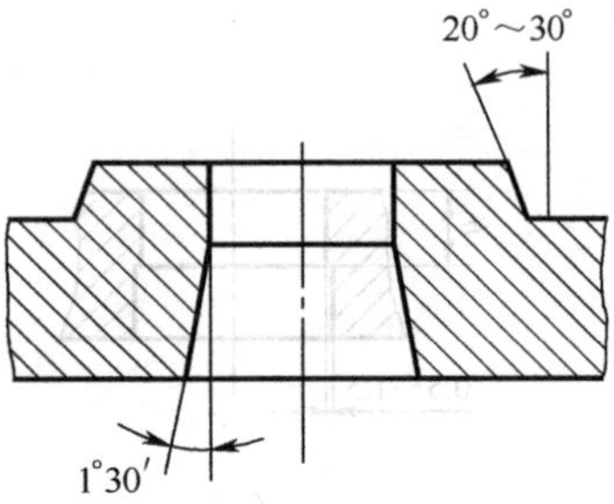

图 2-37　凸台式刃口

③ 凹模外形尺寸的设计　冲裁凹模的外形尺寸可按经验公式计算。

凹模厚度 h_a　　$h_a=Kb$　（h_a>15mm）　（2-38）

式中：h_a—— 凹模厚度，mm；

K—— 修正系数，见表 2-23；

b—— 最大孔口尺寸，mm。

凹模壁厚 c　　$c=(1.5～6.0)h_a$　　且 c≥30～40mm　（2-39）

表 2-23　凹模厚度修正系数 K

孔口尺寸 b（mm）＼料厚 t（mm）	0.5	1.0	2.0	3.0	>3.0
<50	0.30	0.35	0.42	0.50	0.60
50～100	0.20	0.22	0.28	0.35	0.42
100～200	0.15	0.18	0.20	0.24	0.30
>200	0.10	0.12	0.15	0.18	0.22

（3）凸凹模。

凸凹模是复合模中同时具有落料凸模和冲孔凹模作用的工作零件。它的内、外缘均为刃口，内外缘之间的壁厚取决于冲裁件的尺寸。从强度方面考虑，应限制壁厚的最小值，而且，凸凹模的最小壁厚受冲裁模结构的影响。对于正装复合冲裁模，由于凸凹模装于上模，内孔不会积存废料，胀力较小，最小壁厚可以小一些；对于倒装复合冲裁模，因孔内积存废料，所以最小壁厚应该大一些。

凸凹模的最小壁厚值，目前一般按经验数据确定。倒装复合模的凸凹模最小壁厚见表 2-24。正装复合模的凸凹模最小壁厚可比倒装的小些。

表 2-24　　倒装复合模的凸凹模最小壁厚δ

简　图	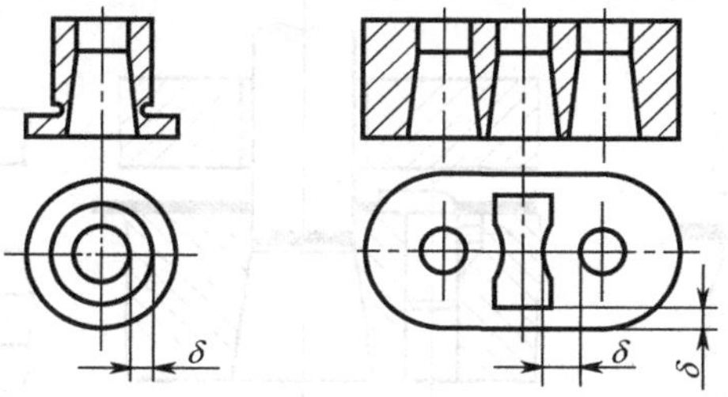 单位：mm									
材料厚度 t	0.4	0.6	0.8	1.0	1.2	1.4	1.6	1.8	2.0	2.2	2.5
最小壁厚δ	1.4	1.8	2.3	2.7	3.2	3.6	4.0	4.4	4.9	5.2	5.8
材料厚度 t	2.8	3.0	3.2	3.5	3.8	4.0	4.2	4.4	4.6	4.8	5.0
最小壁厚δ	6.4	6.7	7.1	7.6	8.1	8.5	8.8	9.1	9.4	9.7	10.0

2. 定位零件设计

冲模的定位零件用来保证条料的正确送进及在模具中的正确位置。条料在模具中的定位有两方面的内容：一是在与条料送料方向垂直的方向上的限位，保证条料沿正确的方向送进，称为送进导向，或称导料； 二是在送料方向上的限位，控制条料一次送进的距离（步距）称为送料定距，或称挡料。对于块料或工序件的定位，基本也是在两个方向上的限位，只是定位零件的结构形式与条料的有所不同而已。

冲模的定位装置，按其工作方式及作用不同可分为挡料销、定位板（钉、块）、导正销、定距侧刃等。

（1）挡料销　挡料销的作用是保证条料或带料有准确的送料进距。它可分为固定挡料销、活动挡料销、自动挡料销和始用挡料销等，如图 2-38 所示。图 2-38（a）所示为一固定挡料销，结构简单，但操作不便；图 2-38（b）所示为钩形固定挡料销，钩形挡料销设置距凹模刃口较远，凹模强度好；图 2-38（c）所示为可调式挡料销，使用中可根据材料进距，调整位置，多用于通用切断模；图 2-38（d）所示为活动式弹簧挡料销，多用于带固定卸料板的冲裁模，其料厚不宜小于 0.8mm，操作时需将条料略向后拉，因此生产效率较低；图 2-38（e）所示为自动挡料销结构，冲裁时随凹模下降而压入孔内，操作方便，多用于弹压卸料板的复合模中；图 2-38（f）所示为始用挡料销，多用于连续模中第一步冲压时的定位。

挡料销一般用 45 钢制造，淬火硬度为 43～48HRC。设计时，挡料销高度应稍大于冲压件的材料厚度。

（2）定位板与定位钉　定位板与定位钉是对单个毛坯或半成品按其外形或内孔进行定位的零件。由于坯料形状不同，定位形式也很多，如图 2-39 所示，其中，图 2-39（a）所示为外形定位，图 2-39（b）所示为内孔定位。

定位板与定位钉一般采用 45 钢制成，淬火硬度为 43～48HRC。

（3）导正销　导正销多用于连续模中冲裁件的精确定位，冲裁时为减少条料的送进误差，保证工件内孔与外形的相对位置精度，导正销先插入已冲好的孔（或工艺孔）中，将坯料精确定位。图 2-40 所示为几种导正销的结构形式。其中，图 2-40（a）适用于直径小于ϕ6mm 的孔，

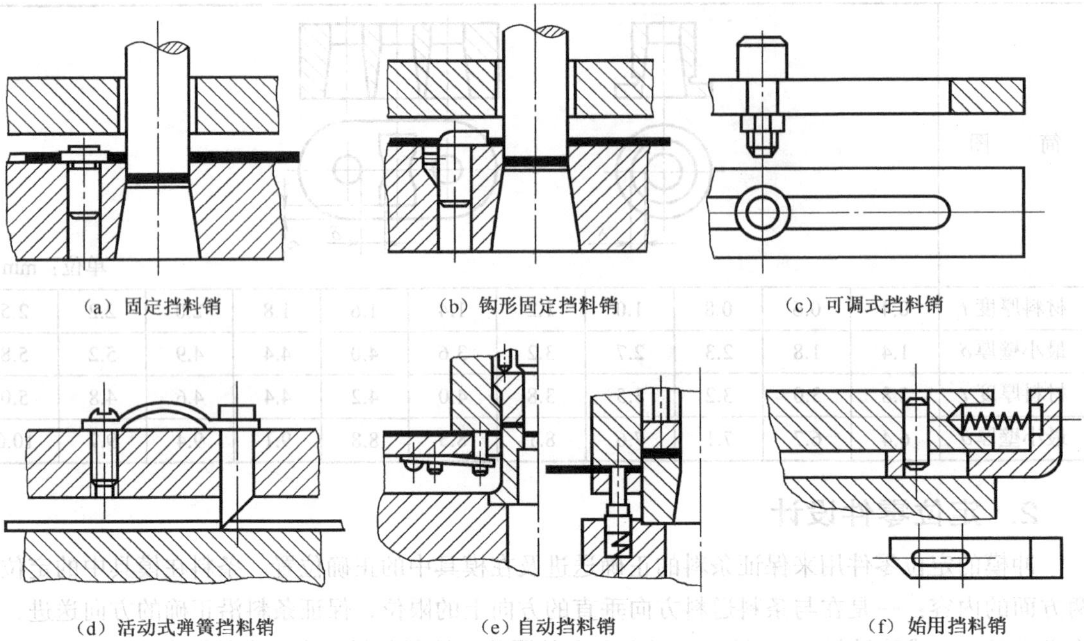

图 2-38　挡料销

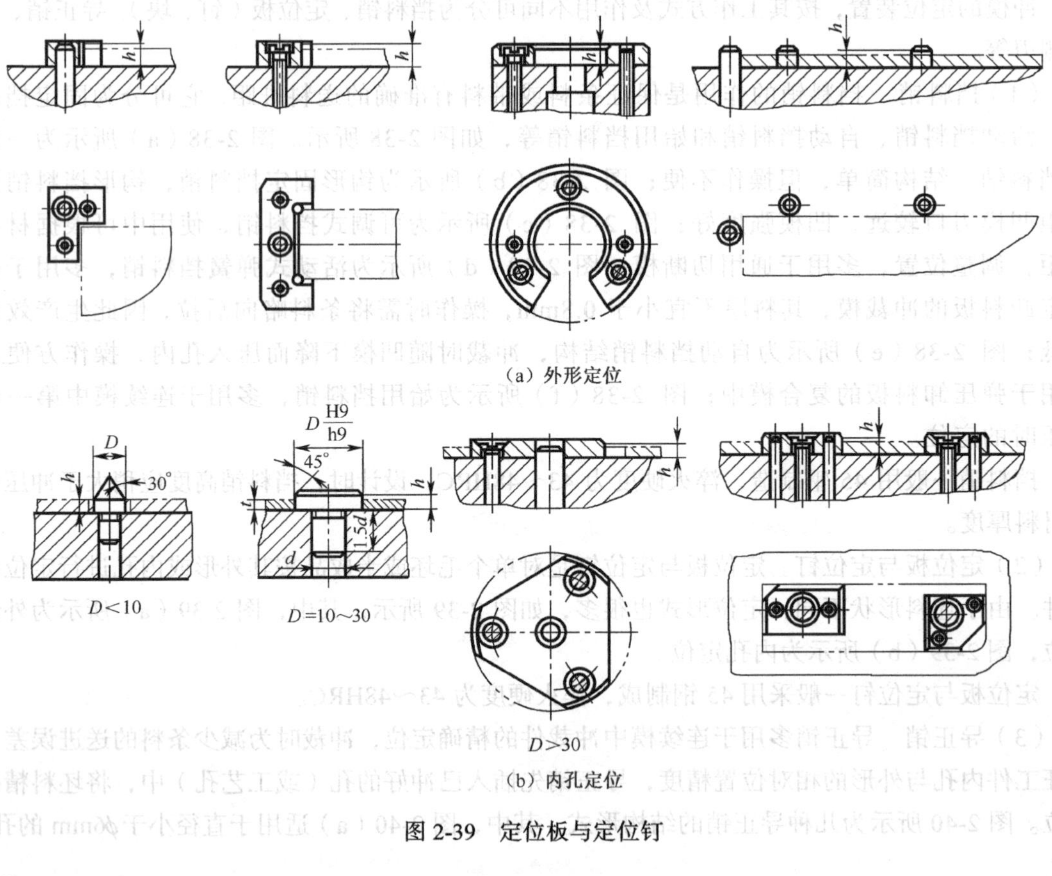

图 2-39　定位板与定位钉

图 2-40（b）适用于直径小于ϕ10mm 的孔，图 2-40（c）适用于直径为ϕ10～30mm 的孔，图 2-40（d）适用于直径为ϕ20～ϕ50mm 的孔。图 2-40（e）～（f）所示为活动导正销结构形式，采用这种导正销，便于修理，又可避免发生模具损坏和危及人身安全等冲压事故，定位精度较固定式导正销差些。导正销可装在落料凸模上，也可装在固定板上。导正销与导孔之间要有一定的间隙，导正销高度应大于模具中最长凸模的高度。

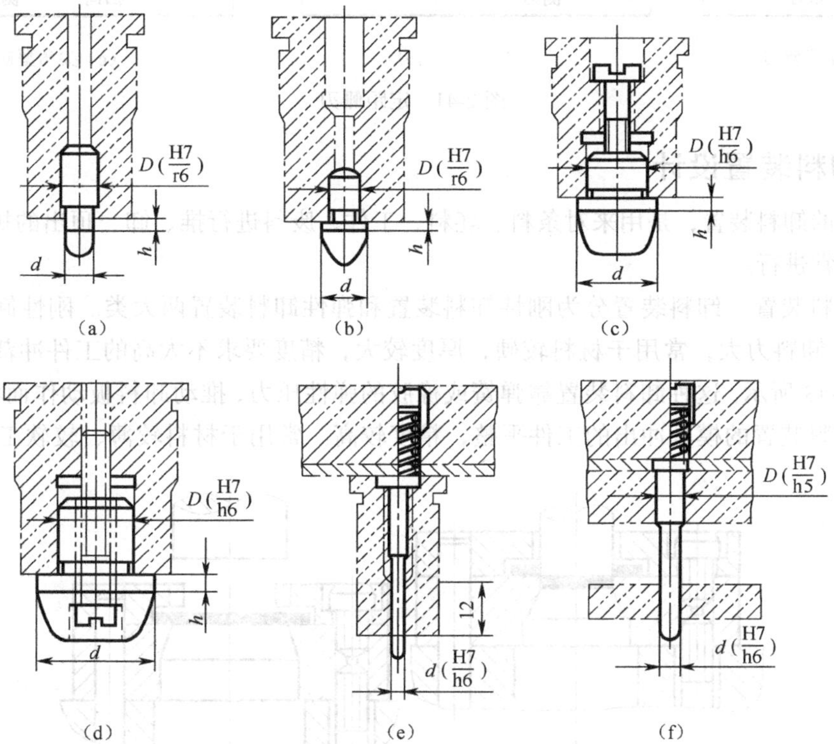

图 2-40　导正销

导正销一般采用 T7、T8 或 45 钢制作，并需经热处理淬火。

（4）定距侧刃　定距侧刃常用于级进模中控制送料步距。以切去条料旁侧少量材料，得到一定位缺口的方法，达到挡料目的。在冲模工作的同时，定距侧刃切去长度等于步距的料边，条料就可以向前送进一个步距。采用定距侧刃浪费材料，一般用于某些少、无废料排样以及冲制进料距小于 6～8mm 的窄长制件。级进模冲裁较薄试样时，经常使用定距侧刃。

常用侧刃的形式如图 2-41 所示。按侧刃的断面形状分为矩形侧刃和成型侧刃。图 2-41（a）所示为矩形侧刃，制造简单，但刃尖磨损后在条料侧边形成毛刺，影响送料精度；图 2-41（b）所示为成型侧刃，条料侧边形成的毛刺离开了导料板和侧刃挡板的定位面，送料精度高，但制造难度加大，图 2-41（c）所示为尖角型侧刃，侧刃先在料边冲一缺口，条料送进时当缺口直边滑过挡料销后再向后拉，使挡料销直边挡住缺口定位，这种侧刃材料消耗少，但操作不便。

侧刃厚度一般为 6～10mm，其长度为条料送进步距长度。材料可用 T10、T10A、Cr12 钢制造，淬火硬度为 62～64HRC。

（5）送料方向的控制　条料送料方向的控制是靠导料板或导料销实现的。标准导料板（导尺）可按国标 JB/T 7648.5—1995 选取。长度尺寸应等于凹模长度，如果凹模带有承料板，导料板的长度应等于凹模长度与承料板长度之和。当采用导料销控制送料方向时，应在同侧设置两个导料销。导料销的结构与挡料销类似。

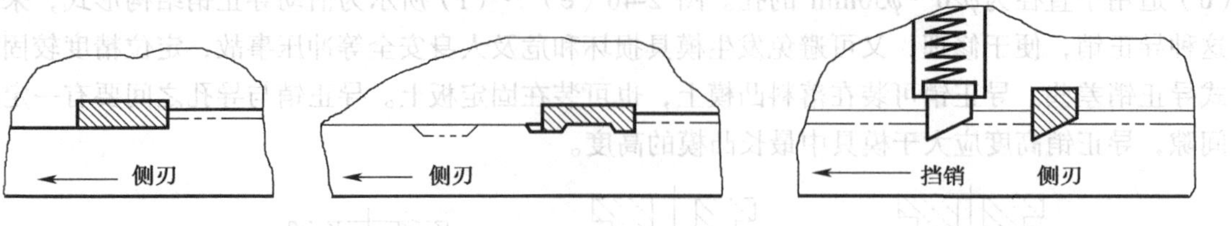

（a）矩形侧刃　（b）成型侧刃　（c）尖角型侧刃

图 2-41　定距侧刃

3. 卸料装置设计

冲裁模的卸料装置，是用来对条料、坯料、工件、废料进行推、卸、顶出的机构，以便下次冲压能正常进行。

（1）卸料装置　卸料装置分为刚性卸料装置和弹性卸料装置两大类。刚性卸料装置如图 2-42 所示，卸料力大，常用于材料较硬，厚度较大，精度要求不太高的工件冲裁。弹性卸料装置如图 2-43 所示。这种卸料装置靠弹簧或橡胶的弹性压力，推动卸料板动作而将材料卸下。具有弹性卸料装置的模具冲出的工件平整，精度较高。常用于材料较薄、较软工件的冲裁。

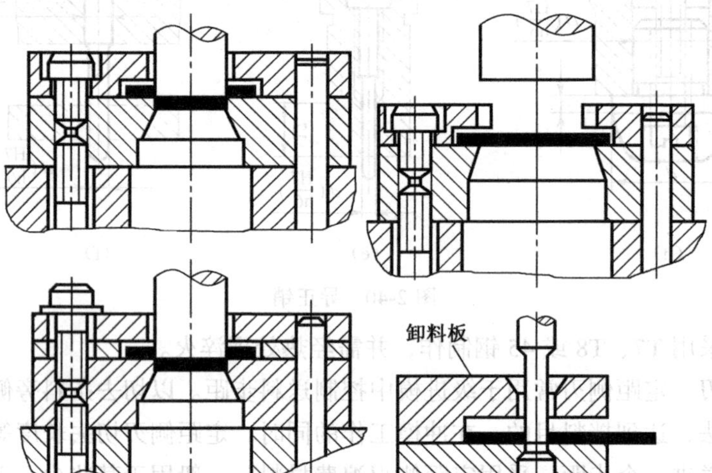

图 2-42　刚性卸料装置

（2）废料切刀卸料　对于大、中型零件冲裁或成形件切边，还常采用废料切刀的形式，将废边切断分开，达到卸料目的，如图 2-44 所示。

（3）推件装置　推件装置分为刚性推件装置和弹性推件装置两大类。刚性推件装置如图 2-45 所示，常用于倒装复合模中，推件装置装于上模部分。推件装置有两种类型，当模柄中心位置有冲孔凸模时，采用图 2-45（a）所示结构，否则就用简单的图 2-45（b）所示结构。弹性顶件装置一般都装在下模上，常用于正装复合模或冲裁薄板料的落料模中，如图 2-46 所示，它不仅起弹顶作用，对冲裁件还有压平作用，可使冲裁件质量提高。

（4）卸料装置有关尺寸计算　卸料板的形状一般与凹模形状相同，卸料板的厚度，可按下式确定：

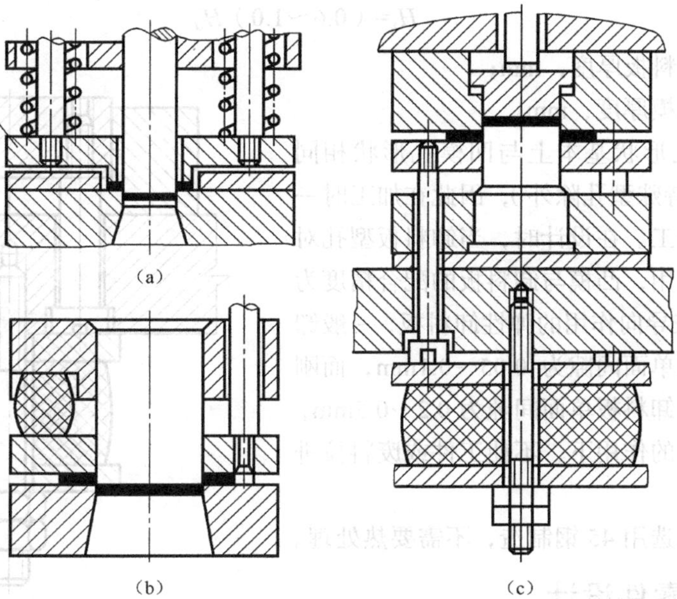

图 2-43　弹性卸料装置

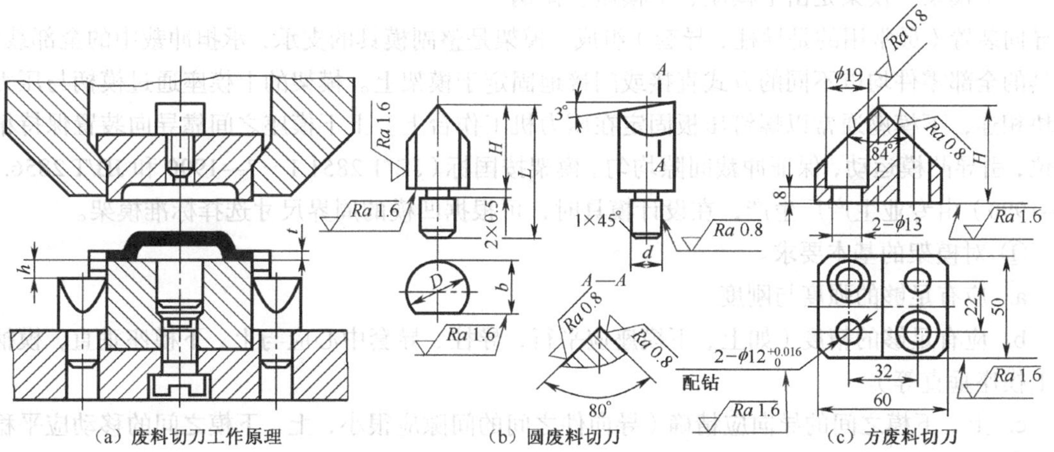

图 2-44　废料切刀卸料

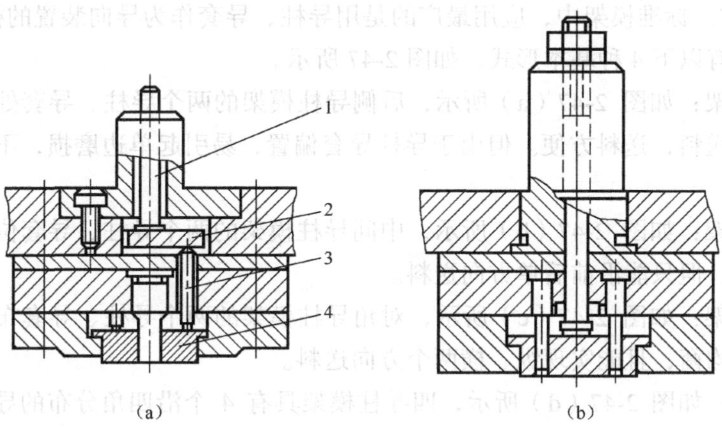

图 2-45　刚性推件装置

1—推杆　2—推板　3—小推杆　4—推件块

$$H_x=(0.6\sim1.0)H_a \tag{2-40}$$

式中：H_x——卸料板厚度，mm；

H_a——凹模厚度，mm。

卸料板型孔形状基本上与凹模孔形状相同（细小凹模孔及特殊型孔除外），因此在加工时一般与凹模配合加工。在设计时，当卸料板型孔对凸模兼起导向作用，凸模与卸料板的配合精度为H7/f6；对于不兼导向作用的弹性卸料板，一般卸料板型孔与凸模单面间隙为 0.05～0.1mm，而刚性卸料板凸模与卸料板单面间隙为 0.2～0.5mm，并保证在卸料力的作用下，不使工件或废料拉进间隙内为准。

卸料板一般选用 45 钢制造，不需要热处理。

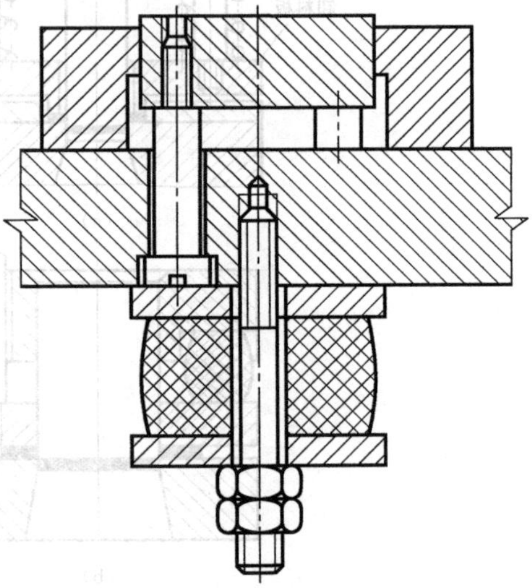

图 2-46　弹性顶件装置

4. 固定零件设计

（1）模架　模架是由上模座、下模座、模柄及导向装置（最常用的是导柱、导套）组成。模架是整副模具的支承，承担冲裁中的全部载荷，模具的全部零件均以不同的方式直接或间接地固定于模架上。模架的上模座通过模柄与压力机滑块相连，下模座通常以螺钉压板固定在压力机工作台上。上下模座之间靠导向装置保持精确定位，引导凸模运动，保证冲裁间隙均匀。模架按国标（JB/T 2851.1～7—1990 和 JB/T 2856.1～4—1990）由专业生产厂生产，在设计模具时，可根据凹模的周界尺寸选择标准模架。

① 对模架的基本要求。

a. 应有足够的强度与刚度。

b. 应有足够的精度（如上、下模座应平行，导柱、导套中心应与上、下模座垂直，模柄应与上模座垂直等）。

c. 上、下模之间的导向应精确（导向件之间的间隙应很小，上、下模之间的移动应平稳和无滞住现象）。

② 模架形式。标准模架中，应用最广的是用导柱、导套作为导向装置的模架。根据导柱、导套位置的不同有以下 4 种基本形式，如图 2-47 所示。

后侧导柱模架：如图 2-47（a）所示，后侧导柱模架的两个导柱、导套处于模架后侧，可实现纵向、横向送料，送料方便。但由于导柱导套偏置，易引起单边磨损，不适于浮动模柄的模具。

中间导柱模架：如图 2-47（b）所示，中间导柱模架的两个导柱、导套位于模具左右对称线上。受力均衡，但只能沿前后单方向送料。

对角导柱模架：如图 2-47（c）所示，对角导柱模架的两个导柱、导套布置于模具的对角线上，不但受力均衡，且能实现纵、横两个方向送料。

四导柱模架：如图 2-47（d）所示，四导柱模架具有 4 个沿四角分布的导柱导套，不但受力均衡，导向功能强，且刚度大，适合于大型模具。

③ 导柱与导套。导柱的长度应保证冲模在最低工作位置（即闭合位置）时，导柱上端面与

上模座顶面的距离不小于 10～15mm，下模座底面与导柱底面的距离应为 0.5～1mm，*H* 为模具的闭合高度，如图 2-48 所示。导柱导套的配合精度可根据冲裁模的精度、模具寿命、间隙大小来选择。当冲裁的板料较薄，而模具精度、寿命都较高时，选 H6/h5 配合的 I 级精度模架；当冲裁的板料较厚时，选 H7/h6 配合的 II 级精度模架。

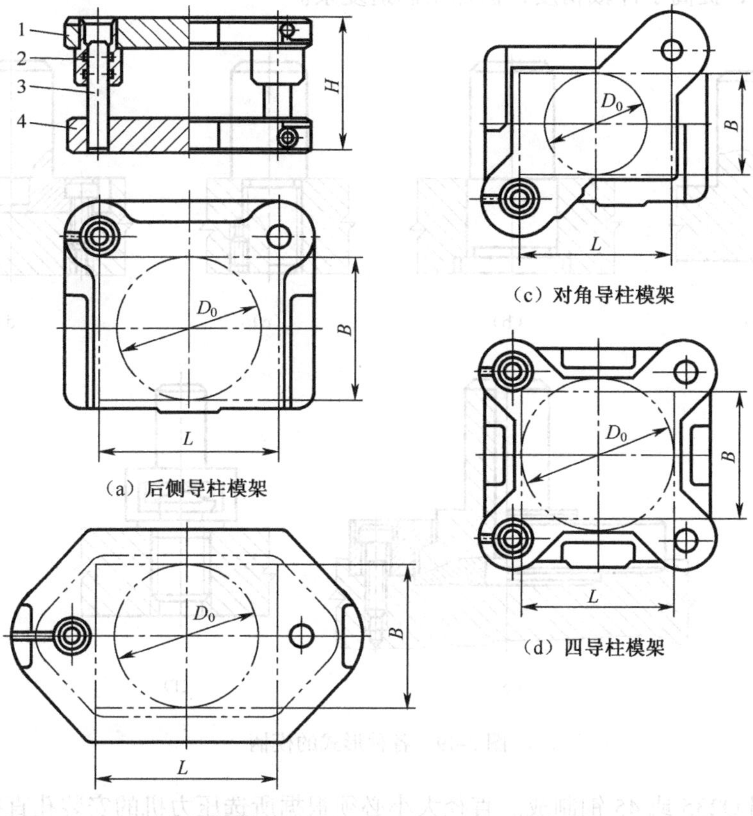

（a）后侧导柱模架　（b）中间导柱模架　（c）对角导柱模架　（d）四导柱模架

图 2-47　模架的基本形式

1—上模座　2—导套　3—导柱　4—下模座

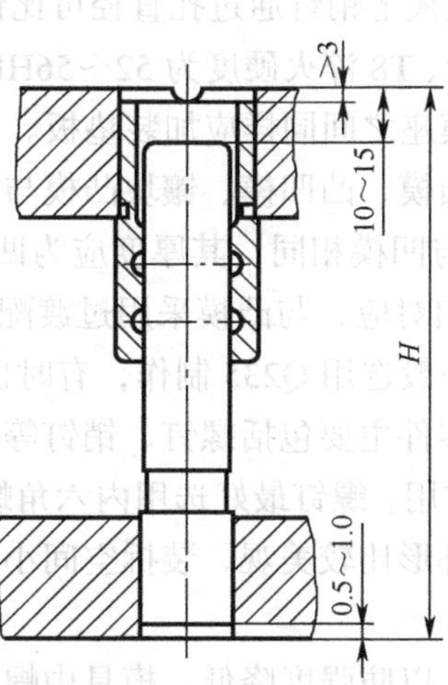

图 2-48　导柱长度与上、下模座的关系

④ 模柄。冲模的上模座是通过模柄安装在冲床滑块上的。模柄的形式很多，常用的有整体式模柄［图 2-49（a）］、压入式模柄［图 2-49（b）］、旋入式模柄［图 2-49（c）］、螺钉固定式模柄［图 2-49（d）］、浮动式模柄［图 2-49（e）、（f）］等结构形式。浮动式模柄结构常用于冲裁精度较高的薄板工件及滚动导柱导向的模具。此类模柄在冲裁时，能消除压力机导轨对冲模导向精度的影响，提高了冲裁精度，但加工制造复杂。

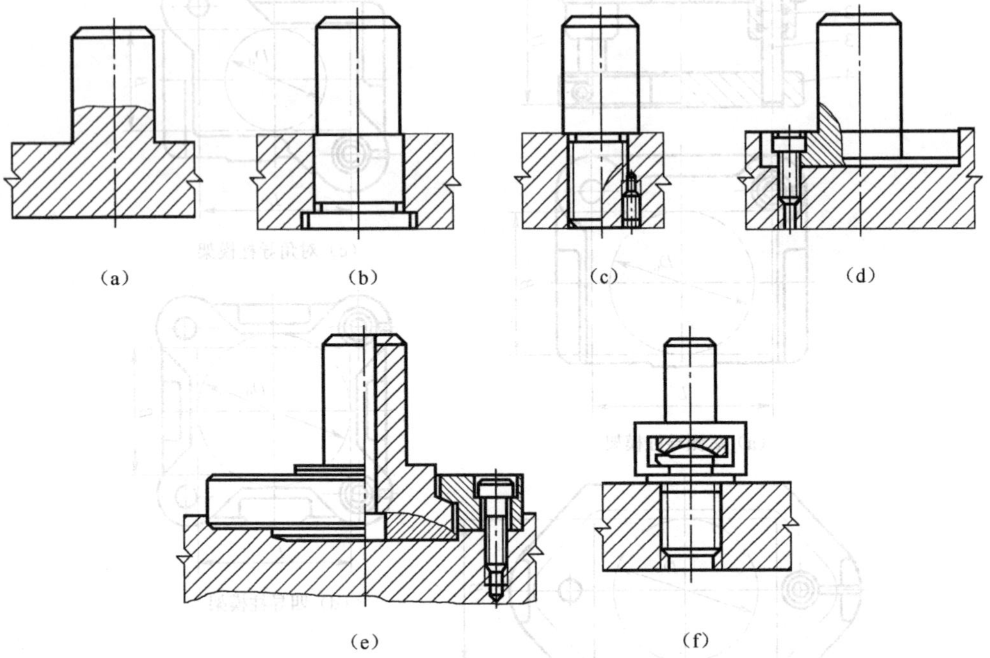

图 2-49　各种形式的模柄

模柄一般用 Q235 或 45 钢制成。直径大小必须根据所选压力机的安装孔直径确定。

（2）垫板　垫板的作用是直接承受和扩散凸模传递的压力，以降低模座所受的单位压力，防止模座被压出凹坑，影响凸模的正常工作。垫板外形尺寸多与凹模周界一致，其厚度一般取 3～10mm，为了便于模具装配，垫板上销钉通过孔直径可比销钉直径增大 0.3～0.5mm。垫板材料一般选 T7、T8 或 45 钢制成。T7、T8 淬火硬度为 52～56HRC，45 钢淬火硬度为 43～48HRC。

在设计复合模时，凸凹模与模座之间同样应加装垫板。

（3）固定板　在冲裁模中，凸模、凸凹模、镶块凸模与凹模都是通过与固定板结合后安装在模座上的。固定板的周界尺寸与凹模相同，其厚度应为凹模厚度的（0.8～0.9）倍。凸模固定板上的各型孔位置均与凹模孔相对应，与凸模采用过渡配合 H7/m6、H7/n6，压装后将凸模端面与固定板一起磨平。固定板一般选用 Q235 制作，有时也可用 45 号钢。

（4）紧固件　模具中的紧固零件主要包括螺钉、销钉等。螺钉主要连接冲模中的各零件，使其成为整体，而销钉则起定位作用。螺钉最好选用内六角螺钉，这种螺钉的优点是紧固牢靠，由于螺钉头埋入模板内，模具的外形比较美观，装拆空间小。销钉常采用圆柱销，设计时，圆柱销不能少于两个。

销钉与螺钉的距离不应太小，以防强度降低。模具中螺钉、销钉的规格、数量、距离尺寸等在选用时可参考国标中冷冲模典型组合进行设计。

5. 模具的闭合高度

模具的闭合高度是指模具在最低工作位置时，上模座上表面与下模座下表面之间的距离。

为使模具正常工作，模具闭合高度 H 必须与压力机的装模高度相适应，使之介于压力机最大装模高度 H_{max} 与最小装模高度 H_{min} 之间，一般可按下式确定。

$$H_{max}-5 \geqslant H \geqslant H_{min}+10 \quad (2\text{-}41)$$

当模具闭合高度小于压力机最小闭合高度时，可以加装垫板。

三、项目实施

（一）设计的前期准备

前期的准备工作主要包括阅读产品零件图，收集、查阅有关资料，根据产品的原始数据研究设计任务，分析产品实施冷冲压加工的可能性、经济性等。

1. 阅读冲裁件产品零件图

产品零件图是制订冲压工艺方案和模具设计的重要依据，在冲裁模具之前，首先要仔细阅读冲裁件产品零件图。从产品的零件图入手，进行冲裁件的工艺性分析和经济性分析。从图 2-3 所示的紫铜板冲孔零件图可知，它是由半成品毛坯经冲孔得到的零件。

2. 分析冲裁件工艺

此紫铜板是一个轴对称的简单冲孔件，内孔为圆孔，无尖锐的清角，无细长的悬臂和狭槽，小孔 ϕ8.33mm 与边缘之间的距离为 20mm，大孔 ϕ14.3mm 与边缘之间的距离为 5.65mm，其两孔之间的距离为 129.8mm，均满足最小壁厚要求。其中最大尺寸为 162.6mm，属于中小型零件。最小尺寸 ϕ8.33mm，不小于最小冲孔的最小孔径（$1.0t$=5mm），所以紫铜板尺寸设计合理，满足工艺要求。

零件图中两冲孔尺寸均未标注尺寸精度和位置精度，粗糙度也无要求，设计时一般按 IT14 级选取公差值。普通冲裁的冲孔精度一般在 IT12～IT14 级以下，所以精度能够保证。

紫铜（硬）具有良好的导电性，满足紫铜板的使用要求，利用设计手册查出其抗剪强度 τ 为 240MPa，抗拉强度 σ_b 为 300MPa，具有良好的冲压性能，满足冲压工艺要求。

3. 冲压加工的工艺分析

（1）产品的生产纲领　年产量 5000 件/年，属于小批量生产。

（2）经济性　冲压加工方法是一种先进的工艺方法，因其产品质量稳定、材料利用率高、操作简单、生产率高等诸多优点而被广泛使用。由于模具制造成本高，冲压加工的单件成本主要取决于生产批量的大小，它对冲压加工的工艺性起决定性作用。批量越大，产品的单件成本就越低，批量小时，冲压加工的优越性就不明显，所以，要根据冲压件的生产纲领，进行冲压加工的经济性分析。此零件精度要求低，生产批量小，所以采用无导向简单冲裁模进行冲压生产，就能保证产品的质量，满足生产率要求，还能降低模具制造难度，降低生产成本。

通过工艺性分析，如果发现冲裁件的工艺性差，应在不影响其使用性能的条件下，对零件的形状和尺寸做必要的、合理的修改，或说明在设计时应如何避免容易产生的问题。

良好的冲压性能表现在材料消耗少，冲压时不必采取特殊的控制手段，工艺过程简单，模具制造简单、寿命较长，产品质量稳定、操作方便等方面。

（二）紫铜板冲孔模总体方案的确定

在调查研究、收集资料及工艺性分析的基础上，开始进行总体方案的拟定，此阶段是设计的关键，是创造性的工作。确定工艺方案，主要是确定模具类型，包括确定冲压工序数、工序的组合和顺序等。应在工艺分析的基础上，根据冲裁件的生产批量、尺寸精度、尺寸大小、形状复杂程度、材料的厚薄、冲压制造条件、冲压设备条件等多方面因素，拟定多种冲压工艺，然后选取一种最佳方案。

1. 紫铜板冲孔模类型的确定

一般冲裁模可以采取以下 3 种方案。

方案一：采用无导向简单冲裁模。

方案二：采用导板导向简单冲裁模。

方案三：采用导柱导向简单冲裁模。

分析论证有以下 3 种方案。

方案一：采用无导向简单冲裁模结构简单、尺寸小、质量轻、模具制造容易、成本低，但冲模在使用安装时麻烦，需要调试间隙的均匀性，冲裁精度低且模具寿命短。它适用于精度要求低、形状简单、批量小或试制的冲裁件。

方案二：采用导板导向简单冲裁模比无导向模精度高、使用寿命长、但模具制造较复杂、冲裁时视线不好。不适合单个毛坯的送料、冲裁。

方案三：采用导柱导向简单冲裁模导向准确、可靠，能保证冲裁间隙均匀、稳定，因此冲裁精度比导板高，使用寿命长。但比前两种模具成本高。

由于紫铜板批量小、精度低，故采用无导向简单冲裁模就能满足工艺要求，并能缩短模具的制造周期，降低模具的生产成本。

所以本项目采用一模两件的无导向简单冲裁模。

2. 紫铜板冲孔模结构形式的确定

（1）操作方式选择　选择手工送料（单个毛坯）操作方式。

（2）定位方式选择　工件在模具中的定位主要考虑定位基准、上料方式、操作安全可靠等因素。

选择定位基准时应尽可能与设计基准重合，如果不重合就需要根据尺寸链计算，重新分配公差，把设计尺寸换算成工艺尺寸，但是这样会使零件的加工精度要求提高。当零件采用多工序分别在不同模具上冲压时，应尽量使各工序采用同一基准。为使定位可靠，应选择精度高、冲压时不发生变形和移动的表面作为定位表面。冲压件上能够用作定位的表面随零件的形状不同而不同。本项目选择定位板定位方式更能与所拟定的方案相适应，如图 2-50 所示。

（3）卸料方式的选择　由于本项目采用单个毛坯，手动操作送进和定位，并且材料不是太硬，所以选择弹性卸料方式比较方便、合理，如图 2-51 所示。

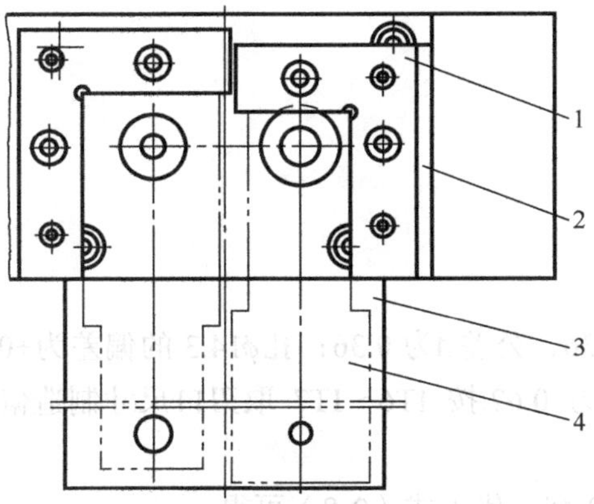

图 2-50　定位板定位方式

1—定位板　2—凹模　3—托料板　4—毛坯

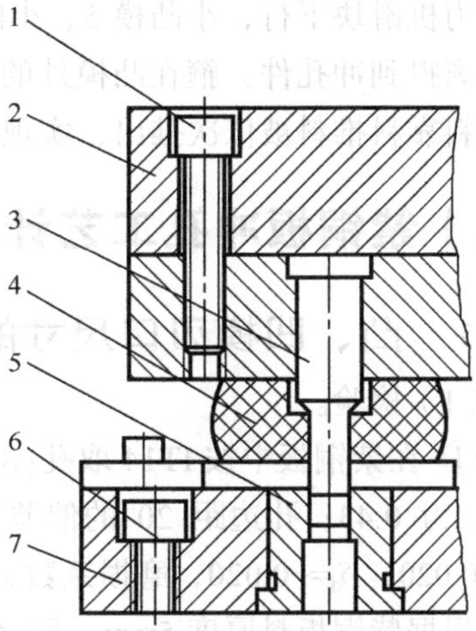

图 2-51　卸料方式

1—螺钉　2—上模板　3—凸模　4—橡胶　5—凹模　6—螺钉　7—凹模固定板

以上只作粗略的选择，待工艺计算后和模具装配草图设计时边修改边作具体的、最后的确定。

3. 紫铜板冲孔模的结构简图的画法

冲压方案初步确定后，要用结构简图体现出来。在简图中画出模具的工作零件、定位零件、卸料零件等工艺结构零件即可。结构简图如图 2-52 所示。

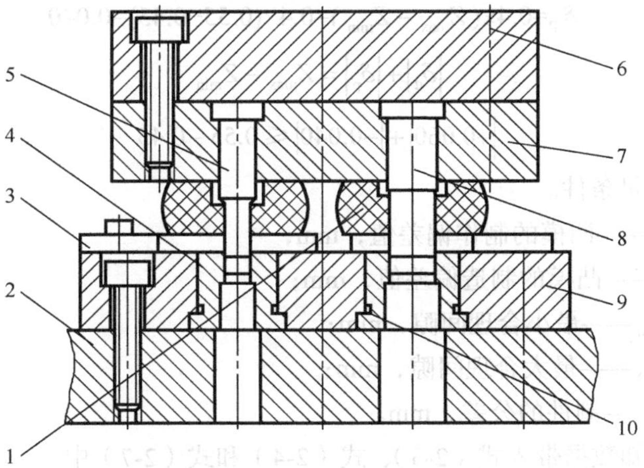

图 2-52　紫铜板冲孔模结构简图

1—卸料橡胶　2—下模座　3—定位板　4—小凹模　5—小凸模　6—上模座　7—凸模固定板　8—大凸模　9—凹模固定板　10—大凹模

（1）模具的组成　上模部分主要由上模座 6、凸模固定板 7，小凸模 5、大凸模 8，卸料橡胶 1 等零件组成。下模部分主要由下模座 2、定位板 3、小凹模 4、大凹模 10、凹模固定板 9 等零件组成。

（2）模具的工作过程　两块单个毛坯按不同方向放置在下模上由定位板 3 准确定位，上模随压力机滑块下行，小凸模 5、小凹模 4 和大凸模 8、大凹模 10 分别对其毛坯进行冲压，使材料分离得到冲孔件。箍在凸模外的工件在上模回程时由卸料橡胶 1 直接卸下。卡在凹模中的冲孔废料靠料推料被依次推出，实现自然漏料。

（三）紫铜板冲孔工艺计算

1. 凸、凹模刃口尺寸的计算

（1）检验。

① 在紫铜板中按 IT14 取孔ϕ8.33 的偏差为+0.36，公差$\varDelta$为 0.36；孔ϕ14.3 的偏差为+0.43，公差$\varDelta$为 0.43；孔边距 20 的偏差为±0.31，公差$\varDelta$为 0.62.按 IT6～IT7 取刃口尺寸制造偏差值δ_d=+0.020，δ_d=−0.020，磨损系数 x=0.5

根据紫铜板料厚度 5mm，取 Z_{max}=0.55、Z_{min}=0.45，代入式（2-8）可得

$$|+0.020|+|-0.020| \leqslant 0.55-0.45$$

结果，0.040 < 0.10，满足条件。

② 孔心距 129.8 的偏差为±0.575，公差$\varDelta$为 1.15.刃口尺寸制造偏差值δ_d 和δ_p 取±1/8$\varDelta$，则δ_d=+0.072，δ_p=−0.072。磨损系数 x=0.5，代入式（2-8）可得

$$|+0.072|+|-0.072| \leqslant 0.55-0.45$$

结果，0.144 > 0.10，不满足条件。

如不满足式（2-8），则应缩小制造公差，可直接取下式来进行调整。

$$\delta_d=0.6\times(Z_{max}-Z_{min})=0.6\times(0.55-0.45)=0.060$$

$$\delta_p=0.4\times(Z_{max}-Z_{min})=0.4\times(0.55-0.45)=0.040$$

来满足

$$|\delta_d|+|\delta_p|=Z_{max}-Z_{min}$$

$$|+0.060|+|-0.040| \leqslant 0.55-0.45$$

结果，0.10=0.10，满足条件。

以上各式中：δ_d——凹模的制作偏差值，mm；

δ_p——凸模的制造偏差值，mm；

Z_{min}——最小合理间隙，mm；

Z_{max}——最大合理间隙，mm；

$\varDelta$——制件的公差，mm。

（2）计算。将已知数据带入式（2-3）、式（2-4）和式（2-7）中。

① 冲ϕ8.33 孔：凸模 $d=(8.33+0.5\times0.36)_{-0.02}^{0}=8.51_{-0.02}^{0}$(mm)

凹模 $D=(8.51-0.45)_{0}^{+0.020}=8.96_{0}^{+0.020}$(mm)

② 冲ϕ14.3 孔：凸模 $d=(14.3+0.5\times0.43)_{-0.02}^{0}=14.515_{-0.02}^{0}$(mm)

凹模 $D=(14.515+0.45)_{0}^{+0.020}=14.965_{0}^{+0.020}$(mm)

③ 孔边距 20：凸模 $L_t=(20+0.5\times0.62)\pm\dfrac{1}{8\times2}\times0.62=20.31\pm0.039$(mm)

$$凹模\ L_t=\left(20.31+\frac{1}{2}\times0.45\right)\pm\frac{1}{8\times2}\times0.62=20.535\pm0.039(\text{mm})$$

因该尺寸属于半边磨损，故取$\frac{1}{2}\delta_p$、$\frac{1}{2}\delta_d$、$\frac{1}{2}Z_{min}$。

④ 孔心距 129.8：$L=(129.8+0.5\times1.15)\pm\frac{1}{8}\times1.15=130.375\pm0.144(\text{mm})$

式中：D——凹模的基本尺寸，mm；

d——凸模的基本尺寸，mm。

（3）尺寸标注。在模具零件图纸上分别标注凸模和凹模的刃口尺寸及制造偏差。

2. 冲压力的计算

（1）计算冲裁力。

$$P=KLt\tau=1.3\times(8.33+1.43)\pi\times5\times240=11085.792(\text{N})\approx110.851(\text{kN})$$

式中：P——冲裁力，N；

L——冲裁周边长度，mm；

t——冲裁件材料厚度，mm；

τ——材料抗剪强度，MPa；

K——系数，通常取 1.3。

（2）计算卸料力、推件力。

① 卸料力

$$P_x=K_xP=0.04\times110.815=4.434(\text{kN})$$

② 推件力

$$P_t=nK_tP=2\times0.06\times110.815=13.302(\text{kN})$$

式中：n——卡在下模洞口内的工件数，$n=\frac{h}{t}=\frac{10}{5}=2$

h——凹模孔口高度；

K_x——卸料系数，查表得 K_x=0.02～0.06；

K_t——推件系数，查表得 K_t=0.03～0.09。

（3）计算冲压力总和。该模具采用的是弹性卸料、下出件方式，因此冲压力的总和为

$$P_{总}=P+P_x+P_t=110.851+4.434+13.302=128.587(\text{kN})$$

3. 压力中心的计算

（1）设坐标。所设坐标尽可能使计算简便，如图 2-53 所示。

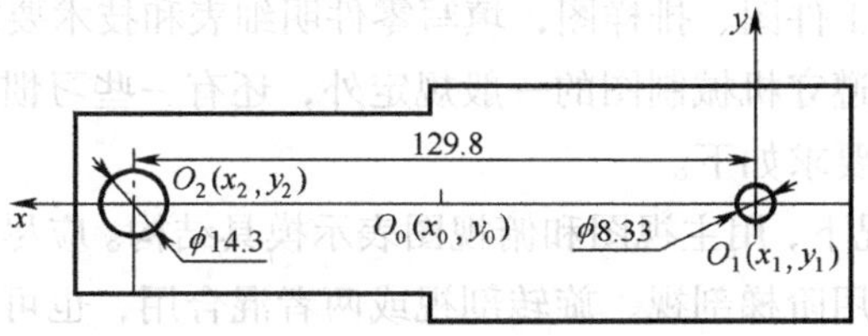

图 2-53 求多凸模压力中心

（2）计算各凸模压力中心的坐标位置 x_1、x_2 和 y_1、y_2。

$x_1=0$　　$x_2=129.8$　　$y_1=0$　　$y_2=0$

（3）计算各凸模刃口轮廓的周长 l_1、l_2。

$$l_1=8.33\pi\approx26.16 \qquad l_2=14.3\pi\approx44.90$$

（4）计算总的压力中心。由关系式（2-24）、式（2-25）可得

$$X_0=\frac{l_1x_1+l_2x_2+\cdots+l_nx_n}{l_1+l_2+l_3+\cdots+l_n}=\frac{26.16\times0+44.90\times129.8}{26.16+44.90}=82.02$$

$$Y_0=\frac{l_1y_1+l_2y_2+\cdots+l_ny_n}{l_1+l_2+\cdots+l_n}=\frac{26.16\times0+44.900}{26.16+44.90}$$

最后，求得总压力中心的坐标位置为 $O_0(82.02，0)$。

（四）紫铜板冲孔模装配图的设计绘制

1. 装配图的图面布局

模具装配图的图面布局如图 2-54 所示。

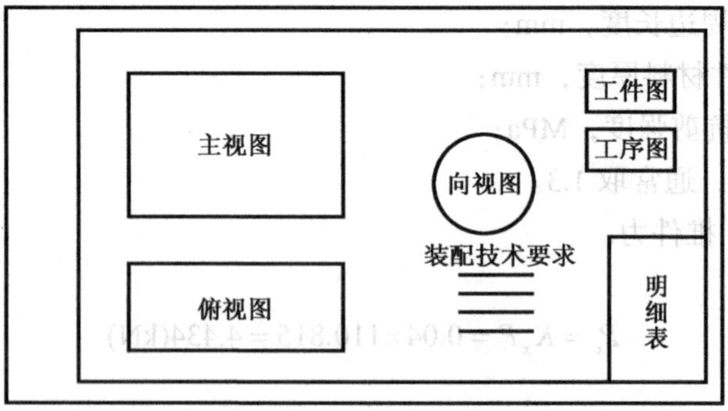

图 2-54　模具装配图的图面布局

（1）图纸幅面尺寸　按国家标准的有关规定选用，并按规定画出图框，最小图幅为 A4。

（2）图面布局　图面右下角是明细表。图面右上角画出用该套模具生产出来的制件零件图，下面画出制件排样方案图或制备毛坯的工序图。图面剩余部分画模具的主、府视图及辅助视图，并注明技术要求。

2. 装配图视图的画法

（1）按已确定的模具形式及参数，在冷冲模标准中选取标准模架。根据模具结构简图绘制装配图。

（2）装配图应能清楚地表达各零件之间的关系，应有足够说明模具结构的投影图及必要的剖面、剖视图。还应画出工件图、排样图，填写零件明细表和技术要求等。

（3）装配图的绘制除遵守机械制图的一般规定外，还有一些习惯或特殊固定的绘制方法，绘制模具总装配图的具体要求如下。

① 模具图　一般情况下，用主视图和俯视图表示模具结构。应尽可能在主视图中将模具的所有零件剖视出来，可采用阶梯剖视、旋转剖视或两者混合用，也可采用全剖视、半剖视、局部剖视、向视图等方法。绘制出的试图要处于闭合状态或接近闭合状态，也可一半处于工作状态，另一半处于非工作状态。俯视图只绘出下模或上、下模各半的试图。有必要时再绘制一个侧视图以及其他剖视图和部分视图。

在剖视图中所剖切到的凸模和顶件块等旋转体，其剖面不画剖面线；有时为了图面结构清晰，非旋转形的凸模也可不画剖面线。

② 工件图　工件图是经模具冲压后所得到的冲压件图形。有落料工序的模具，还应画出排样图。工件图和排样图一般画在总图的右上角，并注明材料名称、厚度及必要的技术要求。若图面位置不够，或工件较大时，可另立一页。工件图的比例一般与模具图一致，特殊情况可以缩小或放大。工件的方向应与冲压方向一致（即与工件在模具中的位置一致），若特殊情况下不一致时，必须用箭头注明冲压方向。

③ 排样图　排样图应包括排样方法、定距方式（用侧刃定距时侧刃的形状和位置）、材料利用率、步距、搭边、料款及其公差，对有弯曲、卷边工序的零件要考虑材料的纤维方向。通常从排样图的剖切线上可以看出是单工序模还是连续模或复合模。

3. 装配图的尺寸标注

（1）主视图上标注的尺寸。

① 注明轮廓尺寸、安装尺寸及配合尺寸，如长、宽等。

② 注明封闭高度尺寸，要写上“闭合高度 XXX”字样。

③ 带斜楔的模具应标出滑块行程尺寸。

（2）俯视图上应注明的尺寸。

① 注明下模外轮廓尺寸。

② 在图上用双点画线画出毛坯的外形。

③ 与本模具有相配的附件时（如打料杆、推件器等），应标出装配位置尺寸。

4. 冲裁模装配的技术要求

在模具总装配图中，只需要注明对该模具的要求和注意事项，在右下方适当位置注明技术要求。技术要求包括冲压力、所选设备型号、模具闭合高度以及模具打印，冲裁模要注明模具间隙等。

紫铜板冲孔模装配图主视图和俯视图如图 2-55 所示。

（五）模零件图的设计绘制

模具零件图是冲模零件加工的唯一依据，包括制造和检验零件的全部内容。

1. 零件图的布局

按照模具的总装配图，拆绘模具零件图。

零件图的一般布置情况如图 2-56 所示。

2. 冲裁模零件图视图的画法

（1）模具零件图既要反映出设计意图，又要考虑到制造的可能性及合理性，零件图设计的质量直接影响冲模的制造周期及造价。因此，好的零件图可以减少废品、方便制造、降低模具成本、提高模具使用寿命。

（2）目前大部分模具零件已标准化，可供设计时选用，这样大大简化了模具设计，缩短了设计及制造周期。一般标准件不需绘制，模具总装配图中的非标准零件均需绘制零件图。有些标准零件（如上、下模座）需要在其上进行加工，也要求画出零件图，并标注加工部位的尺寸公差。

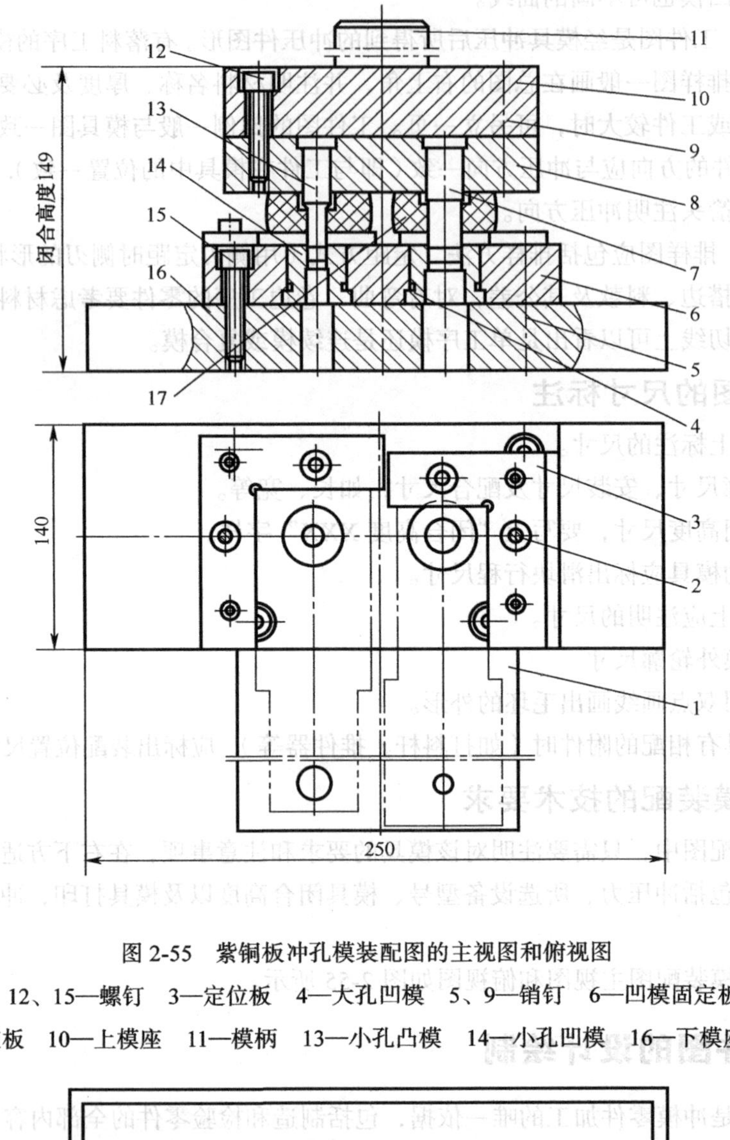

图 2-55　紫铜板冲孔模装配图的主视图和俯视图

1—托料板　2、12、15—螺钉　3—定位板　4—大孔凹模　5、9—销钉　6—凹模固定板　7—大孔凸模　8—凸模固定板　10—上模座　11—模柄　13—小孔凸模　14—小孔凹模　16—下模座　17—橡胶

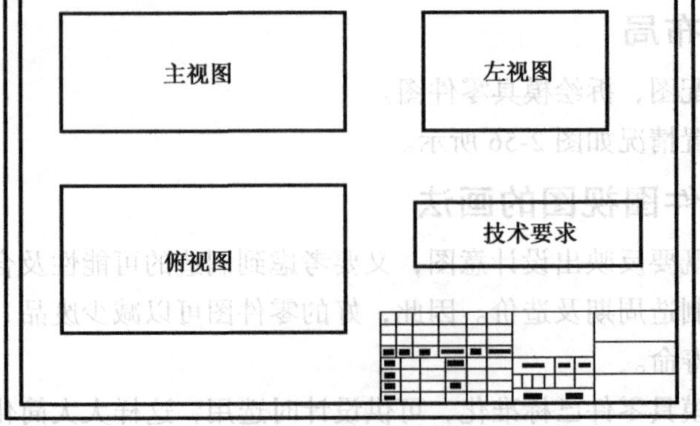

图 2-56　零件图的一般布局

（3）视图的数量力求最少，充分利用所选的视图准确地表示零件内部和外部的结构形状和尺寸大小，并具备制造和检验零件的数据。

（4）尽量按总装配图的位置画，与总装配图的同一零件剖面线一致。设计基准与工艺基准最好重合且选择合理，尽量以一个基准标注。

3. 冲模零件图的尺寸标注

（1）零件图中的尺寸是制造和检验零件的依据，故应慎重、细致地标注。尺寸既要完备，同时又不重复。在标注尺寸前，应研究零件的工艺过程，正确选定尺寸的基准面，以利于加工和检验。

（2）零件图的方位应尽量按其在总装配图中的方位画出，不要任意旋转和颠倒，以防画错，影响装配。

（3）所有的配合尺寸或精度要求较高的尺寸都应标公差（包括表面形状及位置公差）。未注尺寸公差IT14级制造。

（4）模具工作零件（如凸模、凹模和凸凹模）的工作部分尺寸按计算结果标注。

（5）所有的加工表面都应注明粗糙度等级。正确确定表面粗糙度等级是一项重要的技术经济工作，一般来说，零件表面粗糙度等级可根据对各个表面的工作要求及精度等级来确定。

4. 冲裁模具零件图技术要求

凡是图样或符号不便于表示，而制造时又必须保证的条件和要求都应在技术条件中注明。技术条件的内容随零件的不同、要求的不同及加工方法的不同而不同。其中主要应注明以下内容。

（1）如热处理方法及热处理表面所应达到的硬度等。

（2）表面处理、表面涂层以及表面修饰（如锐边倒钝、清砂）等要求。

（3）未注倒角半径的说明，个别部位的修饰加工要求。

（4）其他特殊要求。

本项目的零件图如图2-57至图2-62所示。

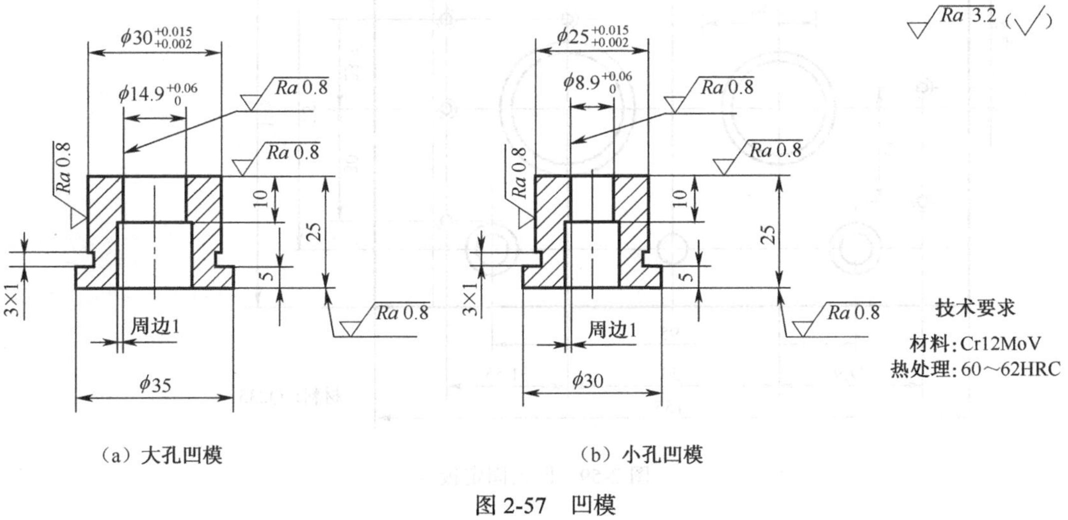

（a）大孔凹模　　（b）小孔凹模

图2-57　凹模

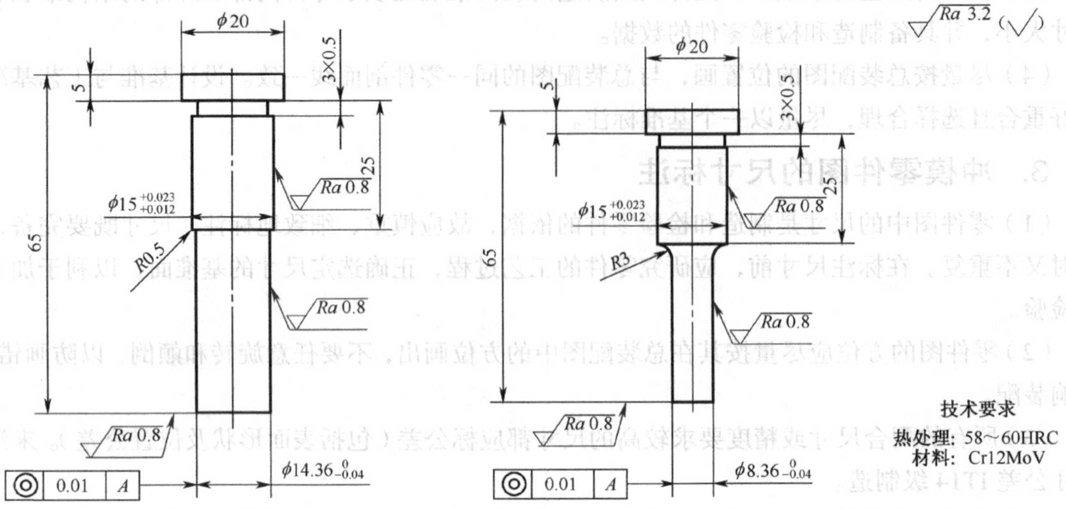

（a）大孔凸模　　（b）小孔凸模

图 2-58　凸模

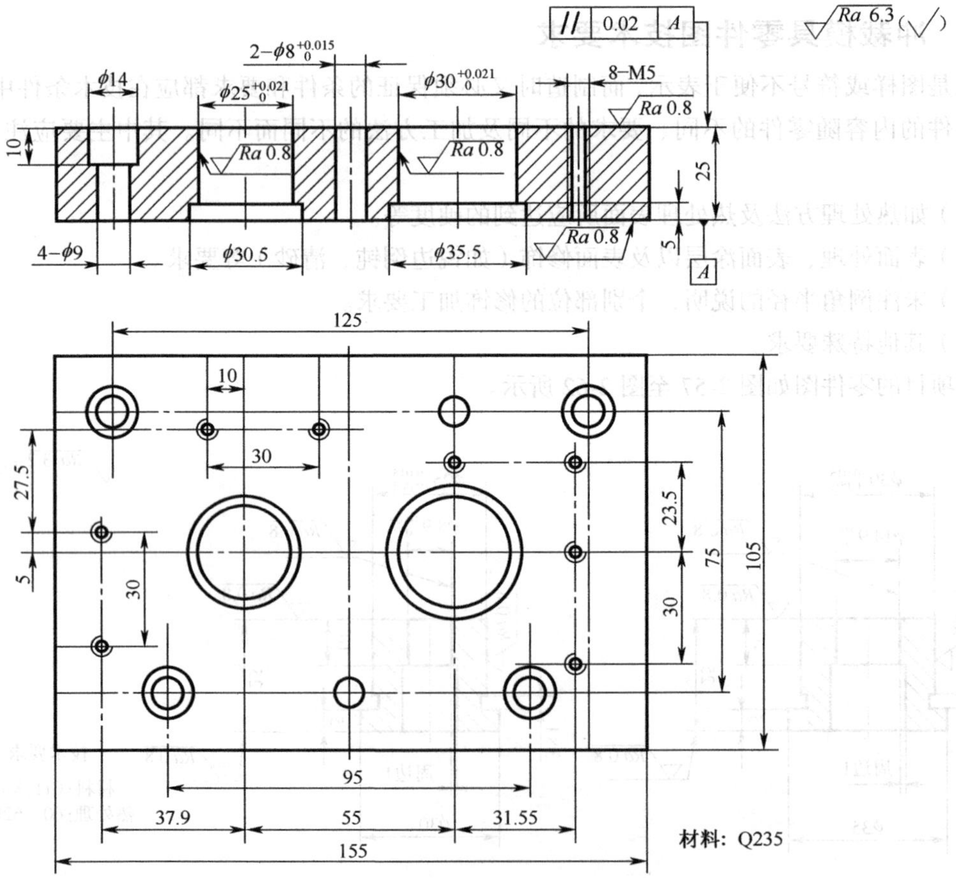

图 2-59　凹模固定板

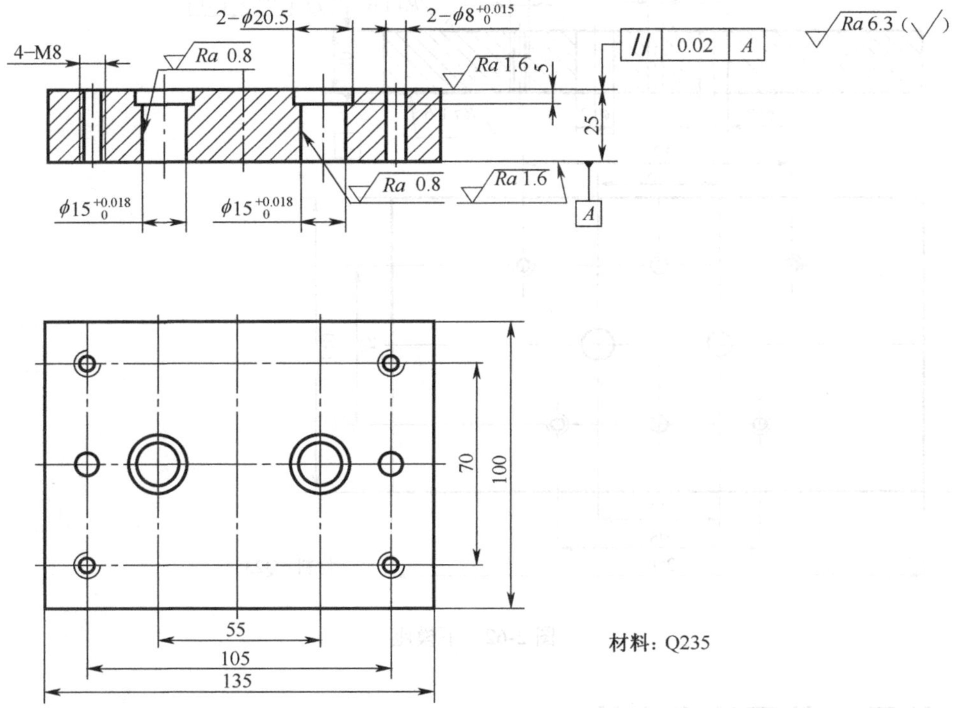

材料：Q235

图 2-60　凸模固定板

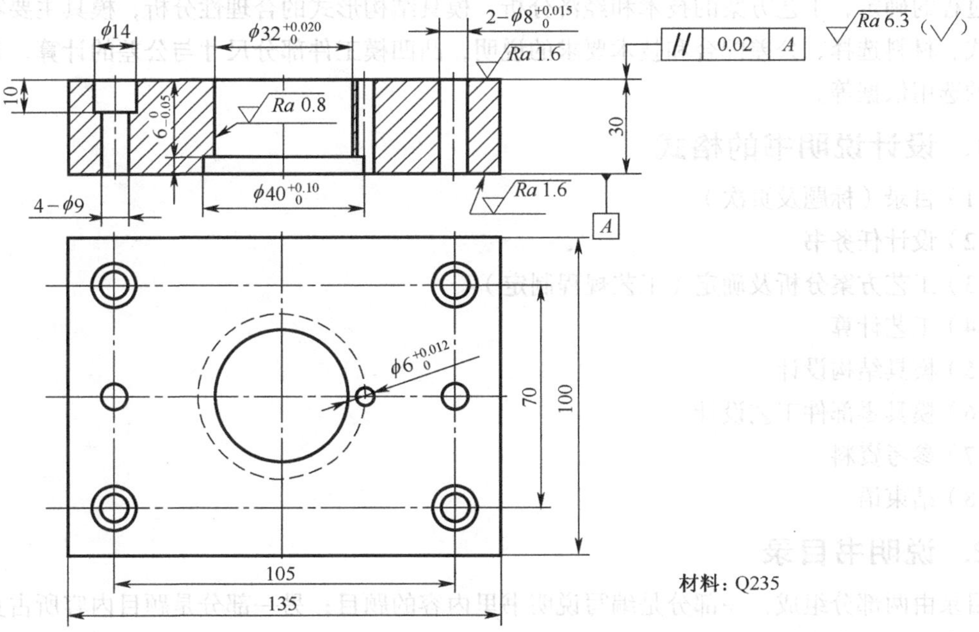

材料：Q235

图 2-61　上模座

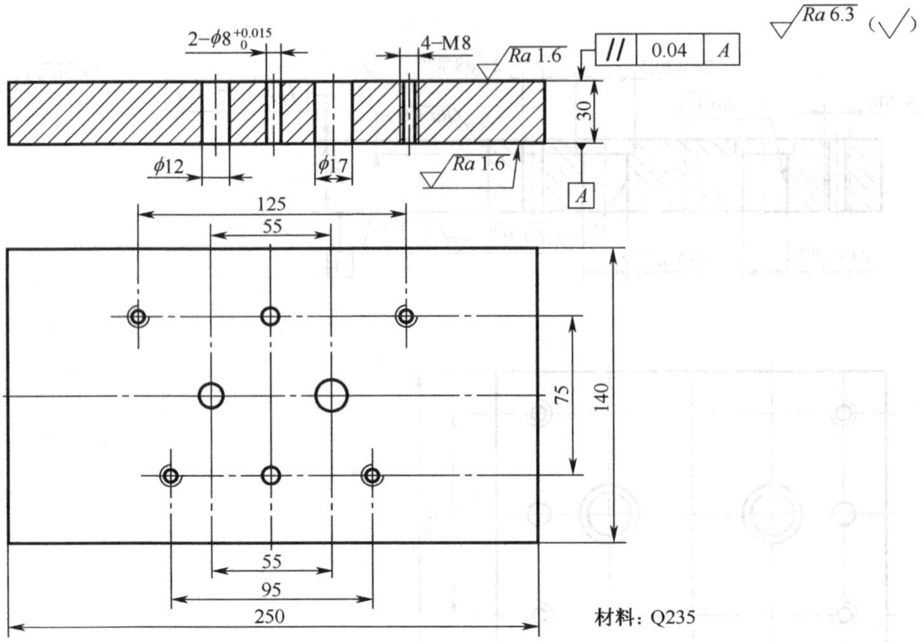

图 2-62　下模座

（六）编写、整理技术文件

冲裁模具设计说明书的主要内容有冲裁件的工艺分析，尺寸计算，排样方式及经济性分析，工艺过程的确定，工艺方案的技术和经济分析，模具结构形式的合理性分析，模具主要零件结构形式、材料选择、公差配合和技术要求的说明，凸凹模工件部分尺寸与公差的计算，及冲压设备的选用依据等。

1. 设计说明书的格式

（1）目录（标题及页次）

（2）设计任务书

（3）工艺方案分析及确定（工艺规程制定）

（4）工艺计算

（5）模具结构设计

（6）模具零部件工艺设计

（7）参考资料

（8）结束语

2. 说明书目录

目录由两部分组成：一部分是编写说明书里内容的题目；另一部分是题目内容所占页次，并且页次要按顺序排列下来。

四、项目拓展——冲裁模的试模与调整

模具按图纸技术要求加工与装配后，必须在符合实际生产条件的环境中进行试冲压生产，通过试冲可以发现模具设计与制造的缺陷，找出产生原因，对模具进行适当的调整和修理后再进行试冲，直到模具能正常工作，才能将模具正式交付生产使用。

1. 模具调试的目的

模具试冲、调整简称调试，调试的目的有以下几点。

（1）鉴定模具的质量。验证该模具生产的产品质量是否符合要求，确定该模具能否交付生产使用。

（2）帮助确定产品的成形条件和工艺规程。模具通过试冲与调整，生产出合格产品后，可以在试冲过程中，掌握和了解模具使用性能，产品成形条件、方法和规律，从而对产品批量生产时的工艺规程制订提供帮助。

（3）帮助确定工艺和模具设计中的某些尺寸。对于形状复杂或精度要求较高的冲压成形零件，在工艺和模具设计中，有个别难以用计算方法确定的尺寸，如拉深模的凸模、凹模圆角半径等，必须经过试冲，才能准确确定。

（4）帮助确定成形零件毛坯形状、尺寸及用料标准。在冲模设计中，有些形状复杂或精度要求较高的冲压成形零件，很难在设计时精确地计算出变形前毛坯的尺寸和形状，为了要得到较准确的毛坯形状、尺寸及用料标准，只有通过反复试冲才能确定。

（5）通过调试，发现问题，解决问题，积累经验，有助于进一步提高模具设计和制造水平。

由此可见，模具调试过程十分重要，是必不可少的。但调试的时间和试冲次数应尽可能少，这就要求模具设计与制造质量过硬，最好一次调试成功。在调试过程中，合格冲压件数的取样一般应在20～1 000件之间。

2. 冲裁模的试模与调整

（1）凸模、凹模配合深度。凸模、凹模的配合深度，通过调节压力机连杆长度来实现。凸模、凹模配合深度应适中，不能太深或太浅，以能冲出合适的零件为准。

（2）凸模、凹模间隙。冲裁模的凸模、凹模间隙要均匀。对于有导向零件的冲模，其调整比较方便，只要保证导向件运动顺利即可；对于无导向冲模，可以在凹模刃口周围衬以纯铜皮或硬纸板进行调整，也可以用透光及塞尺测试等方法在压力机上调整，直到凸模、凹模互相对中，且间隙均匀后，用螺钉将冲模紧固在压力机上，进行试冲。试冲后检查试冲的零件，看是否有明显毛刺，并判断断面质量，如果试冲的零件不合格，应松开并再按前述方法继续调整，直到间隙合适为止。

（3）定位装置的调整。检查冲模的定位零件（定位销、定位块、定位板）是否符合定位要求，定位是否可靠。如位置不合适，在试模时应进行修整，必要时要更换。

（4）卸料装置的调整。卸料装置的调整主要包括卸料板或顶件器是否工作灵活；卸料弹簧及橡胶弹性是否合适，卸料装置运动的行程是否足够；漏料孔是否畅通；打料杆、推料杆是否能顺利推出废料。若发现故障，应进行调整，必要时可更换。

冲裁模试冲时常见的故障、原因及调整方法见表 2-25。

表 2-25　冲裁模试冲时常见的故障、原因及调整方法

试冲常见故障	产 生 原 因	调 整 方 法
送料不畅通或料被卡死	两导料板之间的尺寸过小或有斜度	根据情况锉修或重装导料板
	凸模与卸料板之间的间隙过大，使搭边翻扭	减小凸模与卸料板之间的间隙
	用侧刃定距的冲裁模，导料板的工作面和侧刃不平行，使条料卡死	重装导料板
	侧刃与侧刃挡块不密合，形成毛刺，使条料卡死	修整侧刃挡块消除间隙
刃口相咬	上模座、下模座、固定板、凹模、垫板等零件安装面不平行	修整有关零件，重装上模或下模
	凸模、导柱等零件安装不垂直	重装凸模或导柱
	导柱与导套配合间隙过大，使导向不准	更换导柱或导套
	卸料板的孔位不正确或歪斜，使冲孔凸模位移	修整或更换卸料板
卸料不正常	由于装配不正确，卸料机构不能动作。如卸料板与凸模配合过紧，或因卸料板倾斜而卡死	修整卸料板、顶板等零件
	弹簧或橡皮的弹力不足	更换弹簧或橡皮
	凹模和下模座的漏料孔没有对正，料不能排出	修整漏料孔
	凹模有倒锥度造成工件堵塞	修整凹模
冲件质量不好： 1. 有毛刺 2. 冲件不平 3. 落料外形和内孔位置不正，成偏位现象	刃口不锋利或淬火硬度低 配合间隙过大或过小	合理调整凸模和凹模的间隙及修磨工作部分的刃口
	间隙不均匀，使冲件一边有显著带斜角毛刺	
	凹模有倒锥度	修整凹模
	顶料杆和工件接触面过小	更换顶料杆
	导正销与预冲孔配合过紧，将冲件压出凹陷	修整导正钉
	挡料销位置不正	修正挡料钉
	落料凸模上导正销尺寸过小	更换导正钉
	导料板和凹模送料中心线不平行，使孔位偏斜	修整导料板
	侧刃定距不准	修磨或更换侧刃

实训与练习

一、实训

1. 内容：冲裁模具拆装实训

2. 时间：3 天。

3. 实训内容：参观模具制造工厂或模具拆装实训室，挑选不同结构的冲裁模若干，分成 3 人一组，每组学生拆装一副冲裁模，了解模具的结构及动作过程，测绘并画出模具装配图。

4. 要求：了解冲裁模的结构组成，各部分的作用，零件间的装配形式，相互关系；熟悉冲裁模拆装的基本要求、方法、步骤、常用拆装工具；掌握一般冲裁模的工作原理；熟悉冲裁模结构参数的测量；测绘各个模具零件并绘制模具装配图。

二、练习

1. 冲裁工艺的含义是什么？有哪些主要用途？
2. 冲裁件的断面特征是什么？
3. 什么是冲裁合理间隙？对于 t=2mm，08 钢板的落料，试查其合理间隙值。
4. 冲模刃口的制造方法有哪几种？它们是什么含义？
5. 降低冲裁力的措施有哪些？其原理是什么？
6. 什么是排样？排样的方法有哪些？
7. 什么叫搭边，搭边的作用有哪些？
8. 如何判定冲裁件的工艺性？
9. 条料在模具中如何定位？

项目三

弯曲工艺与模具设计

【能力目标】

能够进行一般复杂程度弯曲模的设计

【知识目标】

- 熟悉弯曲变形的过程及特点
- 掌握控制弯曲回弹的方法与措施
- 了解控制偏移的方法与措施
- 熟悉弯曲中性层位置的确定方法
- 能够正确判定弯曲件的工艺性
- 掌握弯曲模工作部分设计
- 掌握弯曲模的典型结构

一、项目引入

弯曲是将金属材料（包括板材、线材、管材、型材及毛坯料等）沿弯曲线弯成一定的角度和形状的工艺方法。它是冲压基本工序之一，广泛应用于制造大型结构零件，如飞机机翼、汽车大梁等，也可用于生产中、小型机器及电子仪器仪表零件，如铰链、电子元器件等。如图 3-1 所示是用弯曲方法加工的典型零件。

根据所使用的工具与设备的不同，弯曲方法可分为在压力机上利用模具进行的压弯以及在专用弯曲设备上进行的折弯、滚弯、拉弯等，如图 3-2 所示。各种弯曲方法尽管所用设备与工具不同，但其变形过程及特点有共同规律。本章将主要介绍在生产中应用最多的压弯工艺与弯曲模设计。

弯曲所使用的模具叫弯曲模，它是弯曲成形必不可少的工艺装备。与冲裁模相比较，弯曲模工艺尺寸精确计算难，模具动作复杂、结构设计规律性不强。

本项目以图 3-3 所示的支承板的弯曲模设计为载体，综合训练学生确定弯曲成形工艺和设计弯曲模具的初步能力。

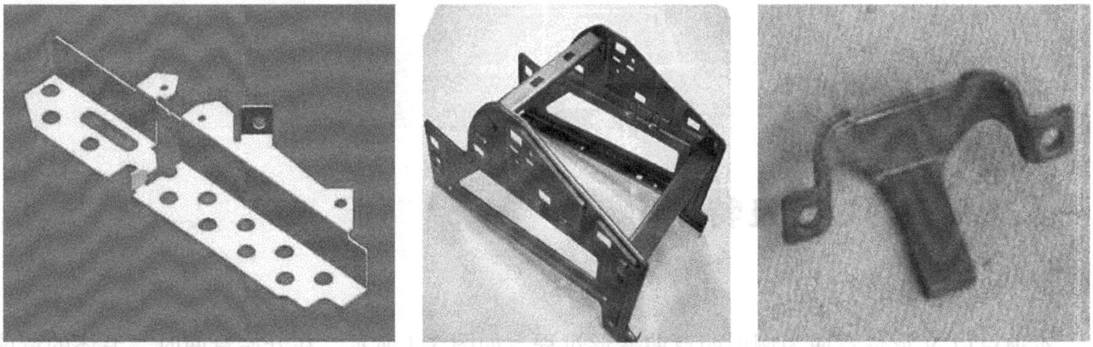

图 3-1　弯曲件示意图

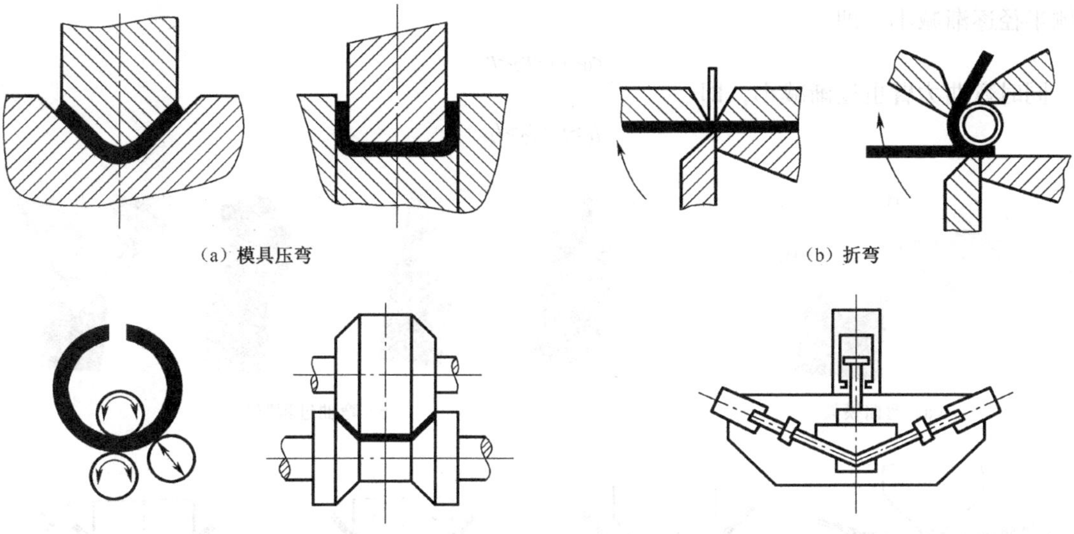

（a）模具压弯　（b）折弯　（c）滚弯　（d）拉弯

图 3-2　弯曲件的弯曲方法

零件名称：支承板

生产批量：中批量

材料：10 钢

料厚：2mm

生产零件图：如图 3-3 所示。

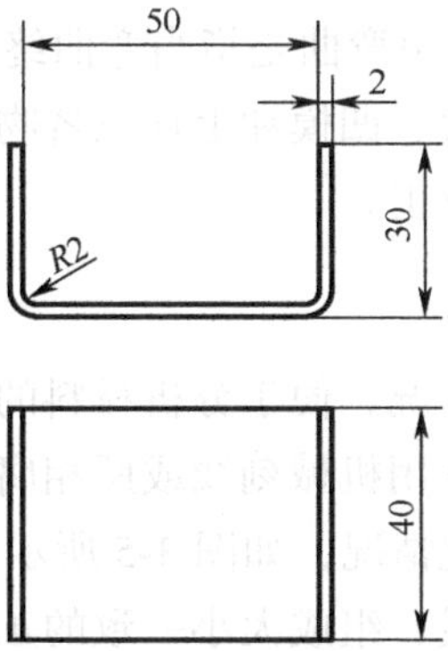

图 3-3　支承板零件图

二、相关知识

（一）弯曲变形过程及特点

1. 弯曲变形过程

本项目以V形件弯曲为例说明弯曲变形过程，如图3-4所示。在开始弯曲时，毛坯的弯曲内侧半径大于凸模的圆角半径。随着凸模的下压，毛坯的直边与凹模V形表面逐渐靠近，弯曲内侧半径逐渐减小，即

$$r_0>r_1>r_2>r$$

同时弯曲力臂也逐渐减小，即

$$l_0>l_1>l_2>l_k$$

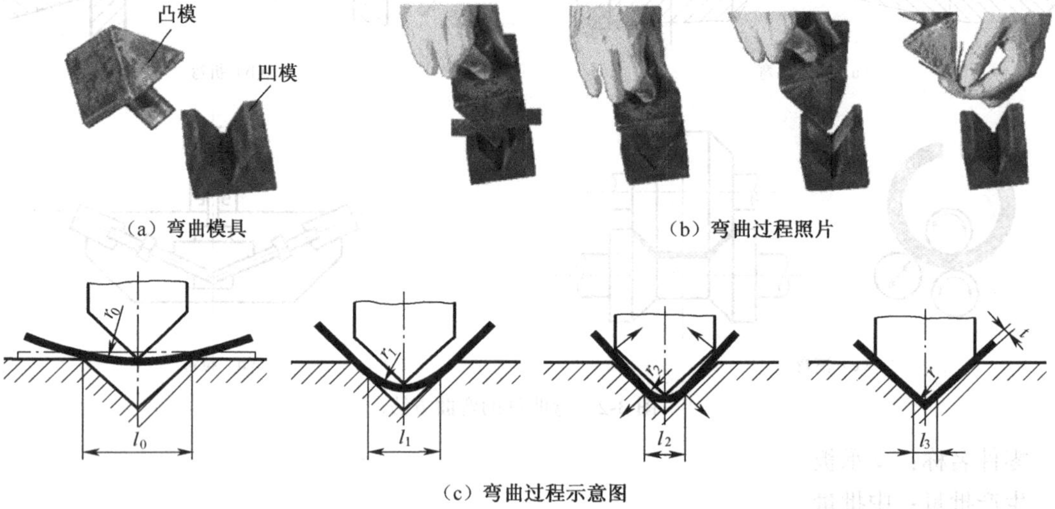

图3-4 弯曲变形过程

当凸模、毛坯与凹模三者完全压合，毛坯的内侧弯曲半径及弯曲力臂达到最小时，弯曲过程结束。

弯曲分自由弯曲和校正弯曲。自由弯曲是指当弯曲终了时，凸模、凹模和毛坯三者吻合后，凸模不再下压。校正弯曲是指在凸模、凹模和毛坯三者吻合后，凸模继续下压，使毛坯产生进一步塑性变形，从而对弯曲件进行校正。

2. 弯曲变形特点

为观察板料弯曲时的金属流动情况，便于分析材料的变形特点，可以采用在弯曲前的板料侧表面设置正方形网格的方法。通常用机械刻线或照相腐蚀制作网格，然后用工具显微镜观察测量弯曲前后网格的尺寸和形状变化情况，如图3-5所示。

弯曲前，材料侧面线条均为直线，组成大小一致的正方形小格，纵向网格线长度$\overline{aa}=\overline{bb}$。弯曲后，通过观察网格形状的变化，可以看出弯曲变形具有以下特点。

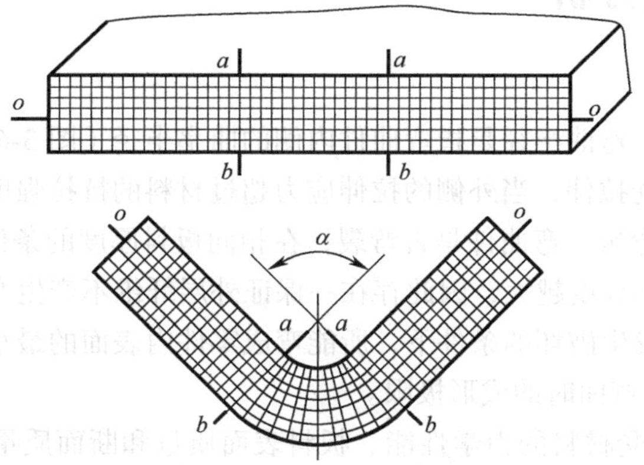

图 3-5　弯曲前后坐标网格的变化

（1）弯曲圆角部分是弯曲变形的主要区域。弯曲后，弯曲件分成了圆角和直边两部分，变形主要发生在弯曲中心角α范围内，中心角以外基本上不变形。

（2）在变形区内，毛坯在长、宽、厚 3 个方向都产生了变形，但变形不均匀。

① 长度方向　网格由正方形变成了扇形，靠近凹模一侧（外区）的长度伸长，靠近凸模一侧（内区）的长度缩短，即弧 bb > 线段 $\overline{bb}$，弧 aa < 线段 $\overline{aa}$。由内、外表面至毛坯中心，其缩短和伸长的程度逐渐变小。在缩短和伸长的两个变形区之间，必然有一个层面，其长度在变形前后没有变化，这一层面称为应变中性层。

② 厚度方向　内区厚度增加，外区厚度减小，但由于内区凸模紧压毛坯，厚度方向变形较困难，所以内侧厚度的增加量小于外侧厚度的变薄量，因此材料厚度在弯曲变形区内会变薄，使毛坯的中性层发生内移。

③ 宽度方向　分为两种情况，一种是窄板（$b/t\leqslant 3$）弯曲，宽度方向变形不受约束，断面变成了内宽外窄的扇形，另一种是宽板（毛坯宽度与厚度之比 $b/t>3$）弯曲，材料在宽度方向的变形会受到相邻金属的限制，横断面几乎不变，基本保持为矩形，图 3-6（a）、（b）所示为两种情况下的断面变化情况。由于窄板弯曲时变形区断面发生畸变，因此当弯曲件的侧面尺寸有一定要求或和其他零件有配合要求时，需要增加后续辅助工序。实际生产当中的弯曲大部分属于宽板弯曲。

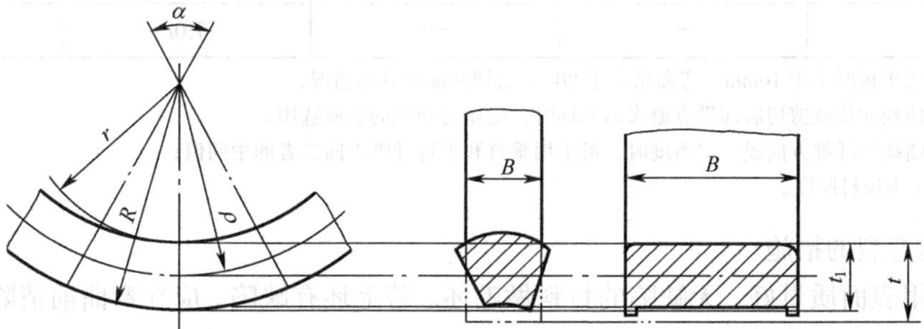

（a）窄板弯曲　　（b）宽板弯曲

图 3-6　弯曲变形区的横截面变化情况

（二）弯曲件质量分析

1. 弯裂

（1）最小弯曲半径。弯曲半径是指弯曲件内侧的曲率半径（图 3-6 中的 r）。由弯曲变形可知，弯曲时板料的外侧受拉伸，当外侧的拉伸应力超过材料的抗拉强度时，在板料的外侧将产生裂纹，这种现象称为弯裂。弯曲件是否弯裂，在相同板料厚度的条件下，主要与弯曲半径 r 有关，r 越小，弯曲变形程度越大，因此存在一保证外层纤维不产生弯裂时所允许的最小弯曲半径 r_{min}，即在板料不发生破坏的条件下，所能弯成零件内表面的最小圆角半径称为最小弯曲半径 r_{min}，并用它来表示弯曲时的成形极限。

最小弯曲半径 r_{min} 受材料的力学性能、板料表面质量和断面质量、板料的厚度、板料的宽度、弯曲中心角、弯曲线方向等因素的影响。由于上述各种因素的影响十分复杂，所以最小弯曲半径的数值一般用试验方法确定。各种金属材料在不同状态下的最小弯曲半径的数值，见表 3-1。

表 3-1　　最小弯曲半径 r_{min}

<table>
<tr><th rowspan="3">材　料</th><th colspan="2">正火或退火</th><th colspan="2">冷 作 硬 化</th></tr>
<tr><th colspan="4">弯曲线方向</th></tr>
<tr><th>平行纤维方向</th><th>垂直纤维方向</th><th>平行纤维方向</th><th>垂直纤维方向</th></tr>
<tr><td>软黄铜</td><td rowspan="4">0.35t</td><td rowspan="4">0.1t</td><td>0.8t</td><td>0.35t</td></tr>
<tr><td>铝</td><td>1.0t</td><td>0.5t</td></tr>
<tr><td>半硬黄铜</td><td>1.2t</td><td>0.5t</td></tr>
<tr><td>纯铜</td><td>2.0t</td><td>1.0t</td></tr>
<tr><td>08、10、Q195、Q215</td><td>0.4t</td><td>0.1t</td><td>0.8t</td><td>0.4t</td></tr>
<tr><td>15、20、Q235</td><td>0.5t</td><td>0.1t</td><td>1.0t</td><td>0.5t</td></tr>
<tr><td>25、30、Q255</td><td>0.6t</td><td>0.2t</td><td>1.2t</td><td>0.6t</td></tr>
<tr><td>35、40、Q275</td><td>0.8t</td><td>0.3t</td><td>1.5t</td><td>0.8t</td></tr>
<tr><td>45、50</td><td>1.0t</td><td>0.5t</td><td>1.7t</td><td>1.0t</td></tr>
<tr><td>55、60</td><td>1.3t</td><td>0.7t</td><td>2.0t</td><td>1.3t</td></tr>
<tr><td>磷铜</td><td>—</td><td>—</td><td>7.0t</td><td>1.0t</td></tr>
</table>

注：1. 本表用于板厚小于 10mm、弯曲角大于 90°、剪切断面良好的情况；
2. 在弯曲经冲裁或剪切后却没有退火的毛坯时，应作为硬化的金属选用；
3. 当弯曲线与纤维方向成一定角度时，可采用垂直和平行纤维方向二者的中间值；
4. 表中 t 为板料厚度。

（2）控制弯裂的措施。

① 要选用表面质量好、无缺陷的材料做毛坯。若毛坯有缺陷，应在弯曲前清除掉，否则弯曲时会在缺陷处开裂。

② 对于比较脆的材料、厚料及冷作硬化的材料，可采用加热弯曲的方法，或者采用先退火增加材料塑性再进行弯曲的方法。

③ 弯曲半径小的工件时，应预先去掉毛刺，并采用退火方法消除毛坯的硬化层。如果毛刺较小，也可把有毛刺的一边朝向弯曲凸模面，以避免应力集中而使工件开裂。

④ 一般情况下，在设计时不宜采用最小弯曲半径。如果工件的弯曲半径小于表 3-1 所示数值，则应分两次或多次弯曲，即先弯成较大的圆角半径（大于 r_{min}），经中间退火后，再以校正工序弯成所要求的弯曲半径。这样可以使变形区域扩大，减小外层材料的伸长率。

⑤ 对于较厚材料的弯曲，若结构允许，可先在弯曲圆角内侧开槽，再进行弯曲，如图 3-7 所示。

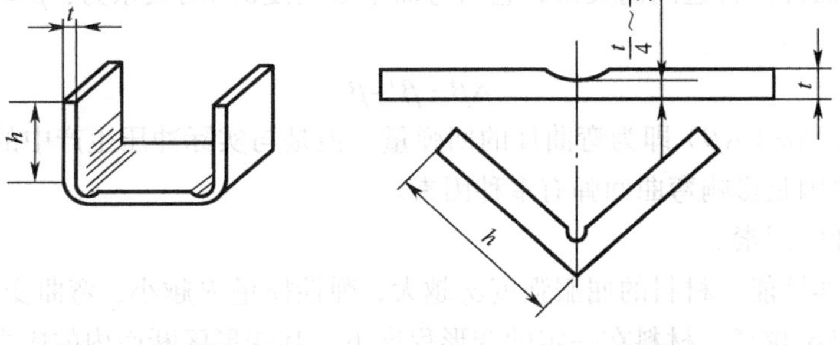

（a）U 形件　　（b）V 形件

图 3-7　开槽后弯曲

2. 弯曲回弹

（1）弯曲回弹现象　常温下的塑性弯曲与其他塑性变形一样，总是伴随有弹性变形。当弯曲结束，外力去除后，塑性变形保留了下来，而弹性变形则完全消失，使得弯曲件的形状和尺寸发生变化而与模具尺寸不一致，这种现象称为弯曲回弹（简称回弹）。

由于弯曲变形区内、外侧的切向应力应变性质相反，因而卸载时外侧因弹性恢复而缩短，内侧因弹性恢复而伸长，并且回弹的方向都是反向于弯曲变形方向的；另外，对于整个坯料来说，不变形区占的比例比变形区大得多，大面积不变形区的惯性作用也会加大变形区的回弹，这是弯曲回弹比其他成形工艺回弹严重的另一个原因。

弯曲件的回弹现象通常表现为两种形式，如图 3-8 所示。

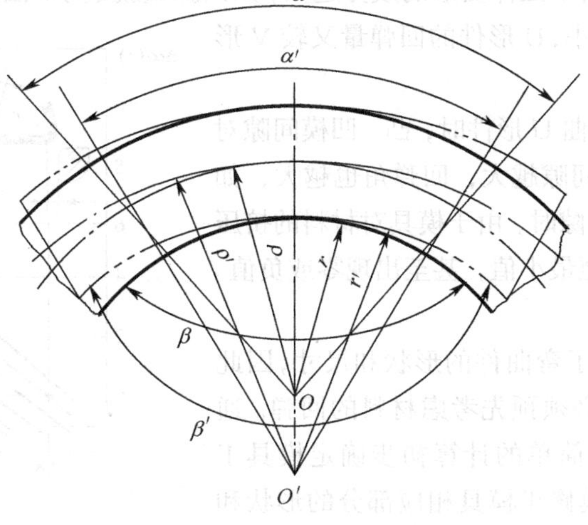

图 3-8　弯曲变形的回弹

① 曲率减小　卸载前，弯曲中性层的半径为ρ，卸载后弯曲中性层的半径增至ρ'。曲率则由卸载前的 $1/\rho$减小至卸载后的 $1/\rho'$。若以ΔK表示曲率的减小量，则

$$\Delta K=\frac{1}{\rho}-\frac{1}{\rho'} \tag{3-1}$$

② 弯曲中心角减小　卸载前，弯曲变形区的中心角为α，卸载后，弯曲变形区的中心角减小至α'。若以$\Delta\alpha$表示弯曲中心角的减小量，则

$$\Delta\alpha=\alpha-\alpha' \tag{3-2}$$

弯曲角β（弯曲件两直边间的夹角，它与弯曲中心角度α间的关系为：$\beta=180°-\alpha$）的增大量为：

$$\Delta\beta=\beta'-\beta \tag{3-3}$$

计算出的ΔK、$\Delta\alpha$（$\Delta\beta$）即为弯曲件的回弹量，但是与实际冲压生产中的回弹量相比，有一定的差别，其原因是影响弯曲回弹有多种因素。

（2）影响回弹的因素。

① 材料的力学性能　材料的屈服强度σ_s越大，弹性模量E越小，弯曲变形的回弹也越大。因为材料的屈服点σ_s越高，材料在一定的变形程度下，其变形区断面内的应力也越大，因而可以引起更大的弹性变形，所以回弹值也越大；而弹性模量E越大，则材料抵抗弹性变形的能力越强，所以回弹值越小。

② 相对弯曲半径 r/t　相对弯曲半径 r/t 越小，则回弹值越小。因为相对弯曲半径 r/t 越小，弯曲变形程度越大，变形区总的切向变形程度增大，塑性变形在总变形中占的比例增大，而相应弹性变形的比例则减少，从而回弹值减少。反之，相对弯曲半径 r/t 越大，则回弹值越大。这也是 r/t 很大的工件不易弯曲成形的原因。

③ 弯曲中心角α　弯曲中心角α越大，回弹角也越大。因为随着α的增大，变形区段长度增大，回弹累积值也增大，但对曲率半径的回弹没有影响。

④ 弯曲方式　自由弯曲时，回弹值大；校正弯曲时，回弹值小。在无底凹模内作自由弯曲时，回弹最大；在有底凹模内作校正弯曲时，回弹最小。

⑤ 弯曲件形状　一般，弯曲件形状越复杂，一次弯曲成形角的数量越多，则弯曲时各部分相互牵制作用越大，弯曲中拉伸变形的成分越大，则回弹量就越小。因此，一次弯曲成形时，⅂⅃形件的回弹量较 U 形件小，U 形件的回弹量又较 V 形件小。

⑥ 模具间隙　在弯曲 U 形件时，凸、凹模间隙对回弹角有较大的影响。间隙越大，回弹角也越大，如图 3-9 所示。当采用负间隙时，由于模具对材料的挤压作用，可使回弹角减小至最小值，甚至出现零或负值。

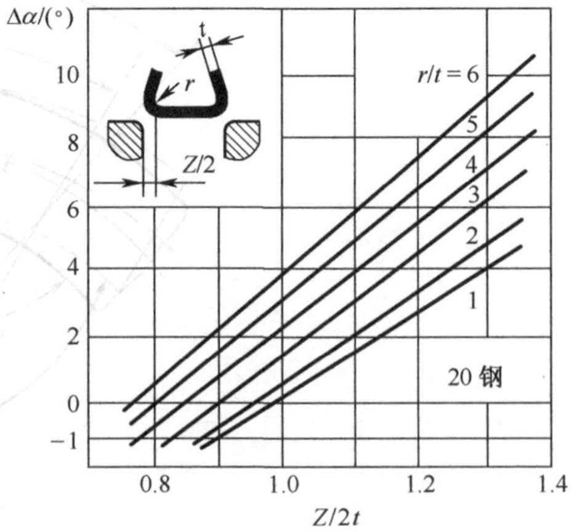

图 3-9　间隙对回弹的影响

（3）回弹值的确定。

由于回弹直接影响了弯曲件的形状和尺寸，因此在模具设计和制造时，必须预先考虑材料的回弹。通常是先根据经验数值和简单的计算初步确定模具工作部分尺寸，然后再试模修正模具相应部分的形状和尺寸。

回弹值的确定方法有理论公式计算法和经验值查表法。

① 自由弯曲时的回弹，可以分为以下几种情况。

a. 相对弯曲半径较大时自由弯曲的回弹值　当相对弯曲半径 $r/t \geqslant 10$ 时，回弹比较大，如图 3-10 所示，卸载后弯曲件的弯曲圆角半径和角度都发生了较大变化，此时可以不考虑材料厚度的变化以及应力应变中性层的移动，以简化计算。在这种情况下，凸模圆角半径 $r_{凸}$和凸模圆角部分中心角$\alpha_{凸}$可按下式进行计算：

$$r_{凸}=\frac{r}{1+3\dfrac{\sigma_s r}{Et}} \tag{3-4}$$

$$\alpha_{凸}=\frac{r}{r_{凸}}\alpha \tag{3-5}$$

式中：$r_{凸}$——凸模圆角半径，mm；

$\alpha_{凸}$——凸模圆角部分中心角；

r——弯曲件圆角半径，mm；

α——弯曲件圆角部分中心角；

σ_s——弯曲件材料的屈服极限，MPa；

E——弯曲件材料的弹性模量，MPa；

t——弯曲件材料厚度，mm。

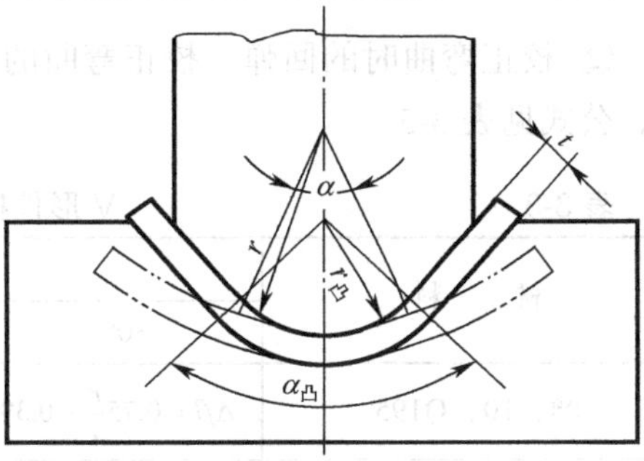

图 3-10　r/t 较大时的回弹现象

b. 相对弯曲半径较小时自由弯曲的回弹值　当弯曲件的相对弯曲半径 $r/t<5$ 时，由于变形程度大，卸载后弯曲圆角半径的变化很小，可以不予考虑，而仅考虑弯曲中心角的变化。

当弯曲件弯曲中心角不为 90° 时，其回弹角可按下式计算：

$$\Delta\alpha=\frac{\alpha}{90}\Delta\alpha_{90} \tag{3-6}$$

式中：$\Delta\alpha$——弯曲件的弯曲中心角为α时的回弹角；

$\Delta\alpha_{90}$——弯曲中心角为 90° 时的回弹角（表 3-2）；

α——弯曲件的弯曲中心角。

表 3-2　　90° 单角自由弯曲时的回弹角

材　料	$\frac{r}{t}$	材料厚度 t（mm）		
		<0.8	0.8～2	>2
软钢（σ_b=350MPa） 黄铜（σ_b=350MPa） 铝和锌（σ_b=350MPa）	<1 1～5 >5	4° 5° 6°	2° 3° 4°	0° 1° 2°
中硬钢（σ_b=400～500MPa） 硬黄铜（σ_b=350～400MPa） 硬青铜（σ_b=350～400MPa）	<1 1～5 >5	5° 6° 8°	2° 3° 5°	0° 1° 3°
硬钢（σ_b>550MPa）	<1 1～5 >5	7° 9° 12°	4° 5° 7°	2° 3° 6°

续表

材　料	$\frac{r}{t}$	材料厚度 t（mm）		
		<0.8	0.8～2	>2
AlT 钢	<1	1°	1°	1°
电工钢	1～5	4°	4°	4°
XH78T（CrNi78Ti）	>5	5°	5°	5°
硬铝 LY12	<2	2°	3°	4° 30′
	2～5	4°	6°	8° 30′
	>5	6° 30′	10°	14°
超硬铝 LC4	<2	2° 30′	5°	8°
	2～5	4°	8°	11° 30′
	>5	7°	12°	19°

② 校正弯曲时的回弹　校正弯曲的回弹值，可用试验所得的公式计算，符号如图 3-11 所示，公式见表 3-3。

表 3-3　V 形件校正弯曲时的回弹角 $\Delta\beta$

材　料	弯曲角 β			
	30°	60°	90°	120°
08、10、Q195	$\Delta\beta=0.75\frac{r}{t}-0.39$	$\Delta\beta=0.58\frac{r}{t}-0.80$	$\Delta\beta=0.43\frac{r}{t}-0.61$	$\Delta\beta=0.36\frac{r}{t}-1.26$
15、20、Q215、Q235	$\Delta\beta=0.69\frac{r}{t}-0.23$	$\Delta\beta=0.64\frac{r}{t}-0.65$	$\Delta\beta=0.43\frac{r}{t}-0.36$	$\Delta\beta=0.37\frac{r}{t}-0.58$
25、30、Q255	$\Delta\beta=1.59\frac{r}{t}-1.03$	$\Delta\beta=0.95\frac{r}{t}-0.94$	$\Delta\beta=0.78\frac{r}{t}-0.79$	$\Delta\beta=0.46\frac{r}{t}-1.36$
35、Q275	$\Delta\beta=1.51\frac{r}{t}-1.48$	$\Delta\beta=0.84\frac{r}{t}-0.76$	$\Delta\beta=0.79\frac{r}{t}-1.62$	$\Delta\beta=0.51\frac{r}{t}-1.71$

（4）控制回弹的措施。

模具设计时，要尽可能减小回弹。常用的方法有补偿法和校正法。

① 补偿法　补偿法即预先估算或试验出工件弯曲后的回弹量，在设计模具时，使弯曲工件的变形超过原设计的变形，工件回弹后得到所需要的形状。图 3-12（a）所示为单角回弹的补偿，根据已确定出的回弹角，在设计凸模和凹模时，减小模具的角度，作出补偿。图 3-12（b）所示的情况可采取两种措施：其一是使凸模向内侧倾斜，形成补偿角 $\Delta\theta$；其二是使凸、凹模单边间隙小于材料厚度，凸模将毛坯压入凹模后，利用毛坯外侧与凹模的摩擦力使毛坯的两侧都向内贴紧凸模，从而实现回弹的补偿。图 3-12（c）所示的补偿法，是在工件底部形成一个圆弧状弯曲，凸、凹模分离后，工件圆弧部分有回弹为直线的趋势，带动其两侧板向内侧倾斜，使回弹得到补偿。

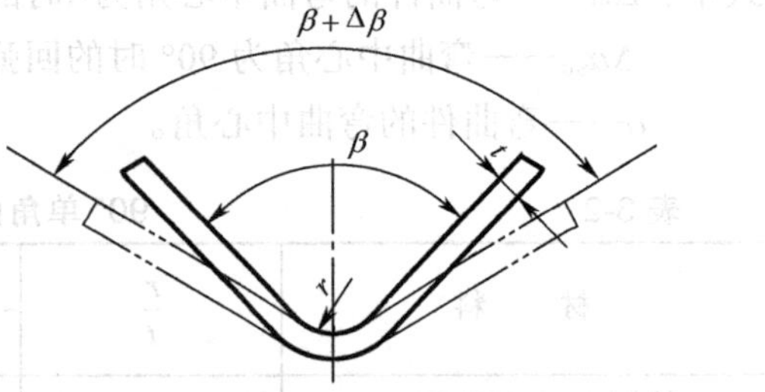

图 3-11　V 形件校正弯曲的回弹

② 校正法　校正法是在模具结构上采取措施，让校正压力集中在弯角处，使其产生一定塑性变形，克服回弹。图 3-13（a）、（b）所示为弯曲校正力集中作用于弯曲圆角处。

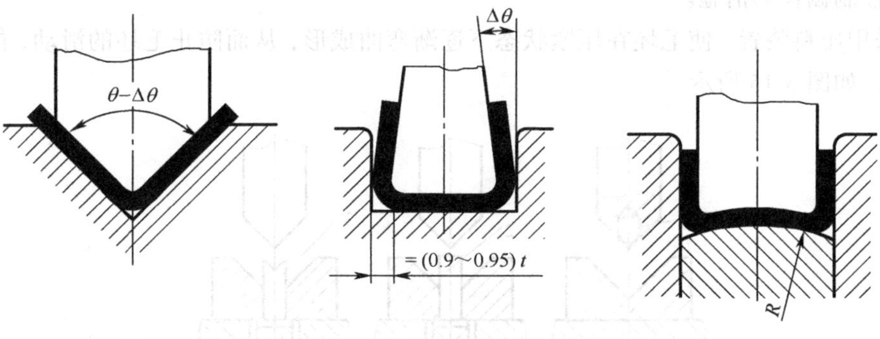

图 3-12　补偿法

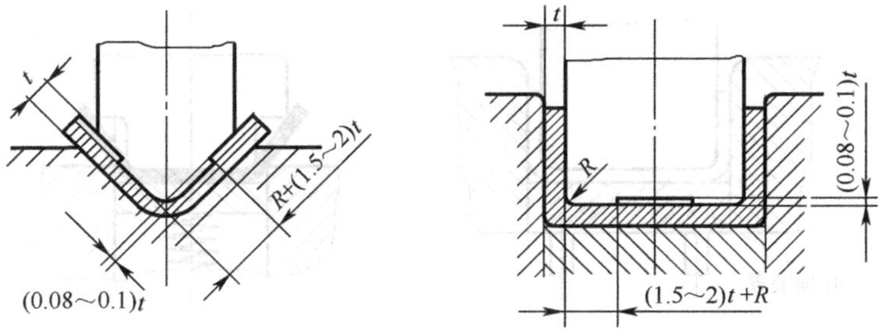

图 3-13　校正法

3. 偏移

板料在弯曲过程中，各边受到凹模圆角处不相等的阻力的作用而沿工件长度产生移动，致使工件直边高度不符合图样要求，这种现象称为偏移。

(1) 偏移产生的原因。

① 制件毛坯形状不对称，如图 3-14 (a)、(b) 所示。

② 工件结构不对称，如图 3-14 (c) 所示。

③ 凹模两边角度不对称，如图 3-14 (d) 所示。

④ 凸凹模圆角、间隙不对称，使阻力不等。

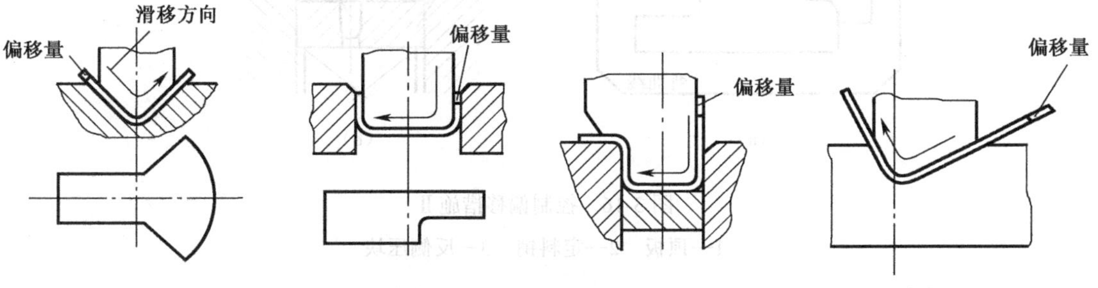

图 3-14　弯曲时的偏移现象

（2）控制偏移的措施。

① 采用压料装置。使毛坯在压紧状态下逐渐弯曲成形，从而防止毛坯的滑动，能达到较平整的工件，如图 3-15 所示。

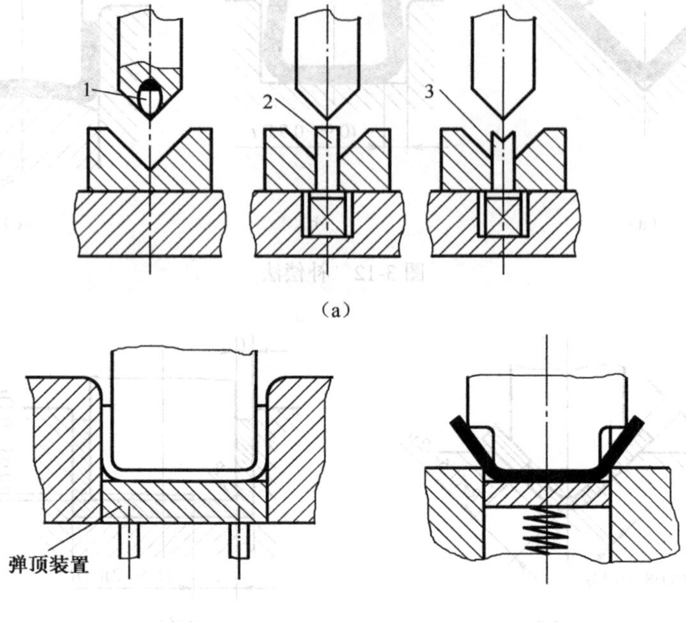

（a）

（b）（c）

图 3-15　控制偏移措施 I

1—定位尖　2—顶杆　3—V 形顶板

② 定位后再弯曲。设计合理的定位板进行外形定位，如图 3-16（a）所示。或者，利用毛坯上的孔或设计工艺孔，用定位销插入孔中进行定位。对于某些弯曲件，工艺孔与压料板可兼用，如图 3-16（b）所示，由于有顶板和定位销定位，可防止弯曲时坯料偏移。反侧压块的作用是平衡左边弯曲时产生的水平侧向力。

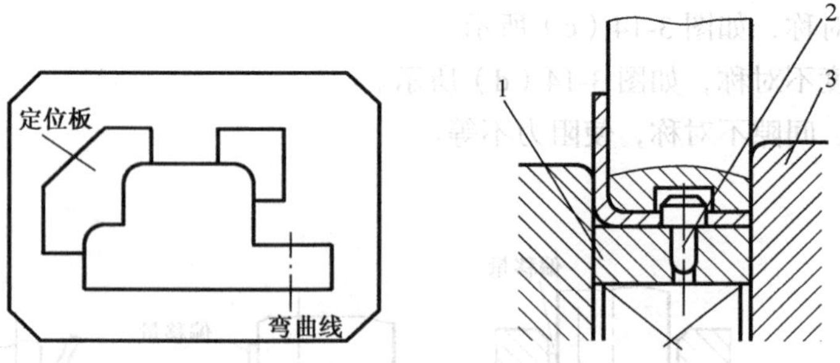

（a）（b）

图 3-16　控制偏移措施 II

1—顶板　2—定料销　3—反侧压块

③ 成对弯曲。将不对称弯曲件组合成对称弯曲件弯曲，然后再切开，使板料在弯曲时受力均匀，防止产生偏移。

④ 模具制造准确，间隙调整对称，使阻力对称分布，从而防止产生偏移。

（三）弯曲件的工艺计算

1. 弯曲中性层位置的确定

弯曲中性层是指弯曲变形前后长度保持不变的金属层。因此，弯曲中性层的展开长度即是弯曲件的毛坯尺寸，而为了计算弯曲中性层的展开尺寸，必须首先确定中性层的位置，中性层位置可用其弯曲半径 ρ 确定，如图 3-17 所示。ρ 可按经验公式（3-7）计算：

$$\rho = r + x\,t \tag{3-7}$$

式中：ρ——中性层弯曲半径，mm；

r——内弯曲半径，mm；

t——材料厚度，mm；

x——中性层位移系数，见表 3-4。

表 3-4　中性层位移系数

r/t	0.1	0.2	0.3	0.4	0.5	0.6	0.7	0.8	1.0	1.2
x	0.21	0.22	0.23	0.23	0.25	0.26	0.28	0.30	0.32	0.33
r/t	1.3	1.5	2.0	2.5	7.0	4.0	5.0	6.0	7.0	≥8.0
x	0.34	0.36	0.38	0.39	0.40	0.42	0.44	0.46	0.48	0.50

2. 弯曲件展开长度的计算

中性层位置确定后，对于形状比较简单、尺寸精度要求不高的弯曲件，可直接采用下面介绍的方法计算坯料长度。而对于形状比较复杂或精度要求高的弯曲件，在利用下述公式初步计算坯料长度后，还需反复试弯不断修正，才能最后确定坯料的形状及尺寸。

（1）圆角半径 $r > 0.5t$ 的弯曲件展开长度　如上所述，此类弯曲件的展开长度是根据弯曲前后毛坯中性层尺寸不变的原则进行计算的，其展开长度等于所有直线段及弯曲部分中性层展开长度之和，如图 3-18 所示。计算步骤如下。

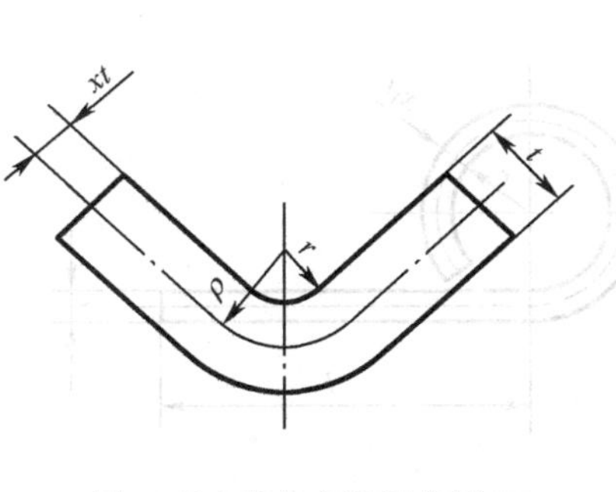

图 3-17　应变中性层位置

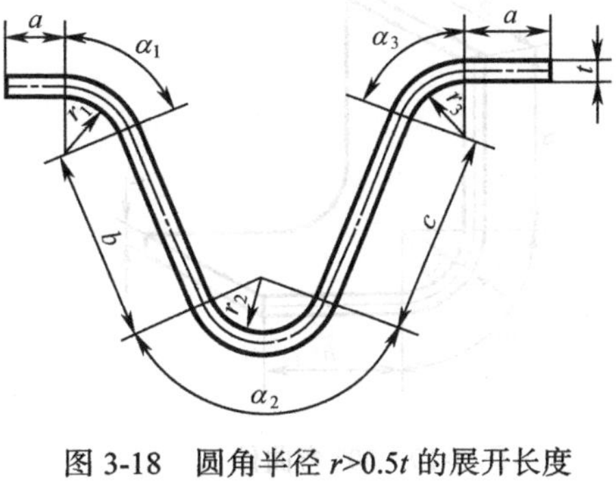

图 3-18　圆角半径 $r>0.5t$ 的展开长度

① 计算直线段 a、b、c…的长度。

② 计算 r/t，根据表 3-4 查出中性层位移系数 x 值。

③ 按公式（3-7）计算各圆弧段中性层弯曲半径ρ：

$$\rho = r + x\,t$$

④ 根据各中性层弯曲半径ρ_1、ρ_2…与对应弯曲中心角α_1、α_2…计算各圆弧段展开长度 l_1、l_2……

$$l=\pi\rho\alpha/180°$$

⑤ 计算总展开长度 L_z

$$L_z=a+b+c+\cdots+l_1+l_2+l_3+\cdots \quad (3\text{-}8)$$

当弯曲件的弯曲角度为 90° 时如图 3-19 所示，弯曲件展开长度计算可简化为

$$L_z=a+b+1.57(r+xt) \quad (3\text{-}9)$$

（2）圆角半径 $r<0.5t$ 弯曲件展开长度　对于 $r<0.5t$ 的弯曲件，由于弯曲变形时不仅制件的圆角变形区产生严重变薄，而且与其相邻的直边部分也产生变薄，故应按变形前后体积不变条件确定坯料长度。通常采用表 3-5 所列经验公式计算。

表 3-5　$r<0.5t$ 的弯曲件坯料长度计算公式

简　图	计 算 公 式	简　图	计 算 公 式
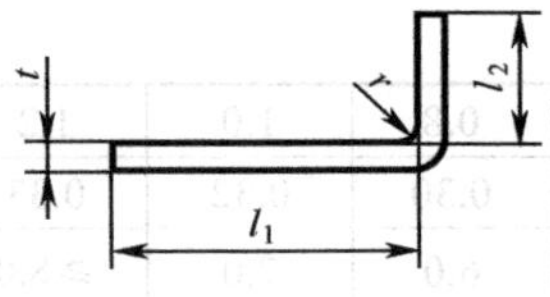	$L_z=l_1+l_2+0.4$	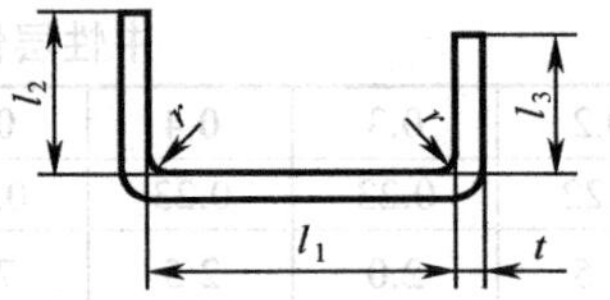	$L_z=l_1+l_2+l_3+0.6t$ （一次同时弯曲两个角）
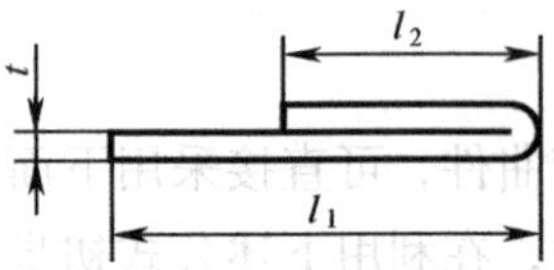	$L_z=l_1+l_2-0.4$	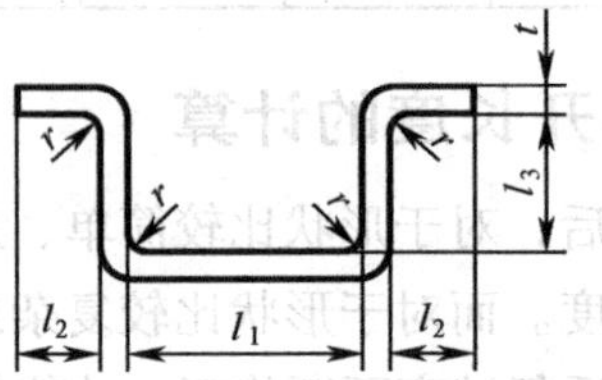	$L_z=l_1+2l_2+2l_3+t$ （一次同时弯曲四个角） $L_z=l_1+2l_2+2l_3+1.2t$ （分为两次弯曲四个角）

（3）铰链式弯曲件　对于 $r=(0.6\sim7.5)t$ 的铰链件，如图 3-20 所示，通常采用推卷的方法成形，在卷圆过程中板料增厚，中性层外移，其坯料长度 L_z 可按下式近似计算：

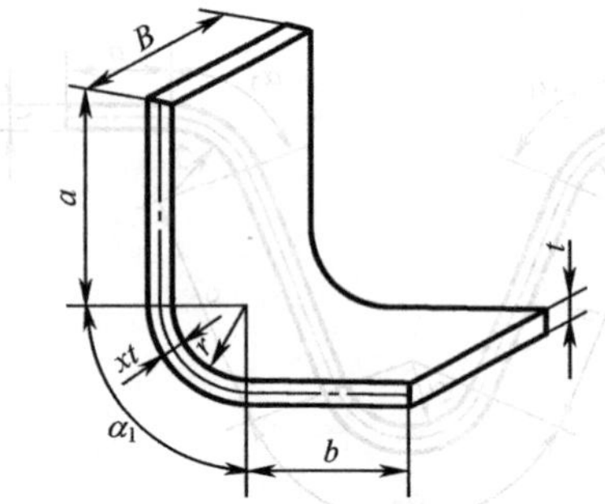

图 3-19　90° 弯曲件

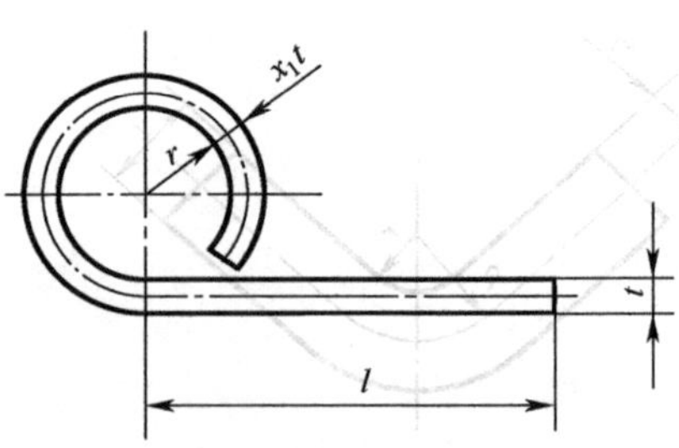

图 3-20　铰链式弯曲件

$$L_z=l+1.5\pi(r+x_1t)+r\approx l+5.7r+4.7x_1t \quad (3\text{-}10)$$

式中：l——直线段长度；

r——铰链内半径；

x_1——中性层位移系数，见表 3-6。

表 3-6　　卷边时中性层位移 x_1 值

r/t	>0.5～0.6	>0.6～0.8	>0.8～1	>1～1.2	>1.2～1.5	>1.5～1.8	>1.8～2	>2～2.2	>2.2
x_1/mm	0.76	0.73	0.7	067	0.64	0.61	058	0.54	0.5

3. 弯曲力计算

弯曲力是选择压力机和设计模具的重要依据之一。弯曲力的大小不仅与毛坯尺寸、材料力学性能、凹模支点间的间距、弯曲半径及凸凹模间隙等因素有关，而且与弯曲方法也有很大关系，很难用理论分析的方法进行准确计算，所以在生产中常采用经验公式计算。

（1）自由弯曲的弯曲力　自由弯曲按弯曲件形状可分为 V 形件自由弯曲和 U 形件自由弯曲两种。对于 V 形件，弯曲力 F_z 按下式计算：

$$F_z=0.6K\,b\,t^2\,\sigma_b/(r+t) \tag{3-11}$$

对于 U 形件，弯曲力 F_z 按下式计算：

$$F_z=0.7K\,b\,t^2\,\sigma_b/(r+t) \tag{3-12}$$

式中：F_z—— 材料在冲压行程结束时的弯曲力，N；

b—— 弯曲件宽度，mm；

t—— 弯曲件厚度，mm；

r—— 弯曲件内弯曲半径，mm；

σ_b—— 材料强度极限，MPa；

K—— 安全系数，一般可取 K=1.3。

（2）校正弯曲的弯曲力。

当弯曲件在冲压结束时受到模具的压力校正，则弯曲校正力 F_j 可按下式近似计算：

$$F_j=q\,A \tag{3-13}$$

式中：F_j—— 弯曲校正力，N；

q —— 单位校正力，MPa，其值见表 3-7；

A—— 工件被校正部分投影面积，mm^2。

表 3-7　　单位校正力 q　　单位：MPa

材　料	材料厚度（t/mm）			
	≤1	>1～2	>2～5	>5～10
铝	15～20	20～30	30～40	40～50
黄铜	20～30	30～40	40～60	60～80
10～20 钢	30～40	40～50	60～80	80～100
25～30 钢	40～50	50～60	70～100	100～120

4. 顶件力或压料力

对于设置顶件装置或压料装置的弯曲模，其顶件力 F_d 或压料力 F_y 可近似取自由弯曲力的 30%～80%，即：

$$F_d(或)F_y=(0.3\sim0.8)F_z \tag{3-14}$$

5. 压力机吨位的确定

对于有弹性顶件装置的自由弯曲压力机吨位可按下式计算：

$$F_{压机}=(1.1\sim1.2)(F_z+F_d) \tag{3-15}$$

对于有弹性压料装置的自由弯曲压力机吨位可按下式计算：

$$F_{压机}=(1.1\sim1.2)(F_z+F_y) \tag{3-16}$$

对于校正弯曲压力机吨位可按下式计算：

$$F_{压机}\geqslant(1.1\sim1.2)F_j \tag{3-17}$$

式中：$F_{压机}$——压力机工称压力，N。

（四）弯曲模的设计

1. 弯曲件的工艺性

弯曲件的工艺性是指弯曲件对弯曲加工的适应性，这是从弯曲加工的角度对弯曲产品设计提出的工艺要求。具有良好工艺性的弯曲零件，不仅能简化弯曲工序和弯曲模的设计，而且能提高弯曲件精度、节约材料、提高生产效率。

（1）弯曲半径　弯曲件的弯曲半径不宜小于最小弯曲半径，否则要多次弯曲，增加工序数；也不宜过大，因为过大时受到回弹的影响，弯曲角度与弯曲半径的精度都不易保证。

（2）弯曲件的形状　弯曲件的形状应尽可能简单并左右对称，以保证弯曲时毛坯不产生滑动，造成偏移，从而影响弯曲件的精度。图 3-21（a）为防止毛坯弯曲时产生滑动，添加工艺孔定位；图 3-21（b）、（c）所示的小型非对称弯曲件采用成对弯曲再切断的工艺。

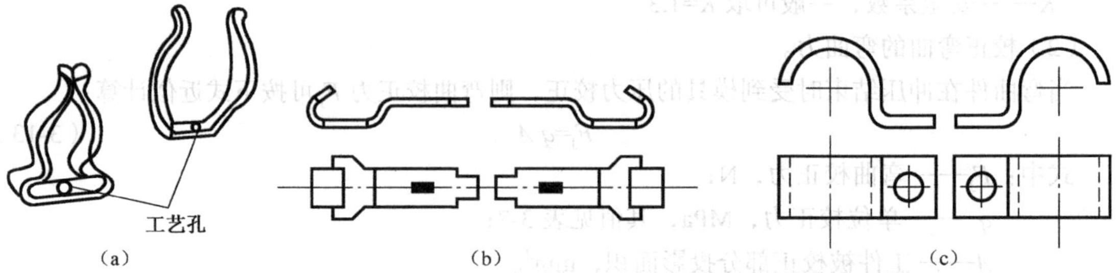

图 3-21　弯曲件的形状

带有缺口的弯曲件，若先冲缺口再弯曲，会出现叉口现象，严重时甚至无法成形。因此，应先留下缺口部分作为连接带，弯曲成形后再切除，如图 3-22（a）所示。

带有切口弯曲的工件，弯曲部分一般应做成梯形以便于出模。也可以先冲出周边槽孔，然后弯曲成形，如图 3-22（b）所示。

（3）弯曲件直边高度　在进行直角弯曲时，弯曲件的直边高度不宜过小。若弯曲件的直边高度过小，则直边在模具上支持的长度过短，弯曲过程中不能产生足够的弯矩，将无法保证弯曲件的直边平直，所以必须使弯曲件的直边高度 $h>r+2t$，如图 3-23（a）所示。若 $h<r+2t$，则需先开槽再弯曲或者先增加直边高度，弯曲后再切除多余的部分，如图 3-23（b）所示。当弯曲侧边带有斜角的弯曲件时，则在斜边高度小于 $r+2t$ 的区域里不可能弯曲到要求的角度，并且该处还易开裂，如图 3-23（c）所示，因此必须改变工件的形状，加高直边高度，如图 3-23（d）所示。

（4）弯曲件孔边距　当弯曲带孔的工件时，如果孔位于弯曲区附近，则弯曲后孔的形状会发生变形。为了避免这种缺陷的出现，必须使孔处于变形区之外，如图 3-24（a）。孔边到弯曲

半径 r 中心的距离 l 为：当 $t<2$mm，$l\geqslant t$；当 $t\geqslant2$mm 时，$l\geqslant2t$。

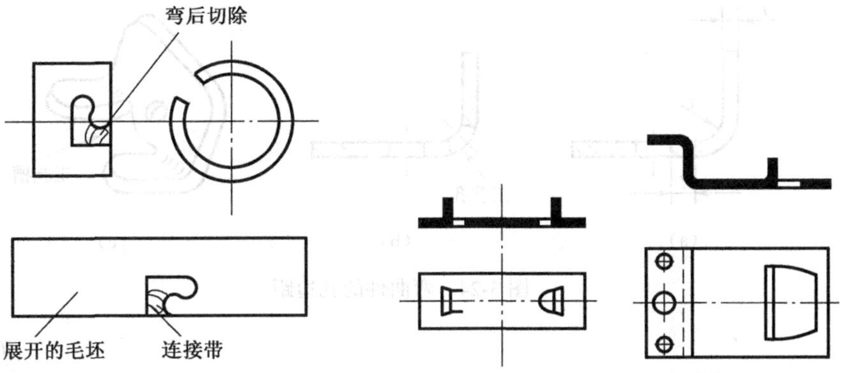

图 3-22　带有缺口、切口的弯曲件

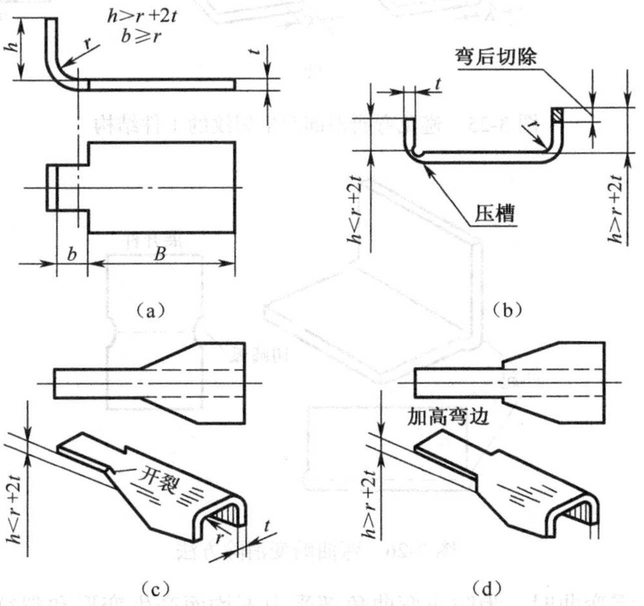

图 3-23　弯曲件直边高度

如果孔边至弯曲半径 r 中心的距离过小而不能满足上述条件时，需弯曲成形后再冲孔。如工件结构允许，可在弯曲处预先冲出工艺孔，如图 3-24（b）所示，或工艺槽，如图 3-24（c）所示，由工艺孔或槽来吸收弯曲变形应力，防止孔在弯曲时变形。

（5）避免弯曲根部产生裂纹的工件结构　在局部弯曲某一段边缘时，为避免弯曲根部撕裂，应减小不弯曲部分的长度，使其退出弯曲线之外，即 $b\geqslant r$，如图 3-25（a）所示。若工件的长度不能减小，则应在弯曲部分与不弯曲部分之间切槽，如图 3-25（b）所示，或在弯曲前冲出工艺孔，如图 3-25（c）所示。

（6）增加工艺缺口、槽和工艺孔　对于弯曲时圆角变形区侧面产生畸变的弯曲件，为提高弯曲件的尺寸精度，可预先在折弯线的两端切出工艺缺口或槽，以避免畸变对弯曲件宽度尺寸的影响，如图 3-26 所示。

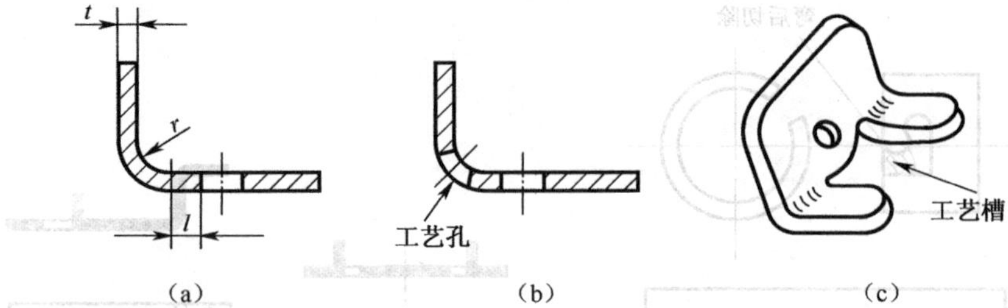

图 3-24　弯曲件的孔边距

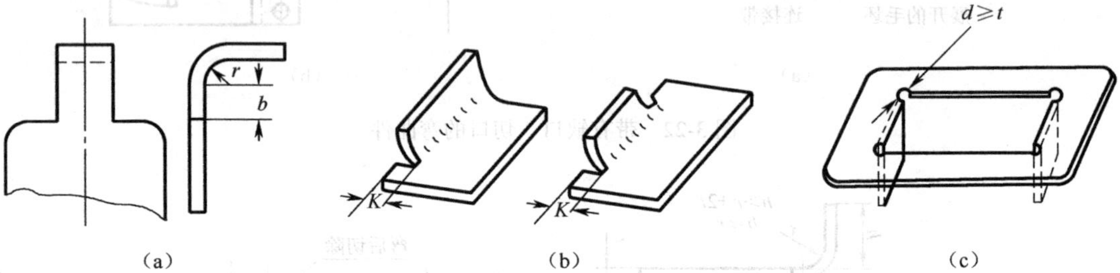

图 3-25　避免弯曲根部产生裂纹的工件结构

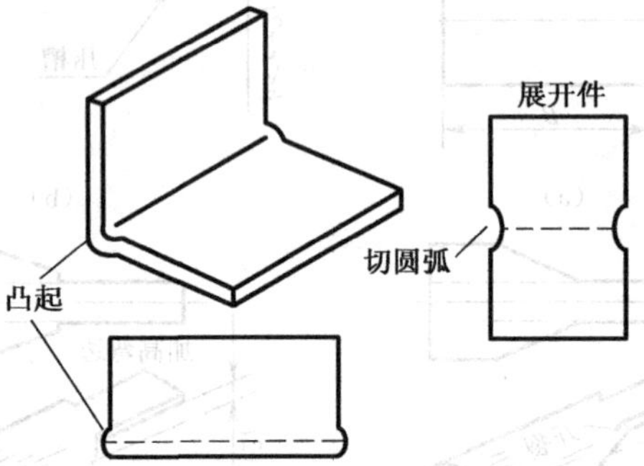

图 3-26　弯曲畸变消除方法

当工件边缘局部需弯曲时，为防止弯曲角部受力不均而产生变形和裂纹，应预先切槽或冲工艺孔，如图 3-27 所示。其中，工艺槽深度 $L \geqslant r+t+K/2$，工艺槽宽度 $K \geqslant t$，工艺孔直径 $d \geqslant t$。

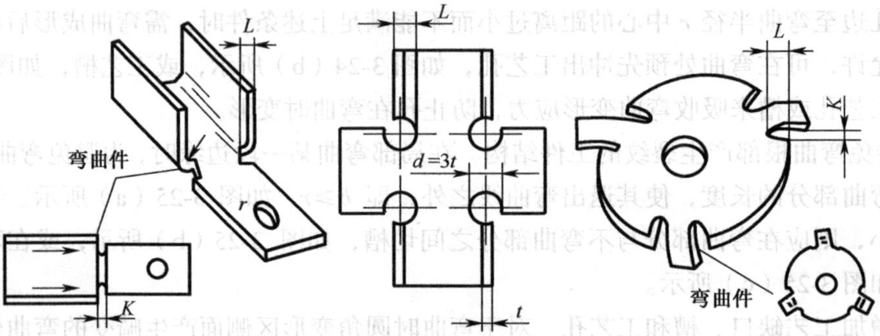

图 3-27　预冲工艺槽、孔的弯曲件

（7）弯曲件尺寸标注　弯曲件尺寸标注的不同会导致不同的加工方案，图 3-28 所示的弯曲件有 3 种尺寸标注方法。图 3-28（a）所示的尺寸可以采用先落料冲孔，然后弯曲成形，工艺比较简单。而图 3-28（b）、（c）所示的尺寸标注方法，冲孔只能在弯曲成形后进行，增加了工序。因此当孔无装配要求时，应采用图 3-28（a）的标注方法，以减少加工工序。

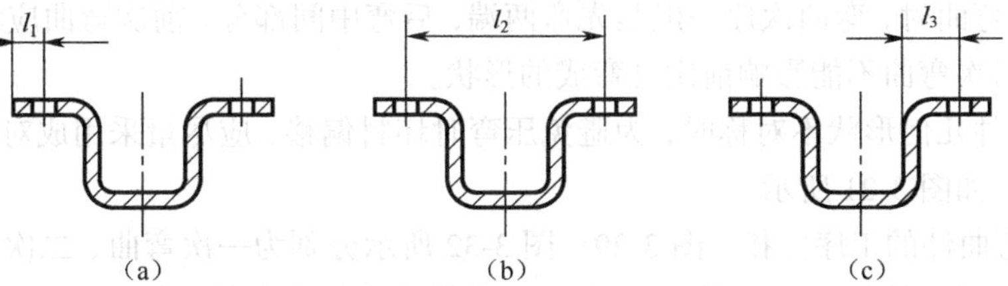

图 3-28　尺寸标注对弯曲工艺的影响

（8）弯曲件的精度　弯曲件的精度主要是指其形状和尺寸的准确性与稳定性。弯曲件的精度受板料的力学性能、厚度、模具结构、模具精度、工序数量、工序顺序以及工件本身的形状尺寸等因素的影响。一般而言，弯曲件的经济公差等级在 IT13 级以下。表 3-8 和表 3-9 所示分别为弯曲件长度的自由公差和角度的自由公差所能达到的精度。

表 3-8　　弯曲件长度的自由公差　　单位：mm

长度尺寸		3～6	＞6～18	＞18～50	＞50～120	＞120～260	＞260～500
材料厚度	≤2	±0.3	±0.4	±0.6	±0.8	±1.0	±1.5
	＞2～4	±0.4	±0.6	±0.8	±1.2	±1.5	±2.0
	＞4	—	±0.8	±1.0	±1.5	±2.0	±2.5

表 3-9　　弯曲件角度的自由公差

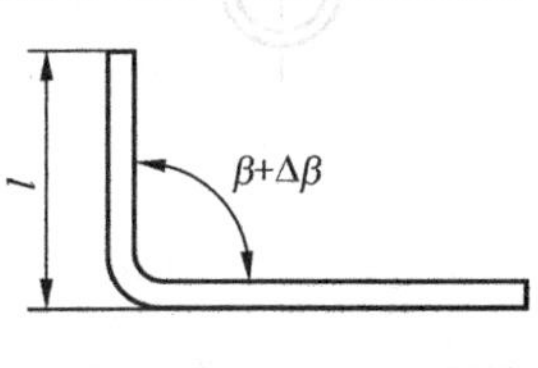	l（mm）	≤6	＞6～10	＞10～18	＞18～30	＞30～50
	$\Delta\beta$	±3°	±2°30′	±2°	±1°30′	±1°15′
	l（mm）	＞50～80	＞80～120	＞120～180	＞180～260	＞260～360
	$\Delta\beta$	±1°	±50′	±40′	±30′	±25′

（9）弯曲件的材料　弯曲件的材料要具有足够的塑性，屈强比（σ_s/σ_b）小，屈服点与弹性模量的比值（σ_s/E）小，有利于弯曲成形和工件质量的提高。

例如，软钢、黄铜和铝等材料的弯曲成形性能好；而脆性较大的材料，如磷青铜、铍青铜等，所需最小相对弯曲半径 r_{min}/t 大，回弹大，不利于成形。

2. 弯曲的工序安排

弯曲件的弯曲次数和工序安排必须根据工件形状的复杂程度、材料的性能、精度要求的高低以及生产批量的大小等因素综合进行考虑。弯曲工序安排合理，则可以减少弯曲次数，简化模具结构、提高工件的质量和劳动生产率；若安排不当，将会导致工件质量低劣和废品率高。因此，需要合理安排弯曲工序。

（1）弯曲件工序安排的原则。

① 对于形状简单的弯曲件，如 V 形、U 形、Z 形工件等，可以采用一次弯曲成形。对于形状复杂的弯曲件，一般需要采用二次或多次弯曲成形。

② 对于批量大而尺寸较小的弯曲件，为使工人操作方便、安全，保证弯曲件的准确性和提高生产率，应尽可能采用级进模或复合模。

③ 需多次弯曲时，弯曲次序一般是先弯两端，后弯中间部分，前次弯曲应考虑后次弯曲有可靠的定位，后次弯曲不能影响前次已弯成的形状。

④ 当弯曲件几何形状不对称时，为避免压弯时坯料偏移，应尽量采用成对弯曲，然后再切成两件的工艺，如图 3-21 所示。

（2）典型弯曲件的工序安排。图 3-29～图 3-32 所示分别为一次弯曲、二次弯曲、三次弯曲以及多次弯曲成形工件的例子。图 3-29 多用于形状简单的弯曲件，图 3-30～图 3-32 用于形状复杂的弯曲件。但对于某些尺寸小且薄、形状较复杂的弹性接触件，应采用一次复合弯曲成形，使之定位准确。

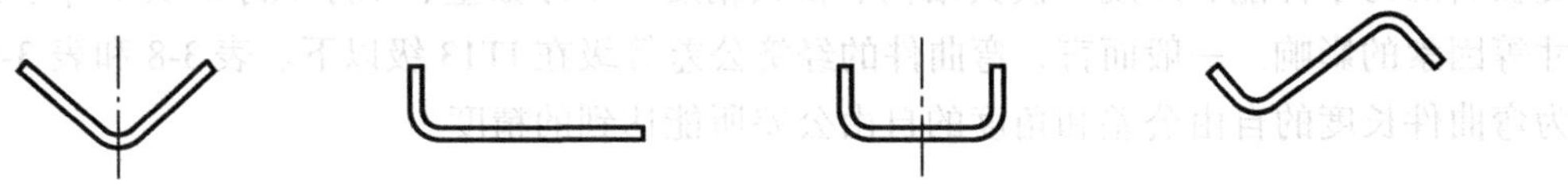

图 3-29　一道工序弯曲成形

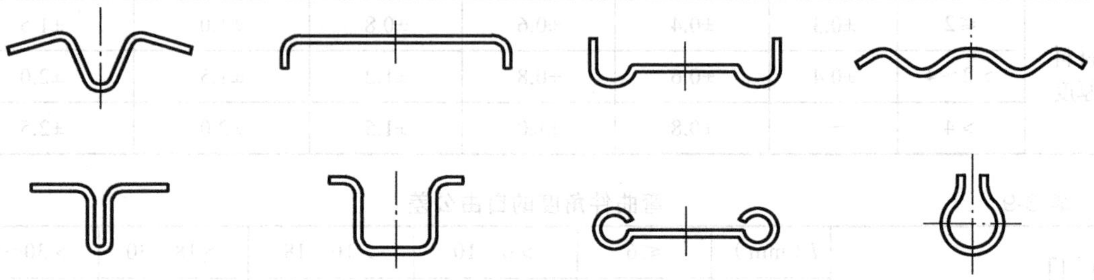

图 3-30　两道工序弯曲成形

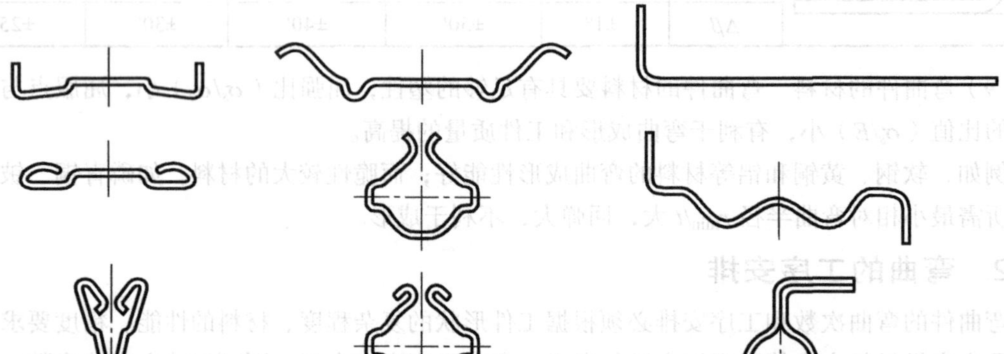

图 3-31　三道工序弯曲成形

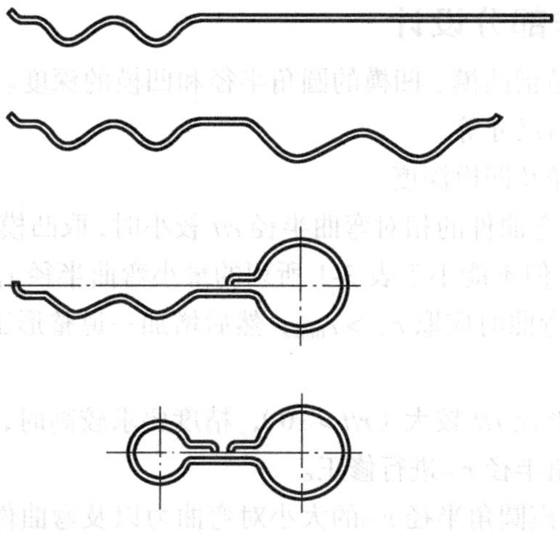

图 3-32　四道工序弯曲成形

3. 弯曲模的结构设计

弯曲模就是将毛坯或半成品制件沿弯曲线弯成一定角度和形状的冲压模具。

（1）坯料制备与工序安排。

① 弯曲毛坯应使弯曲工序的弯曲线与材料纤维方向垂直或成一定的夹角。

② 弯曲时使坯料的弯裂常处于弯曲件的内侧。

③ 弯曲工序一般应先弯外端弯角，后弯内角，且前次弯曲必须为下道工序留有合适的定位基准，后次弯曲不应损伤前次弯曲的精度。

（2）防止弯曲过程中坯料偏移。

① 弯曲前坯料应有一部分处于弹性压紧状态，然后再进行弯曲。

② 尽量采用工件的内孔定位。

（3）防止弯曲过程中工件变形。

① 模具结构设计应防止出现材料局部较明显的变薄与划伤，对多角弯曲时，模具设计力求使多角弯曲不同时进行，应有一定的时间差。

② 模具弯曲到下止点时应尽量有校正弯曲的效果。

③ 应考虑消除零件回弹的结构设计。

④ 应充分考虑抵消不对称零件侧向力的结构设计。

⑤ 应充分考虑模具的刚度和使用寿命。

（4）注意事项。进行弯曲模的结构设计时，应注意以下几点。

① 毛坯放置在模具上必须保证有正确可靠的定位。当工件上有孔并且允许其作为定位孔时，应尽量利用工件上的孔定位。若工件上无孔但允许在毛坯上冲制工艺孔时，可以考虑在毛坯上设计出定位工艺孔。当工件上不允许有工艺孔时，应考虑用定位板对毛坯外形定位，同时应设置压料装置压紧毛坯以防止弯曲过程中毛坯的偏移。

② 当采用多道工序弯曲时，各工序尽可能采用同一定位基准。

③ 设计模具结构应注意放入和取出工件的操作要安全、迅速和方便。

④ 确定弹性材料的准确回弹值时，需要通过试模对凸、凹模进行修正，因此模具结构设计要便于拆卸。

4. 弯曲模的工作部分设计

弯曲模工作部分主要是指凸模、凹模的圆角半径和凹模的深度。对于U形件的弯曲模还应有凸、凹模间隙和模具横向尺寸等。

（1）凸、凹模圆角半径及凹模深度。

① 凸模圆角半径　当弯曲件的相对弯曲半径 r/t 较小时，取凸模圆角半径 $r_{凸}$ 等于或略小于弯曲件内侧的圆角半径 r，但不能小于表3-1所列的最小弯曲半径 r_{min}；若弯曲件的 r/t 小于最小相对弯曲半径 r_{min}/t，则弯曲时应取 $r_{凸}>r_{min}$，然后增加一道整形工序，使整形模的凸模圆角半径 $r_{凸}=r$。

当弯曲件的相对弯曲半径 r/t 较大（$r/t>10$），精度要求较高时，必须考虑回弹的影响，根据回弹值的大小对凸模圆角半径 $r_{凸}$ 进行修正。

② 凹模圆角半径　凹模圆角半径 $r_{凹}$ 的大小对弯曲力以及弯曲件的质量均有影响。$r_{凹}$ 过小会使弯矩的弯曲力臂减小，毛坯沿凹模圆角滑入时的阻力增大，弯曲力增加，并易使工件表面擦伤甚至出现压痕。凹模两边的圆角半径应一致，否则在弯曲时毛坯会发生偏移。实际生产中，$r_{凹}$ 通常根据材料的厚度 t 选取：

当 $t \leqslant 2$ mm 时，$r_{凹}=(3\sim6)t$

当 $t=2\sim4$ mm 时，$r_{凹}=(2\sim3)t$

当 $t>4$ mm 时，$r_{凹}=2t$

对于V形弯曲模的凹模底部圆角半径 $r'_{凹}$，可依据弯曲变形区坯料变薄的特点取 $r'_{凹}=(0.6\sim0.8)(r_{凸}+t)$ 或者开退刀槽。

③ 凹模深度　凹模深度要适当。若过小，则弯曲件两端自由部分太长，工件回弹大，不平直；若深度过大，则凹模增高，多耗模具材料，并需要较大的压力机工作行程。对于V形件弯曲模，凹模深度 l_0 及底部最小厚度 h 如图3-33（a）所示，数值见表3-10。但应保证凹模开口宽度 $L_{凹}$ 之值不大于弯曲坯料展开长度的0.8倍。

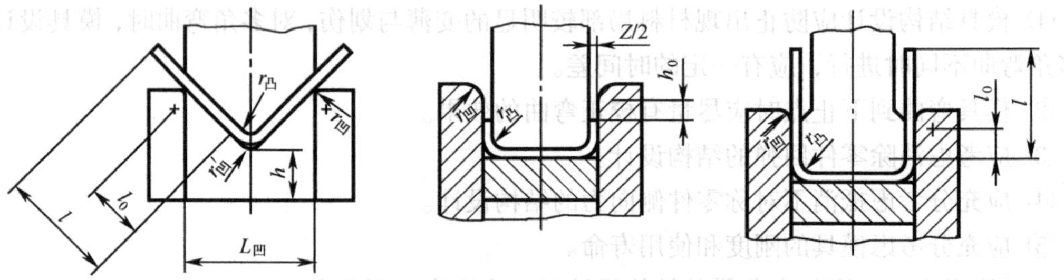

图3-33　弯曲模工作部分尺寸

表3-10　弯曲V形件的凹模深度 l_0 及底部最小厚度　单位：mm

弯曲件的边长 l	材料厚度					
	≤2		2~4		>4	
	l_0	h	l_0	h	l_0	h
10~25	10~15	20	15	22	—	—
>25~50	15~20	22	25	27	30	32

续表

弯曲件的边长 l	材料厚度					
	≤2		2～4		＞4	
	l_0	h	l_0	h	l_0	h
＞50～75	20～25	27	30	32	35	37
＞75～100	25～30	32	35	37	40	42
＞100～150	30～35	37	40	42	50	47

对于U形件弯曲模，若直边高度不大或要求两边平直，则凹模深度应大于工件的高度，如图3-33（b）所示，图中h_0见表3-11；若弯曲件直边较长，且平直度要求不高，则凹模深度可以小于工件的高度，如图3-33（c）所示，凹模深度l_0见表3-12。

表3-11　　弯曲U形件的凹模深度h_0　　单位：mm

材料厚度 t	≤1	1～2	2～3	3～4	4～5	5～6	6～7	7～8	8～10
h_0	3	4	5	6	8	10	15	20	25

表3-12　　弯曲U形件的凹模深度l_0　　单位：mm

弯曲件的边长 l	材料厚度				
	≤1	＞1～2	＞2～4	＞4～6	＞6～10
＜50	15	20	25	30	35
50～75	20	25	30	35	40
75～100	25	30	35	40	40
100～150	30	35	40	50	50
150～200	40	45	55	65	65

（2）凸、凹模间隙。

V形件弯曲时，凸、凹模的间隙是靠调整压力机的闭合高度来控制的，不需要在设计、制造模具时确定。但在模具设计中，必须考虑到模具闭合时使模具工作部分与工件能紧密贴合，以保证弯曲质量。

U形件弯曲时，必须合理确定凸、凹模之间的间隙。间隙过大，则回弹大，工件的形状和尺寸不易保证；间隙过小，会加大弯曲力，使工件厚度减薄，增加摩擦，擦伤工件并降低模具寿命。U形件凸、凹模的单面间隙值一般可按下式计算：

弯曲有色金属：
$$\frac{Z}{2}=t_{\min}+C\cdot t \tag{3-18}$$

弯曲黑色金属：
$$\frac{Z}{2}=t_{\max}+C\cdot t \tag{3-19}$$

式中：$\frac{Z}{2}$——凸、凹模单面间隙，mm，如图3-34（a）所示；

$t_{\min}$、$t_{\max}$——板料的最小厚度和最大厚度，mm；

t——板料厚度的基本尺寸，mm；

C——间隙系数，其值按表3-13选取。

当工件精度要求较高时，间隙值应适当减小，可以取 $\frac{Z}{2}=(0.95\sim1)t$ 。

表 3-13　U 形件弯曲模凸、凹模的间隙系数 C　单位：mm

弯曲件高度 h	$b/h\leq2$				$b/h>2$				
	材料厚度 t								
	<0.5	0.6～2	2.1～4	4.1～5	<0.5	0.6～2	2.1～4	4.1～7.6	7.6～12
10	0.05	0.05	0.04	—	0.10	0.10	0.08	—	—
20	0.05	0.05	0.04	0.03	0.10	0.10	0.08	0.06	0.06
35	0.07	0.05	0.04	0.03	0.15	0.10	0.08	0.06	0.06
50	0.10	0.07	0.05	0.04	0.20	0.15	0.10	0.06	0.06
70	0.10	0.07	0.05	0.05	0.20	0.15	0.10	0.10	0.08
100	—	0.07	0.05	0.05	—	0.15	0.10	0.10	0.08
150	—	0.10	0.07	0.05	—	0.20	0.15	0.10	0.10
200	—	0.10	0.07	0.07	—	0.20	0.15	0.15	0.10

注：1. b 为弯曲件宽度；
2. 当工件要求较高时，其间隙值应适当减小，取 $Z=t$。

（3）U 形件弯曲凸、凹模横向尺寸及公差。

① 弯曲件标注外形尺寸　弯曲件标注外形尺寸时，如图 3-34（b）、（c）所示，应以凹模为基准件，先确定凹模尺寸，然后再减去间隙值确定凸模尺寸。

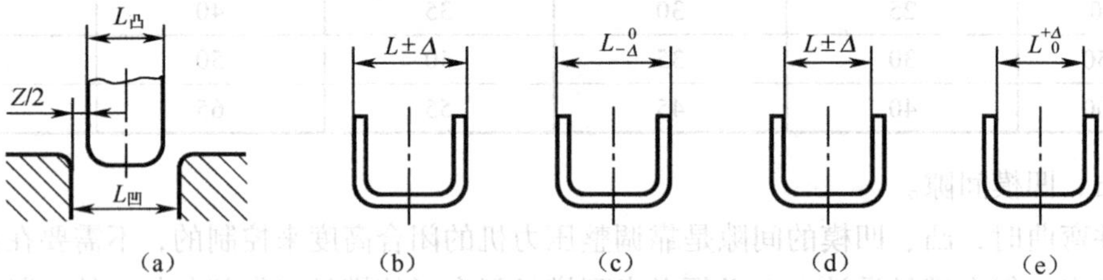

图 3-34　弯曲模及工件的尺寸标注

当弯曲件为双向对称偏差时，如图 3-34（b）所示，凹模尺寸为：

$$L_凹=(L-0.5\Delta)_{0}^{+\delta_凹} \tag{3-20}$$

当弯曲件为单向偏差时，如图 3-34（c）所示，凹模尺寸为：

$$L_凹=(L-0.75\Delta)_{0}^{+\delta_凹} \tag{3-21}$$

凸模尺寸为：

$$L_凸=(L_凹-Z)_{-\delta_凸}^{0} \tag{3-22}$$

或者凸模尺寸按凹模实际尺寸配制，保证单面间隙值为 $\frac{Z}{2}$。

② 弯曲件标注内形尺寸　弯曲件标注内形尺寸时，如图 3-34（d）、（e）所示，应以凸模为基准件，先确定凸模尺寸，然后再增加间隙值确定凹模尺寸。

当弯曲件为双向对称偏差时，如图 3-34（d）所示，凸模尺寸为：

$$L_凸=(L+0.5\Delta)_{-\delta_凸}^{0} \tag{3-23}$$

当弯曲件为单向偏差时，如图 3-34（e）所示，凸模尺寸为：

$$L_{凸}=\left(L+0.75\Delta\right)_{-\delta_{凸}}^{0} \tag{3-24}$$

凹模尺寸为：

$$L_{凹}=\left(L_{凸}+Z\right)_{0}^{+\delta_{凹}} \tag{3-25}$$

或者凹模尺寸按凸模实际尺寸配制，保证单面间隙值为 $\frac{Z}{2}$。

式中：L——弯曲件的基本尺寸，mm；

$L_{凸}$、$L_{凹}$——凸模、凹模工作部分尺寸，mm；

Δ——弯曲件尺寸公差，mm；

$\delta_{凸}$、$\delta_{凹}$——凸、凹模制造公差，选用 IT7～IT9 级精度，一般取凸模的精度比凹模精度高一级；

$\frac{Z}{2}$——凸、凹模单面间隙，mm。

（五）弯曲模的典型结构

1. V 形件弯曲模

图 3-35（a）所示为简单的 V 形件弯曲模，其特点是结构简单、通用性好。但弯曲时坯料容易偏移，影响工件精度。图 3-35（b）～（d）所示分别为带有定位尖、顶杆、V 形顶板的模具结构，可以防止坯料滑动，提高工件精度。图 3-35（e）所示的 V 形弯曲模，由于有顶板及定料销，可以有效防止弯曲时坯料的偏移，得到边长偏差为 ± 0.1mm 的工件。反侧压块用于平衡左边弯曲时产生的水平侧向力。

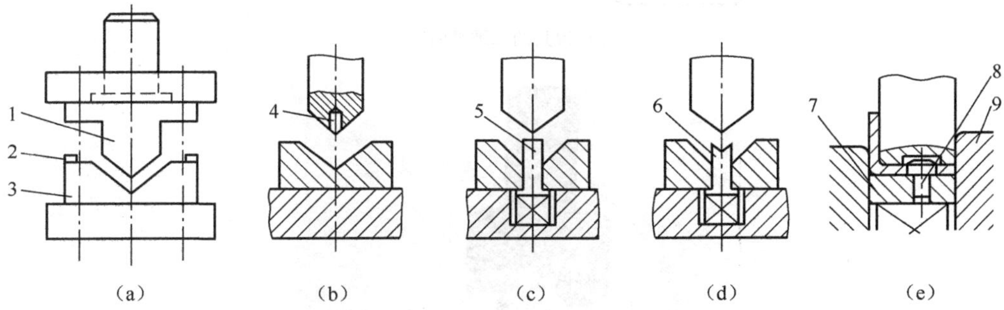

图 3-35　V 形弯曲模的一般结构形式

1—凸模　2—定位板　3—凹模　4—定位尖　5—顶杆　6—V 形顶板　7—顶板　8—定料销　9—反侧压块

图 3-36 所示为 V 形件弯曲模的基本结构。该模具的优点是结构简单，在压力机上安装及调整方便，对材料厚度的公差要求不严，工件在冲程终了时得到不同程度的校正，因而回弹较小，工件的平面度较好。顶杆 9 和弹簧 7 组成的顶料机构既起顶料作用，又起压料作用，可防止材料偏移。

2. U 形件弯曲模

根据弯曲件的要求，常用的 U 形弯曲模有图 3-37 所示的几种结构形式。图 3-37（a）所示为开底凹模，用于底部不要求平整的制件。图 3-37（b）用于底部要求平整的弯曲件。图 3-37

（c）用于料厚公差较大而外侧尺寸要求较高的弯曲件，其凸模为活动结构，可随料厚自动调整凸模横向尺寸。图 3-37（d）用于料厚公差较大而内侧尺寸要求较高的弯曲件，凹模两侧为活动结构，可随料厚自动调整凹模横向尺寸。图 3-37（e）为 U 形精弯模，两侧的凹模活动镶块用转轴分别与顶板铰接。弯曲前顶杆将顶板顶出凹模面，同时顶板与凹模活动镶块成一平面，镶块上有定位销供工序件定位之用。弯曲时工序件与凹模活动镶块一起运动，这样就保证了两侧孔的同轴。图 3-37（f）为弯曲件两侧壁厚变薄的弯曲模。

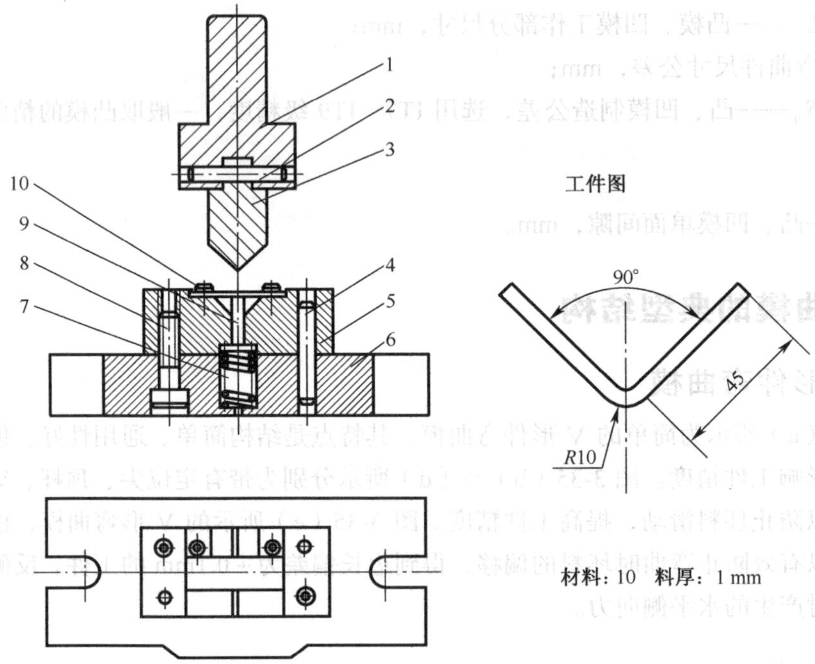

（a）模具的二维平面图

（b）模具的三维造型图

图 3-36　V 形件弯曲

1—模柄　2、4—圆柱销　3—弯曲凸模　5—弯曲凹模　6—下模座　7—弹簧　8—螺钉　9—顶杆　10—定位销

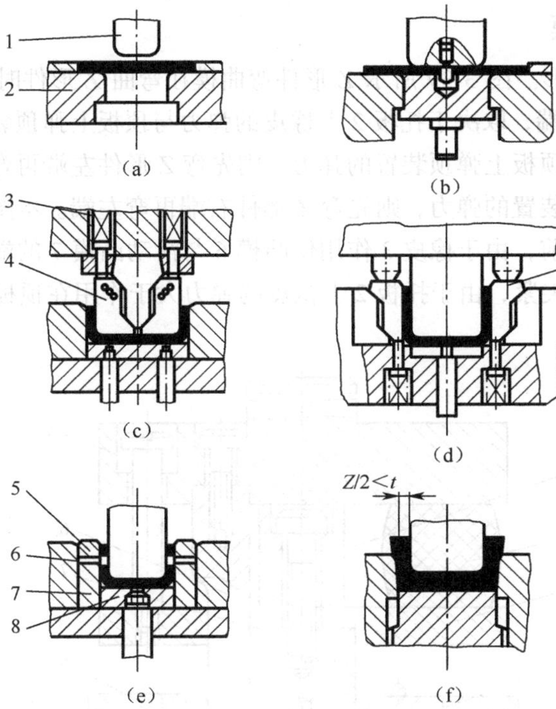

图 3-37 U 形件弯曲模

1—凸模 2—凹模 3—弹簧 4—凸模活动镶块 5、9—凹模活动镶块 6—定位销 7—转轴 8—顶板

图 3-38 所示为一般 U 形件弯曲模的基本结构。材料沿着凹模圆角滑动进入凸、凹模的间隙并弯曲成形，凸模回升时，顶料板将工件顶出。由于材料的弹性，工件一般不会包在凸模上。

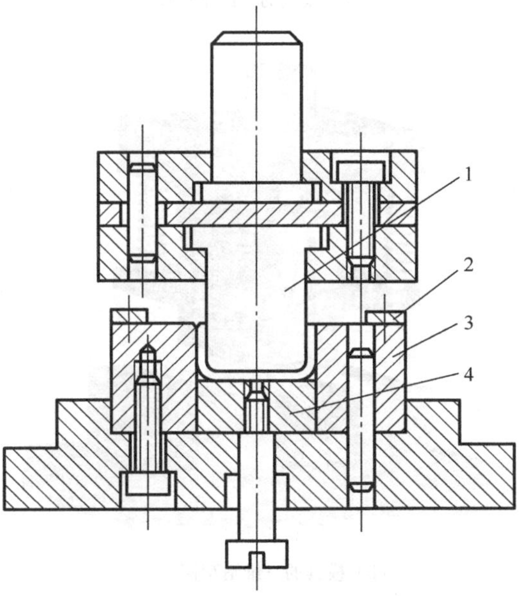

图 3-38 一般 U 形件弯曲模

1—凸模 2—定位板 3—凹模 4—顶料板

3. Z 形件弯曲模

Z 形件可一次弯曲成形。图 3-39 所示 Z 形件弯曲模在弯曲 Z 形件时，先弯曲 Z 形件的左端还是先弯曲 Z 形件的右端，取决于托板 2 上橡皮的弹力与顶板上弹顶装置的弹力的大小。若托板 2 上橡皮的弹力大于顶板上弹顶装置的弹力，则先弯 Z 形件左端再弯右端；若托板 2 上橡皮的弹力小于顶板上弹顶装置的弹力，则先弯 Z 形件右端再弯左端。本图以先弯左端再弯右端为例叙述动作过程。弯曲前，由于橡皮 3 作用使凸模 6 与活动凸模 7 的端面平齐。弯曲时，活动凸模 7 与顶板 1 将坯料夹紧，由于托板 2 上橡皮的弹力大于作用在顶板上弹顶装置的弹力，

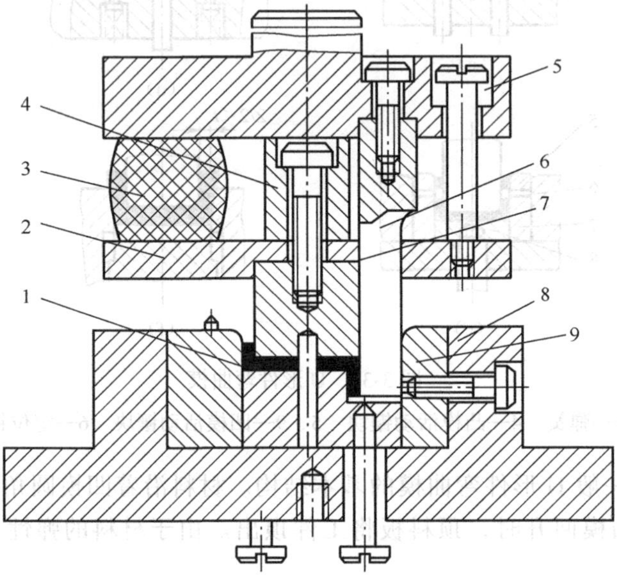

（a）模具的二维平面图

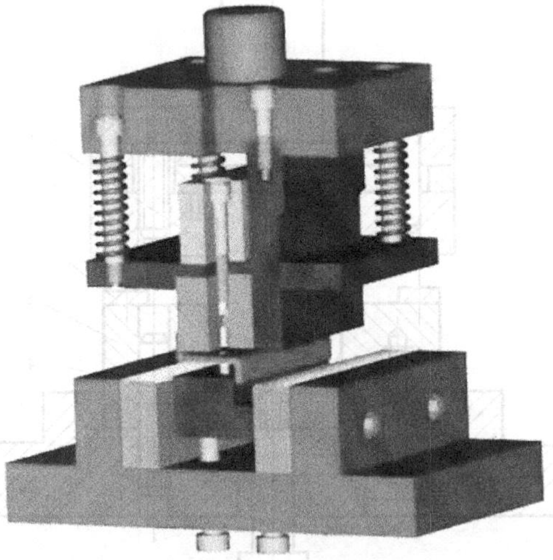

（b）模具的三维造型图

图 3-39　Z 形弯曲模

1—顶板　2—托板　3—橡皮　4—压块　5—上模座　6—凸模　7—活动凸模　8—下模座　9—反侧压块

迫使坯料向下运动，先完成左端弯曲。当顶板 1 接触下模座 8 后，活动凸模 7 停止下行，而上模继续下行，迫使橡皮 3 压缩，凸模 6 和顶板 1 完成右端的弯曲。当压块 4 与上模座 5 相碰时，整个工件得到校正。

4. ⊔形件弯曲模

⊔形件可以一次弯曲成形，也可以两次弯曲成形。

图 3-40 所示为⊔形件一次成形弯曲模。从图 3-40（a）可以看出，弯曲过程中，由于凸模肩部妨碍了坯料的转动，增加了坯料通过凹模圆角的摩擦力，使弯曲件侧壁容易擦伤和变薄，成形后工件两肩部与底面不易平行，如图 3-40（c）所示。特别是当材料厚、弯曲件直壁高、圆角半径小时，这一现象更为严重。

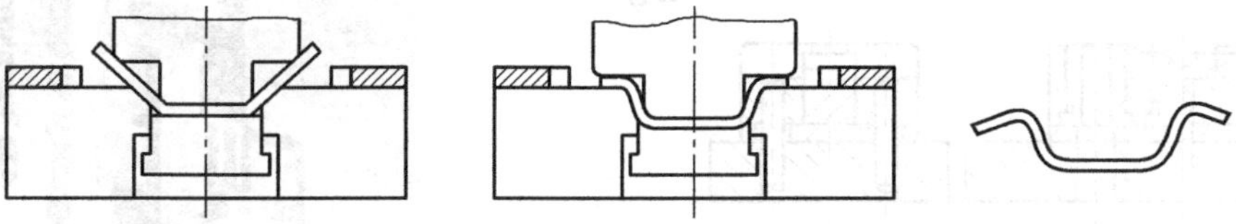

(a)　　(b)　　(c)

图 3-40　⊔形件一次成形弯曲模

图 3-41 所示为⊔形件一次复合成形弯曲模。弯曲前，坯料靠定位板定位。弯曲时，凸凹模 1 下行，先使坯料在凹模 2 中弯曲成 U 形，凸凹模 1 继续下行与活动凸模 3 作用，最后弯曲成⊔形件。弯曲结束，顶杆 4 顶出工件。

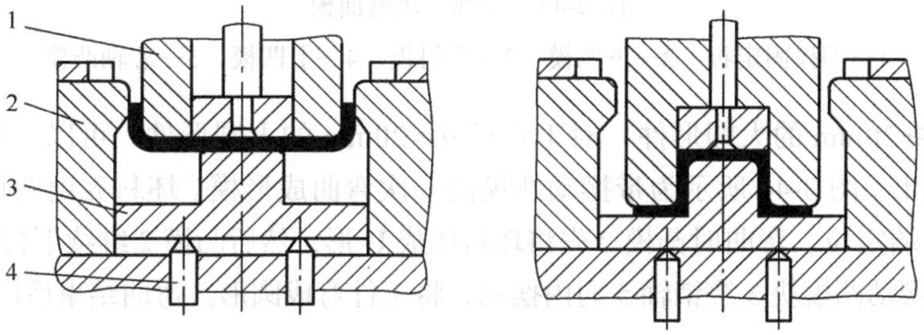

图 3-41　⊔形件一次复合成形弯曲模

1—凸凹模　2—凹模　3—活动凸模　4—顶杆

图 3-42 所示为两次成形弯曲模，由于采用两副模具进行弯曲，从而避免了图 3-40（c）所示缺陷的发生，提高了弯曲件质量，但从图 3-40（b）可以看出，只有弯曲件高度 $H>$（12～15）t 时，才能使凹模保持足够的强度。

5. 圆形件弯曲模

圆形件的尺寸大小不同，弯曲方法也不同，一般按直径分为小圆形件和大圆形件两种。

（1）直径 $d\leqslant$5mm 的小圆形件　对于直径 $d\leqslant$5mm 的小圆形件，一般是先弯成 U 形，然后再将 U 形弯成圆形。图 3-43 所示为小圆一次弯曲模。弯曲前，坯料以凹模固定板 1 的定位槽

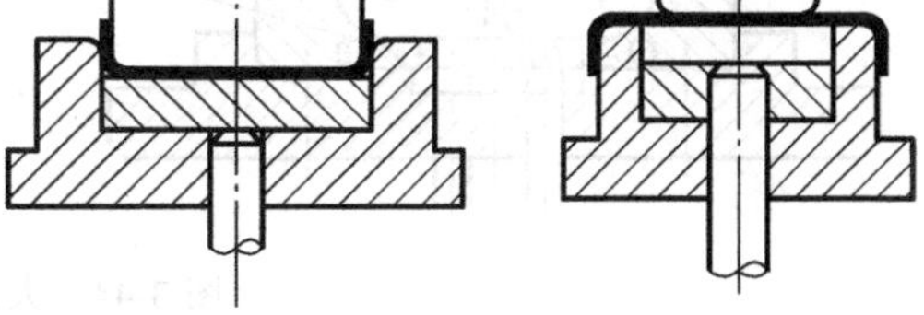

图 3-42　⊔形件两次成形弯曲模

定位。弯曲时，上模下行时，芯轴凸模 5 与下凹模 2 首先将毛坯压成 U 形。上模继续下行，芯轴凸模 5 与压料板 3 不动，上模的行程用于压缩弹簧，同时由上凹模 4 将工件最后弯曲成形。上模回程后，工件留在芯轴凸模上，拔出芯轴凸模，工件自动落下，芯轴上的弹簧使芯轴自动复位。

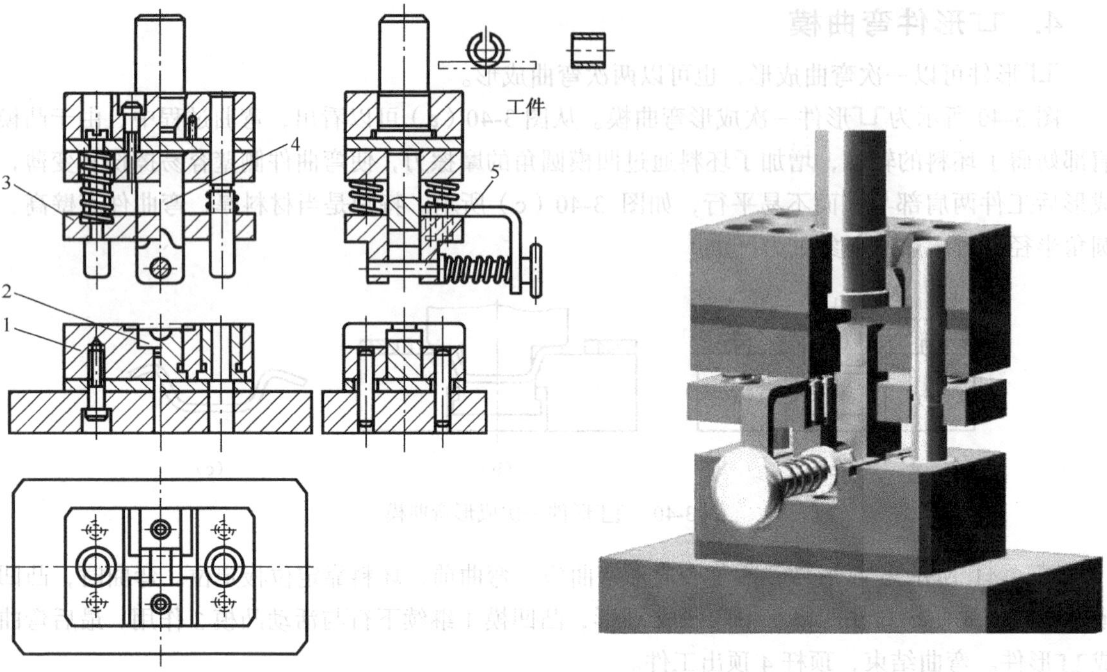

图 3-43　小圆一次弯曲模

1—凹模固定板　2—下凹模　3—压料板　4—上凹模　5—芯轴凸模

（2）直径 $d \geqslant 20$mm 的大圆形件　对于直径 $d \geqslant 20$mm 的大圆形件，可以一次弯曲成形，也可以多次弯曲成形。图 3-44 所示为带摆动凹模的一次弯曲成形模。坯料先由两侧定位板以及摆动凹模块 3 的上端定位，弯曲时凸模 2 先将坯料压成 U 形，然后凸模 2 继续下行，下压摆动凹模块 3 的底部，使摆动凹模块 3 绕销轴 5 向内摆动，将工件弯成圆形。弯曲结束后向右推开支撑 1，

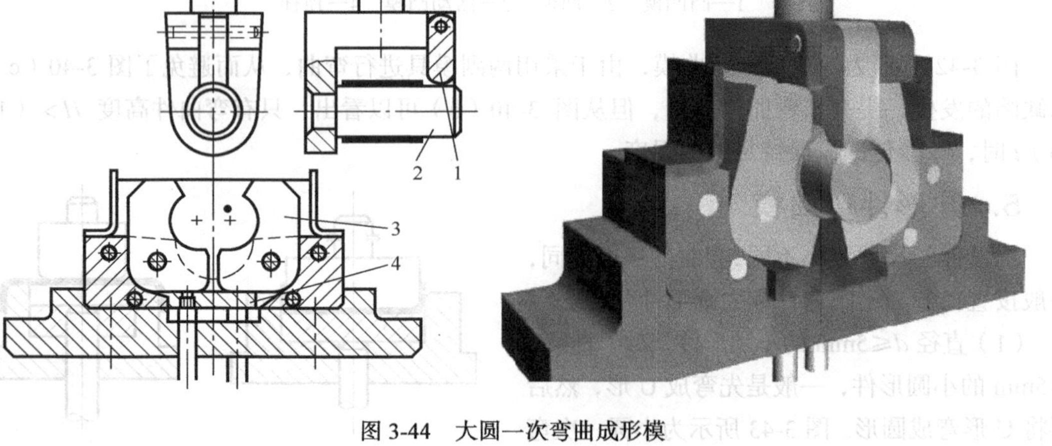

图 3-44　大圆一次弯曲成形模

1—支撑　2—凸模　3—摆动凹模　4—顶板

将工件从凸模上取下。这种方法生产效率较高，但由于筒形件上部未受到校正，因而回弹较大，在工件接缝处留有缝隙和少量直边。

6. 铰链件弯曲模

铰链件弯曲成形一般分两道工序进行，先将平直的坯料端部预弯成圆弧，然后再进行卷圆。铰链的卷圆成形通常采用推圆的方法。由于铰链件的回弹随相对弯曲半径比值而增加，所以卷圆成形时的凹模尺寸应比铰链的外径小0.2～0.5mm。图3-45为铰链弯曲卷圆模，图3-45（b）为立式铰链弯曲卷圆模的结构，适用于材料较厚而且长度较短的饺链，结构较简单，制造容易。图（c）为卧式铰链弯曲卷圆模的结构，利用斜楔3推动卷圆凹模4在水平方向进行弯曲卷圆，凸模1同时兼作压料部件。这种模具结构较复杂，但工件的质量较好。

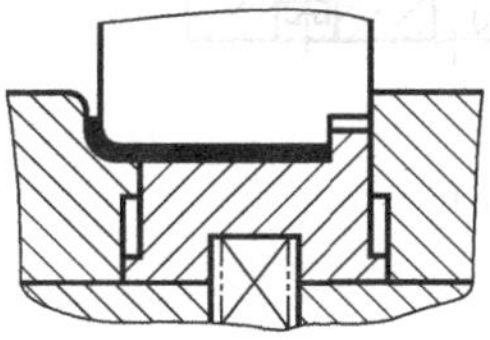

（a）预弯模

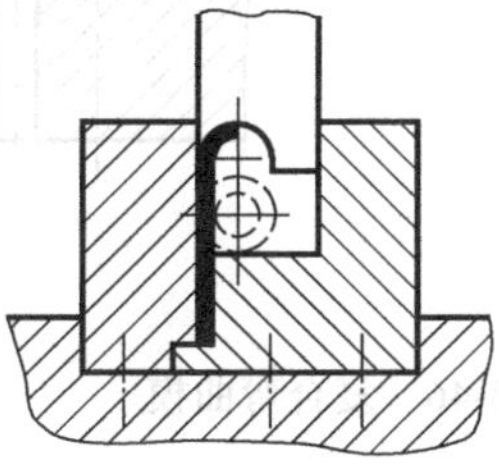

（b）立式卷圆模

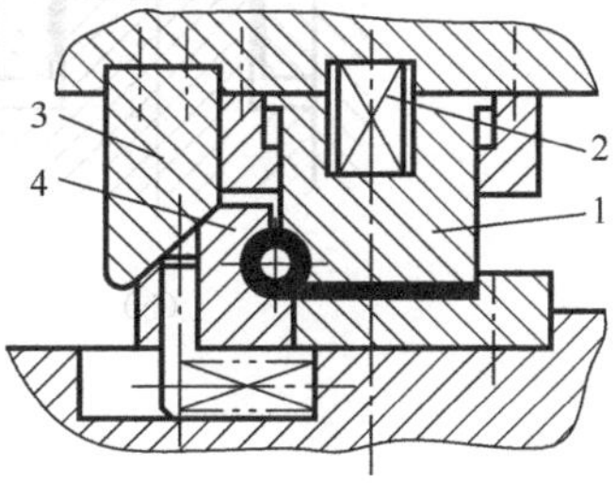

（c）卧式卷圆模

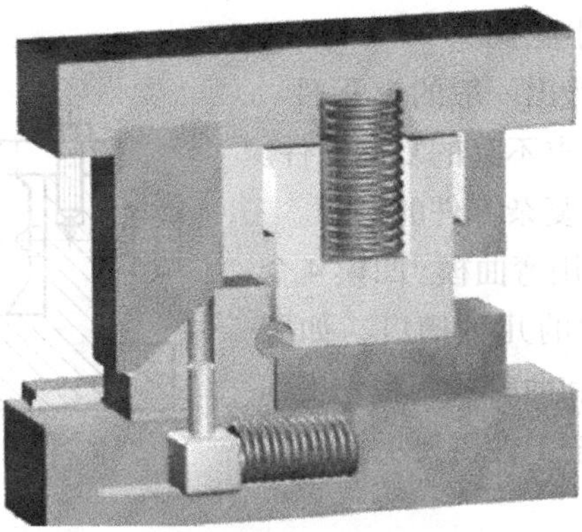

（d）卧式卷圆模三维造型图

图3-45　铰链件弯曲模

1—凸模　2—弹簧　3—斜楔　4—凹模

7. 复合弯曲模

对于尺寸不大的弯曲件，还可以采用复合模，即在压力机一次行程内，在模具同一位置上完成落料、弯曲、冲孔等几种不同工序。图3-46（a）、图3-46（b）所示是切断、弯曲复合模结构简图。图3-46（c）所示是落料、弯曲、冲孔复合模，模具结构紧凑，工件精度高，但凸凹模修磨困难。

8. 通用弯曲模具

对于小批生产或试制生产的工件，由于生产量少、品种多且形状尺寸经常改变，多数情况下不能使用专用弯曲模。但如果采用手工加工，不仅会影响工件的加工精度，还会延长产品生产周期，增加成本。所以一般采用通用弯曲模。

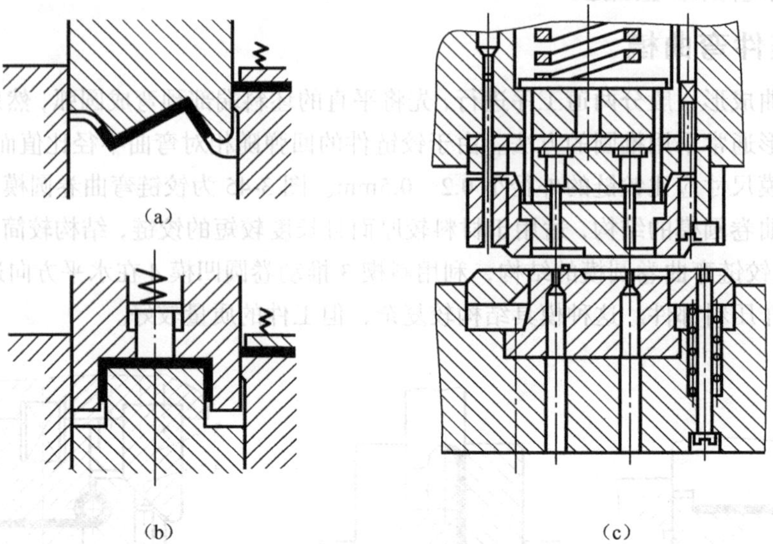

图 3-46　复合弯曲模

图 3-47 所示为通用 V 形弯曲模。凹模由两块组成，它具有 4 个工作面，以供弯曲多种角度。凸模按工件弯曲角和圆角半径大小更换。

采用通用弯曲模不仅能生产出一般的 V 形件、U 形件等，还可以生产出精度要求不高的复杂工件。图 3-48 是经多次 V 形弯曲制造复杂零件的例子。

图 3-49 是折弯机上用的通用弯曲模。凹模 4 个面上分别制出适用于弯制工件的几种槽口，如图 3-49（a）所示。凸模有直臂式和曲臂式两种，工作圆角半径做成几种尺寸，以便按工件需要更换，如图 3-49（b）、（c）所示。

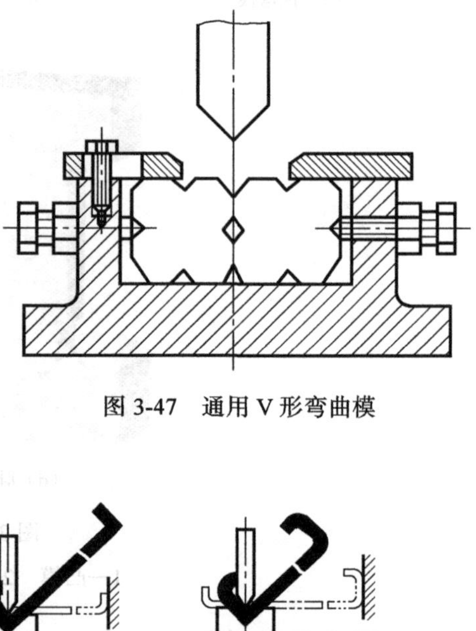

图 3-47　通用 V 形弯曲模

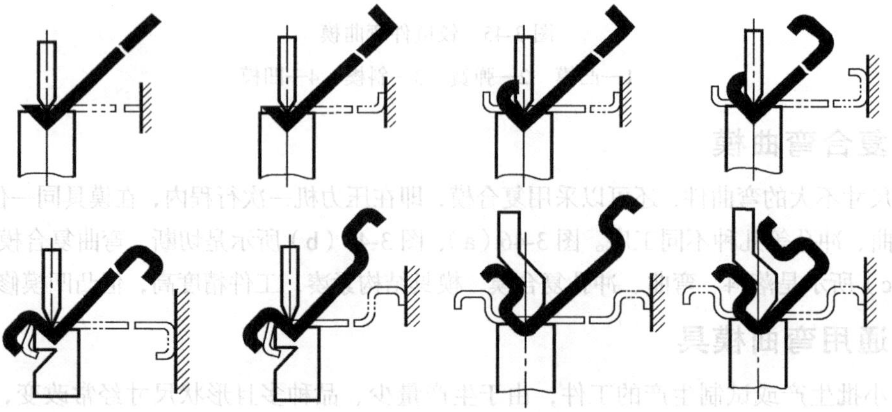

图 3-48　多次 V 形弯曲制造复杂零件举例

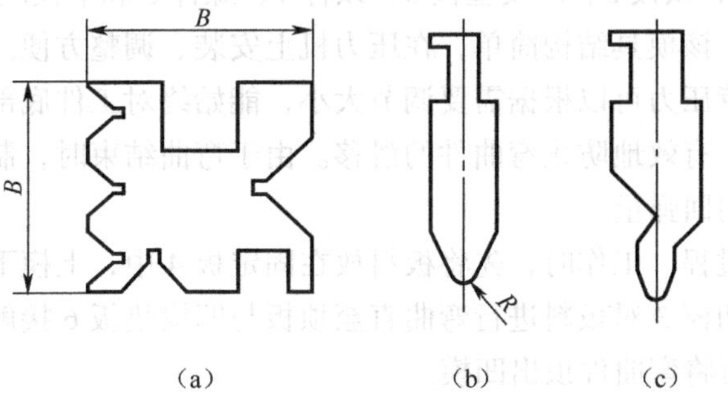

图 3-49　折弯机用弯曲模的端面形状

三、项目实施

(一) 设计的前期准备

在确定工件类型是弯曲件后，要根据零件图及生产批量要求，分析弯曲件的工艺性。

1. 阅读弯曲件产品图

阅读弯曲件产品图的主要目的是了解产品图中弯曲件的尺寸要求、材料要求是否满足弯曲件的工艺要求，若工件某个尺寸不能满足弯曲工艺要求时，要及时与产品设计者沟通，在不影响整体产品质量的前提下，要尽可能使工件最终满足弯曲工艺的要求。

2. 分析弯曲件工艺

如图 3-3 支承板工件是典型的 U 形件，零件图中的尺寸公差为未注公差，在处理这类零件公差时均按 IT14 级要求。弯曲圆角半径 R 为 2mm，大于最小弯曲半径（$r_{min}=0.6t=0.6\times2=1.2$mm），故此件形状、尺寸、精度均满足弯曲工艺的要求，可用弯曲工序加工。

(二) 弯曲模总方案的确定

1. 弯曲模类型的确定

根据工件的形状、尺寸要求来选择弯曲模的类型。此工件属于典型的 U 形弯曲件，故采用 U 形件弯曲模结构。

2. 弯曲模结构形式的确定

U 形件弯曲模在结构上分为顺出件与逆出件两大类型。此工件采用逆出件弯曲模结构。

3. 弯曲模结构简图的画法

根据所确定的弯曲模结构形式，把弯曲工件结构部分画出，这时画出的结构图是工件示意图，不需要按比例画，其目的是为了分析所确定的结构是否合理，毛坯弯曲后能否满足产品的技术要求，根据分析结果对模具简图进行修正，为最后确定弯曲模结构做准备，如图 3-50 所示。

（1）模具的组成　支承板弯曲模的上模主要由上模座 1、凸模 2 等零件组成，下模主要由凹模 3、凹模固定板 4、顶板 5、凹模垫板 6、顶杆 7、螺杆 8 和下模座 9 等零件组成。

（2）模具的特点　该模具结构简单，在压力机上安装、调整方便。顶板 5 在弯曲时与凸模 2 将板料夹紧，并且背压力可以根据需要调节大小，能始终对工件底部施加较大的反顶压力，使工件底部保持平整，有效地防止弯曲件的滑移。由于弯曲结束时，制件能被可靠地校正，因而大大地减少了制件的回弹量。

（3）模具的工作过程　工作时，先将板料放在固定板 4 中，上模下行，凸模 2 与顶板 5 将板料夹紧，凸模 2 与凹模 3 对板料进行弯曲直至顶板与凹模垫板 6 接触，并对弯曲件施加校正力。弯曲结束后顶板可将弯曲件顶出凹模。

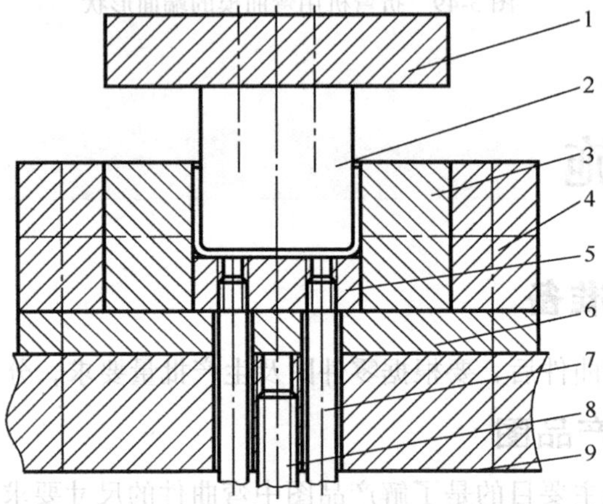

图 3-50　支承板弯曲模结构简图

1—模座　2—凸模　3—凹模　4—凹模固定板　5—顶板　6—凹模垫板　7—顶杆　8—螺杆　9—下模座

（三）弯曲件展开长度计算

因为支承板的圆角半径 $r=2>0.5t=0.5\times2=1$mm，属于圆角半径（较大）的弯曲件。所以弯曲件的展开长度按直边区与圆角区分段进行计算。视直边区在弯曲前后长度不变，圆角区展开长度按弯曲前后中性层长度不变条件进行计算。

（1）变形区中性层曲率半径ρ

$$\rho=r+xt=2+0.32\times2=2.64\text{（mm）}$$

（2）毛坯尺寸（中性层长度）

$$L_z=\Sigma l+\Sigma A$$

其中 $A=\dfrac{(180^\circ-\beta)\ \pi}{180^\circ}\rho$（中性层圆角部分长度）

$$A=\frac{\pi\alpha}{180^\circ}\rho=\frac{3.14\times90^\circ}{180^\circ}\times2.64\approx4.1448\text{（mm）}$$

该零件的展开长度为

$$L_z=26\times2+42+4.1448\times2\approx102.29\text{（mm）}$$

以上各式中：ρ——中性层曲率半径，mm；

x——中性层位移系数，查表 3-4 得 x=0.32；

r——弯曲内弯曲半径，mm；

t ——弯曲件材料厚度，mm；

L_z ——弯曲件的展开长度，mm；

α——弯曲中心角，(°)；

β——弯角，(°)。

（四）弯曲零件设计计算

1. 弯曲模工作部分尺寸计算

（1）凸模圆角半径　本项目工件的弯曲圆角半径较小但不小于工件材料所允许的最小弯曲半径（$r_{min}=0.6t=0.6\times2=1.2$mm），故凸模圆角半径 $r_{凸}$可取弯曲件的内弯曲半径 r=2mm。

（2）凹模圆角半径　凹模圆角半径不能过小，以免增加弯曲力，擦伤工件表面。此工件两边弯曲高度相同，属于对称弯曲，凹模两边圆角半径 $r_{凹}$应取大小一致。

本项目工件厚度 t=2mm，故凹模圆角半径 $r_{凹}=2t=2\times2=4$mm

（3）凹模工作部分深度的设计计算　凹模工作部分的深度将决定板料的进模深度，同时也影响到弯曲件直边的平行度，对工件的尺寸精度造成一定的影响。一般情况下，U 形弯曲模凹模工件部分深度可查相关设计资料即能满足弯曲件的要求。此弯曲件直边高度为 30mm，板厚 2mm，查《冲压工艺与模具设计》手册得凹模工件部分深度 l_0=20mm。

（4）凸、凹模间隙　弯曲模的凸、凹模间隙是指单边间隙 $Z/2$。

① 一般情况下，$Z/2=T+\Delta_1+Ct$

② 工件精度要求较高时，$Z/2=t$

以上各式中：t——工件材料厚度（基本尺寸），mm；

C——间隙系数，可查表得；

Δ_1——材料厚度的正偏差，mm。

由于设计模具结构时把凹模设计为可调试，故也可将模具的凸、凹模间隙值初选为材料厚度。

（5）凸凹模横向尺寸及公差　依据产品零件图得知工件标注内形尺寸，故设计凸凹模时应以凸模为设计基准，间隙取在凹模上。

凸模横向尺寸：

$$L_{凸}=(L+K_1\Delta)_{-\delta_{凸}}^{\ 0}=(50+0.75\times0.35)_{-0.39/4}^{\ 0}=50.29_{-0.098}^{\ 0}\ (\text{mm})$$

凹模横向尺寸：

$$L_{凹}=(L_{凸}+Z)_{\ 0}^{+\delta_{凸}}=(50.29+2\times2)_{\ 0}^{+0.098}=54.29_{\ 0}^{+0.098}\ (\text{mm})$$

以上各式中：$L_{凸}$、$L_{凹}$——凸、凹模横向尺寸，mm；

Z——双边间隙，mm；

Δ——弯曲间的尺寸公差，mm，尺寸 50 的公差按 IT13 级选取，故Δ=0.39；

$\delta_{凸}$、$\delta_{凹}$——凸、凹模的制造公差，一般按 IT7～IT9 级选取。

2. 其他零件的设计和选用

（1）弹顶器

弹顶器采用聚氨酯橡胶弹性元件，弹性元件的高度按凸模工件进入凹模深度 5 倍的值选取，弹顶器如图 3-51 所示。

（2）定位　定位采用毛坯外形定位

3. 弯曲模闭合高度的设计计算

弯曲模闭合高度是指冲床运行到下止点时模具工作状态的高度。故模具闭合高度为：

$H=H_s+H_g+H_d+H_x+Y$=35+25+40+15+40+25=190（mm）

式中：H ——模具闭合高度，mm；

H_s——上模座厚度，mm；

H_g——凸模固定板厚度，mm；

H_a——凹模厚度，mm；

H_d——垫板厚度，mm；

H_x——下模座厚度，mm；

Y——安全距离，mm，一般取 20～25mm。

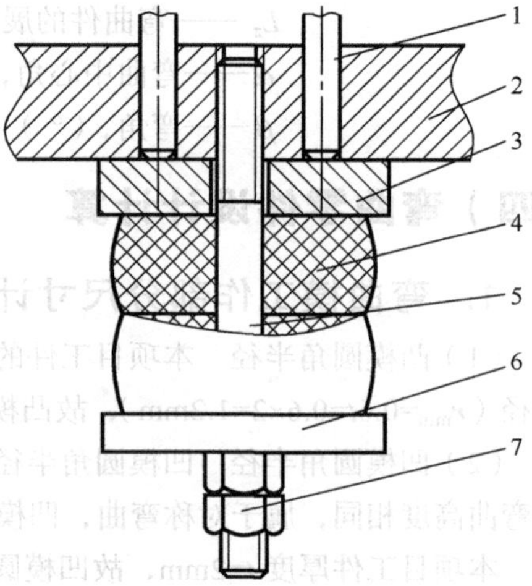

图 3-51　弹顶器

1—顶杆　2—下模座　3—上托板　4—橡胶　5—螺杆　6—下垫板　7—螺母

4. 弯曲模在压力机上的安装

根据弯曲模的闭合高度，下模座的平面尺寸及所选压力机的额定压力，确定要安装的设备。模具安装时，先安装上模，把上模固定好，根据上模的安装位置，调整下模与上模之间的间隙，间隙调整好后，把下模预紧，经冲床空运动无问题，停机后，把下模固定好，再进行试模。

（五）弯曲模装配图的设计绘制

1. 弯曲模装配图的图面布局

（1）图纸幅面尺寸的选用　图纸幅面尺寸按国家有关规定选用，并按规定画出图框，最小图幅为 A4。

（2）图面布局　图面右下角是标题栏，标题栏上方绘出明细表。图面右上角画出用该套模具生产出来的制件形状尺寸图，其下方画出制件排样方案图。

图面剩余部分画该套模具的主、俯视图及辅助视图。如图 3-52 所示。

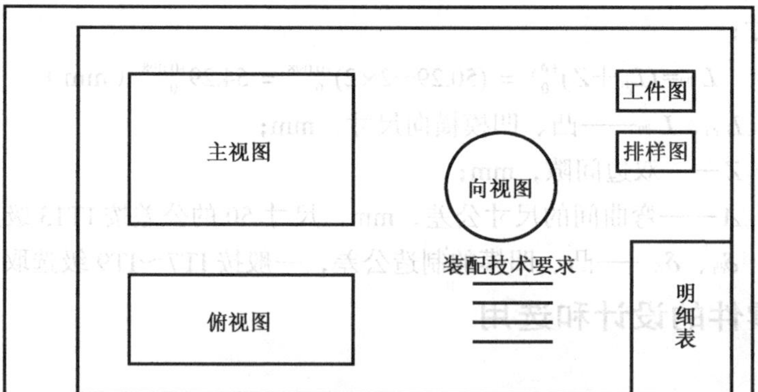

图 3-52　弯曲模装配图的画面布局

2. 弯曲模装配图视图的画法

模具视图主要用来表达模具的主要结构形状、工作原理及零件的装配关系。视图的数量一般为主视图和俯视图两个，必要时可以加绘辅助视图，视图的表达方式以剖视为主，以表达清楚模具的内部组织和装配关系。主视图的布置一般情况系与模具工作时的闭合状态一致。主视图放在图纸正中偏左。俯视图一般是将模具的上模座拿掉，视图只反映模具的下模俯视可见部分。通常俯视图借以了解模具零件的平面布置以及凸模与凹模孔的分布位置。见图 3-53。

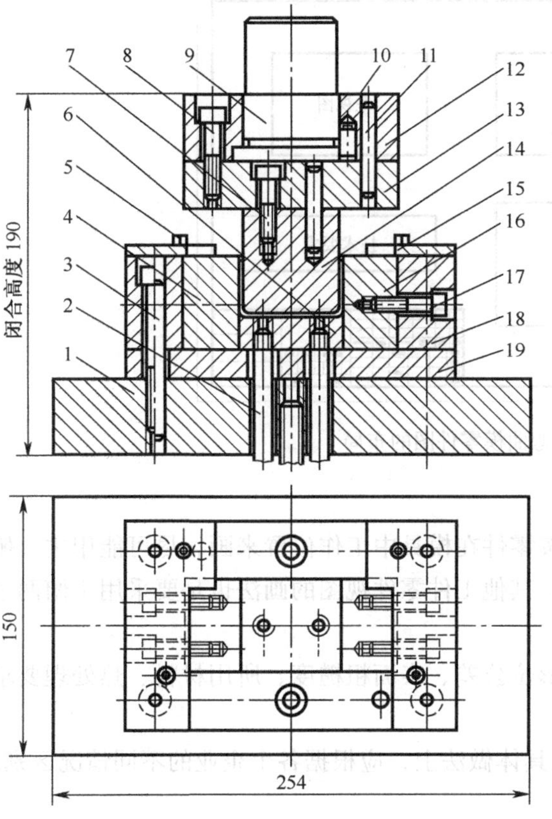

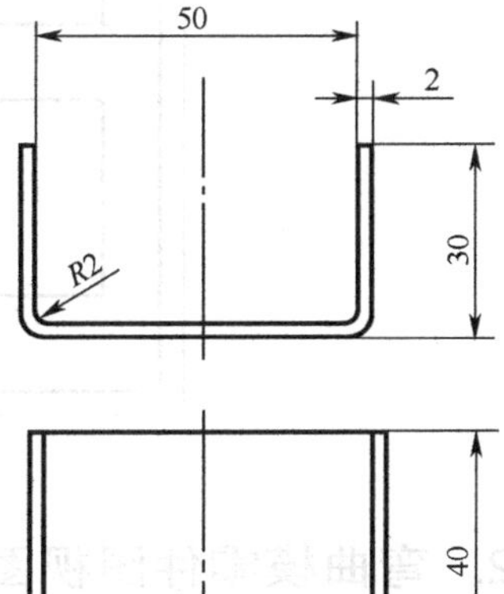

材料：10 钢

支架板零件图

图 3-53　支承板弯曲模装配图

1—下模座　2—顶杆　3、7、8、17—螺钉　4—凹模 1　5—螺钉　6—顶件板　9—模柄　10、11—销钉　12—上模座　13—凸模固定板　14—凸模　15—定位板　16—凹模 2　18—凹模固定板　19—凹模垫板

3. 弯曲模装配图的尺寸标注

（1）主视图上应标注的尺寸。

① 注明轮廓尺寸、安装尺寸及配合尺寸。

② 注明闭合高度尺寸。

③ 带斜锲的模具应标出滑块行程尺寸。

（2）俯视图上应注明的尺寸。

① 注明下模外轮廓尺寸。

② 在图上可用双点化线画出毛坯的外形。

③ 与本模具有相配的附件时（如打料杆、推件器等），应标出装配位置尺寸。

（六）弯曲模零件图的设计绘制

1. 弯曲模零件图的布局

图纸幅面尺寸按国家标准的有关规定选用，并按规定画出图框。最小图幅为 A4。图面右下角是标题栏，主视图放在图纸的正中偏左，俯视图放在图纸得下面偏左，左视图及其他辅助视图放在标题栏上面。如图 3-54 所示。

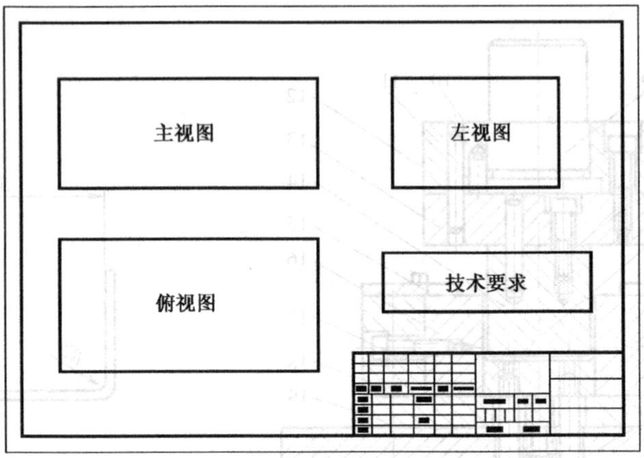

图 3-54　弯曲模零件图的布局

2. 弯曲模零件图视图的画法

一般情况下，弯曲模主要工作零件图按零件在模具中工作位置来画，尽可能用主、俯两个视图表达清楚，必要时可以加绘辅助视图。其他工件零件视图的画法也是要采用主俯两个视图表达该零件，必要时也要增加辅助视图。

零件图应注明全部尺寸、公差配合、形位公差、表面粗糙度、所用材料、热处理要求和其他有关技术要求。

零件图的绘制最好采用 1∶1 比例。在具体做法上，应根据各个企业的不同情况区别对待。

3. 弯曲模零件图的尺寸标注

（1）零件图的尺寸标注既要符合尺寸标注的规定，又要达到完整、清晰、合理的要求。

（2）所标注的尺寸既能满足设计要求，又便于加工和测量，尽可能使设计基准与工艺标准一致。若不能一致时，一般将零件的重要设计尺寸，从设计基准出发标注，以满足设计基准。一些不重要的设计尺寸，则以工艺基准出发标注，以便于加工和测量。

（3）零件图上的尺寸不允许注成封闭尺寸链形式，而应将其不重要的一段尺寸空出不注，形成开口环，使各段尺寸的加工误差，最后都积累在开口环上，这样标注能保证零件的设计要求。

4. 弯曲模零件图技术要求

弯曲模零件图的技术要求包括以下内容。

（1）相关零件之间的配合要求。

（2）零件热处理要求。

（3）零件表面处理要求。

本项目所设计弯曲模的零件图如图 3-55～图 3-62 所示。

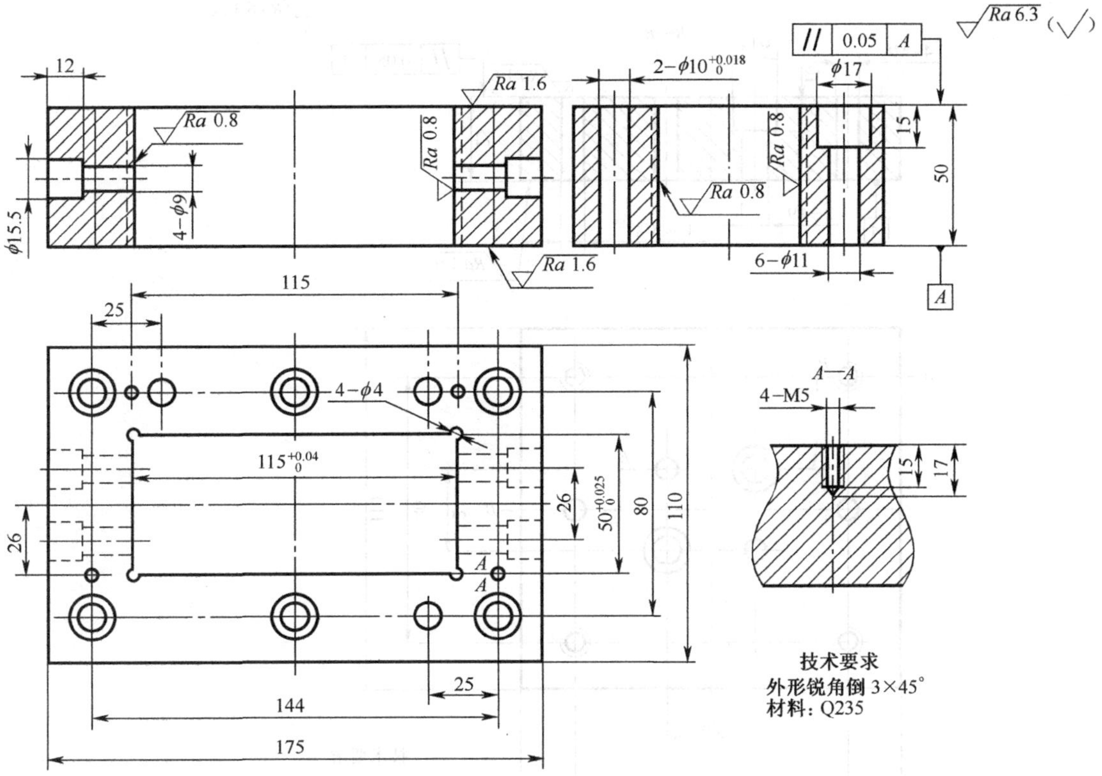

图 3-55　凹模固定板

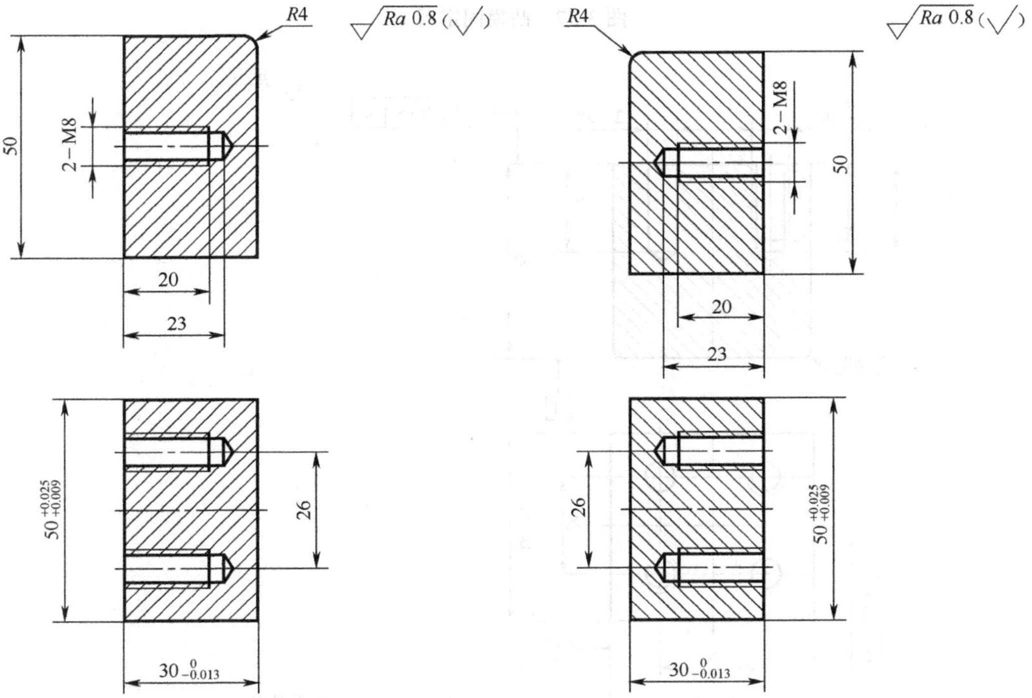

（a）凹模 1　　　（b）凹模 2

图 3-56　凹模

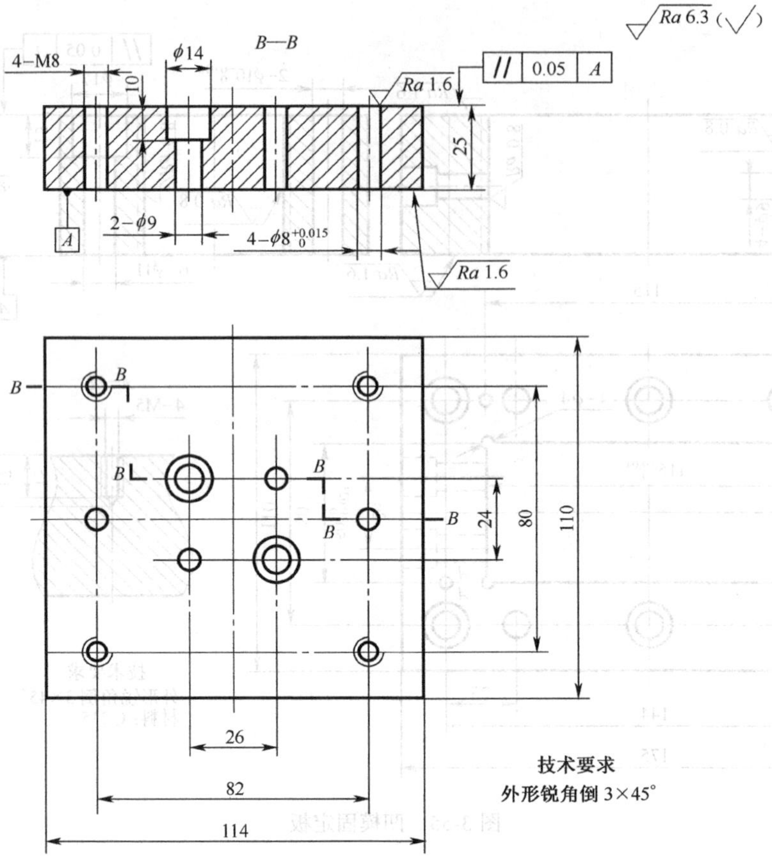

图 3-57　凸模固定板

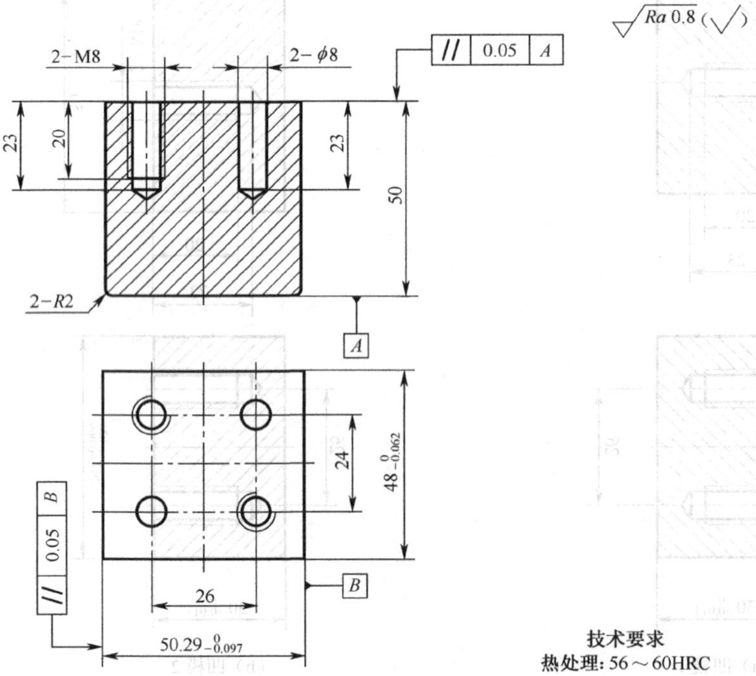

图 3-58　凸模

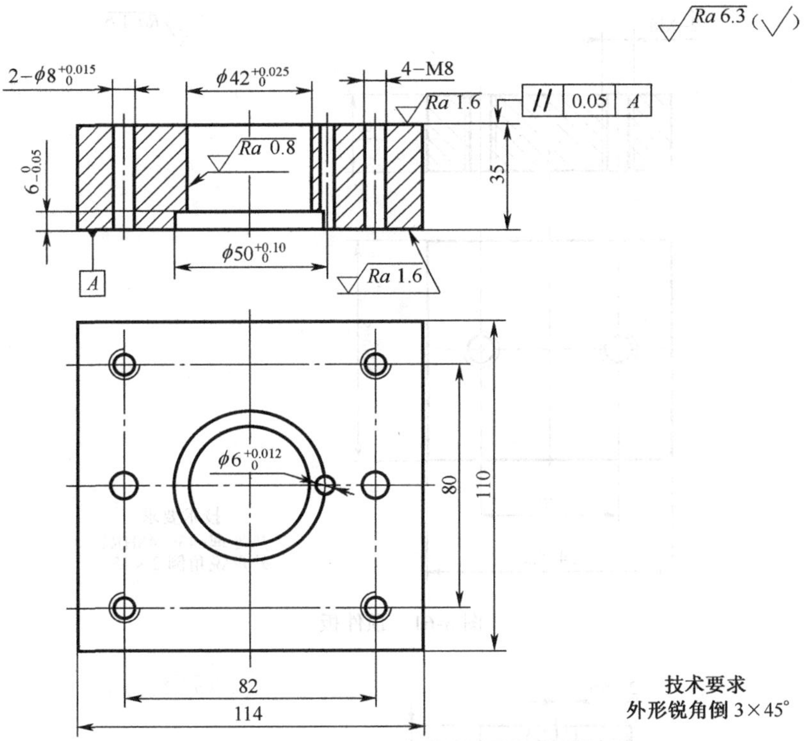

图 3-59　上模座

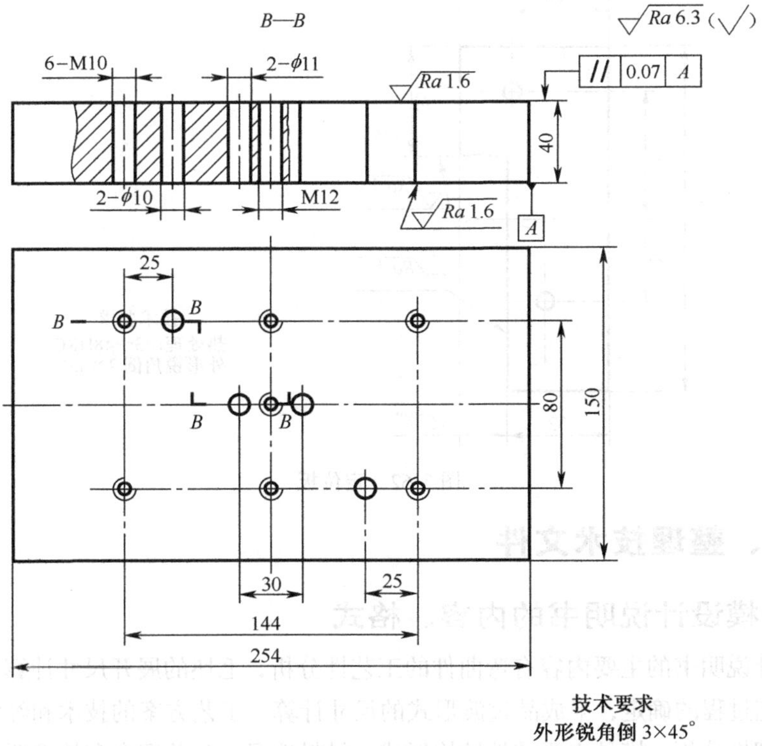

图 3-60　下模座

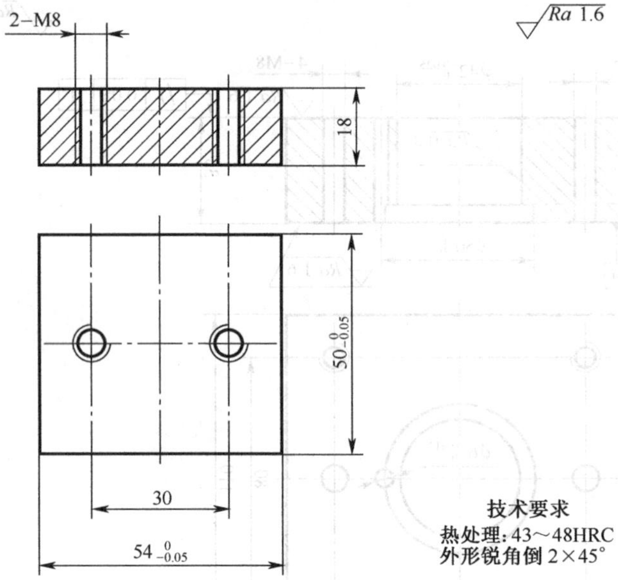

图 3-61　顶件板

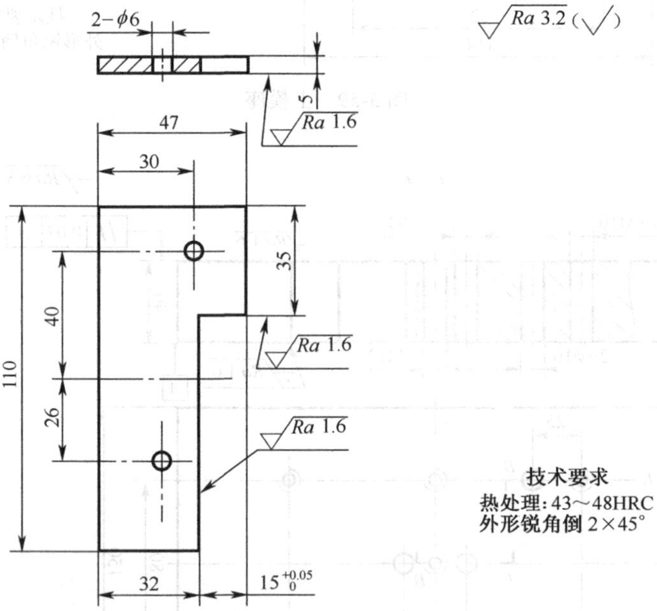

图 3-62　定位板

（七）编写、整理技术文件

1．弯曲模设计说明书的内容、格式

弯曲模设计说明书的主要内容有弯曲件的工艺性分析，毛坯的展开尺寸计算、排样方式及经济性分析，工艺过程的确定，半成品过渡形式的尺寸计算，工艺方案的技术和经济性分析，模具结构形式的合理性分析，模具主要零件结构形式、材料选择、公差配合和技术要求的说明，凸凹模工件部分尺寸与公差的计算，弯曲力的计算，弹性元件的选用与核算及冲压设备的选用依据等。

格式按如下顺序编写：

（1）目录（标题及页次）

（2）设计任务书

（3）弯曲工艺方案分析及确定（工艺规程制定）

（4）弯曲工艺计算

（5）弯曲模具结构设计

（6）弯曲模零部件工艺设计

（7）参考资料目录

（8）结束语

2. 弯曲模说明书的目录（略）

四、项目拓展——弯曲模的试模与调整

1. 弯曲模上、下模在压力机上的相对位置调整

水平方向位置的调整，对于有导向的弯曲模，上、下模在压力机上的相对位置，由导向装置来决定；对于无导向装置的弯曲模，把事先制造的样件放在模具中（凹模型腔内），然后合模即可。模具高度方向的尺寸靠调节压力机连杆获得，调整时，当上模随滑块下行到下止点，且能压实样件又不发生硬性碰撞时，模具在压力机上的相对位置就调整好了。

2. 凸、凹模间隙的调整

上、下模的间隙可采用垫硬纸板或标准样件的方法来进行调整。间隙调整后，可将下模固定。

3. 定位装置的调整

弯曲模定位零件的定位形状应与坯料一致。在调整时，应充分保证其定位的可靠性和稳定性。

4. 卸件、退件装置的调整

弯曲模的卸料系统行程应足够大，卸料用弹簧或橡皮应有足够的弹力，能顺利地卸出制件。

以上各项工作都完成后，即可进行试模。

弯曲模试冲时常见的故障、原因及调整方法如表3-14所示。

表3-14　弯曲模试冲时常见的故障、原因和调整方法

常见故障	产生原因	调整方法
弯曲角度不够	1. 凸、凹模的回弹角制造过小 2. 凸模进入凹模的深度太浅 3. 凸、凹模之间的间隙过大 4. 试模材料不对 5. 弹顶器的弹力太小	1. 加大回弹角 2. 调节冲模闭合高度 3. 调节间隙值 4. 更换试模材料 5. 加大弹顶器的弹顶力
弯曲位置偏移	1. 定位板的位置不对 2. 凹模两侧进口圆角大小不等，材料滑动不一致 3. 没有压料装置或压料装置的压力不足和压板位置过低 4. 凸模没有对正凹模	1. 调整定位板位移 2. 修磨凹模圆角 3. 加大压料力 4. 调整凸、凹模位置

续表

常见故障	产生原因	调整方法
冲件的尺寸过长或不足	1. 凸、凹模之间的间隙过小，材料被挤长 2. 压料装置压力过大，将材料拉长 3. 设计时计算错误或不准确	1. 调整凸、凹模间隙 2. 减小压料力 3. 改变坯料尺寸
冲件外部有光亮的凹陷	1. 凹模的圆角半径过小，冲件表面被划痕 2. 凸、凹模之间的间隙不均匀 3. 凸、凹模表面粗糙度太大	1. 加大圆角半径 2. 调整凸、凹模间隙 3. 抛光凸、凹模表面

实训与练习

一、实训

1. 内容：弯曲模具拆装实训

2. 时间：3 天。

3. 实训内容：参观模具制造工厂或模具拆装实训室，挑选不同结构的弯曲模若干，分成 2 人一组，每组学生拆装一副弯曲模，了解模具的结构及动作过程，测绘并画出模具装配图。

4. 要求：了解弯曲模的结构组成，各部分的作用，零件间的装配形式，相互关系；熟悉弯曲模拆装的基本要求、方法、步骤、常用拆装工具；掌握一般弯曲模的工作原理；熟悉弯曲模结构参数的测量；测绘各个模具零件并绘制模具装配图。

二、练习

1. 什么是金属材料的弯曲工艺方法？

2. 什么是金属材料的最小弯曲半径？

3. 弯曲变形产生回弹的原因是什么？

4. 如何减小弯曲回弹？

5. 弯曲时的变形程度用什么表示？弯曲时的极限变形程度受哪些因素影响？

6. 弯曲过程中坯料可能产生偏移的原因有哪些？如何减小和克服偏移？

7. 如何判定弯曲件的工艺性？

8. 计算图 3-63 所示弯曲件的坯料长度。

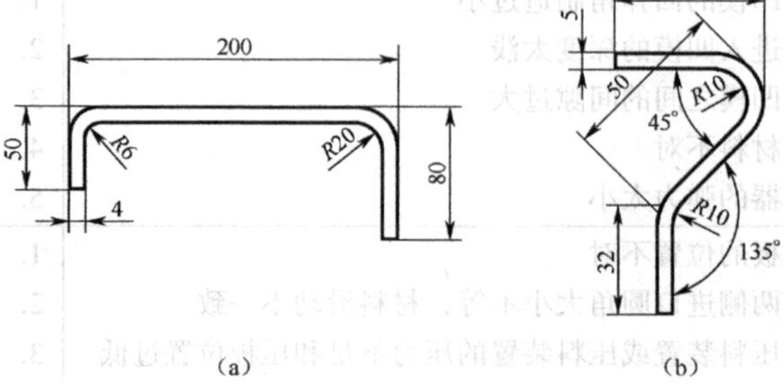

图 3-63 弯曲件图

项目四

拉深工艺及模具设计

【能力目标】

能够进行一般复杂程度的拉深模的设计

【知识目标】

- 了解拉深变形过程及特点
- 熟悉拉深过程的起皱与破裂现象
- 熟悉拉深件的工艺性
- 了解圆筒形件拉深的工艺计算
- 掌握拉深模工作部分的设计
- 掌握拉深模的典型结构

一、项目引入

拉深是指利用模具将平板毛坯冲压成开口空心零件或将开口空心零件进一步改变形状和尺寸的一种冲压加工方法。拉深工艺广泛应用于汽车、拖拉机、仪表、电子、航空航天等各个工业部门和日常生活用品的生产中，是冷冲压的基本工序之一，不仅可以加工旋转体零件，还可加工盒形零件及其他形状复杂的薄壁零件，如图 4-1、图 4-2 所示。

依据毛坯形状划分拉深工艺：由平板毛坯塑变成带底的开口空心件的成形方法称之为平板（首道）拉深；由大口径空心件再塑变成为小口径空心件的成形方法称之为以后各次拉深。

依据壁厚变化划分拉深工艺：拉深后制件的壁厚与毛坯厚度相比变化不大的拉深工艺称之为不变薄拉深；拉深后制件的壁厚与毛坯厚度相比明显变薄的拉深工艺称之为变薄拉深。不变薄拉深工艺在生产上广泛应用，本项目就其工艺分析与模具设计进行重点阐述。

本项目以图 4-3 所示的支座零件的拉深模设计为载体，综合训练学生确定拉深工艺和设计拉深模具的初步能力。

零件名称：支座

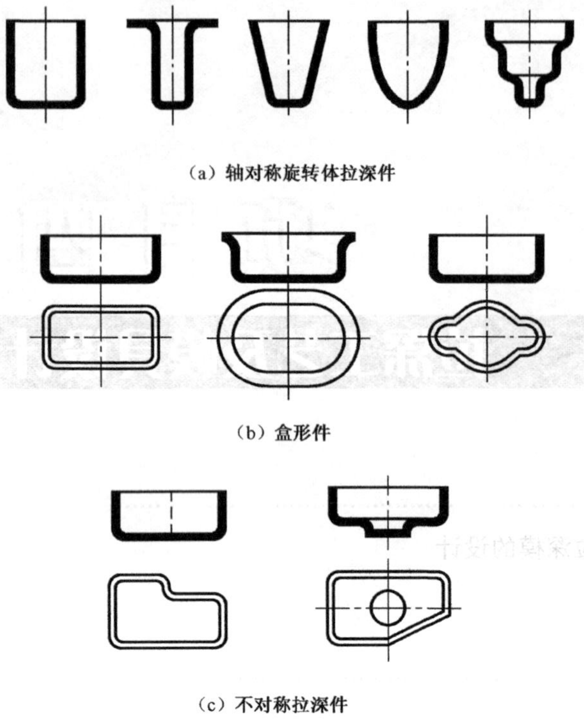

图 4-1　拉深件的类型

图 4-2　拉深件实物

生产批量：大批量
材料：10 钢
厚度：0.5mm
零件图：如图 4-3 所示。

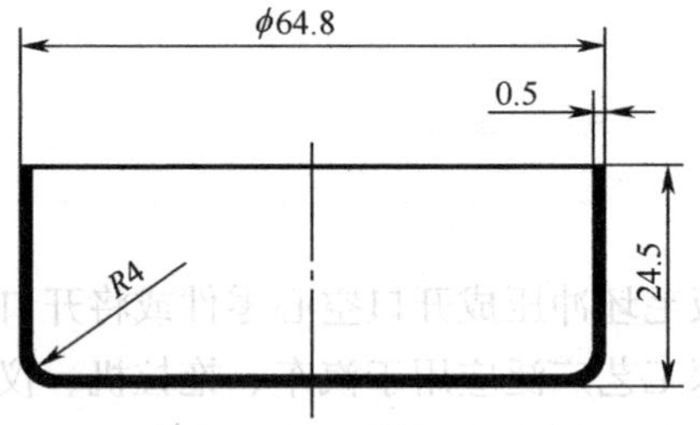

图 4-3　支座零件图

二、相关知识

（一）圆筒形零件拉深工艺分析

1. 拉深变形过程及特点

图 4-4 是圆筒形零件的拉深过程。直径为 *D*、厚度为 *t* 的圆形平板毛坯经过拉深模具的拉

深，得到具有内径为 d、高度为 h 的开口直壁圆筒形零件，并且 $h>(D-d)/2$。

那么圆形平板毛坯在模具的作用下到底产生了怎样的塑性流动而得到开口的空心件？图 4-5 表明了平板毛坯在拉深时的材料转移情况。如果不用模具，则只要去掉图 4-5 中的三角形阴影部分，再将剩余部分狭条沿直径 d 的圆周弯折起来，并加以焊接就可以得到直径为 d，高度为 $h=\dfrac{(D-d)}{2}$，周边带有焊缝，口部呈波浪的开口筒形零件。这说明圆形平板毛坯在成为筒形零件的过程中必须去除“多余材料”。但圆形平板毛坯在拉深成形过程中并没有去除多余材料，而拉深获得的工件高度大于了 h，工件的壁厚增加了，因此只能认为三角形阴影部分材料是多余的材料，在模具的作用下产生了流动，发生了转移。

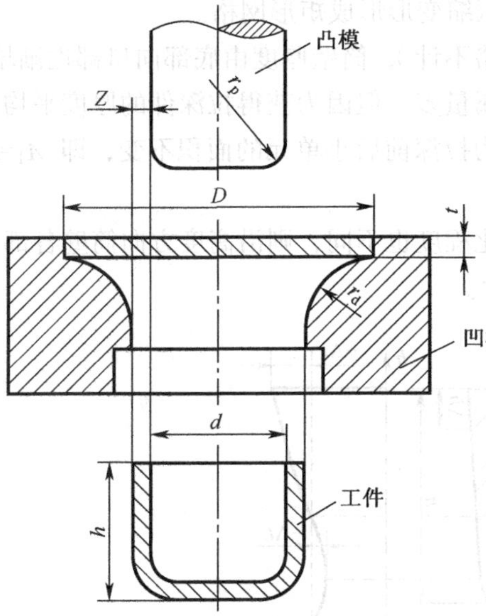

图 4-4　圆筒形零件拉深

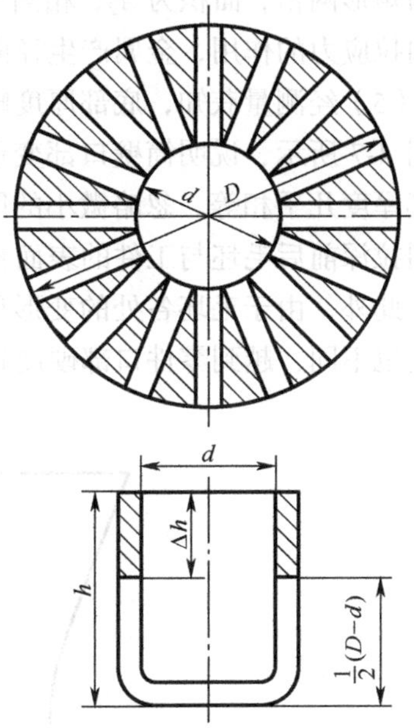

图 4-5　拉深时材料转移

通过网格试验分析拉深时材料的转移，可进一步说明拉深时金属的流动情况，如图 4-6 所示。

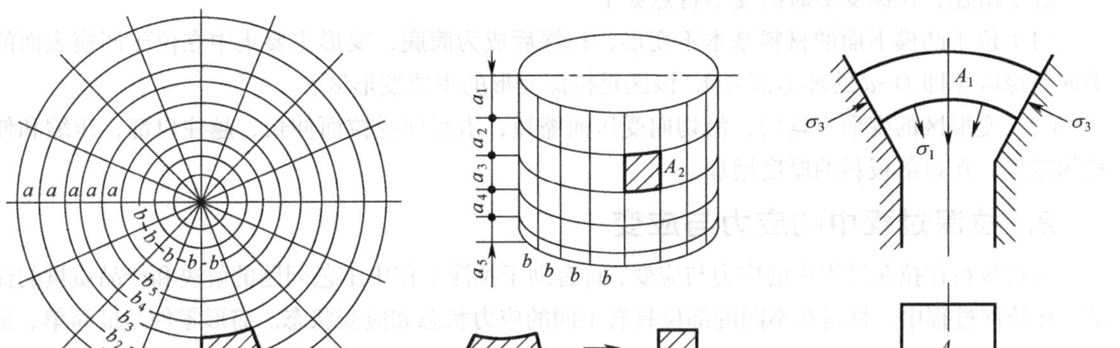

（a）网格的变化　　（b）扇形小单元的变形

图 4-6　拉深件的网格试验

拉深前，在圆形平板毛坯上画出由等间距为 a 的同心圆和等分度的辐射线组成的网格。拉深后，可以看到不同区域的网格发生了不同程度的变化，以下通过网格的变化分析金属在拉深过程中流动情况。

（1）筒形零件底部的网格基本上保持原来的形状，说明凸模底部的金属没有明显的流动。

（2）切向不等径的同心圆转变为筒壁上平行的同周长圆，间距 a 增大，愈靠近筒的上部增加越多 $a_1 > a_2 > a_3 > \text{L} > a$，说明金属径向应变为拉应变，越靠近外圆的金属径向流动越大。

（3）径向等分度的同心辐射线转变为筒壁上平行的竖直线，且竖直线间距相等均为 b。说明切向应变为压应变，越靠近外圆的金属切向流动越大。

（4）如图 4-6（b）所示，若从网格取一单元体，在拉深前是扇形网格，面积为 A_1，拉深后变为矩形网格，面积为 A_2，相当于在一个楔形槽中拉着扇形网格通过一样，受到切向压应力和径向拉应力的作用，金属产生径向伸长变形和切向压缩变形形成矩形网格。

（5）经测量获知，底部厚度略有变小（一般忽略不计），筒壁厚度由底部向口部逐渐增厚，如图 4-7 所示，说明筒壁口部变形程度大，转移金属量多。但因为获得拉深件的厚度平均值与毛坯厚度几乎相等，忽略微小的厚度变化可近似认为拉深前后小单元的面积不变，即 $A_1=A_2$，说明拉深前后毛坯与工件的表面积相等。

此外，由于毛坯各处的变形程度不同，加工硬化程度也不同，则沿高度方向筒壁各部分的硬度也不同，越到零件口部硬度越高，如图 4-7 所示。

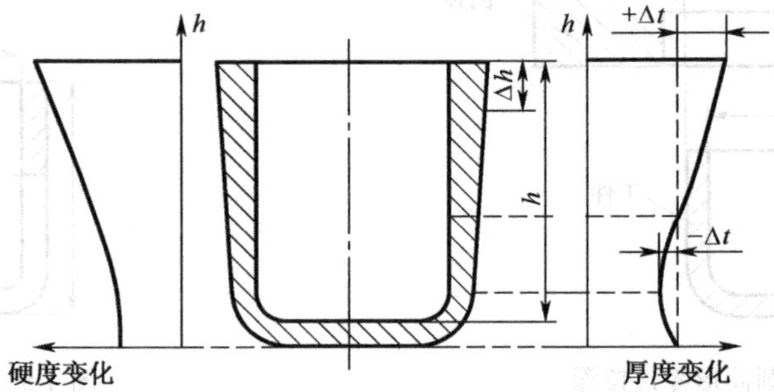

图 4-7　拉深件材料厚度与硬度的变化

综上所述，拉深变形时的变形特点如下。

（1）位于凸模下面的材料基本不变形，拉深后成为筒底，变形主要集中在位于凹模表面的平面凸缘区（即 $D-d$ 的环形部分），该区是拉深变形的主要变形区。

（2）变形区的变形不均匀，沿切向受压而缩短，沿径向受拉而伸长，越往口部，压缩和伸长的越多。在口部板料的厚度增加。

2. 拉深过程中的应力与应变

分析板料在拉深过程中的应力与应变，将有助于拉深工作中工艺问题的解决和产品质量的保证。在拉深过程中，材料在不同的部位具有不同的应力状态和应变状态。筒形零件是最简单、最典型的拉深件。图 4-8 是筒形零件在有压边圈的首次拉深中某一阶段的应力与应变情况。图中：

σ_1，ε_1——径向的应力与应变；

σ_2，ε_2——厚度方向的应力与应变；

σ_3，ε_3——切向的应力与应变。

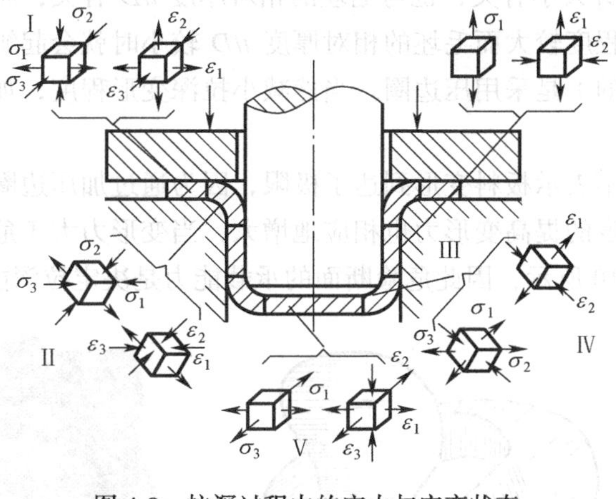

图 4-8　拉深过程中的应力与应变状态

根据应力与应变状态的不同，可将拉深毛坯划分为五个区域：Ⅰ区为凸缘部分，是拉深工艺的主要变形区；Ⅱ区为凹模圆角部分，是一个过渡区域；Ⅲ区为筒壁部分，起传递力的作用；Ⅳ区为凸模圆角部分，也是一个过渡区域；Ⅴ区是筒形件的底部，可认为没有塑性变形。

在筒壁与底部转角处稍上的地方，由于传递拉深力的截面积较小，因此产生的拉应力σ_1较大。同时，在该处所需要转移的材料较少，故该处材料的变形程度很小，加工硬化较低，材料的强度也就较低。而与凸模圆角部分相比，该处又不像凸模圆角处那样存在较大的摩擦阻力。因此在拉深过程中，在筒壁与底部转角处稍上的地方变薄便最为严重，成为整个零件强度最薄弱的地方，通常称此断面为“危险断面”。若危险断面上的应力σ_1超过材料的强度极限，则拉深件将在该处拉裂。或者即使没有拉裂，但由于应力过大，材料在该处变薄过于严重，以致超差而使工件报废。

从上述分析可知，拉深时的主要质量问题是平面凸缘区的起皱和“危险断面”的拉裂。

3. 拉深过程中的起皱与破裂

（1）起皱　在拉深时，由于凸缘材料存在着切向压缩应力σ_3，当这个压应力大到一定程度时板料切向将因失稳而拱起，这种在凸缘四周沿切向产生波浪形的连续弯曲称为起皱，如图 4-9（a）所示。当拉深件产生起皱后，轻者凸缘变形区材料仍能被拉进凹模，但会使工件口部产生波纹，如图 4-9（b）所示，影响工件的质量。起皱严重时，由于起皱后的凸缘材料不能通过凸、凹模间隙而使拉深件拉裂，如图 4-9（c）所示。起皱是拉深中产生废品的主要原因之一。

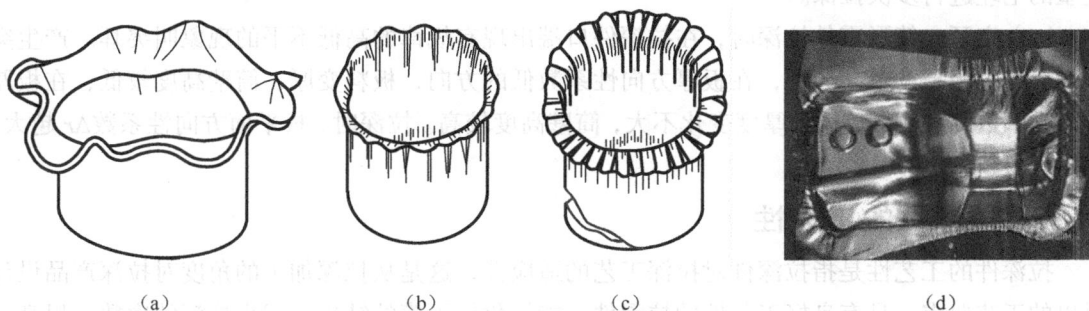

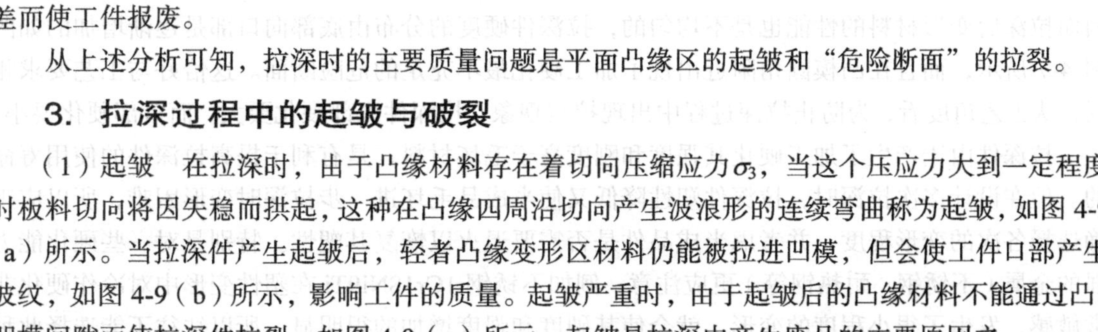

(a)　(b)　(c)　(d)

图 4-9　拉深件的起皱破坏

拉深时是否起皱与σ_3大小有关，也与毛坯的相对厚度 t/D 有关，而σ_3与拉深的变形程度有关。当每次拉深的变形程度较大而毛坯的相对厚度 t/D 较小时就会起皱。防止起皱最有效的措施（也是生产中最常用的）是采用压边圈。当然减小拉深变形程度，加大毛坯厚度也可以降低起皱倾向。

（2）破裂　起皱并不表示板料变形到达了极限，因为通过加压边圈等措施后变形程度仍然可以提高。随着变形程度的提高变形力也相应地增大，当变形力大于危险断面的承载能力时拉深件则被拉破，如图 4-10 所示，因此危险断面的承载能力是决定拉深能否顺利进行的关键。

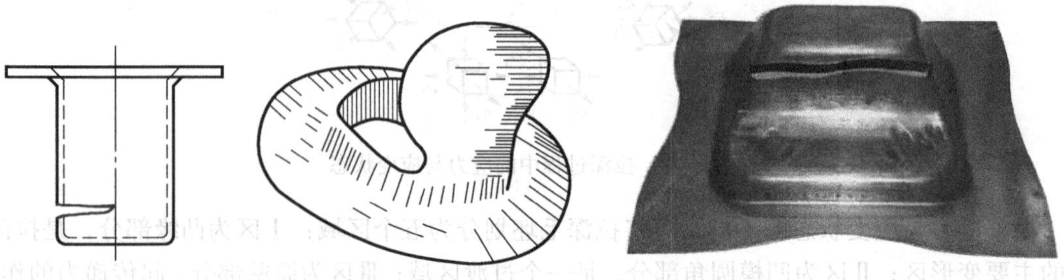

图 4-10　拉深件的破裂

拉深时危险断面是否被拉破，取决于材料的性能、变形程度的大小、模具的圆角半径、润滑条件等。生产实际中通常选用硬化指数大、屈强比小的材料进行拉深，采用适当增大拉深凸、凹模圆角半径，增加拉深次数，改善润滑等措施来避免拉裂的产生。

（3）硬化　拉深过程是一个毛坯发生塑性变形的过程，必然伴随有加工硬化发生，所以拉深后获得的工件相较于毛坯，硬度和强度有所增加，塑性和韧性有所下降。通过网格试验，可知拉深过程中各个区域的毛坯变形是不均匀，由底部的小变形区向筒口凸缘的主要变形区过渡，因而拉深后变形材料的性能也是不均匀的，拉深件硬度的分布由底部向口部是逐渐增加的如图图 4-7 所示，而且在凸模圆角附近出现了加工硬化最不充足的危险断面。这恰好与工艺要求相反，从工艺角度看，为防止拉深过程中出现拉裂现象，拉深件底部硬化要大，而口部硬化要小。

拉深件由于产生了加工硬化其强度和刚度高于毛坯材料，是有利于提高拉深件的使用寿命的。但在设计多次拉深时，拉深件塑性降低又使半成品毛坯进一步拉深时变形困难，所以应正确选择各次的变形程度，并考虑半成品件是否需要退火以恢复其塑性。特别是对一些硬化能力强的金属（不锈钢、耐热钢等）更应注意，例如不锈钢 1Cr18Ni9Ti 在塑性变形中对冷作硬化非常敏感，发生了很小程度的变形，就会使其硬度和强度增加的很明显，所以往往不能选择此种类型的毛坯进行多次拉深。

（4）突耳　筒形零件拉深时，在拉深件口端出现有规律的高低不平的现象叫突耳。产生突耳的原因是板材的各向异性，在板厚方向性系数低的方向，板料变厚，筒壁高度较低；在板厚方向性系数高的方向，板料厚度变化不大，筒壁高度较高。拉深时，板平面方向性系数Δr 越大，突耳现象越严重。

4. 拉深件的工艺性

拉深件的工艺性是指拉深件对拉深工艺的适应性，这是从拉深加工的角度对拉深产品设计提出的工艺要求。具有良好工艺性的拉深件，能简化拉深模的结构，减少拉深的次数、提高生产效率。拉深件的工艺性主要从拉深件的结构形状、尺寸、精度及材料选用等方面提出。

（1）拉深件的公差等级 一般拉深件的尺寸精度不宜要求过高，应在IT13级以下，不宜高于IT11级。如果公差等级要求高，可增加整形工序达到尺寸要求。拉深件由于各处变形不均匀，上下壁厚变化可达（1.2～0.75）t，t 为板料厚度。对于不变薄拉深，壁厚公差要求一般不应超出拉深工艺壁厚变化规律。

（2）拉深件的形状与尺寸。

① 设计拉深件时，不能同时标注内外形尺寸，产品图上的尺寸应注明必须保证外形尺寸或内形尺寸；带台阶的拉深件，其高度方向的尺寸标注一般应以底部为基准，若以上部为基准，高度尺寸不容易保证；筒壁和底面连接处的圆角半径只能标注在内形。

② 拉深件形状应尽量简单、对称，尽可能一次拉深成形。轴对称拉深件在圆周方向上的变化是均匀的，模具加工容易，其工艺性最好；尽量避免采用非常复杂的和非对称的拉深件，并尽量避免急剧的轮廓变化；对半敞开的或非对称的空心件，应能组合成对进行拉深，然后将其切成两个或多个零件，如图4-11所示，以改善拉深时的受力状况。

③ 拉深件各部分尺寸比例要恰当。应该尽量避免设计宽凸缘和深度大的拉深件（即凸缘直径 $d_f > 3d, h \geqslant 2d$），因为这类零件需要较多的拉深次数，需要中间退火；拉深件凸缘的外形最好与拉深部分的轮廓形状相似；凸缘的宽度要保持一致，因为不一致不仅使拉深困难，增加工序次数，还需放宽切边余量，增加金属消耗。

④ 在凸缘面上有下凹的拉深件，如图4-12所示，如下凹的轴线与拉深方向一致，可以拉出。若下凹的轴线与拉深方向垂直，则只能在最后校正时压出。

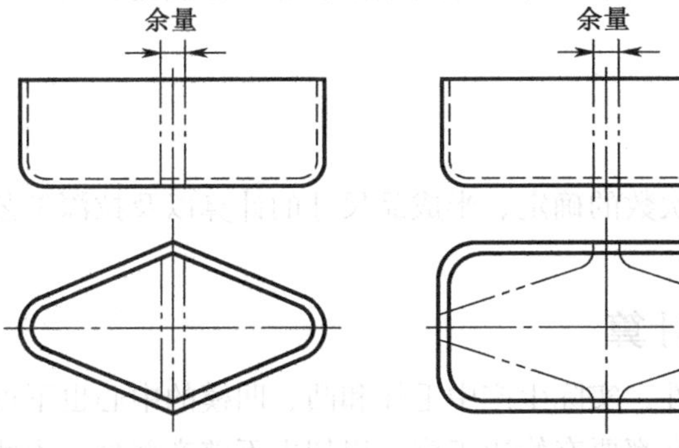

图4-11 组合成对进行拉深

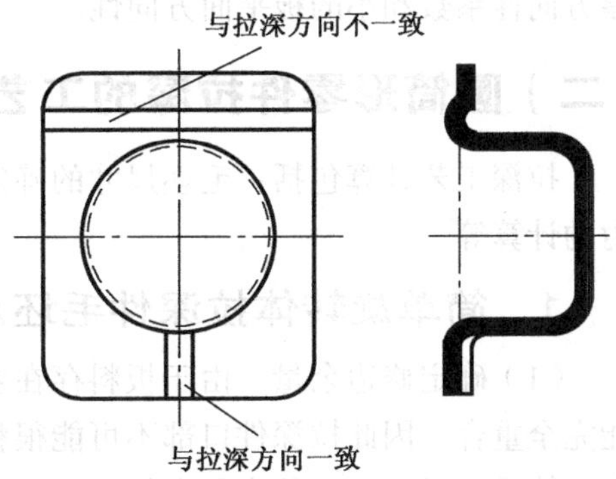

图4-12 凸缘面上带下凹的拉深件

⑤ 拉深件的底部或凸缘上有孔时，孔边到侧壁的距离应满足：$a \geqslant r_d+0.5t$（$\geqslant r_p+0.5t$），如图4-13所示。

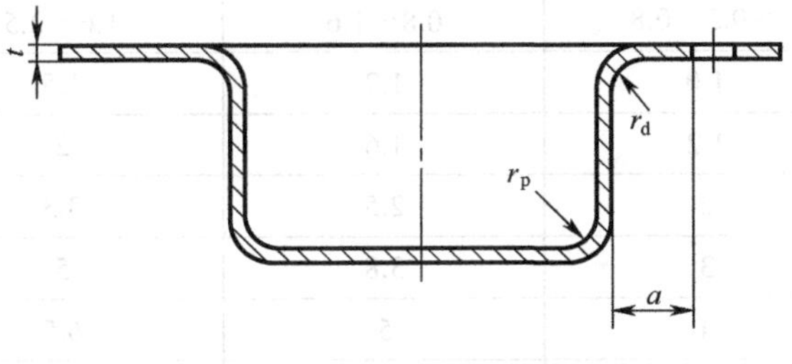

图4-13 拉深件的孔边距

⑥ 在保证装配的前提下，应允许拉深件侧壁有一定的斜度。需要多次拉深时，在保证必要的表面质量的前提下，应允许拉深件内外表面存在拉深过程中产生的印痕。除非零件有特殊要求，才通过整形或赶形的方法来消除印痕。

（3）拉深件的高度

设计拉深件时应尽量减少其高度，使其可能用一次或两次拉深工序来完成。对于各种形状的拉深件，用一次工序可拉成的条件如下。

① 圆筒件一次拉成的高度见表 4-1。

表 4-1　一次拉深的极限高度

材料名称	铝	硬　铝	黄　铜	软铜纯铜
相对拉深高度 h/d	0.73～0.75	0.60～0.65	0.75～0.80	0.68～0.72

② 对于盒形件一次拉成的条件为当盒形件角部的圆角半径 $r=(0.05\sim0.20)B$ （式中 B 为盒形件的短边宽度）时，拉深件高度 $h<(0.3\sim0.8)B$。

③ 对于凸缘件一次拉成的条件为零件的圆筒形部分直径与毛坯的比值 $d/D\geqslant0.4$。

（4）拉深件的圆角半径　拉深件凸缘与筒壁间的圆角半径应取 $r_d\geqslant2t$，为便于拉深顺利进行，通常取 $r_d\geqslant(4\sim8)t$；当 $r_d\leqslant2t$ 时，需增加整形工序。

拉深件底与筒壁间的圆角半径应取 $r_p\geqslant2t$，为便于拉深顺利进行，通常取 $r_p\geqslant(3\sim5)t$；当零件要求 $r_p<t$ 时，需增加整形工序。

（5）拉深件的材料选用　用于拉深的材料一般要求具有较好的塑性、低的屈强比、大的板厚方向性系数和小的板平面方向性。

（二）圆筒形零件拉深的工艺计算

拉深工艺计算包括：毛坯尺寸的确定、拉深次数的确定、半成品尺寸的计算以及拉深工艺力的计算等。

1．简单旋转体拉深件毛坯尺寸的计算

（1）确定修边余量　由于板料存在着各向异性，实际生产中毛坯和凸、凹模的中心也不可能完全重合，因此拉深件口部不可能很整齐，通常都要有修边工序，以切去不整齐部分。为此在计算毛坯尺寸时应预先留有修边余量，筒形件和凸缘件的修边余量可分别查表 4-2 和表 4-3，表中符号参见图 4-14。

表 4-2　无凸缘拉深件的修边余量 Δh　单位：mm

拉深高度 h	拉深相对高度 h/d 或 h/B			
	>0.5～0.8	0.8～1.6	1.6～2.5	2.5～4
≤10	1.0	1.2	1.5	2
>10～20	1.2	1.6	2	2.5
>20～50	2	2.5	3.3	4
>50～100	3	3.8	5	6
>100～150	4	5	6.5	8
>150～200	5	6.3	8	10

续表

拉深高度 h	拉深相对高度 h/d 或 h/B			
	>0.5～0.8	0.8～1.6	1.6～2.5	2.5～4
>200～250	6	7.5	9	11
>250	7	8.5	10	12

注：1. B 为正方形的边宽或长方形的短边宽度；

2. 对于高深件必须规定中间修边工序；

3. 对于材料厚度小于 0.5mm 的薄材料作多次拉深时，应按表值增加 30%。

表 4-3　带凸缘拉深件的修边余量Δh　单位：mm

拉深高度 h	相对凸缘直径 d_t/d 或 B_t/B			
	<1.5	1.5～2	2～2.5	2.5～3
≤25	1.8	1.6	1.4	1.2
>25～50	2.5	2.0	1.8	1.6
>50～100	3.5	3.0	2.5	2.2
>100～150	8.3	3.6	3.0	2.5
>150～200	5.0	8.2	3.5	2.7
>200～250	5.5	8.6	3.8	2.8
>250	6.0	5.0	8.0	3.0

注：1. B 为正方形的边宽或长方形的短边宽度；

2. 对于高深件必须规定中间修边工序；

3. 对于材料厚度小于 0.5mm 的薄材料作多次拉深时，应按表值增加 30%。

（2）计算工件表面积　为了便于计算，把零件分解成若干个简单几何体，分别求出其表面积后相加。图 4-14 的零件可看成圆筒直壁部分 1，圆弧旋转而成的球台部分 2 以及底部圆形平板 3 三部分组成。

工件的总面积为圆筒直壁部分表面积 A_1，球台部分表面积 A_2 和底部圆形平板表面积 A_3 三部分之和，即：

$$A_1 = \pi d(H - r) \tag{4-1}$$

$$A_2 = \frac{\pi}{4}[2\pi r(d - 2r) + 8r^2] \tag{4-2}$$

$$A_3 = \frac{\pi}{4}(d - 2r)^2 \tag{4-3}$$

$$\frac{\pi}{4}D^2 = A_1 + A_2 + A_3 = \sum A_i \tag{4-4}$$

式中：d——拉深件圆筒部分中径，mm；

H——拉深件高度，mm；

r——工件中线在圆角处的圆角半径，mm；

D——毛坯直径，mm。

（3）求出毛坯尺寸　毛坯的直径为 D。

$$D=\sqrt{(d-2r)^2+4d(H-r)+2\pi r(d-2r)+8r^2}$$
$$=\sqrt{d^2+4dH-1.72dr-0.56r^2} \quad (4\text{-}5)$$

对于上式，若毛坯的厚度 $t<1\text{mm}$，则以外径和外高或内部尺寸来计算。若毛坯的厚度 $t\geqslant 1\text{mm}$，则各个尺寸应以零件厚度的中线尺寸代入进行计算。对于常用的旋转体拉深件，可选用相关手册获取其坯料直径的计算公式。

2. 复杂旋转体拉深件毛坯尺寸的计算

形状复杂的旋转体拉深件的坯料尺寸计算可利用久里金法则，即任何形状的母线绕轴旋转一周所得到的旋转体面积，等于该母线的长度与其重心绕该轴线旋转所得周长的乘积，如图 4-15 所示。

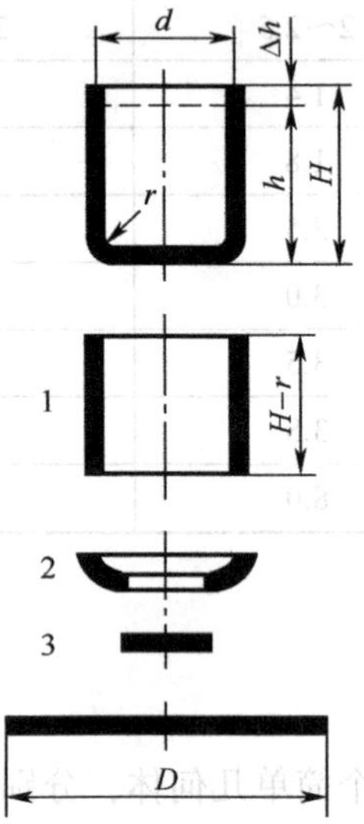

图 4-14　圆筒形件毛坯尺寸计算

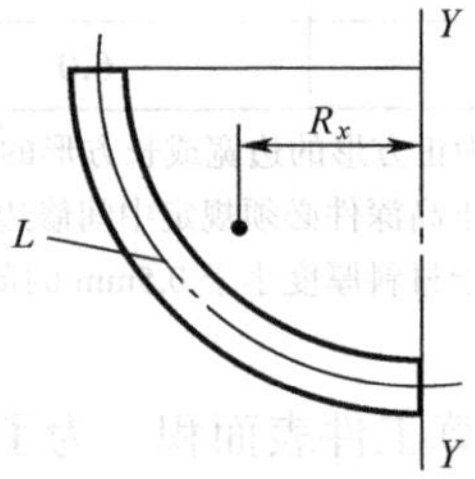

图 4-15　旋转体母线

即旋转体表面积为：

$$A=2\pi R_x L \quad (4\text{-}6)$$

因拉深前后面积相等，故坯料直径 D：

$$\frac{\pi D^2}{4}=2\pi R_x L \quad (4\text{-}7)$$

$$D=\sqrt{8R_x L} \quad (4\text{-}8)$$

式中：A——旋转体面积，mm^2；

R_x——旋转体母线形心到旋转轴线的距离（称旋转半径），mm；

D——坯料直径，mm；

L——旋转体母线长度，mm。

由式（4-6）可知，只要知道旋转体母线长度及其形心的旋转半径，就可以求出坯料的直径。求母线长度及形心位置的方法有 3 种：解析法、作图解析法、作图法，可查阅相关资料了解。

3. 拉深次数的确定

（1）拉深系数的概念和意义　拉深的变形程度大小可以用拉深件的高度和直径的比值来

表示，比值小的变形程度小，可以一次拉深成形；而比值大的，需要两次或两次以上拉深才能成形。但在设计拉深工艺过程与确定必要的拉深工序数目时，通常用拉深系数作为计算的依据。

拉深系数是指拉深后圆筒形件的直径与拉深前毛坯（或半成品）的直径之比，如图 4-16 所示，即：

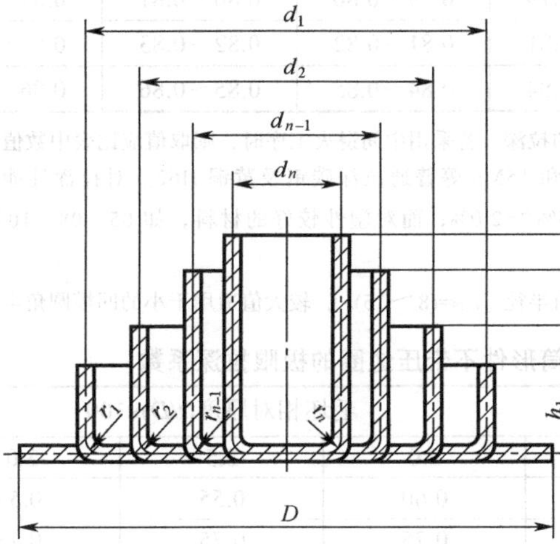

图 4-16　圆筒形件的多次拉深

第 1 次拉深系数　　$m_1 = \dfrac{d_1}{D}$

第 2 次拉深系数　　$m_2 = \dfrac{d_2}{d_1}$

……

第 n 次拉深系数　　$m_n = \dfrac{d_n}{d_{n-1}}$

式中：D——毛坯直径；

d_1、d_2、…、d_n——各次拉深后圆筒部分的中径。

拉深件的中径 d_n 与毛坯直径 D 之比称之为总拉深系数，即拉深件所需要的拉深系数，用 m 表示。

$$m = \frac{d_n}{D} = \frac{d_1}{D}\frac{d_2}{d_1}\frac{d_3}{d_2} L \ \frac{d_{n-1}}{d_{n-2}}\frac{d_n}{d_{n-1}} = m_1 m_2 m_3 L \ m_{n-1} m_n \qquad (4\text{-}9)$$

从以上各式可以看出，总拉深系数 m 表示了拉深前后坯料直径的变化率，其数值永远小于 1。它反映了坯料外缘在拉深时的切向压缩变形的大小，拉深系数越小，说明拉深前后直径差别越大，需要转移的“多余三角形”面积越大，拉深变形程度越大；反之，变形程度越小。因此可用它作为衡量拉深变形程度的指标。但如果在制定拉深工艺时，m 取得过小，就会使拉深件起皱、断裂或严重变薄超差。因此 m 的减小有一个客观的界限，这个界限就是筒壁传力区所承受的最大拉应力和危险断面的有效抗拉强度相等时的拉深系数，称为极限拉深系数。极限拉深系数值一般是在一定的拉深条件下用实验方法得出的。见表 4-4 和表 4-5。

表 4-4　　圆筒形件带压边圈的极限拉深系数

极限拉深系数	毛坯相对厚度$(t/D)\times100$					
	2.0～1.5	1.5～1.0	1.0～0.6	0.6～0.3	0.3～0.15	0.15～0.08
m_1	0.48～0.50	0.50～0.53	0.53～0.55	0.55～0.58	0.58～0.60	0.60～0.63
m_2	0.73～0.75	0.75～0.76	0.76～0.78	0.78～0.79	0.79～0.80	0.80～0.82
m_3	0.76～0.78	0.78～0.79	0.79～0.80	0.80～0.81	0.81～0.82	0.82～0.84
m_4	0.78～0.80	0.80～0.81	0.81～0.82	0.82～0.83	0.83～0.85	0.85～0.86
m_5	0.80～0.82	0.82～0.84	0.84～0.85	0.85～0.86	0.86～0.87	0.87～0.88

注：1. 表中数据适用于未经中间退火的拉深。若采用中间退火工序时，则取值应比表中数值小 2%～3%；

2. 表中拉深数据适用于 08、10 和 15Mn 等普通拉深碳钢及黄铜 H62。对拉深性能较差的材料，如 20、25、Q215、Q235、硬铝等应比表中数值大 1.5%～2.0%；而对塑性较好的材料，如 05、08、10 及软铝等应比表中数值小 1.5%～2.0%；

3. 表中较小值适用于大的凹模圆角半径［$r_{凹}=(8\sim15)t$］，较大值适用于小的凹模圆角半径［$r_{凹}=(4\sim8)t$］。

表 4-5　　圆筒形件不带压边圈的极限拉深系数

极限拉深系数	毛坯相对厚度$(t/D)\times100$				
	1.5	2.0	2.5	3.0.	>3.0
m_1	0.65	0.60	0.55	0.53	0.50
m_2	0.80	0.75	0.75	0.75	0.70
m_3	0.84	0.80	0.80	0.80	0.75
m_4	0.87	0.84	0.84	0.84	0.78
m_5	0.90	0.87	0.87	0.87	0.82
m_6	—	0.90	0.90	0.90	0.85

注：此表适用于 08、10 和 15Mn 等材料。其余各项同表 4-4 之注。

为了防止在拉深过程中产生起皱与拉裂的缺陷，就应减小拉深变形程度，增大拉深系数，减小起皱和拉裂的可能性，拉深系数表达了拉深工艺的难易程度。知道了每次拉深允许的极限拉深系数，就可以确定拉深次数了。

（2）拉深次数的确定　拉深次数通常只能概略进行估计，最后需通过工艺计算来确定。初步确定无凸缘圆筒件拉深次数的方法有以下几种。

① 推算法　若已知筒形件的毛坯的相对高度 t/D，其拉深次数可由表 4-4 或表 4-5 直接查出各次拉深的极限拉深系数 m_1、m_2、m_3、…、m_n，然后计算出第 1 次拉深直径 d_1，从第 1 次拉深直径 d_1 向第 n 次拉深直径 d_n 推算。

$$d_1=m_1D\;;\;\;d_2=m_2d_1\;;\;\;\cdots;\;\;d_n=m_nd_{n-1} \qquad (4\text{-}10)$$

直到得到的 d_n 不大于拉深件所要求的直径为止，此时的 n 即为所求的拉深次数。这样不仅可以求出拉深次数，还可知道中间工序获得的半成品的直径。

② 计算法　如果要将一个直径为 D 的平板毛坯最后拉深成直径为 d_n 的拉深件，也可通过以下经验公式近似求出拉深次数 n：

$$\lg d_n=(n-1)\lg m_n+\lg(m_1D)$$

$$n=1+\frac{\lg d_n-\lg(m_1D)}{\lg m_n} \qquad (4\text{-}11)$$

式中：m_n——从第 2 次开始以后各次拉深系数的平均值。

由公式（4-11）计算得到的 n 通常不会是整数，此时为了使拉深工艺容易进行以及避免拉裂发生，不得按照四舍五入取较小的整数值，而应取较大的整数值，使实际选用的各次拉深系数比初步估计的数值略大些。

③ 查表法　无凸缘筒形件的拉深次数还可通过已知拉深件的相对高度 h/d 和毛坯的相对高度 t/D 查表 4-6 直接查出拉深次数。

表 4-6　　无凸缘筒形拉深件的最大相对高度 h/d

拉深次数 n	毛坯相对厚度$(t/D)\times100$					
	2～1.5	1.5～1	1～0.6	0.6～0.3	0.3～0.15	0.15～0.08
1	0.94～1.54	0.84～0.65	0.70～0.57	0.62～0.5	0.52～0.45	0.46～0.38
2	1.88～2.7	1.60～1.32	1.36～1.1	1.13～0.94	0.96～0.83	0.9～0.7
3	3.5～2.7	2.8～2.2	2.3～1.8	1.9～1.5	1.6～1.3	1.3～1.1
4	5.6～8.3	8.3～3.5	3.6～2.9	2.9～2.4	2.4～2.0	2.0～1.5
5	8.9～6.6	6.6～5.1	5.2～8.1	8.1～3.3	3.3～2.7	2.7～2.0

注：1. 大的 h/d 比值适用于在第一道工序内大的凹模圆角半径（由 $t/D\times100$=2～1.5 时的 $r_{凹}=8t$ 到 $t/D\times100$=0.15～0.08 时的 $r_{凹}=15t$）；小的比值适用于小的凹模圆角半径（$r_{凹}=4\sim8t$）；

2. 表中拉深次数适用于 08 及 10 号钢的拉深件。

4. 工序件尺寸的计算

工序件尺寸包括半成品的直径 d_n、筒底圆角半径 r_n 和筒壁高度 h_n。在拉深次数确定后，为了在允许的条件下产生更大程度的拉深变形，需调整拉深系数后确定工序件直径和工序件高度。

（1）工序件直径 d_n 的确定　拉深次数确定后，以达到拉深安全而不破裂的要求，根据计算直径 d_n 应等于拉深件直径 d 出发，在 $m_1-m_1'\approx m_2-m_2'\approx\cdots\approx m_n-m_n'$ 的前提下，对各次拉深系数进行调整，使实际采用的拉深系数 m_1、m_2、…、m_n 大于推算拉深次数时所用的极限拉深系数 m_1'、m_2'、…、m_n'。调整好后，根据实际采用的拉深系数重新计算各次拉深的圆筒直径即得工序件的直径。

（2）工序件高度的确定　根据拉深后工序件表面积与坯料表面积相等的原则，可得到如下工序件高度计算公式。计算各次拉深后工序件的高度前，应先定出各工序件底部的圆角半径，计算各次工序件的高度可由求毛坯直径的公式推出。

即：

$$h_1=(D^2-d_{10}^2-2\pi r_1 d_{10}-8r_1^2)/4d_1$$

$$h_2=(D^2-d_{20}^2-2\pi r_2 d_{20}-8r_2^2)/4d_2$$

$$\vdots$$

$$h_n=(D^2-d_{n0}^2-2\pi r_n d_{n0}-8r_n^2)/4d_n \qquad (4\text{-}12)$$

式中：$d_1,d_2\cdots d_n$—— 各次工序件的筒壁中径；

$r_1,r_2\cdots r_n$—— 各次工序件底部的圆角半径（中线值）；

$d_{10},d_{20}\cdots d_{n0}$—— 各次工序件底部平板部分的直径；

$h_1,h_2\cdots h_n$—— 各次工序件底部圆角半径圆心以上的筒壁高度；

D—— 毛坯直径。

5. 拉深力与压边力的确定

（1）拉深力的计算　从理论上计算的拉深力在实际应用上并不方便，而且因为影响因素比较复杂，计算结果与实际拉深力往往有出入，所以生产中常用经验公式计算拉深力。圆筒形工件可用以下经验公式计算拉深力：

采用压边圈拉深时：

第 1 次拉深　$F = \pi d_1 t \sigma_b k_1$　（4-13）

第 2 次以后　$F_n = \pi d_n t \sigma_b k_n$　（n=2、3、…、i）　（4-14）

不采用压边圈拉深时：

第 1 次拉深　$F = 1.25\pi(D - d_1)t\sigma_b$　（4-15）

第 2 次以后　$F_n = 1.3\pi(d_{i-1} - d_i)t\sigma_b$　（n=2、3、…、i）　（4-16）

式中：F——拉深力；

σ_b ——材料的抗拉强度，MPa；

t——材料厚度，mm；

D——毛坯直径，mm；

d_1L d_n ——各次拉深后工序件中径，mm；

k_1，k_2——修正系数，查表 4-7。

表 4-7　修正系数

拉深系数 m_1	0.55	0.57	0.60	0.62	0.65	0.67	0.70	0.72	0.75	0.77	0.80	—	—	—
修正系数 k_1	1.00	0.93	0.86	0.79	0.72	0.66	0.60	0.55	0.50	0.45	0.40	—	—	—
拉深系数 m_2	—	—	—	—	—	—	0.70	0.72	0.75	0.77	0.80	0.85	0.90	0.95
修正系数 k_2	—	—	—	—	—	—	1.00	0.95	0.90	0.85	0.80	0.70	0.60	0.50

（2）压边力的计算。

① 压边条件　解决拉深工作中的起皱问题的主要方法是采用防皱压边圈，并且压边力要适当。必须指出，如果拉深的变形程度比较小，毛坯的相对厚度比较大，则不需要采用压边圈，因为不会产生起皱。拉深中是否需要采用压边圈，可按表 4-8 的条件决定。

表 4-8　采用或不采用压边圈的条件

拉 深 方 法	第 1 次拉深		后续各次拉深	
	$(t/D)\times100$	m_1	$(t/D)\times100$	m_2
用压边圈	<1.5	<0.6	<1.0	<0.8
不用压边圈	>2.0	>0.6	>1.5	>0.8
可用可不用	1.5～2.0	0.6	1.0～1.5	0.8

当确定需要采用压边装置后，压边力的大小必须适当。压边力过大，会增加坯料拉入凹模的拉力，容易拉裂工件；如果过小，则不能防止凸缘起皱，起不到压边作用，所以压边力的大小应在不起皱的条件下尽可能小。

② 确定压边力　在模具设计时，通常是使压边力 $F_压$ 稍大于防皱作用所需的最低值，即在保证毛坯凸缘变形区不起皱的前提下，尽量选用小的压边力，并按下列经验公式进行计算：

总压边力：　$F_压 = Ap$　（4-17）

筒形件第 1 次拉深时：

$$F_{压}=\frac{\pi}{4}\left[D^2-\left(d_1+2r_{凹1}\right)^2\right]p \quad (4\text{-}18)$$

筒形件后续各道拉深时：

$$F_{压}=\frac{\pi}{4}\left[d_{n-1}^2-\left(d_n+2r_{凹n-1}\right)^2\right]p \quad (4\text{-}19)$$

式中：A——压料圈下坯料的投影面积，mm^2；

P——单位压边力，MPa，可按表 4-9 选用；

D——毛坯直径，mm；

d_1、d_2、…、d_n——第 1 次及以后各次工件的直径，mm；

$r_{凹1}$、$r_{凹2}$、…、$r_{凹n}$——各次拉深凹模圆角半径，mm。

表 4-9　单位压边力 p

材料名称		单位压边力 P/MPa	材料名称	单位压边力 P/MPa
铝		0.8～1.2	镀锡钢板	2.5～3.0
硬铝（已退火）、紫铜		1.2～1.8	高温合金	2.8～3.5
黄铜		1.5～2.0		
软钢	$t<0.5$mm	2.5～3.0	高合金钢 不锈钢	3.0～4.5
	$t>0.5$mm	2.0～2.5		

在生产中，一次拉深时的压边力 $F_{压}$ 也可按拉深力的 1/4 选取，即：

$$F_{压}=0.25F_1 \quad (4\text{-}20)$$

理论上合理的压边力应随起皱趋势的变化而变化。当起皱严重时压边力变大，起皱不严重时压边力就随着减少，但要实现这种变化是很困难的。

（3）压力机公称压力的选择　对于单动压力机，其公称压力应大于工艺总压力。工艺总压力为拉深力 $F_{拉}$ 与压边力 $F_{压}$ 之和。

$$F_{压机}>F_{拉}+F_{压} \quad (4\text{-}21)$$

对于双动压力机，应分别考虑内外滑块的公称压力与对应的拉深力 $F_{拉}$ 与压边力 $F_{压}$ 的关系。

$$F_1>F_{拉} \qquad F_2>F_{压} \quad (4\text{-}22)$$

式中：$F_{压机}$——压力机的公称压力；

F_1——内滑块公称压力；

F_2——外滑块公称压力；

$F_{拉}$——拉深力；

$F_{压}$——压边力。

选择压力机公称压力时必须注意，当拉深行程较大，尤其是采用落料、拉深复合模时，应使工艺力曲线位于压力机滑块的许用压力曲线之下。不能简单地根据落料力与拉深力叠加起来之和小于压力机公称压力去确定压力机的规格，否则很可能由于过早地出现最大冲压力而使压力机超载损坏，如图 4-17 所示，应该考虑压力机在落料、拉深的复合冲压成形中所做的功，考虑压力

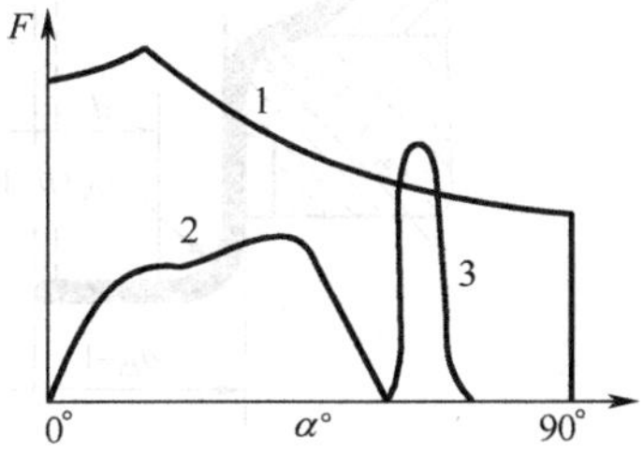

图 4-17　拉深力与压力机的压力曲线

1—压力机的压力曲线　2—拉深力　3—落料力

机电机能否负荷。

（三）拉深模工作部分设计

1. 凸、凹模结构设计

拉深凸模与凹模的结构形式取决于工件的形状、尺寸以及拉深方法、拉深次数等工艺要求，不同的结构形式对拉深的变形情况、变形程度的大小及产品的质量均有不同的影响。常见的凸、凹模结构形式如下。

（1）无压料的拉深模结构形式　图 4-18 所示为不带压边圈的一次拉深时所用的凸、凹模结构，其中图（a）所示的圆弧形凹模结构简单，加工方便，是常用的拉深凹模结构形式；图（b）和图（c）所示的锥形凹模和渐开线形凹模对抗失稳起皱有利，但加工复杂，主要用于拉深系数较小的拉深件。图（d）为等切面形结构。

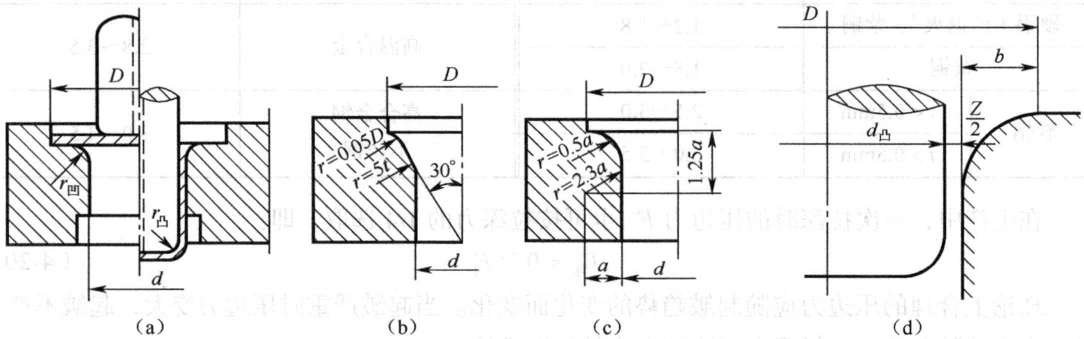

图 4-18　无压料拉深模的凹模结构形式

（2）有压料的拉深模结构形式　图 4-19 是带压边圈的凸、凹模结构，其中图（a）所示的凸、凹模具有圆角结构，用于拉深直径 $d \leqslant 100$mm 的拉深件。图（b）所示的凸、凹模具有锥角结构，用于拉深直径 $d \geqslant 100$mm 的拉深件。采用这种有锥角的凸模和凹模除具有改善金属的流动，减少变形抗力、材料不易变薄等一般锥形凹模的特点外，还可减轻毛坯反复弯曲变形的

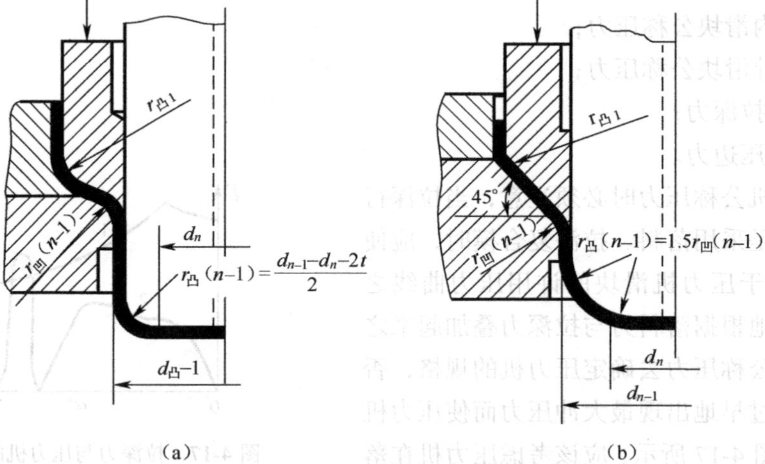

图 4-19　有压料的拉深模工作部分的结构

程度，提高零件侧壁质量，使毛坯在下次工序中容易定位。

不论采用哪种结构，均需注意前后两道工序的冲模在形状和尺寸上的协调，使前道工序得到的半成品形状有利于后道工序的成形。比如压边圈的形状和尺寸应与前道工序凸模的相应部分相同，拉深凹模的锥面角度 α 也要与前道工序凸模的锥角一致。

为了使最后一道拉深工序后零件的底部平整，如果是圆角结构的冲模，其最后一次拉深凸模圆角半径的圆心应与倒数第 2 道拉深凸模圆角半径的圆心位于同一条中心线上；如果是斜角的冲模结构，则倒数第 2 道工序凸模底部的斜线应与最后一道的凸模圆角半径相切。

无论对于有无采用压料装置的拉深模，为了便于取出工件，拉深凸模应钻通气孔，其尺寸可查表 4-10。

表 4-10　　通气孔尺寸　　单位：mm

凸 模 直 径	≤50	50～100	100～200	>200
出气孔直径	5	6.5	8	9.5

2. 拉深模具间隙

拉深模间隙指的是凸、凹模之间的双面间隙。间隙的大小对拉深力、拉深件的质量以及模具寿命都有很大的影响。间隙小时，拉深件回弹小，侧壁平直而光滑，质量较好，精度较高。但若间隙值太小，拉深力增加，导致工件变薄严重，甚至拉裂，模具表面间的摩擦、磨损严重，模具寿命降低。若间隙过大时，拉深力降低，模具的寿命提高，但毛坯容易起皱，拉深件锥度大，精度较差。因此拉深模的间隙值应合理，确定时要考虑压边状况、拉深次数和工件精度等。其原则是：既要考虑板料本身的公差，又要考虑板料的增厚现象，间隙取值一般都比毛坯厚度略大一些。

（1）无压料装置拉深　无压料装置的拉深模，其凸、凹模的间隙可按下式计算：

$$\frac{Z}{2}=(1\sim1.1)t_{\max} \qquad (4\text{-}23)$$

式中　$\frac{Z}{2}$——拉深凸、凹模单边间隙；

$t_{\max}$——板料厚度的最大极限尺寸；

1～1.1——对于首次和中间各次拉深或尺寸精度要求不高的拉深件取式中较大值，对于末次拉深或尺寸精度要求较高的拉深件取式中较小值。

（2）有压料装置拉深　有压料装置的拉深模，其凸、凹模间隙可按表 4-11 查取。

表 4-11　　有压料装置拉深时单边间隙值　　单位：mm

总拉深次数	拉 深 工 序	单边间隙 $\frac{Z}{2}$	总拉深次数	拉 深 工 序	单边间隙 $\frac{Z}{2}$
1	1 次拉深	$(1\sim1.1)t$	4	第 1、2 次拉深	$1.2t$
2	第 1 次拉深	$1.1t$		第 3 次拉深	$1.1t$
	第 2 次拉深	$(1\sim1.05)t$		第 4 次拉深	$(1\sim1.05)t$
3	第 1 次拉深	$1.2t$	5	第 1、2、3 次拉深	$1.2t$
	第 2 次拉深	$1.1t$		第 4 次拉深	$1.1t$
	第 3 次拉深	$(1\sim1.05)t$		第 5 次拉深	$(1\sim1.05)t$

注：1. t 为材料厚度，取材料允许偏差的中间值，mm；

2. 当拉深精密工件时，对最末一次拉深间隙取 $\frac{Z}{2}=t$。

对于精度要求高的零件，为了拉深后的回弹小，表面光洁，常采用负间隙拉深模。其单边间隙值为：

$$\frac{Z}{2}=(0.9\sim0.95)t \tag{4-24}$$

采用较小间隙时，拉深力比一般情况要增加20%，拉深系数也相应地加大。

3. 凸、凹模工作部分的尺寸和公差

零件的尺寸精度由最后一次拉深的凸、凹模的尺寸及公差决定，而最后一次拉深中凹模及凸模的尺寸和公差又应按零件的要求来确定。一般除最后一道拉深模的尺寸公差需要考虑外，首次及中间各次的模具尺寸公差和拉深半成品的尺寸公差没有必要作严格限制，这时模具的尺寸只要取等于毛坯的过渡尺寸即可。

（1）凹模圆角半径　凹模圆角半径的大小对拉深工作影响很大，影响到拉深件的质量、拉深力的大小和拉深模的寿命，因此，合理选择凹模圆角半径是极为重要的。

首次拉深凹模圆角半径可按经验公式计算：

$$r_{d1}=0.80\sqrt{(D-d)t} \tag{4-25}$$

式中：r_{d1}——首次拉深凹模圆角半径，mm；

D——毛坯直径，mm；

d——凹模内径，mm。

首次拉深凹模圆角半径也可以参考表4-12的值选取。

表4-12　首次拉深凹模的圆角半径 r_{d1}

拉深方式	毛坯的相对厚度$(t/D)\times100$		
	≤2.0～1.0	1.0～0.3	0.3～0.1
无凸缘	$(4\sim6)t$	$(6\sim8)t$	$(8\sim12)t$
有凸缘	$(6\sim12)t$	$(10\sim15)t$	$(15\sim20)t$

注：材料性能好且润滑好时取小值。

以后各次拉深的凹模圆角半径，应比首次拉深时的半径逐渐减小，可按下式确定：

$$r_{dn}=(0.6\sim0.8)r_{dn-1} \tag{4-26}$$

（2）凸模圆角半径

凸模圆角半径的大小对拉深影响没有凹模圆角半径的影响大，但其值也必须合适。过小的r_p会使"危险断面"受拉力大，工件易产生局部变薄；而r_p过大，则使凸模与毛坯接触面小，易产生底部变薄和内皱。

首次拉深凸模圆角半径按下式确定：

$$r_{p1}=(0.7\sim1.0)r_{d1} \tag{4-27}$$

除最后一次外，中间各次拉深凸模圆角半径为：

$$r_{pn-1}=\frac{d_{n-1}-d_n-2t}{2} \tag{4-28}$$

式中：d_{n-1}、d_n——各工序的外径，mm。

在最后一次拉深中，凸模圆角半径应与工件的圆角半径相等。但对于厚度＜6mm的材料，其数值不得小于$(2\sim3)t$；对于厚度＞6mm的材料，其值不得小于$(1.5\sim2)t$。

（3）凸、凹模工作部分的尺寸和公差　零件对外形、内形的要求，涉及拉深模的设计基准，所以应该严格分析，如图 4-20 所示。

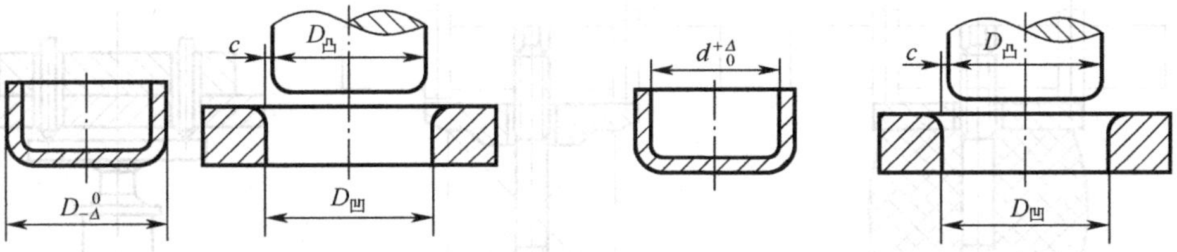

（a）外形有要求时　　（b）内形有要求时

图 4-20　拉深零件尺寸与模具尺寸

① 当零件的外形尺寸及公差有要求时，如图 4-20（a）所示，以凹模为基准，根据磨损规律，凹模的基本尺寸为

$$D_{凹}=\left(D-0.75\Delta\right)_{0}^{+\delta_{凹}} \tag{4-29}$$

凸模的基本尺寸为

$$D_{凸}=\left(D-0.75\Delta-Z\right)_{-\delta_{凸}}^{0} \tag{4-30}$$

② 当零件的内形尺寸及公差有要求时，如图 4-20（b）所示，以凸模为基准，根据磨损规律，凸模的基本尺寸为

$$D_{凸}=\left(d+0.4\Delta\right)_{-\delta_{凸}}^{0} \tag{4-31}$$

凹模的基本尺寸为

$$D_{凹}=\left(d+0.4\Delta+Z\right)_{0}^{+\delta_{凹}} \tag{4-32}$$

式中：D——零件外径的最大极限尺寸，mm；

d——零件内径的最小极限尺寸，mm；

Δ——零件的公差；

Z——拉深模具的双面间隙，mm；

$\delta_{凸}$、$\delta_{凹}$——凸、凹模的制造公差，根据工件的公差来选定。工件公差为 IT13 级以上时，$\delta_{凸}$和$\delta_{凹}$可按 IT6～8 级取；工件公差在 IT14 级以下时，$\delta_{凸}$和$\delta_{凹}$按 IT10 级取。

4. 压边装置

目前，在生产实际中常用的压边装置有以下两大类：

（1）弹性压边装置　这种装置多用于普通冲床，通常有 3 种：橡皮压边装置，如图 4-21（a）所示；弹簧压边装置，如图 4-21（b）所示；气垫式压边装置，如图 4-21（c）所示。这 3 种压边装置压边力的变化曲线如图 4-22 所示。另外氮气弹簧技术也逐渐在模具中使用。

随着拉深深度的增加，需要压边的凸缘部分不断减少，故需要的压边力也就逐渐减小。从图 4-22 可以看出橡皮及弹簧压边装置的实际压边力却恰好与需要的压边力相反，随拉深深度的增加而增加，尤其以橡皮压边圈更为严重。这种情况会使拉深力增加，从而导致零件断裂。因此橡皮及弹簧结构通常只用于浅拉深。但是，这两种压边装置结构简单，在中小型压力机上使用较为方便，只要正确地选择弹簧的规格和橡胶的牌号及尺寸，就能减少它的不利影响。弹簧应选用总压缩量大，压力随压缩量增加缓慢的规格；橡胶应选用软橡胶，并应保证相对压缩量不过大。橡皮的压边力随压缩量增加很快，因此橡皮的总厚度应选大些，建议橡胶总厚度不小于拉深工作行程的5倍。气垫式压边装置的压边效果较好，压边力基本上不随工作行程而变化。但它结构复杂，制造、使用及维修都比较困难。

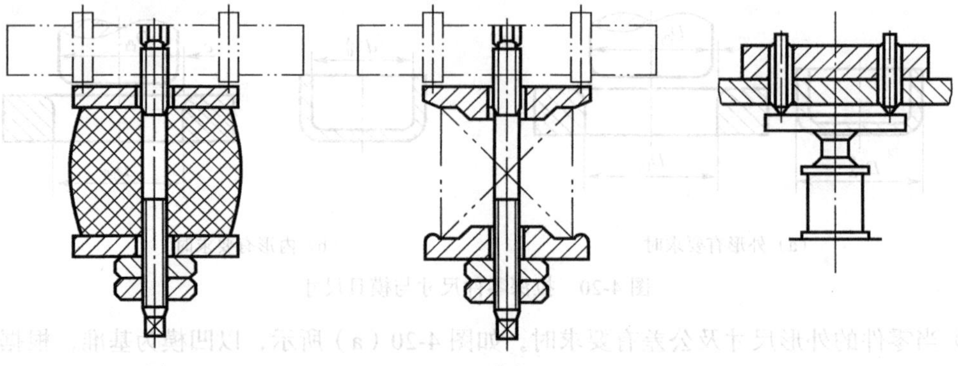

图 4-21　弹性压边装置

（2）刚性压边装置　刚性压边装置如图4-23所示，这种结构用于双动压力机，凸模装在压力机的内滑块上，压边装置装在外滑块上。在拉深过程中，外滑块保持不动，所以其刚性压边力不随行程变化，拉深效果好，模具结构简单。

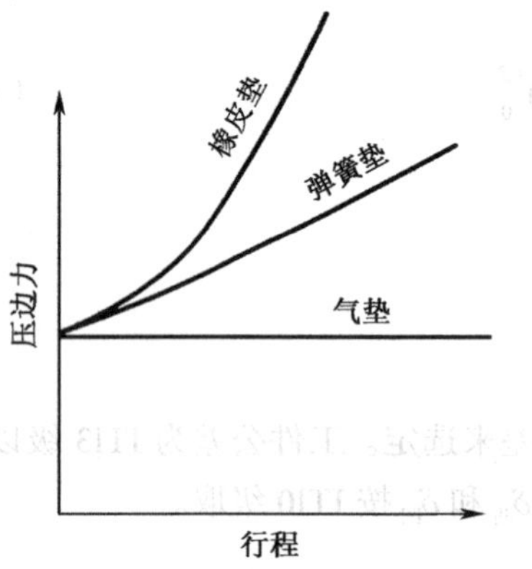

图 4-22　3种压边装置压边力的变化曲线

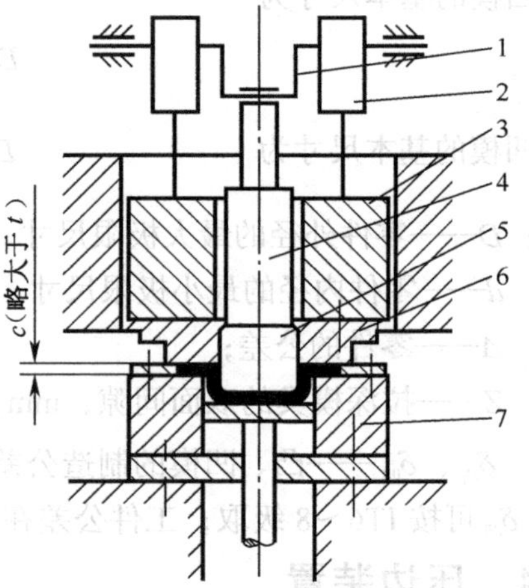

图 4-23　刚性压边装置
1—曲轴　2—凸轮　3—外滑块　4—内滑块
5—凸模　6—压边圈　7—凹模

（四）拉深模的典型结构

拉深模具的结构是拉深模具设计中最基本的内容之一。拉深模具按工艺顺序可分为首次拉深模和以后各次拉深模；按其使用的设备又可分为单动压力机用拉深模、双动压力机用拉深模和三动压力机用拉深模；按工序的组合又可分为单工序拉深模、复合模和连续拉深模；此外还可按有无压边装置分为带压边装置和不带压边装置的拉深模等。下面介绍一些典型的拉深模结构。

1. 首次拉深模

如图 4-24 所示为无压边圈的首次拉深模具。半成品工件以定位板 5 定位，拉深凸模 2 向下运行，直至拉深凸模将板料压入到拉深凹模 3 下面拉成工件，拉深结束。拉深凸模 2 向上运行，靠拉深凹模下部的卸件环 4 脱下拉深件。因为拉深凸模 2 要深入到拉深凹模 3 下面，所以该模具只适合于浅拉深。为使工件在拉深后不至于紧贴在凸模上难以取下，在拉深凸模 2 上开有通气小孔。

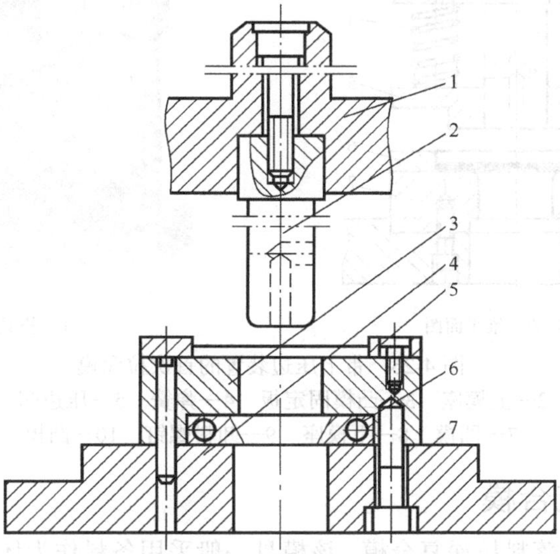

图 4-24　无压边圈的首次拉深模具

1—模柄　2—凸模　3—凹模　4—卸件环　5—定位板　6—拉簧　7—下模座

这种类型的模具结构简单，常用于板料塑性好、相对厚度较大时的拉深。

图 4-25 所示为带上压边装置的首次拉深模。拉深前，半成品工件以定位板 6 定位。拉深时，凸模 10 向下运行，半成品工件因受弹簧 4 的作用首先被压边圈 5 平整的压在拉深凹模 7 表面，凸模 10 继续向下运行，弹簧 4 继续受压，直至拉深成形出工件。拉深结束，凸模向上运行，压边圈在弹簧的作用下，回复将包在拉深凸模上的工件刮下来。这种具有弹性压边装置的首次拉深模，是最广泛采用的首次拉深模结构形式，压边力由弹性元件的压缩产生。该种模具结构的凸模比较长，只适宜于拉深深度不大的工件。同时，由于上模空间位置受到限制，不可能使用很大的弹簧或橡皮，因此上压边装置的压边力小，这种装置主要用在压边力不大的场合。

2. 以后各次拉深模

由于首次拉深的拉深系数有限，许多零件经首次拉深后，其尺寸和高度不能达到要求，还需要经第 2 次、第 3 次甚至更多次拉深，这里统称为以后各次拉深。以后各次拉深用的毛坯是已经过首次拉深的半成品筒形件或锥形件，而不再是平板毛坯。因此，其定位装置、压边装置与首次拉深模是完全不同的。

以后各次拉深模的定位方法常用的有 3 种：第 1 种采用特定的定位板；第 2 种是凹模上加工出供半成品定位的凹窝，第 3 种为利用半成品内孔，用凸模外形或压边圈的外形来定位。此时所用压边装置已不再是平板结构，而应是圆筒形或锥形结构。

图 4-26 中所示毛坯是经过前道工序拉深成为一定尺寸的半成品筒形件，套入模具的凹模 13 上定位后，拉深凸模 11 下行接触毛坯进行拉深直至拉深出工件，拉深结束后拉深凸模向上

运行，靠凹模 13 下部的台阶（脱料颈）脱下拉深件。

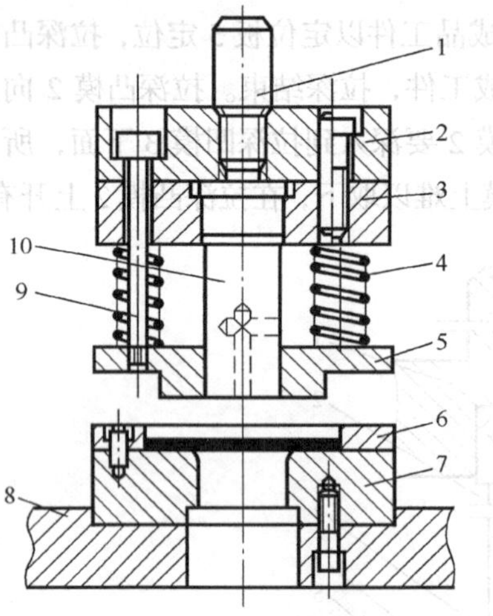

（a）模具的二维平面图

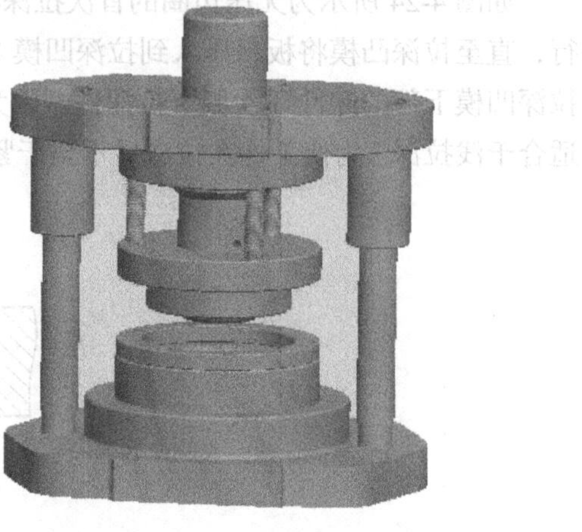

（b）模具的三维造型图

图 4-25 带上压边装置的首次拉深模

1—模柄 2—上模座 3—凸模固定板 4—弹簧 5—压边圈 6—定位板 7—凹模 8—下模座 9—卸料螺钉 10—凸模

3. 落料拉深复合模

如图 4-27 所示为一落料拉深复合模。该模具一般采用条料作为坯料，故模具上需设置导料机构，拉深凸模 19 的顶面应低于落料凹模 4 的顶面，使模具工作时，先落料后拉深，同时还需预留凹模刃口的刃磨量。拉深时由压力机气垫通过顶杆 2 和压边圈 3 进行压边，拉深结束后，靠它顶出工件，使工件留在凸凹模 17 中，最后由打料杆 15、推件块 18 推出，落下的废料由刚性卸料板 20 卸下。

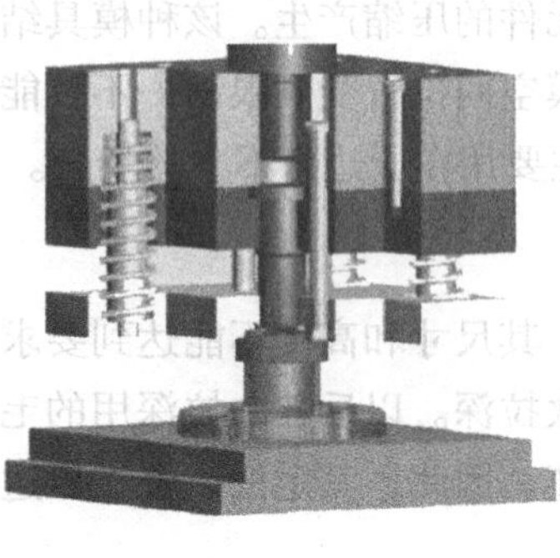

（a）模具的三维造型图

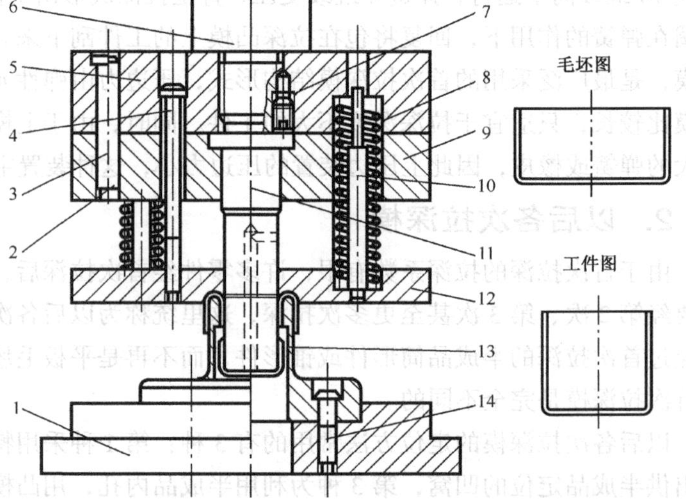

（b）模具的二维平面图

图 4-26 压边圈在上模的反向再次拉深模

1—下模座 2、7—销钉 3、14—螺钉 4—卸料螺钉 5—上模座 6—模柄 8—弹簧 9—凸模固定板 10—支承柱 11—凸模 12—卸料板 13—凹模

（a）模具的三维造型图

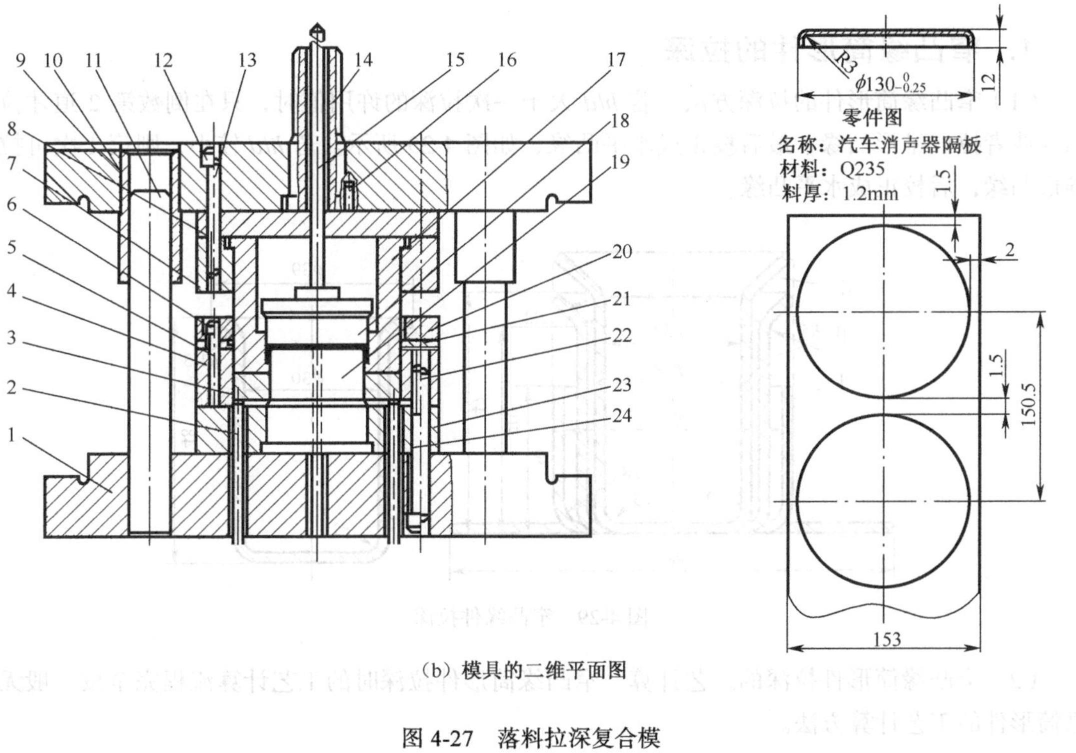

（b）模具的二维平面图

图 4-27　落料拉深复合模

1—下模座　2—顶杆　3—压边圈　4—落料凹模　5、13、22—销钉　6、12、24—螺钉　7—凸凹模固定板　8—垫板　9—上模座　10—导套　11—导柱　14—模柄　15—打杆　16—止动销　17—凸凹模　18—推件块　19—拉深凸模　20—卸料板　21—导料板　23—凸模固定板

（五）带凸缘筒形件的拉深

冲压生产中，带凸缘筒形件是经常加工的，其拉深过程中各变形区的应力状态和变形特点与无凸缘筒形件的是相同的。带凸缘筒形件的拉深是无凸缘筒形件拉深的某一中间状态，坯料凸缘部分没有被全部拉入凹模，当拉深进行到凸缘外径等于零件凸缘直径（包括修边余量）时，

拉深工作就可以结束。所以带凸缘筒形件的拉深方法及计算方法与一般无凸缘的筒形件有一定的差别。

凸缘件有窄凸缘和宽凸缘之分，把 $d_p/d \leqslant 1.1 \sim 1.4$ 的凸缘件称为窄凸缘件，$d_p/d>1.4$ 的凸缘件称为宽凸缘件，如图 4-28 所示。

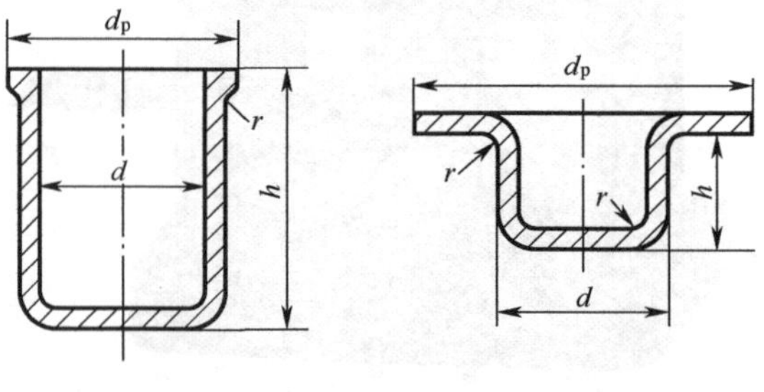

（a）窄凸缘件　　（b）宽凸缘件

图 4-28　两种带凸缘筒形件

1. 窄凸缘筒形件的拉深

（1）窄凸缘筒形件的拉深方法　若 h/d 大于一次拉深的许用值时，只在倒数第 2 道才拉出凸缘或者拉成锥形凸缘，最后校正成水平凸缘，如图 4-29 所示。若 h/d 较小，则第 1 次可拉成锥形凸缘，后校正成水平凸缘。

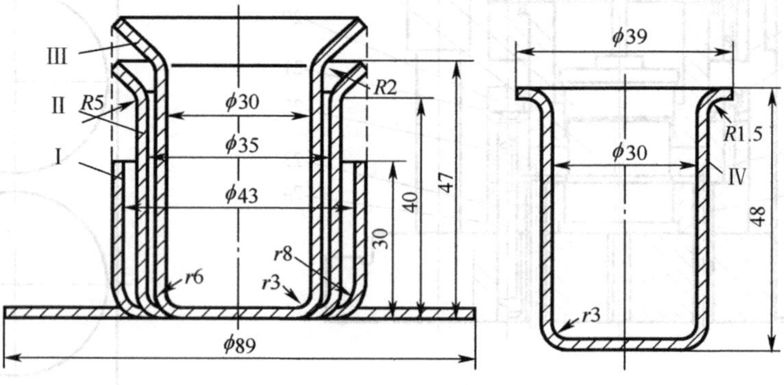

图 4-29　窄凸缘件拉深

（2）窄凸缘筒形件拉深的工艺计算　窄凸缘筒形件拉深时的工艺计算流程完全按一般无凸缘筒形件的工艺计算方法。

2. 宽凸缘筒形件的拉深

（1）宽凸缘圆筒件的拉深方法　宽凸缘圆筒件的拉深方法可分为以下两种。

① 中小型（凸缘直径 $d_f < 200$mm）、料薄的拉深件。通常靠减小筒形直径，增加高度来达到尺寸要求，即圆角半径 $r_凸$、$r_凹$ 所需要的 d_f 在第 1 次拉深中就拉出，在后续的拉深过程中基本上 d_f 保持不变，制件靠圆筒部分的材料转移来获得，如图 4-30（a）所示。这种方法拉深时不易起皱，但制成的零件表面质量较差，容易在直壁部分和凸缘上残留中间工序形成的圆角部分弯曲和厚度局部变化的痕迹，所以最后应加一道压力较大的整形工序。

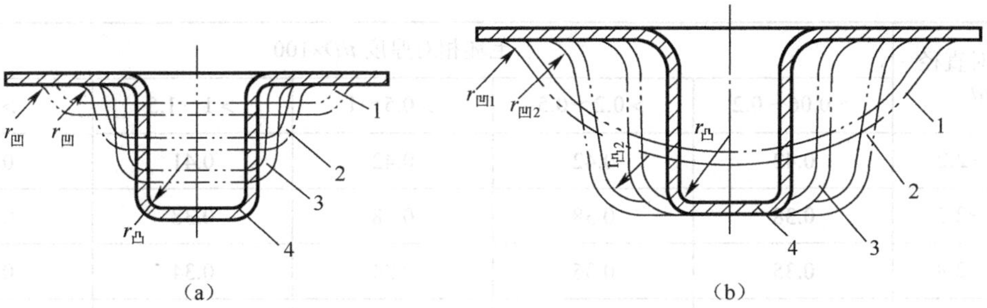

图 4-30　宽凸缘件的拉深方法

1—第 1 次拉深　2—第 2 次拉深　3—第 3 次拉深　4—第 4 次拉深

② 大型（$d_f > 200$mm）的拉深件。零件的高度在第 1 次拉深时就基本形成，在以后的整个拉深过程中基本保持不变，通过减小圆角半径 $r_凹$及$r_凸$，逐渐缩小筒形部分的直径来拉成零件，如图 4-30（b）所示。这种方法对厚料更为合适。用本法制成的零件表面光滑平整，厚度均匀，不存在中间工序中圆角部分的弯曲与局部变薄的痕迹。但在第 1 次拉深时，因圆角半径较大，容易发生起皱，当零件底部圆角半径较小，或者对凸缘有不平度要求时，也需要在最后加一道整形工序。在实际生产中往往将上述两种方法综合起来用。

带凸缘筒形件可以看成是一般筒形件在拉深未结束时的半成品，如果带凸缘筒形件能一次拉出，只要直接将毛坯外径拉深到工件要求的法兰边（即凸缘）直径 d_f即可，不必再专门讨论它们的拉深方法。

（2）带凸缘筒形件的工艺计算　宽凸缘筒形件拉深时的工艺计算流程基本与无凸缘筒形件的工艺计算方法相同，只需要注意以下工艺计算要点即可。

① 毛坯尺寸计算。当 $r_凸 = r_凹 = r$ 时，宽凸缘筒形件毛坯直径的计算公式为：

$$D = \sqrt{d_f^2 + 4dh - 3.44dr} \qquad (4\text{-}33)$$

② 判断能否一次拉深成形。判断带凸缘筒形件的拉深次数，可通过将拉深件实际的总拉深系数和 h/d 与带凸缘筒形件的首次极限拉深系数 m_1（见表 4-13）和首次极限拉深高度 h_1/d_1（见表 4-14）比较获得：

当 $m_总 < m_1$，$h/d < h_1/d_1$ 时，一次拉深成形；

当 $m_总 > m_1$，$h/d > h_1/d_1$ 时，多次拉深成形。

表 4-13　带凸缘筒形件的首次极限拉深系数 m_1（适用于 08，10 号钢）

凸缘相对直径 d_f/d	毛坯相对厚度 $t/D\times100$				
	>0.06～0.2	>0.2～0.5	>0.5～1	>1～1.5	>1.5
～1.1	0.59	0.57	0.55	0.53	0.50
>1.1～1.3	0.55	0.54	0.53	0.51	0.49
>1.3～1.5	0.52	0.51	0.50	0.49	0.47
>1.5～1.8	0.48	0.48	0.47	0.46	0.45
>1.8～2.0	0.45	0.45	0.44	0.43	0.42

续表

凸缘相对直径 d_f/d	毛坯相对厚度 $t/D\times100$				
	>0.06～0.2	>0.2～0.5	>0.5～1	>1～1.5	>1.5
>2.0～2.2	0.42	0.42	0.42	0.41	0.40
>2.2～2.5	0.38	0.38	0.38	0.38	0.37
>2.5～2.8	0.35	0.35	0.34	0.34	0.33
>2.8～3.0	0.33	0.33	0.32	0.32	0.31

表 4-14　带凸缘筒形件的首次极限拉深高度 h_1/d_1（适用于 08，10 号钢）

凸缘相对直径 d_f/d	毛坯相对厚度 $t/D\times100$				
	>0.06～0.2	>0.2～0.5	>0.5～1	>1～1.5	>1.5
～1.1	0.45～0.52	0.50～0.62	0.57～0.70	0.60～0.80	0.75～0.90
>1.1～1.3	0.40～0.47	0.45～0.53	0.50～0.60	0.56～0.72	0.65～0.80
>1.3～1.5	0.35～0.42	0.40～0.48	0.45～0.53	0.50～0.63	0.58～0.70
>1.5～1.8	0.29～0.35	0.34～0.39	0.37～0.44	0.42～0.53	0.48～0.58
>1.8～2.0	0.25～0.30	0.29～0.34	0.32～0.38	0.36～0.46	0.42～0.51
>2.0～2.2	0.22～0.26	0.25～0.29	0.27～0.33	0.31～0.40	0.35～0.45
>2.2～2.5	0.17～0.21	0.20～0.23	0.22～0.27	0.25～0.32	0.28～0.35
>2.5～2.8	0.16～0.18	0.15～0.18	0.17～0.21	0.19～0.24	0.22～0.27
>2.8～3.0	0.10～0.13	0.12～0.15	0.14～0.17	0.16～0.20	0.18～0.22

多次拉深的步骤是：第 1 次拉深成带凸缘的中间毛坯，凸缘的直径等于拉深件凸缘直径 d_f 加上修边余量。以后的各次拉深中，d_f 一经形成，在后续的拉深中就不能变动，仅仅使中间毛坯的圆筒部分变形，即逐次减小其直径和增加其高度。因为 d_f 的微量缩小也会使中间圆筒部分的拉应力过大而使危险断面破裂。因此工艺设计时，第 1 次拉深时拉入凹模的毛坯的面积比实际所需加大 3%～5%（有时可增加到 10%），即筒形部分的深度比实际的要大些。这部分多拉进的材料从第 2 次开始以后的拉深中逐步分次返回到凸缘上来。这样做既可以防止筒部被拉破，也能补偿计算上的误差和板材在拉深中的毛坯厚度变化，同时方便试模时的调整。

③ 拉深次数和半成品尺寸的确定。宽凸缘筒形件的拉深次数仍可用推算法求出。根据表 4-13，查出首次极限拉深系数 m_1，依据 m_1 拉深出凸缘直径等于拉深件凸缘直径的过渡形状，以后各次拉深中均保持凸缘直径不变，根据以后各次的工序件直径可以按一般筒形件多次拉深的方法，通过表 4-15 查出以后各次的拉深系数值进行计算，预算各工序件的直径，直到计算到工序件的筒部中径小于拉深件的筒部中径时，总的拉深次数就确定了。

表 4-15　带凸缘筒形件的以后各次拉深系数（适用于 08，10 号钢）

拉深系数 m	毛坯相对厚度 $t/D\times100$				
	0.15～0.3	0.3～0.6	0.6～1.0	1.0～1.5	1.5～2.0
m_2	0.80	0.78	0.76	0.75	0.73

续表

拉深系数 m	毛坯相对厚度 $t/D\times100$				
	0.15～0.3	0.3～0.6	0.6～1.0	1.0～1.5	1.5～2.0
m_3	0.82	0.80	0.79	0.78	0.75
m_4	0.84	0.83	0.82	0.80	0.78
m_5	0.86	0.85	0.84	0.82	0.80

④ 各次拉深后的筒部高度计算。计算第一次拉深高度，并根据表 4-14 校核第一次拉深的相对高度是否安全。如果安全，则以后各次工序件的拉深高度为：

$$h_n=\frac{0.25}{d_n}(D_n^2-d_f^2)+0.43(r_{pn}+r_{dn})+\frac{0.14}{d_n}(r_{pn}^2-r_{dn}^2) \tag{4-34}$$

式中：D_n—— 考虑每次多拉入筒部的材料量后求得的假想毛坯直径；

d_f—— 拉深件凸缘直径，mm（包括修边量）；

d_n—— 第 n 次拉深后的拉深件直径，mm；

r_{pn}——第 n 次拉深后侧壁与底部的圆角半径，mm；

r_{dn}——n 次拉深后凸缘与筒部的圆角半径，mm。

（六）阶梯形状零件的拉深

阶梯形件（见图 4-31）从形状来说相当于若干个直壁圆筒形件的组合，因此其拉深变形特点同直壁圆筒形件的拉深基本相同，每一个阶梯的拉深即相当于相应的圆筒形件的拉深。但由于其形状复杂且多样化，因此不能用统一的方法来确定工序次数和工艺方案，而主要问题是判断该阶梯形件是一次拉深成形，还是多次拉深成形以及如何拉深成形。

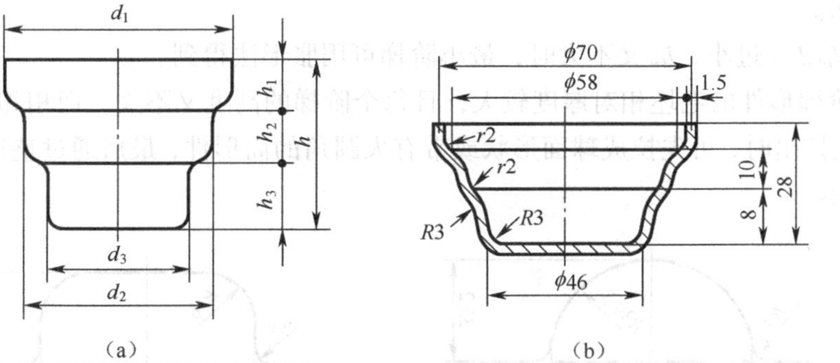

图 4-31 阶梯形件

1. 拉深次数的确定

判断阶梯形件能否一次拉成，主要根据零件的总高度与其最小阶梯筒部的直径 d_n 之比，是否小于相应的筒径为 d_n 的直壁圆筒形件第 1 次拉深所允许的相对高度，即：

$$(h_1+h_2+h_3+\cdots+h_n)/d_n\leqslant h/d_n \tag{4-35}$$

式中：$h_1,h_2,h_3,\cdots h_n$——各个阶梯的高度（mm）；

d_n——最小阶梯筒部的直径（mm）；

h——直径为 d_n 的圆筒形件第 1 次拉深时可能得到的最大高度（mm）；

h/d_n——第 1 次拉深允许的相对高度，由表 4-14 查出。

若上述条件满足，则该阶梯形件可以一次拉深成形；若上述条件不能满足，则该阶梯形件需多次拉深成形。

2. 拉深方法的确定

常用的阶梯形件的拉深方法有如下几种。

（1）当任意两相邻阶梯直径之比 d_n/d_{n-1} 都大于或等于相应的圆筒形件的极限拉深系数时，每次拉深一个阶梯，从大阶梯拉起拉深到最小的阶梯。则阶梯数即为阶梯形件的拉深次数，如图 4-32（a）所示。

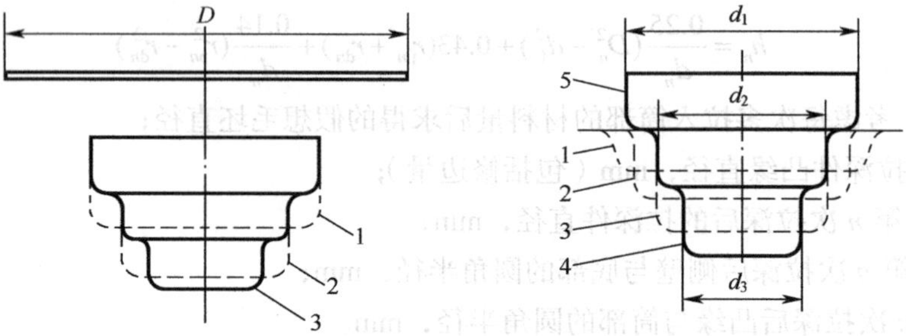

（a）由大阶梯逐一拉深到小阶梯　　（b）由小阶梯拉深到大阶梯

图 4-32　两种阶梯形件的拉深方法

（2）当某相邻阶梯直径之比 d_n/d_{n-1} 之比小于相应的圆筒形件的极限拉深系数时，则按带凸缘圆筒形件的拉深进行，先拉小直径 d_n，再拉大直径 d_{n-1}，即由小阶梯拉深到大阶梯，如图 4-32（b）所示。图中 d_2/d_1 小于相应的圆筒形件的极限拉深系数，所以用 1、2、3 三次先拉深出 d_2；d_3/d_2 不小于相应圆筒形件的极限拉深系数，可直接通过第 4 次拉深出 d_3；最后第 5 次拉深出 d_1。

（3）当 d_n/d_{n-1} 过小，h_n 又不大时，最小阶梯可用胀形法得到。

（4）当阶梯形件的毛坯相对厚度较大，且每个阶梯的高度又不大，而相邻阶梯直径相差较大，不能一次拉出时，可先拉成球面形状或带有大圆角的筒形件，最后通过整形得到所需零件，如图 4-33 所示。

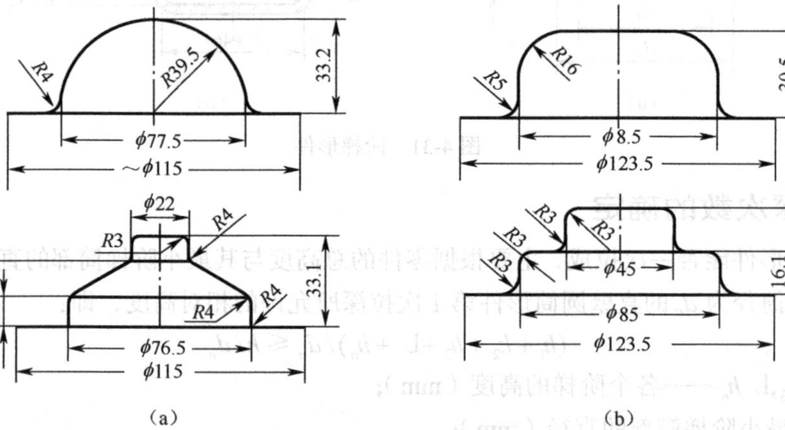

(a)　　(b)

图 4-33　浅阶梯形件的拉深方法

三、项目实施

（一）设计的前期准备

1. 阅读拉深件产品图

阅读拉深件产品图的目的是了解该制件的技术要求、尺寸规格、所用的材料、冲压性能、生产批量等要求。了解产品图的这些要求，最终是为了确定该工件的加工方法。

2. 分析拉深件工艺

图 4-3 所示制件为无凸缘圆筒形零件，要求外形尺寸，对厚度变化没有要求。制件的形状满足拉深工艺要求。底部圆角半径 R=4mm，大于拉深凸模圆角半径 r_t[r_t=(2～3)t=(2～3)×0.5=1～1.5mm]（t 为板料厚度），满足首次拉深对圆角半径的要求，尺寸 64.8 按 IT13 级要求，满足拉深工序对制件公差等级的要求。

3. 拉深模生产状况

筒形件拉深模的加工方法相对比较简单，特别是此件尺寸公差要求较低，凸、凹模用通用机械设备加工即能满足设计要求，对于模座、固定板等板型零件的加工主要是平面加工和孔系加工。故平面加工后，孔系加工均在加工中心进行。

（二）拉深模方案的确定

经过对制件工艺性分析，工件适合拉深成形，故采用单工序拉深模在单动压力机上拉深。

（三）拉深模结构形式的确定

1. 采用的结构形式

拉深模结构采用带压边圈的倒装式结构，采用这种结构的优势在于可采用通用的弹顶装置（弹性压边装置）。

2. 拉深模结构简图的画法

根据所确定的拉深模结构形式，画出拉深工作结构部分，这时画出的结构图是拉深工作示意图，不需要按比例画，其目的是为了分析所确定的结构是否合理，毛坯拉深成形工件，能否满足产品图的技术要求。根据分析结果对模具简图进行修正，为最后确定拉深模结构做准备，支座拉深模结构简图如图 4-34 所示。

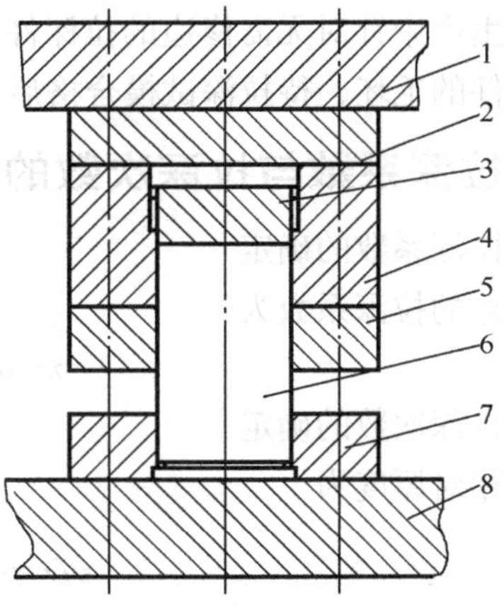

图 4-34 支座拉深模结构简图

1—上模座 2—凹模固定板 3—推件板 4—凹模 5—压边圈 6—凸模 7—凸模固定板 8—下模座

3. 模具结构特点及工作过程

这种拉深模结构简单，使用方便，制造容易。工作时将毛坯放入压边圈 5 上面的定位销或定位板内，上模下降，弹性压边圈先将毛坯压住，然后凸模 6 对毛坯进行拉深。当拉深结束上模回升时，包在凸模上的工件压边圈顶出，并由推件板 3 把工件从凹模 4 内推下。这里弹性压边圈不仅起压边作用，而且还起定位和卸件作用。凸模上须开设排气孔，以防拉深件紧吸于凸模上而造成卸件困难。采用倒装式结构，方便在空间位置较大的下模部分安装和调节压边装置。

（四）拉深工艺计算

1. 拉深件毛坯尺寸的计算

在计算拉深毛坯尺寸时，应首先确定修边余量。并把修边余量加到拉深件高度上，这时拉深件的高度（H）为原拉深件（h）与修边余量（Δh）之和，即

$$H=h+\Delta h$$

（1）确定修边余量Δh

该件 h=24.5mm，d=64.8mm

所以$\Delta h=h/d$= 24.6/64.8 = 0.378

因为$\Delta h<$料厚（0.5）

故该件在拉深时不需要修边余量。

（2）计算毛坯直径

因为板料厚度小于 1mm，故可直接用零件图所注尺寸，不必用中线尺寸计算。

$$D=\sqrt{d^2+4Hd-1.72dr-0.57r^2}$$

$$=\sqrt{64.8^2+4\times64.8\times24.5-1.72\times64.8\times4-0.56\times4^2}$$

$$=100.47\text{（mm）}$$

式中：D——拉深件毛坯尺寸，mm；

r——拉深件底部圆角半径，mm。

实际生产中针对无需修边的拉深件，在毛坯尺寸确定的方法上，一般根据理论计算的结果，备制拉深件的毛坯，待拉深试模合格后，再制作拉深件的毛坯落料模。

2. 拉深系数与拉深次数的确定

（1）拉深系数的确定

工件总的拉深系数为

$$m_{总}/D=64.8/100.5=0.645$$

（2）拉深次数的确定

毛坯相对厚度为

$$t/D=\frac{0.5}{100.5}\times100\%=0.4989\%$$

查表 4-4，首次拉深的极限系数为

$$m_1=0.58$$

因为 $$m_{总}=0.645$$

且　　　　　　　　　$m_{总}>m_1=0.58$

故工件可一次拉深成形。

3. 拉深件直径的计算

由于此工件可以一次拉深成形，故拉深直径根据拉深件的零件图进行计算即可，若是需要多次拉深成形，那么对每次拉深都需要重新计算拉深直径，以满足拉深次数的要求。

4. 拉深工序尺寸的计算

此工件只需一次拉深成形，工序尺寸计算相对简单，只对凸、凹模工作尺寸即圆角半径进行计算，但多次拉深成形还需对每次拉深成形工序件的高度进行计算，对工序件高度计算的目的是为了确定各工序压边圈的高度。

5. 拉深力的计算

拉深所需的压力：　　　　$P_{总}=P_{拉}+P_{压}$

$$P_{拉}=\pi dt\sigma_b K$$

$$=\pi\times 64.8\times 0.5\times 432\times 0.75=33\text{（kN）}$$

$$P_{压}=Ap=\pi(100.5^2-64.8^2)\times 3/4\approx 14\text{（kN）}$$

$$P_{总}=33+14=47\text{（kN）}$$

式中：$P_{拉}$——拉深力，N

$P_{压}$——压边力，N

K——修正系数，一般取 0.5～0.8，t/D 与 m 值小时，K 取大值；

σ_b——拉深件材料的抗拉强度，MPa；

A——有效压边面积，mm^2；

p——单位压边力，MPa，查表 4-9，取 p=3MPa。

6. 初选压力机

压力机的公称压力　　　　$P_0\geqslant(1.6\sim1.8)P_{总}$

取　　　　　　　　$P_0=1.8\times 47=84.6(kN)$

故初选压力机的公称压力为 160kN。

（五）拉深模零件的设计计算

1. 凸、凹模间隙的计算

本项目制件的拉深模采用压边装置，经工艺计算一次就能拉深成形，故间隙取为

$$Z=1.05t=1.05\times 0.5=0.525\text{（mm）}$$

2. 凸、凹模的圆角半径的计算

（1）凹模的圆角半径 r_d　一般来说，大的 r_d 可以降低拉深系数，还可以提高拉深件的质量，所以 r_d 应尽可能取大一些。但 r_d 过大，拉深时板料将过早地失去压边，有可能出现拉深后期起皱。故凹模圆角半径 r_d 的合理值应当不小于 $4t$（t 为板料厚度）。

取拉深凹模圆角半径 r_d=3mm。

（2）凸模的圆角半径 r_p　r_p 对拉深半径的影响，不像 r_d 那样影响拉深的全过程，但 r_p 过大

或是过小同样对防止起皱和拉裂及降低极限拉深系数不利。故 r_p 的合理值应不小于(2～3)t。只有变形程度较小时，才允许取 $r_p=2t$。

本项目制件只需一次即可拉深成形，所以 r_p 取与制件底部圆角相同的 R 值，即

$$r_p=4\text{ mm}\qquad r_p>(2\sim3)t$$

在实际设计工作中，拉深凸模圆角半径和凹模圆角半径应选取比计算值稍小的数值，这样便于在试模调整时逐渐加大，直到拉出合格的制件为止。

3. 凸、凹模工作部分尺寸的设计计算

对于制件一次拉成的拉深模及末次拉深模，其凸模和凹模的尺寸及公差应按制件的要求确定。

此工件要求的是外形尺寸，设计凸、凹模时应以凹模尺寸为基准进行计算，即

凹模尺寸

$$D_{凹}=(D-0.75\varDelta)^{+\delta_{凹}}_{0}=(64.8-0.75\times0.5)^{+0.125}_{0}=64.425^{+0.125}_{0}\text{(mm)}$$

$$D_{凸}=(D-0.75\varDelta-Z)^{0}_{-\delta_{凸}}=(64.125-2\times0.5)^{0}_{-0.125}=63.125^{0}_{-0.125}\text{(mm)}$$

式中：D——拉深件的基本尺寸，mm；

$\varDelta$——拉深件的尺寸公差。

间隙取在凸模上，则凸模尺寸可标注凸模基本尺寸，不标注公差，但在技术要求中要注明按单面拉深间隙配作。

拉深凸、凹模采用分开加工时，要严格控制凸、凹模的制造公差，保证拉深间隙在允许的范围内。

4. 拉深模其他零件的设计和选用

（1）压边圈的设计　压边圈外形尺寸与凹模外形尺寸相同，压边圈材料与凸、凹模一致，热处理硬度稍低于凸、凹模的硬度。

（2）压边装置的设计　该拉深模选在单边压力机上进行拉深加工，所以必须借助弹性元件在受压时所产生的压力。故选用具有通用性的弹性压边装置作为弹性元件，这样可避免每副模具都设计一套专用的压边装置。模具只需配备压边圈和顶杆，并采用倒装式结构。压边装置如图 4-35 所示。

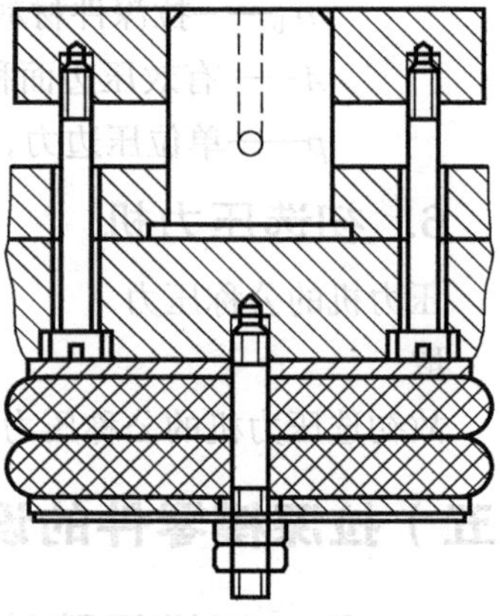

图 4-35　压边装置

5. 拉深模闭合高度的计算

拉深模的闭合高度（H）是指滑块在下止点位置时，上模座上平面与下模座下平面之间的距离，即

$$H=H_s+H_{ag}+H_a+H_y+H_{tg}+H_x+s+t$$
$$=40+25+65.5+30+30+45+(20\text{-}25)+0.5$$
$$=257\sim261\text{(mm)}$$

式中：H_s——上模座厚度，mm；

H_x——下模座厚度，mm；

H_{ag}——凹模固定板厚度，mm；

H_s ——凹模厚度，mm；

H_y ——压边圈厚度，mm；

H_{tg} ——凸模固定板厚度；

t——拉深件厚度，mm，一般取 0.5mm；

s——安全距离，mm，一般取 20～25mm。

取 257mm。

（六）压力机的选择

根据已初选的压力机公称压力值 160kN，其最大闭合高度为 220mm，不符合设计要求，应选压力机型号为 J23-25，最大闭合高度为 270mm，满足模具设计要求。

（七）拉深模装配图的设计绘制

1. 拉深装配图视图的画法

模具视图主要用来表达模具的主要结构形状、工作原理及装配关系。视图的数量一般为主视图和俯视图两个，必要时可以加绘辅助视图，视图的表达方式以剖视图为主，以表达清楚模具内部各组织及其装配关系。主视图应画模具闭合时的工作状态，而不能将上模与下模分开来画。主视图的布置一般情况下应与模具工作状态一致。主视图放在图纸正中偏左。

俯视图一般是将模具的上模部分拿掉，视图只反映模具的下模俯视可见部分。通常俯视图借以了解模具零件的布置以及凸模和凹模孔的分布位置。

支座拉深装配图如图 4-36 所示。

2. 拉深模装配图的尺寸标注

（1）主视图标注如下尺寸。

① 注明轮廓尺寸、安装尺寸及配合尺寸。

② 注明闭合高度尺寸。

（2）俯视图标注如下尺寸。

① 注明下模外轮廓尺寸。

② 在图上可用双点画线画出毛坯的外形。

③ 与本模具有相配附件时（如打料杆、推件器等），应标出装配位置尺寸。

（八）拉深模零件图的设计绘制

1. 拉深模零件图的布局

图纸面尺寸按国家标准的有关规定选用，并按规定画出图框。最小图幅为 A4。图面右下角是标题栏，主视图放在图纸的正中偏左，俯视图放在图纸下面偏左，标题栏上方写零件的技术要求，左视图及其他辅助视图放在技术要求的上面，如图 4-37 所示。

2. 拉深模零件图的画法

一般规定拉深模主要工作零件图按其零件在模具中的位置来来画。尽可能采用主、辅两个视图表达清楚，必要时可以加绘辅助视图，其他工作零件视图的画法，也是采用主、辅两个视图表达，必要时也可以增加辅助视图。

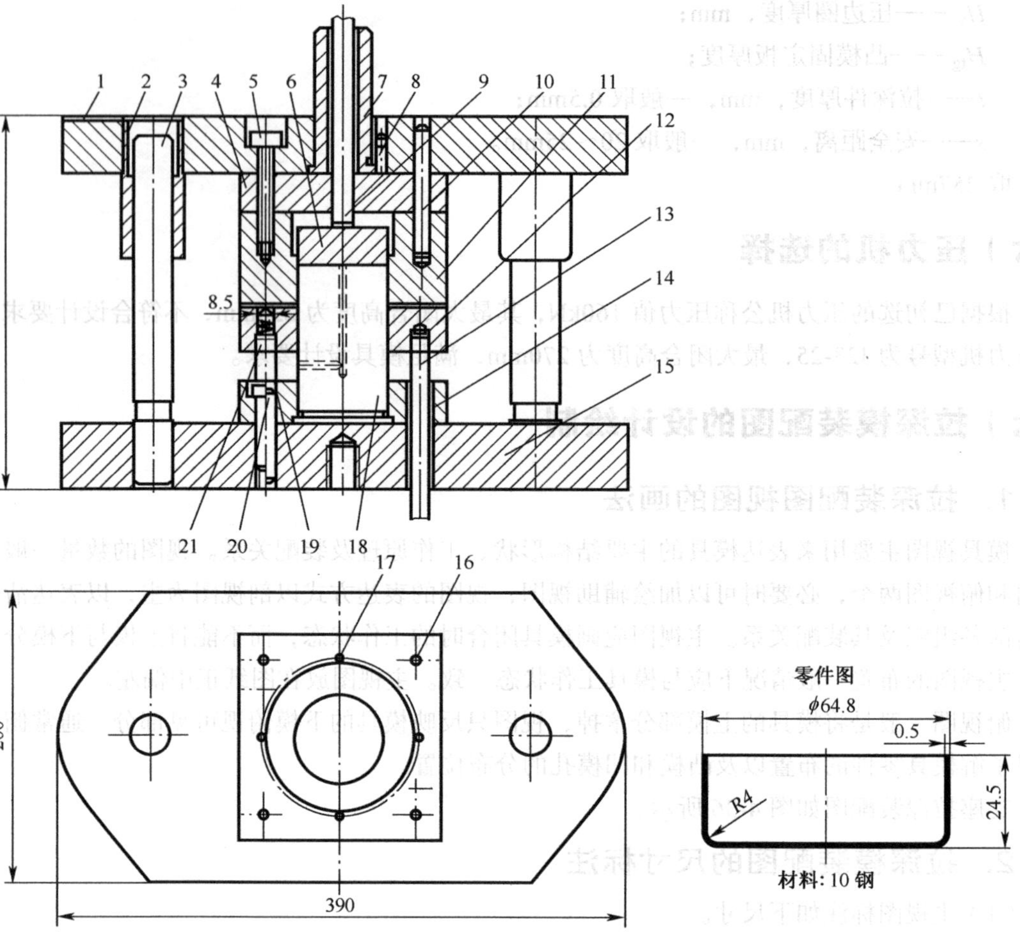

图 4-36　支座拉深装配图

1—上模座　2—导套　3—导柱　4—凹模垫板　5—螺钉　6—推件板　7—模柄　8—防转销　9—推杆　10、20—销钉　11—拉深凹模　12—压边圈　13—卸料螺钉　14—凸模固定板　15—下模座　16—限位柱　17—定位销　18—拉深凸模　19—弹簧　21—螺塞

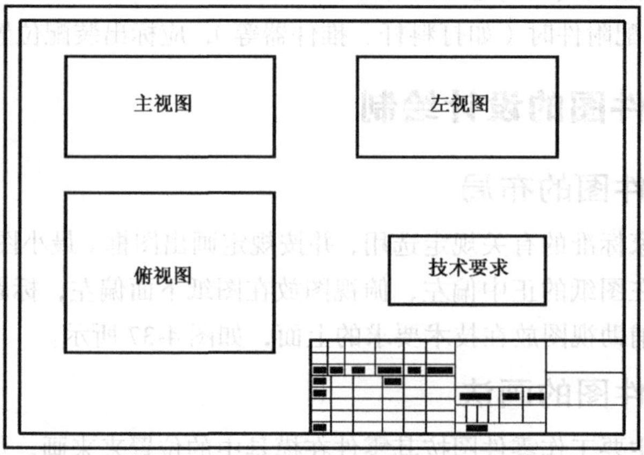

图 4-37　拉深模零件图的布局

零件图应注明全部尺寸、公差配合、行位公差、表面粗糙度、所用材料、热处理要求和其他有关技术要求。

零件图的绘制最好采用 1∶1 比例，在具体做法上，应根据各企业的不同情况区别对待。

3. 拉深模零件的尺寸标注

零件图的尺寸标注既要符合尺寸标准的规定，又要达到完整、清晰、合理的要求，所标注的尺寸既能满足设计要求，又便于加工和测量，尽可能使设计基准和工艺基准一致。若不能一致时，一般将零件的重要设计尺寸，从设计基准出发标注，以便于加工和测量。

零件图上的尺寸不允许注成封闭尺寸链形式，而应将不重要的一段尺寸空出不标注，形成开口环，使各段尺寸的加工误差最后都累计在开口环上，这样的标注能保证零件的设计要求。

4. 拉深模零件图技术要求

（1）相关零件之间的配合要求。

（2）零件热处理要求。

（3）零件表面处理要求。

本项目所设计拉深模的相关零件图如图 4-38～图 4-44 所示。

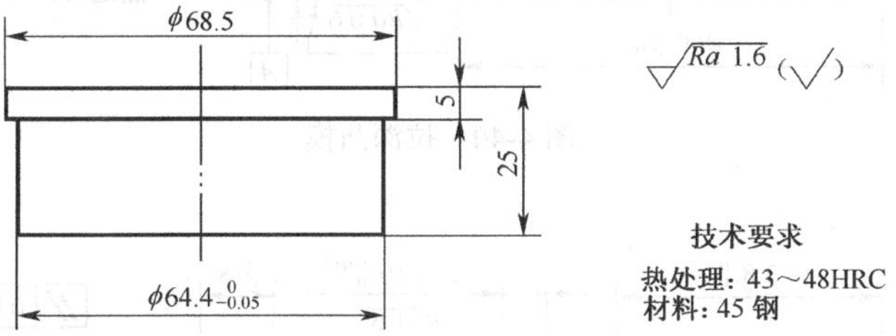

图 4-38　推件板

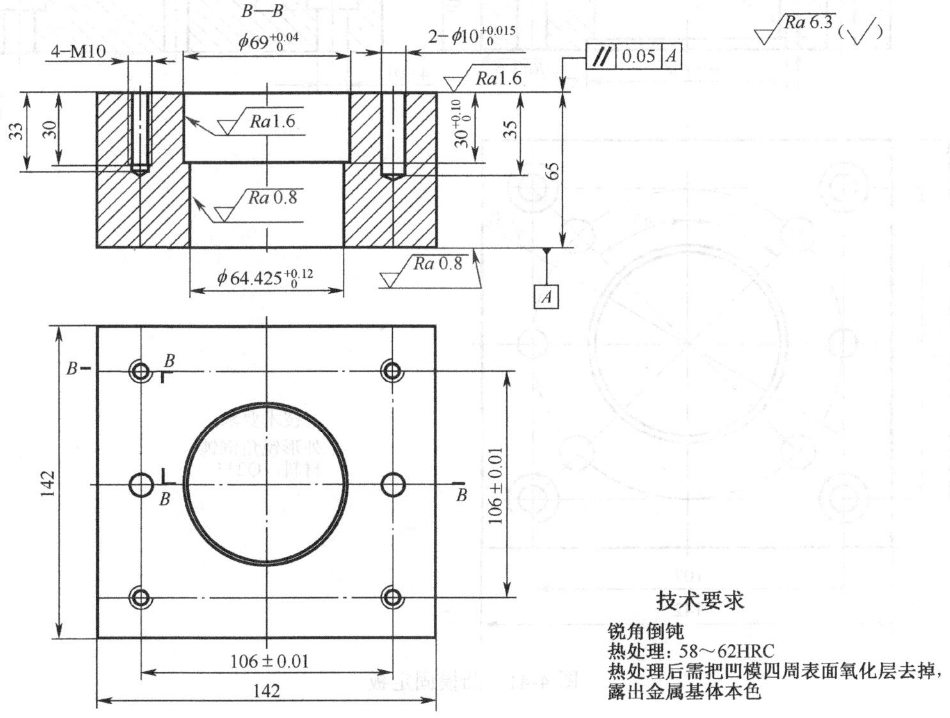

图 4-39　拉深凹模

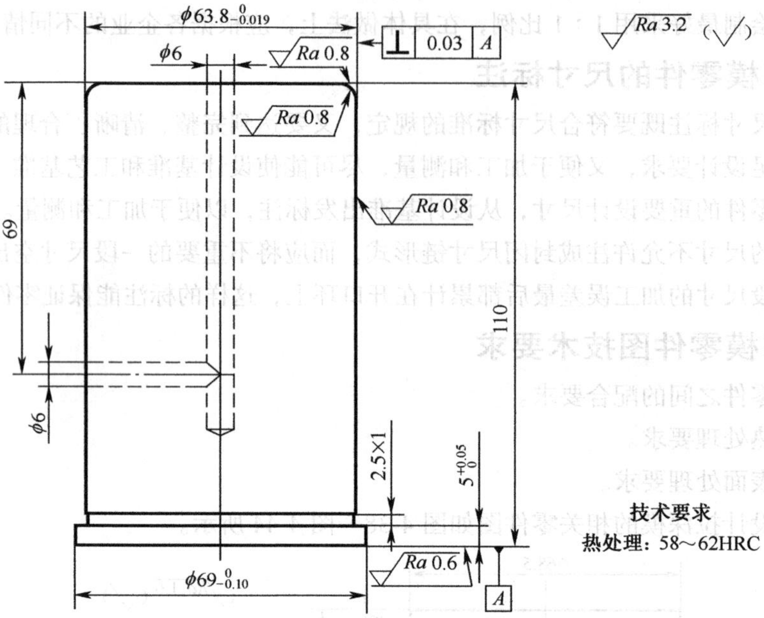

图 4-40　拉深凸模

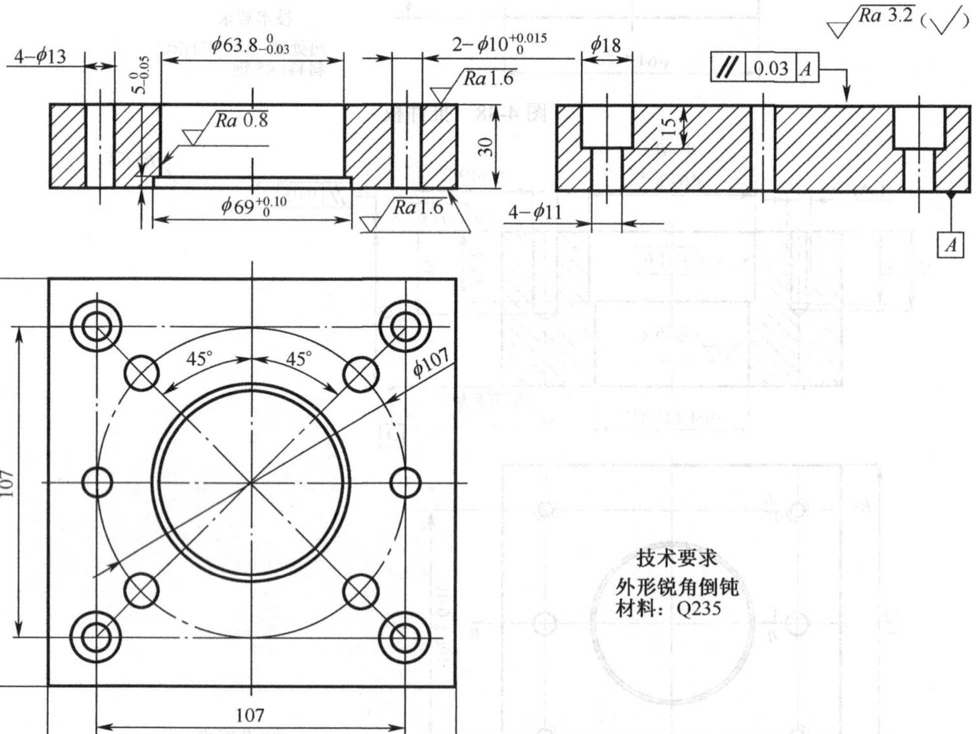

图 4-41　凸模固定板

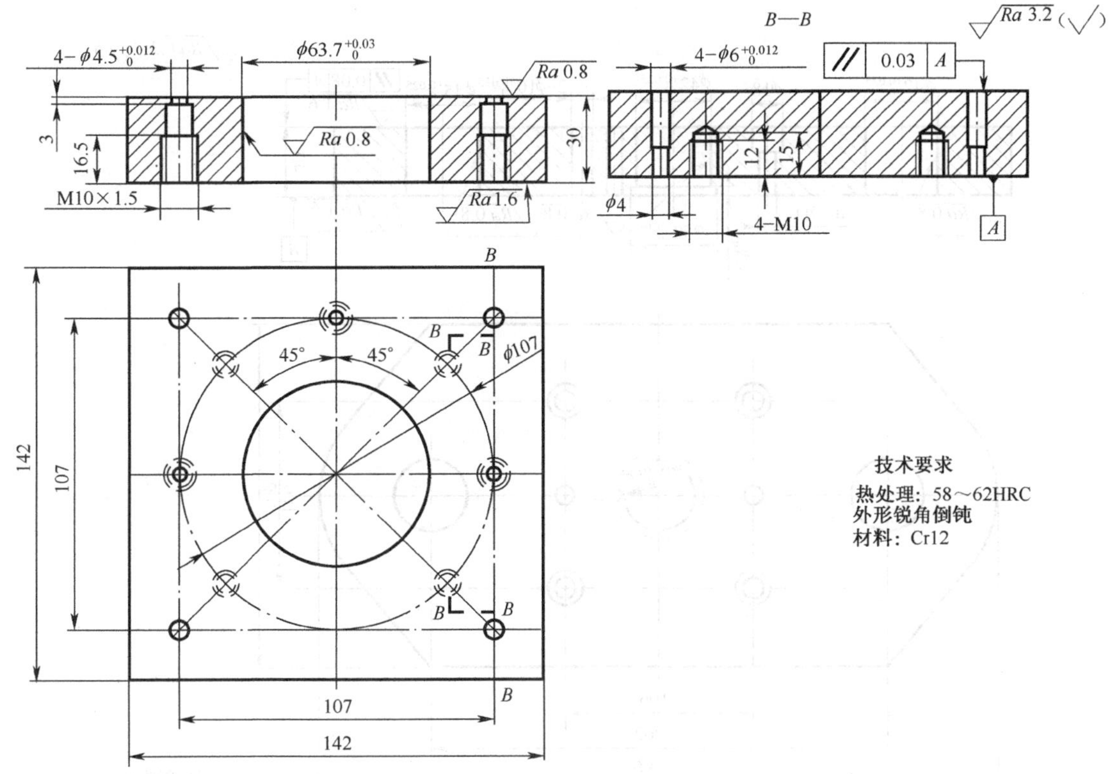

图 4-42　压边圈

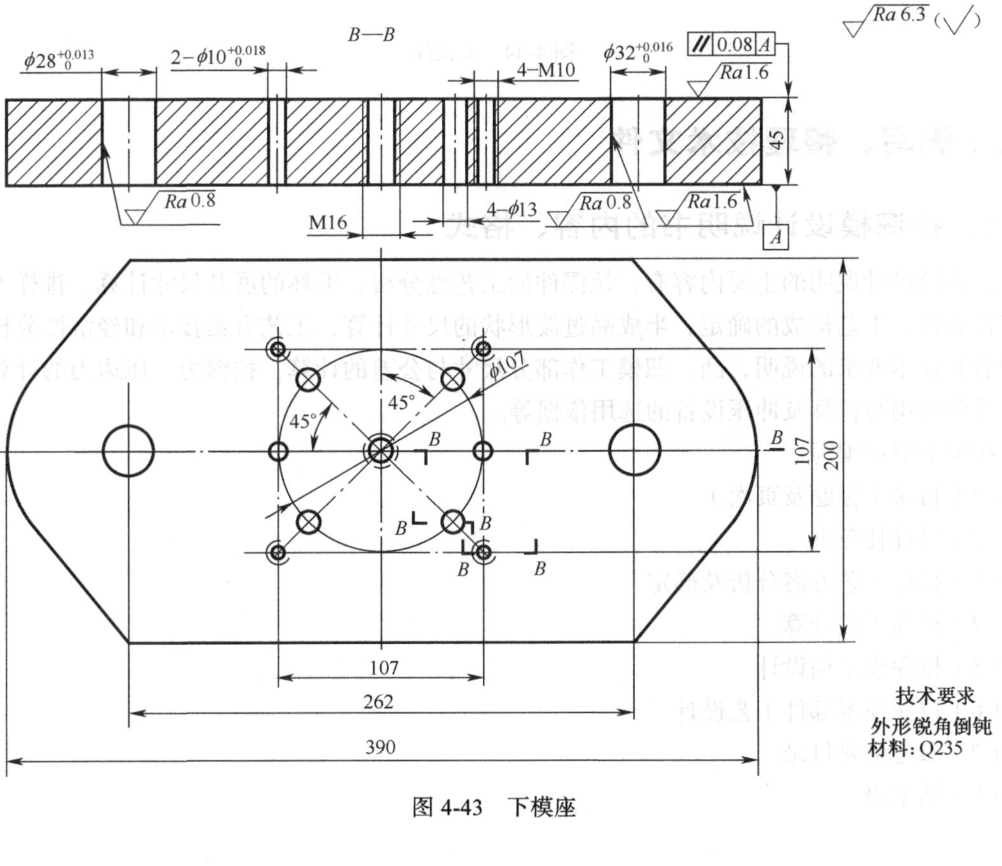

图 4-43　下模座

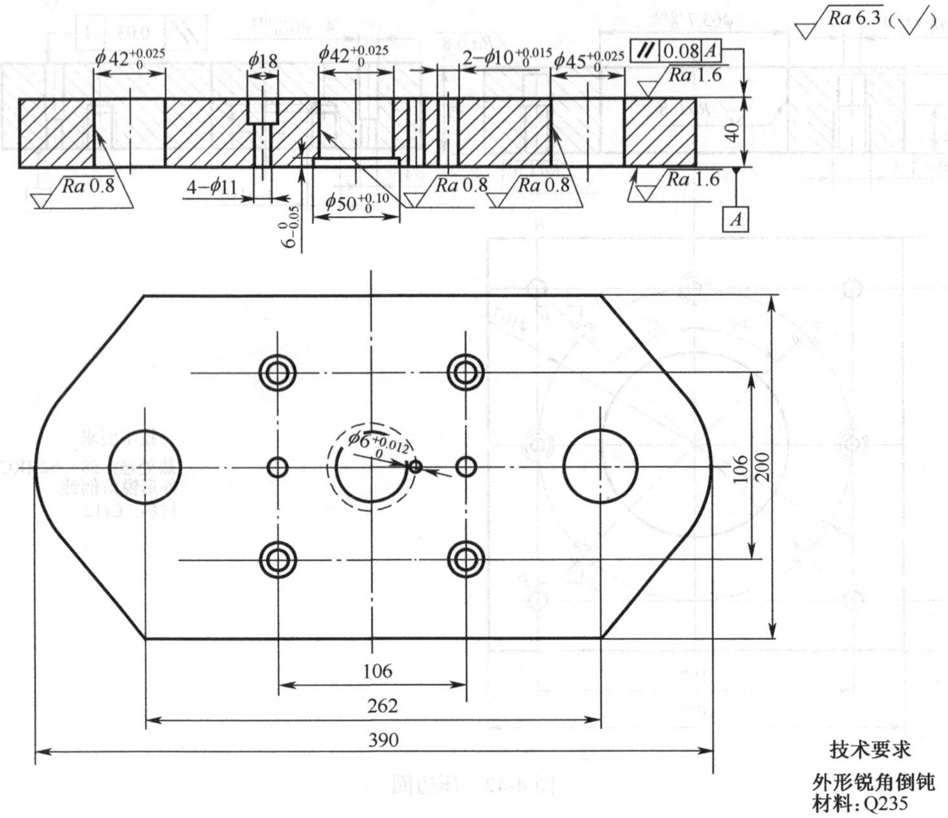

图 4-44　上模座

（九）编写、整理技术文件

1. 拉深模设计说明书的内容、格式

拉深模设计说明的主要内容有：拉深件的工艺性分析，毛坯的展开尺寸计算，排样方式及经济性分析，工艺构成的确定，半成品过渡形状的尺寸计算，工艺方案技术和经济性分析，公差配合和技术要求的说明，凸、凹模工作部分尺寸与公差的计算，拉深力、压边力的计算，弹性元件的选用与核算及冲压设备的选用依据等。

按如下顺序编写。

（1）目录（标题及页次）

（2）设计任务书

（3）拉深工艺方案分析及确定

（4）拉深工艺计算

（5）拉深模结构设计

（6）拉深模零部件工艺设计

（7）参考资料目录

（8）结束语

2. 拉深模说明书的目录（略）

四、项目拓展——拉深模的试模与调整

拉深模的安装和调整，基本上与弯曲模相似。

1. 在单动冲床上安装与调整冲模

可先将上模紧固在冲床滑块上，下模放在冲床的工作台上，先不必紧固。先在凹模侧壁放置几个与制件厚度相同的垫片，要放置均匀，最好放置样件，上、下模合模，在调好闭合位置后，再把下模紧固在工作台面上。

2. 在双动冲床上安装与调整冲模

双动冲床主要适于大型双动拉深模及覆盖件拉深模，模具在双动冲床上安装和调整的方法与步骤如下。

（1）模具安装前首先应根据拉深模的外形尺寸确定双动冲床内、外滑块是否需要过渡垫板和所需要过渡垫板的形式与规格。

（2）安装凸模。凸模安装在冲床内滑块上。

（3）安装压边圈。压边圈安装在外滑块上，将压边圈及过渡垫板用螺栓紧固在外滑块上。

（4）安装下模。操纵冲床内、外滑块下降，使凸模、压边圈与下模闭合，由导向件决定下模的正确位置，然后用螺栓将下模紧固在工作台上。

（5）调整内、外滑块的行程。

3. 压边力的调整

在拉深过程中，压边力太大，制件易拉裂；压边力太小，则又会使制件起皱。因此，在试模时，调整压边力的大小是关键。压边力的调整方法如下。

（1）调节压力机滑块的压力，使之处于正常压力下工作。

（2）调节拉深模压边圈的压边面，使之与坯料有良好的配合。

（3）先设定一压边力，进行试拉，视拉深情况决定是增加还是减少压边力，然后进行调整。

当然，在调整压边力的同时，要适当修整凹模的圆角半径和采取良好的润滑措施加以配合。

4. 拉深深度及间隙的调整

（1）拉深深度可分成2～3段来进行调整。即先将较浅的一段调整后，再往下调深一段，一直调到所需的拉深深度为止。

（2）间隙调整时，先将上模固紧在压力机滑块上，下模放在工作台上先不固紧，然后在凹模内放入样件，上、下模合模，调整各方向间隙，使之均匀一致后，再将模具处于闭合位置，拧紧螺栓，将下模固紧在工作台上，取出样件，即可试模。

拉深模试冲时常见的故障、原因和调整方法如表4-16所示。

表 4-16　　拉深模试冲时常见的故障、原因和调整方法

常见故障	产生原因	调整方法
起皱	压边装置的压力不足或压力不均匀	调整压边力
	凸、凹模之间的间隙过大或不均匀	调整凸、凹模间隙
	凹模圆角半径过大或不均匀	修磨圆角半径
破裂	毛坯材料质量不好，塑性低，金相组织不均匀，表面粗糙	更换毛坯材料
	压边圈的压力过大，弹顶器的压缩比不合适	减小压边力
	凸模和凹模的圆角半径过小	加大圆角半径
	凸模和凹模之间的间隙过小或不均匀	调整凸、凹模间隙
	拉深次数太少，材料变形程度过大	增加拉深次数
	润滑不良，规定的中间退火工序没有进行	加润滑油或毛坯中间退火
尺寸过大或过小	毛坯尺寸设计计算错误	改变毛坯尺寸
	凸、凹模之间的间隙过大使冲件侧壁鼓肚；间隙过小使材料变薄	调整凸、凹模间隙
	压边圈的压力过大或过小	调整压边力
表面质量不好	模具工作表面、毛坯材料或润滑剂不清洁	清理工作表面等
	凹模淬火硬度低，表面粗糙度太大	对凸、凹模进行抛光
	圆弧与直线衔接不好，有棱角或突起	修磨凸、凹模
高度不一	凸、凹模之间的间隙不均匀	调整凸、凹模间隙
	定位板位置不对	重新调整定位板
底部凸起	凸模上无出气孔	在凸模上做出排气孔

实训与练习

一、实训

1. 内容：拉深模具拆装实训

2. 时间：3 天。

3. 实训内容：参观模具制造工厂或模具拆装实训室，挑选不同结构的拉深模若干，分成 3 人一组，每组学生拆装一副拉深模，了解模具的结构及动作过程，测绘并画出模具装配图。

4. 要求：了解拉深模的结构组成，各部分的作用，零件间的装配形式，相互关系；熟悉拉深模拆装的基本要求、方法、步骤、常用拆装工具；掌握一般拉深模的工作原理；熟悉拉深模结构参数的测量；测绘各个模具零件并绘制模具装配图。

二、练习

1. 什么是拉深工艺？什么是首次拉深工艺、以后各次拉深工艺？

2. 通过对直壁旋转体拉深件的网格试验分析，得出金属在拉深过程中是如何变形的？

3. 拉深过程中常出现的质量问题有哪些？如何避免出现质量问题？
4. 何谓拉深系数？影响拉深系数的因素是什么？
5. 带凸缘筒形件拉深方法有哪几种？
6. 为适合拉深工艺，对拉深件的形状提出了哪些要求？

三、计算题

如图 4-45 所示的圆筒形件，材料为 08 钢，料厚为 2mm，计算其拉深过程中的工艺尺寸。

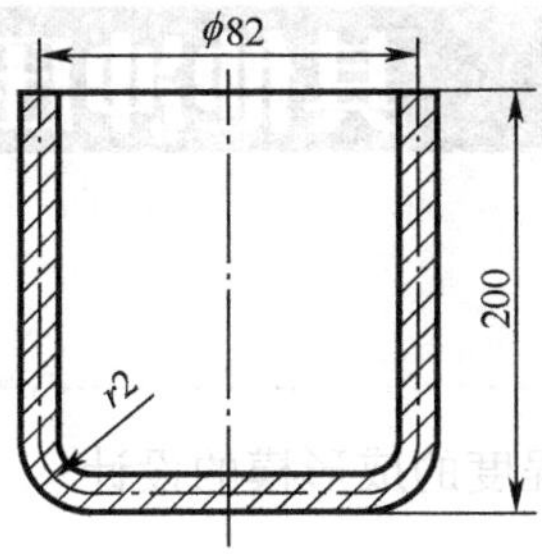

图 4-45　拉深零件图

项目五

其他冲压工艺与模具设计

【能力目标】

能够进行一般复杂程度的成形模的设计

【知识目标】

- 熟悉校形的目的与方法
- 掌握圆孔翻边的计算方法
- 掌握圆孔翻边的模具结构
- 了解胀形的工艺方法
- 熟悉缩口的工艺计算与模具结构
- 熟悉多工位级进模的用途与结构

一、项目引入

最基本的冲压成形工艺有：冲裁、弯曲、拉深等，除此以外还有其他的成形工艺，如校形、翻边、胀形、缩口等冲压工序，这些冲压工序共同点就是都属于局部变形，它们都是通过局部变形的方法来改变毛坯料或工序件的形状及尺寸。也就是说，用各种不同性质的局部变形来改变毛坯（或由冲裁、弯曲、拉深等方法制得的半成品）的形状和尺寸的冲压工序称为成形。或者说除冲裁、弯曲和拉深以外的使板料产生塑性变形的其他冲压工序都可称为成形。主要有校形、翻边、缩口、胀形和起伏成形等。

不同的成形方法有各自不同特点：对于校形来讲，由于是局部微量变形，一般情况下不会产生起皱或拉裂现象，主要问题是回弹。对于翻边、胀形而言，经常出现拉裂破坏现象，这主要是由于它们是拉伸变形，变形区拉应力过大造成的。对于缩口和外缘翻边，常因变形压应力过大而产生失稳起皱，这是因为它们是压缩变形。所以我们在制订成形工艺及模具设计时，应根据变形特点来合理确定各工艺参数。

本项目以图 5-1 所示的翻边模设计和图 5-2 所示罩盖零件的胀形模设计为载体，综合训练学生确定成形工艺和设计成形模具的初步能力。

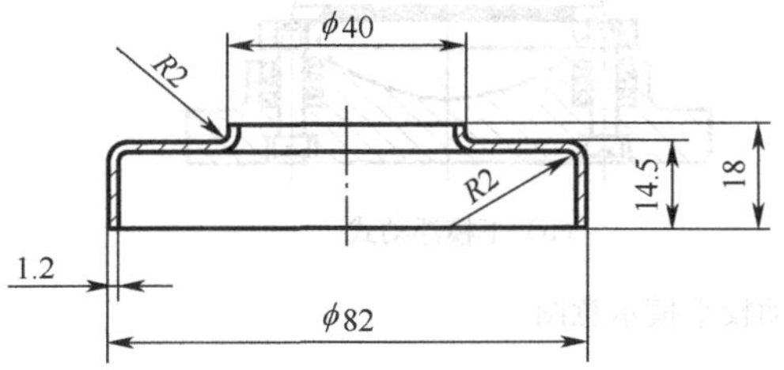

图 5-1 衬套零件

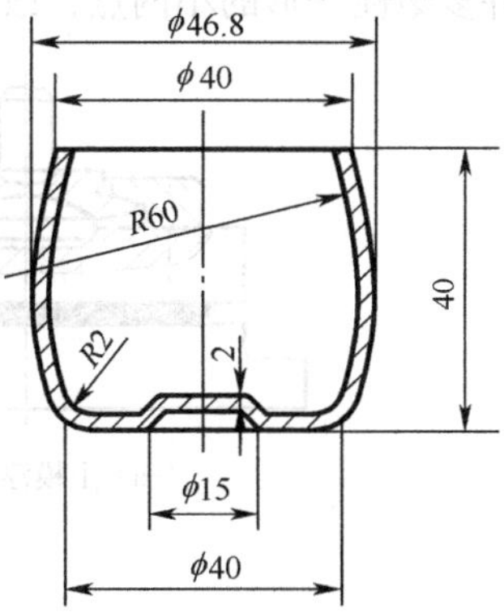

图 5-2 罩盖零件

二、相关知识

（一）校形

校形包括校平与整形，属于修整性的成形工艺，大都是在冲裁、弯曲、拉深等冲压工序之后进行的，主要是为了把冲压件的不平度、圆角半径或某些形状尺寸修整到合格的要求。校平和整形工序具有以下特点。

（1）校形所用的模具精度高，这是因为校形后工件的精度要求较高。

（2）只在工序件的局部位置使其产生不大的塑性变形，以得到提高零件形状和尺寸精度的目的。

（3）由于校形属于精加工，同时回弹是其主要的问题，所以校形时需要在压力机达到下止点时对工序件施加校正力，因此所用设备最好为精压机或刚度较好并装有过载保护装置的机械压力机。

1. 校平

校平通常是在冲裁工序后进行的。由于冲裁后制件产生穹弯，特别是无压料装置的连续模冲裁所得的制件更不平，对于平直度要求比较高的零件便需要进行校平。

根据板料的厚度和对表面的要求，可以采用光面模校平或齿形模校平。

对于料薄质软而且表面不允许有压痕的制件，一般应采用光面模校平。光面模对改变材料内应力状态的作用不大，仍有较大回弹，特别是对于高强度材料的零件校平效果较差。在实际生产中，有时将工序件背靠背地（弯曲方向相反）叠起来校平，能收到一定的效果。为了使校平不受压力机滑块导向精度的影响，校平模最好采用浮动式结构，如图 5-3 所示为光面校平模。应用光面模进行校平时，由于回弹较大，特别是对于高强度材料的制件，校平效果比较差。

对于平直度要求比较高、材料比较厚的制件或者强度极限比较高的硬材料的零件，通常采用齿形校平模进行校平。齿形模有细齿和粗齿两种，上齿与下齿相互交错，如图 5-4 所示，图 5-4（a）为细齿，图 5-4（b）为粗齿，图中有齿形尺寸。用细齿校平模校平后，制件表面残留有细齿痕。粗齿校平模适用于厚度较小的铝、青铜、黄铜等制件。齿形校平模使制件的校平面形成许多塑性变形的小网点，改变了制件原有应力状态，减少了回弹，校平效果较好。

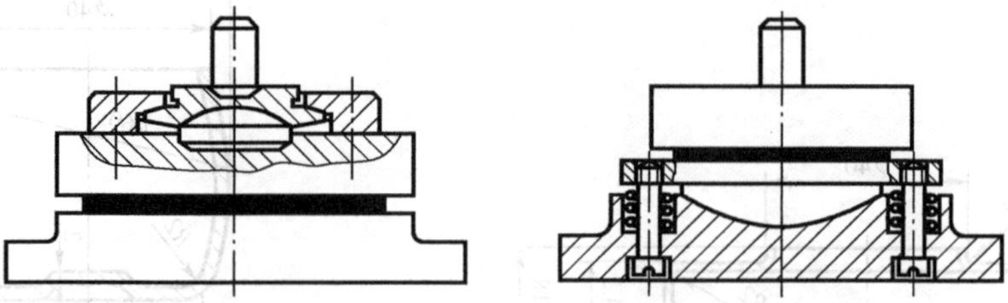

（a）上模浮动式　　（b）下模浮动式

图 5-3　光面浮动校平模示意图

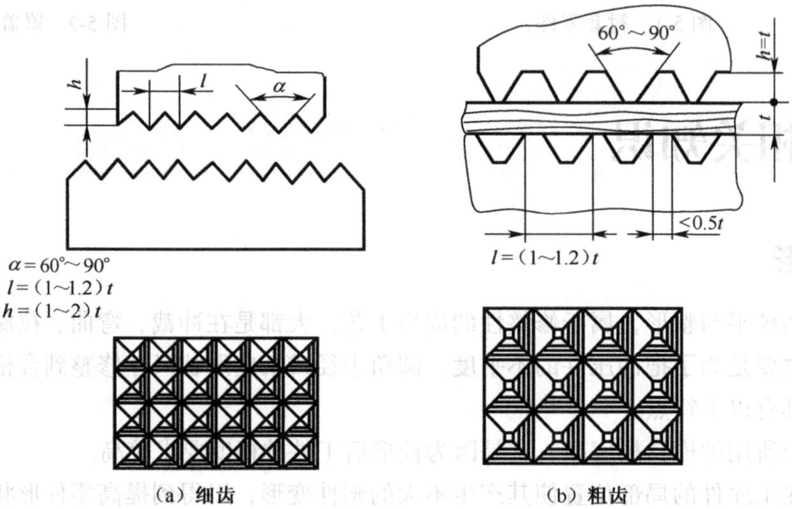

（a）细齿　　（b）粗齿

图 5-4　齿形校平模示意图

校平力可按下式计算：

$$F = Ap \tag{5-1}$$

式中：F——校平力，N；

A——校平零件面积，mm^2；

p——校平单位面积的压力，MPa，可查表 5-1。

表 5-1　校平和整形单位面积压力

方　法	p（MPa）	方　法	p（MPa）
光面校平模校平	50～80	敞开形制件整形	50～100
细齿校平模校平	80～120	拉深件减小圆角及对底面、侧面整形	150～200
粗齿校平模校平	100～150		

2. 整形

整形一般用于拉深、弯曲或其他成形工序之后，经过这些工序的加工，制件已基本成形，但可能圆角半径还太大，或是某些形状和尺寸还未达到产品的要求，这样可以借助于整形模使工序件产生局部的塑性变形，以达到提高精度的目的。整形模和成形模相似，但对模具工作部分的精度、粗糙度要求更高，圆角半径和间隙较小。

弯曲件的整形方法如图 5-5 所示。整形时整个工序件处于三向受压的应力状态，改变了工序件的应力状态，故能达到较好的整形效果。整形前半成品的长度略大于零件长度，以保证整形时材料处于三向应力状态。

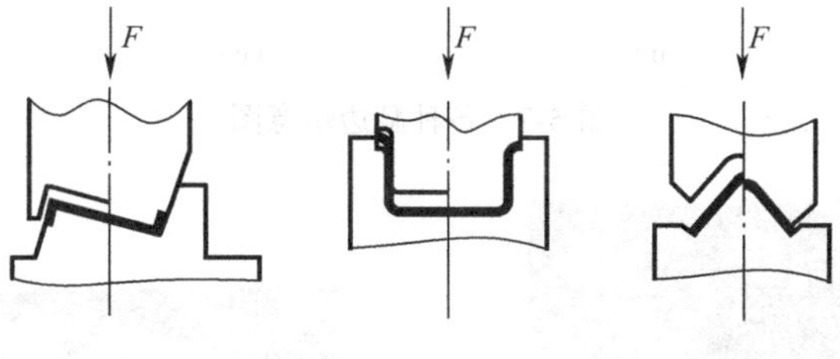

（a）Z 形件　（b）U 形件　（c）V 形件

图 5-5　弯曲件的整形示意图

带凸缘拉深件的整形如图 5-6 所示。小凸缘根部圆角半径的整形要求外部向圆角部分补充材料。如果圆角半径变化大，在工艺设计时，可以使半成品高度大于零件高度，整形时从直壁部分获得材料补充，如图 5-6（a）所示（h'为半成品高度，h 为成品高度）；如果半成品高度与零件高度相等，也可以由凸缘处收缩来获得材料补充，但当凸缘直径过大时，整形过程中无法收缩，此时只能靠根部及附近材料变薄来补充材料，如图 5-6（b）所示，从变形特点看，相当于变形不大的胀形，因而整形精度高，但变形部位材料伸长量不得大于 2%～5%，否则，过分伸长制件可能破裂。

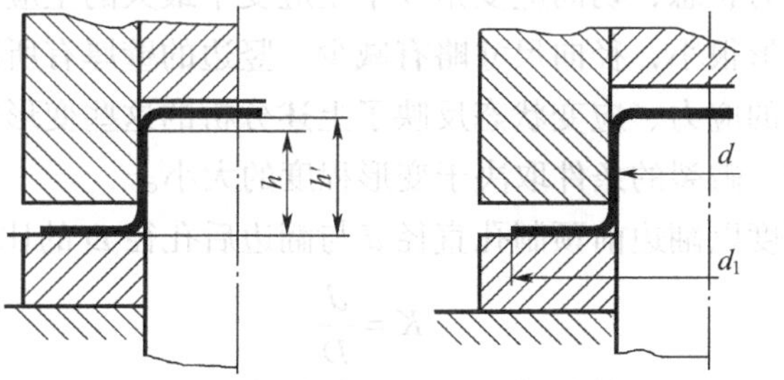

（a）直壁补充材料　（b）根部变薄补充材料

图 5-6　拉深件的整形示意图

直筒形拉深件整形可以使整形模间隙等于（0.9～0.95）t，整形时制件直壁略有变薄。这种整形也可以和最后一道拉深工序结合在一起进行。

（二）翻边

翻边是在模具的作用下将制件的孔边缘或外边缘竖立或翻出一定角度的直边。按其工艺特点，翻边可分为内孔翻边［如图 5-7（a）、（b）所示］和外缘翻边。外缘翻边又分为外凸的外缘翻边［如图 5-7（c）所示］和内凹的外缘翻边［如图 5-7（d）所示］两种。此外，根据竖边厚度的变化情况，可分为不变薄翻边和变薄翻边。各种翻边的实际制件如图 5-8 所示。

1. 内孔翻边

（1）圆孔翻边。

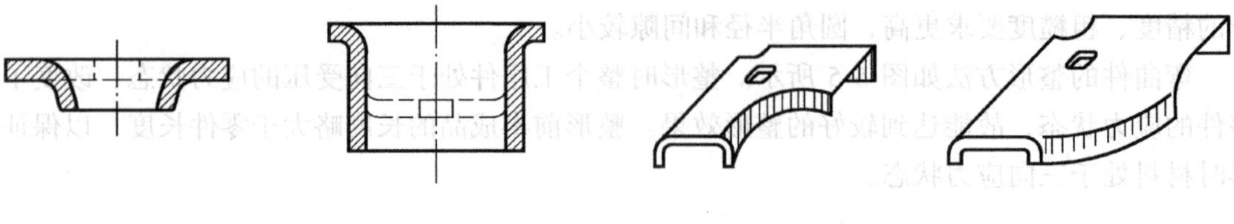

(a)　　(b)　　(c)　　(d)

图 5-7　各种翻边示意图

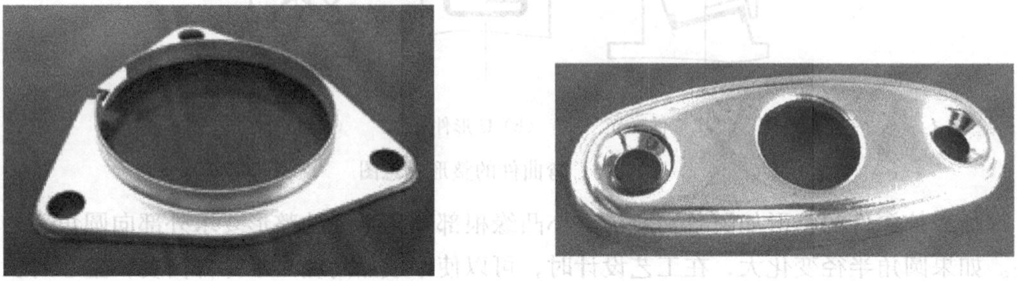

图 5-8　各种翻边的实际制件

① 圆孔翻边的变形特点和翻边系数　圆孔翻边同样可以采用网格法，通过观察网格在变形前后的变化来分析变形，如图 5-9 所示。由图中可以看出其变形区在直径 d 和 D_1 之间的环形部分。在翻边后，坐标网格由扇形变成了矩形，可见变形区材料沿切向伸长，愈靠近孔口伸长愈大，接近于单向拉伸应力状态，切向应变是 3 个主应变中最大的主应变。同心圆之间的距离变化不明显，可见径向变形很小，径向尺寸略有减少。竖边的壁厚有所减薄，尤其在孔口处，减薄较为严重。图中所示的应力、应变状态反映了上述分析的这些变形特点。圆孔翻边的主要危险在于孔口边缘被拉裂。破裂的条件取决于变形程度的大小。

圆孔翻边的变形程度以翻边前预制孔直径 d 与翻边后孔径 D 的比值 K 来表示。即：

$$K=\frac{d}{D} \tag{5-2}$$

K 称为翻边系数。显然，K 值恒小于 1。K 值越小，变形程度越大。翻边时在孔边不破裂的条件下所能达到的最小 K 值，称为极限翻边系数，以 $K_{\min}$ 表示，影响极限翻孔系数的主要因素有：材料的力学性能、翻孔凸模的形状、翻边前孔径和材料厚度的比值和预制孔的加工方法等。预制孔主要用冲孔或钻孔方法加工。低碳钢在各种情况下的极限翻孔系数及各种材料的翻孔系数可查表 5-2 确定。

② 圆孔翻边的工艺计算　在进行翻边工艺计算时，需要根据制件的尺寸 D 计算出预制孔直径 d，并核算其翻边高度 H。当采用平板毛坯不能直接翻出所要求的高度 H 时，就要先拉深，然后在拉深底部冲小孔，再进行翻边。现分别就平板类翻边和拉深后翻边两种情况进行讨论。

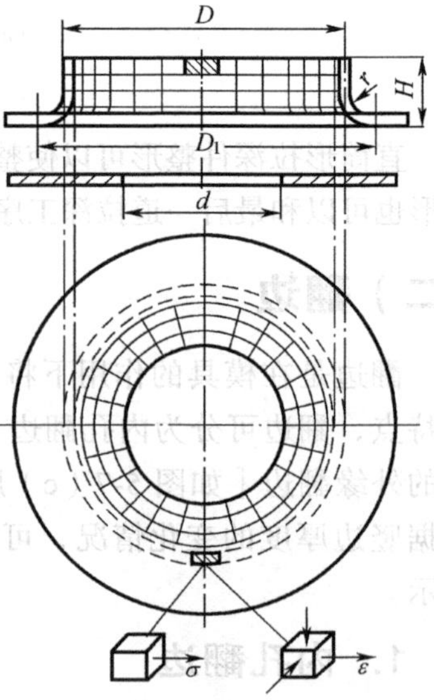

图 5-9　内孔翻边的变形情况

表 5-2　　低碳钢圆孔的极限翻边系数

凸模形式	孔的加工方法	预制孔相对直径 d/t										
		100	50	35	20	15	10	8	6.5	5	3	1
圆柱形凸模	钻孔	0.80	0.70	0.60	0.50	0.45	0.42	0.40	0.37	0.35	0.30	0.25
	冲孔	0.85	0.75	0.65	0.60	0.55	0.52	0.50	0.50	0.48	0.47	—
球形凸模	钻孔	0.70	0.60	0.52	0.45	0.40	0.36	0.33	0.31	0.30	0.25	0.20
	冲孔	0.75	0.65	0.57	0.52	0.48	0.45	0.44	0.43	0.42	0.42	—

注：采用表中 K_{min} 值时，实际翻边后口部边缘会出现小的裂纹，如果工件不允许开裂，则翻边系数需加大 10%～15%。

在进行翻边之前，需要在坯料上加工出预制孔，如图 5-10 所示，预制孔直径 d 的确定公式为：

$$d = D - 2(H - 0.43r - 0.72t) \tag{5-3}$$

上式可转化为竖边高度 H 的计算式：

$$H = \frac{D-d}{2} + 0.43r + 0.72t = \frac{D}{2}(1-K) + 0.43r + 0.72t \tag{5-4}$$

若将 K_{min} 代入上式，则可以得到许可的最大翻边高度 H_{max}：

$$H_{max} = \frac{D}{2}(1-K_{min}) + 0.43r + 0.72t \tag{5-5}$$

在工件要求高度 $H > H_{max}$ 时，一次翻孔成形会导致零件孔口边缘可能破裂，这时可以采用先拉深，再在拉深底部冲孔翻边。在这种情况下，应先决定预拉深后翻边所能达到的最大高度，然后根据翻边高度及零件高度来确定拉深高度及预冲孔直径。

先拉深后翻孔的高度 h 由图 5-11 可知（按中线计算）：

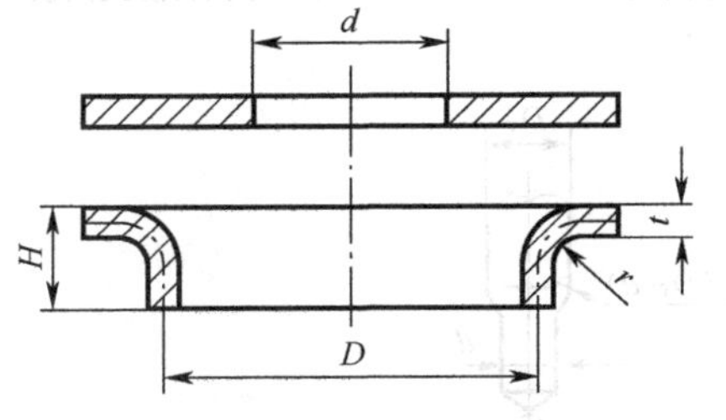

图 5-10　平板坯料翻孔尺寸计算

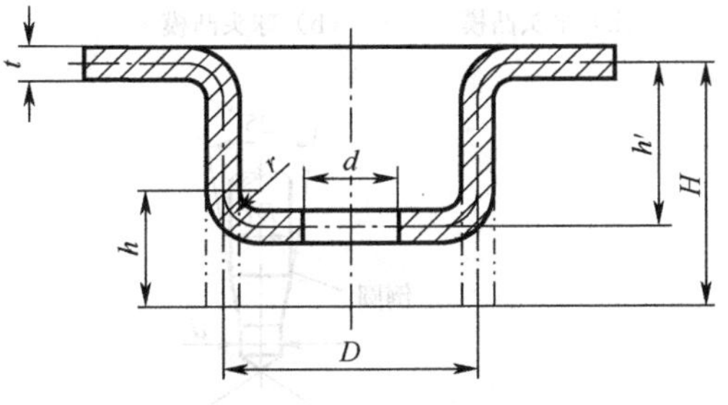

图 5-11　先拉深后翻孔

$$h = \frac{D-d}{2} - \left(r + \frac{t}{2}\right) + \frac{\pi}{2}\left(r + \frac{t}{2}\right)$$

整理后

$$h \approx \frac{D-d}{2} + 0.57r = \frac{D}{2}(1-K) + 0.57r \tag{5-6}$$

预制孔的直径 d：

$$d = KD \quad 或 \; d = D + 1.14r - 2h \tag{5-7}$$

拉深高度 h'：

$$h' = H - h + r \tag{5-8}$$

翻边时，竖边口部变薄现象较为严重。其近似值按下式计算：

$$t' = t\sqrt{\frac{d}{D}} = t\sqrt{K} \tag{5-9}$$

③ 翻边力的计算　翻边力 F 一般不大，当采用圆柱形平底凸模时，圆孔翻边力的计算式为：

$$F=1.1\pi(D-d)t\sigma_s \tag{5-10}$$

式中：F——翻孔力，N；

D——翻边后竖边的中径，mm；

d——圆孔初始直径，mm；

t——毛坯厚度，mm；

σ_s——材料的屈服点 MPa。

④ 翻孔模设计　总体来看翻孔模和拉深模有很多相似之处，也有压边和不压边、正装和倒装之分。同时，翻孔模一般不需要设置模架。图 5-12 给出了几种常见圆孔翻孔凸模的尺寸及形状。图 5-12（a）～图 5-12（c）所示为较大孔的翻边凸模，从利于翻边变形看，以抛物线形凸模［图 5-12（c）］最好，球形凸模［图 5-12（b）］次之，平底凸模再次之；而从凸模的加工难易看则相反。图 5-12（d）～图 5-12（e）所示的凸模端部带有较长的引导部分，图 5-12（d）用于圆孔直径为 10mm 以上的翻边，图 5-12（e）用于圆孔直径为 10mm 以下的翻边，图 5-12（f）用于无预孔的不精确翻边。凸模的圆角半径尽量取大值，这样有利于翻孔。

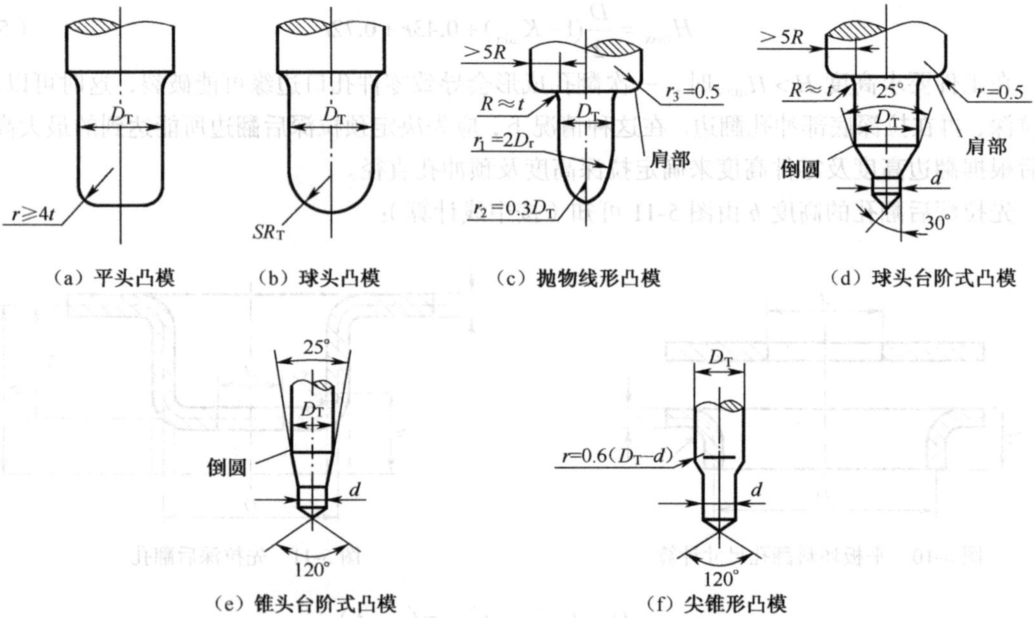

（a）平头凸模　（b）球头凸模　（c）抛物线形凸模　（d）球头台阶式凸模

（e）锥头台阶式凸模　（f）尖锥形凸模

图 5-12　圆孔翻边凸模和凹模结构和尺寸

凸凹模之间的单面间隙取料厚的（0.75～0.85）倍即可。

（2）非圆孔翻边。

非圆孔又称异形孔，是由不同曲率半径的凸弧、凹弧及直线组成，成形时由于各部分的受力状态与变形性质有所不同，直线部分Ⅱ区可视为弯曲变形，凸圆弧部分Ⅰ区可视为翻边变形，凹圆弧部分Ⅲ区可视图为拉深变形，如图 5-13 所示。

预制孔的形状和展开尺寸分别按弯曲时、翻孔时及拉深时的展开方法计算并以光滑圆弧连接；非圆孔的翻边系数 K_f（一般指小圆弧部分的翻孔系数）可小于圆孔翻孔系数 K，大致取：

$$K_f=(0.85\sim0.90)K \tag{5-11}$$

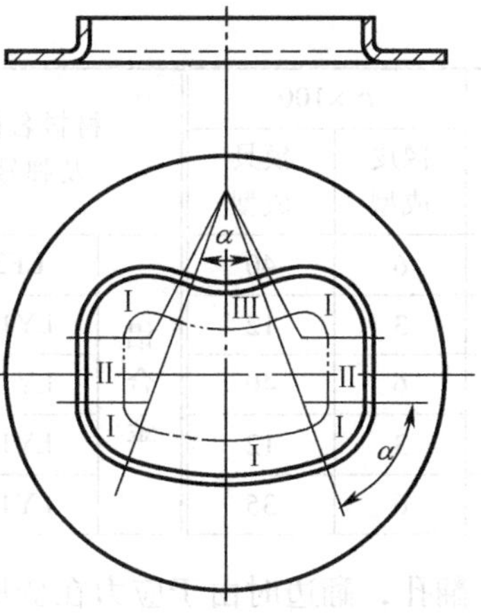

图 5-13　非圆孔翻边

非圆孔的极限翻边系数，可根据各圆弧段的圆心角α大小，查表 5-3。

表 5-3　　低碳钢非圆孔的极限翻边系数

α/（°）		180～360	165	150	135	120	105	90	75	60	45	30	15	0°
比值 d/t	50	0.8	0.73	0.67	0.6	0.53	0.47	0.4	0.33	0.21	0.2	0.14	0.07	弯曲变形
	33	0.6	0.55	0.5	0.45	0.4	0.35	0.3	0.25	0.2	0.15	0.1	0.05	
	20	0.52	0.48	0.43	0.39	0.35	0.30	0.26	0.22	0.17	0.13	0.09	0.04	
	12～8.3	0.5	0.46	0.42	0.38	0.33	0.29	0.25	0.21	0.17	0.13	0.08	0.04	
	6.6	0.48	0.44	0.4	0.36	0.32	0.28	0.24	0.2	0.16	0.12	0.08	0.04	
	5	0.46	0.42	0.38	0.35	0.31	0.27	0.23	0.19	0.15	0.12	0.08	0.04	
	3.3	0.45	0.41	0.375	0.34	0.30	0.26	0.225	0.185	0.145	0.11	0.08	0.04	

2. 外缘翻边

按变形性质，外缘翻边可分伸长类翻边和压缩类翻边两类。

（1）伸长类翻边　沿内凹且不封闭曲线进行的平面或曲面翻边均属这类翻边，如图 5-14 所示，其共同特点是坯料变形区主要在切向拉应力作用下产生切向伸长变形，因此边缘容易拉裂；常以 $E_{伸}$ 来表示其变形程度：

$$E_{伸}=\frac{b}{R-b} \tag{5-12}$$

常用材料的允许变形程度见表 5-4。

表 5-4　　外缘翻边时材料的允许变形程度

材料名称及牌号		$\varepsilon_{伸}\times100$		$\varepsilon_{压}\times100$		材料名称及牌号		$\varepsilon_{伸}\times100$		$\varepsilon_{压}\times100$	
		橡皮成型	模具成型	橡皮成型	模具成型			橡皮成型	模具成型	橡皮成型	模具成型
黄铜	H62 软	30	40	8	45	钢	10	—	38	—	10
	H62 硬	10	14	4	16		20	—	22	—	10
	H68 软	35	45	8	55		1Cr18Ni9 软	—	15	—	10
	H68 半硬	10	14	4	16		1Cr18Ni9 硬	—	40	—	10
							2Cr18Ni9	—	40	—	01

续表

材料名称及牌号		$\varepsilon_{伸}\times100$		$\varepsilon_{压}\times100$		材料名称及牌号		$\varepsilon_{伸}\times100$		$\varepsilon_{压}\times100$	
		橡皮成型	模具成型	橡皮成型	模具成型			橡皮成型	模具成型	橡皮成型	模具成型
铝合金	L4 软	25	30	6	40	铝合金	LF2 硬	5	8	3	12
	L4 硬	5	8	3	12		LY12 软	14	20	6	30
	LF21 软	23	30	6	40		LY12 硬	6	8	0.5	9
	LF21 硬	5	8	3	12		LY11 软	14	20	4	30
	LF2 软	20	25	6	35		LY11 硬	5	6	0	0

伸长类平面翻边变形类似于翻孔，翻边时由于应力在变形的区域分布不均匀而导致翻边后零件的竖立边高度两端高中间低的现象，要想得到平齐的翻边高度，翻边前应对坯料的两端轮廓线做一定修整，如图 5-14（a）中虚线所示形状为修整后的形状。在伸长类曲面翻边时，起皱现象容易发生在坯料底部中间位置，一般在模具设计时应采用强力压料装置来防止，同时创造有利于翻边的条件，防止中间部位过早地翻边而引起竖立边过大的伸长变形甚至开裂。

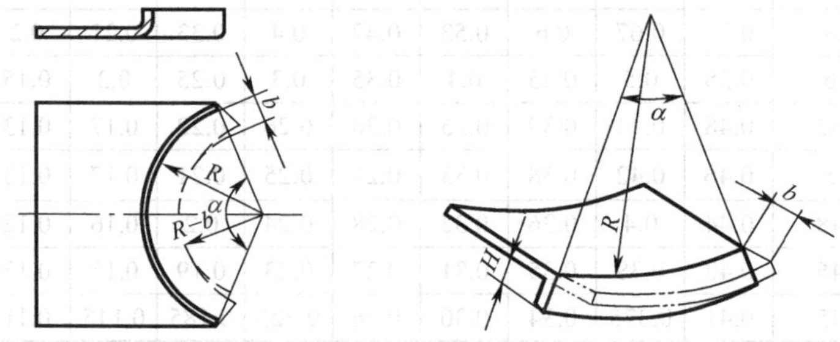

（a）伸长类平面翻边　　（b）伸长类曲面翻边

图 5-14　伸长类翻边

（2）压缩类翻边　沿外凸的不封闭的曲线进行的平面或曲面翻边均属压缩类翻边，如图 5-15 所示，其特点为坯料变形区内主要受切向压应力，故成形时工件容易起皱，变形程度 $E_{压}$表示为：

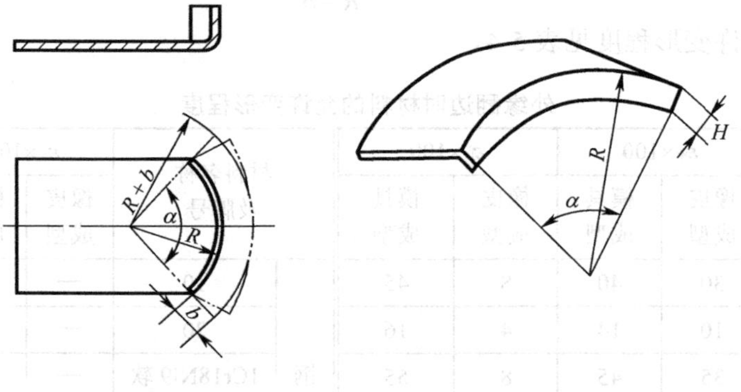

（a）压缩类平面翻边　　（b）压缩类曲面翻边

图 5-15　压缩类翻边

$$E_{压}=\frac{b}{R+b} \tag{5-13}$$

压缩类平面翻边变形类似于拉深，由于翻边时竖立边缘的应力分布不均，翻边后零件的竖边高度出现中间高而两端低的现象，为得到齐平的竖立边，应对坯料的展开形状加以修正，修正后的形状为图 5-15（a）虚线所示，翻边高度不大时可不修正。另外，当翻边高度较大时，模具应设计防止起皱的压料装置。

3. 翻边模具的结构

图 5-16 所示为常用翻边模的结构类型，其结构与拉深模相似。

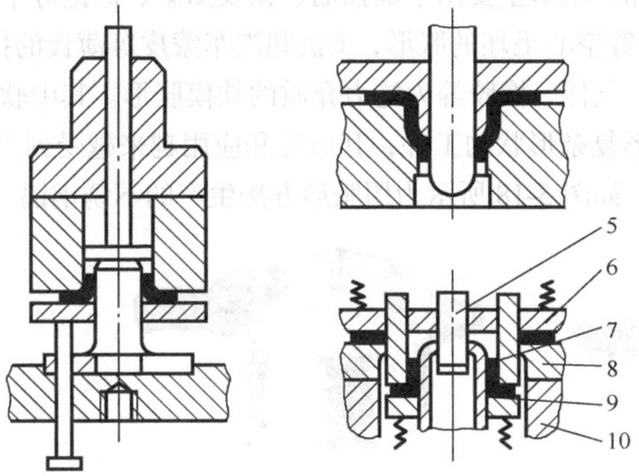

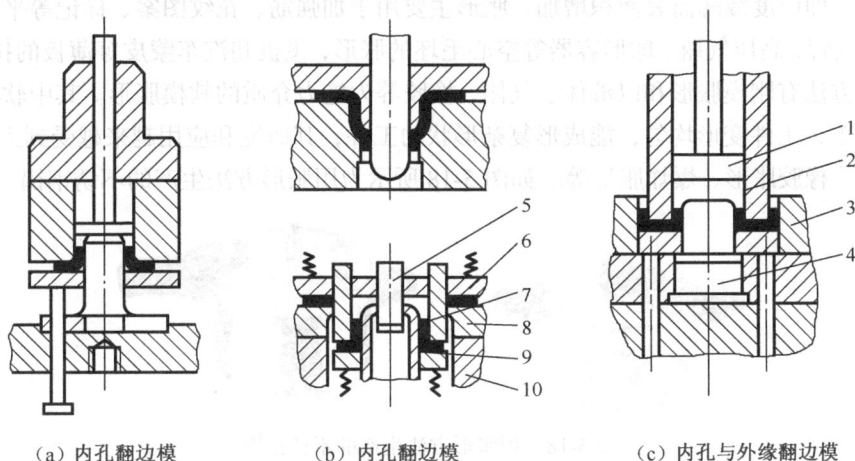

（a）内孔翻边模　（b）内孔翻边模　（c）内孔与外缘翻边模

图 5-16　翻边模的结构类型

1—推板　2、7、9—凸凹模　3—凹模　4—凸模　5—冲孔凸模　6—压边圈　8—落料凹模　10—顶板

图 5-17 所示为内、外缘翻边复合模。从工件零件图可以看出，工件在内、外缘都需要翻边。毛坯套在件 7 上定位，件 7 装在压料板 5 上。件 7 本身就是内缘的翻边凹模，要保证它的位置准确，压料板 5 需与外缘翻边凹模 3 按间隙配合 H7/h6 装配。这时压料板既起到压料作用又起

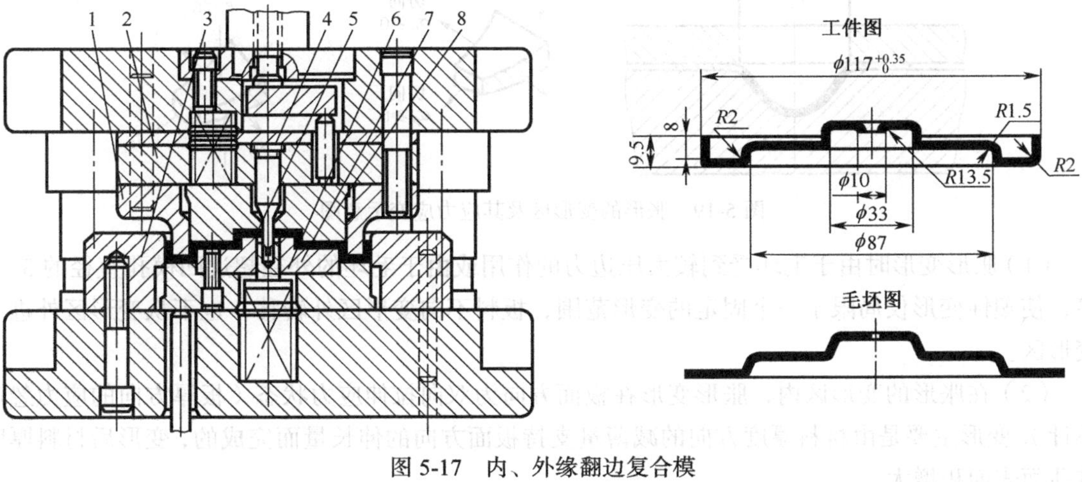

图 5-17　内、外缘翻边复合模

1—外缘翻边凸模　2—凸模固定板　3—外缘翻边凹模　4—内缘翻边凸模
5—压料板　6—顶件块　7—内缘翻边凹模　8—推件板

整形作用，故压至下止点时，应与下模座刚性接触，最后还起顶件作用。内缘翻边后，在弹簧的作用下，顶件块 6 将工件从内缘翻边凹模 7 中顶起。推件板 8 由于弹簧的作用，冲压时始终保持与毛坯接触。到下止点时，与凸模固定板 2 刚性接触，因此推件板 8 也起整形作用，冲出的工件比较平整。上模出件时，考虑到弹簧有可能不足，最终采用刚性推料装置将工件推出。

（三）胀形

在模具的作用下，迫使毛坯厚度减薄和表面积增大，以获得零件几何形状的冲压加工方法叫做胀形。胀形工序有它独特的特点：胀形时变形区在板面方向呈双向拉应力状态，在板厚方向上是减薄变形，即厚度减薄而表面积增加。胀形主要用于加强筋、花纹图案、标记等平板毛坯的局部成形，波纹管、高压气瓶、球形容器等空心毛坯的胀形，飞机和汽车蒙皮等薄板的拉张成形等。常用的胀形方法有刚模胀形和以液体、气体、橡胶等为施力介质的软模胀形。其中软模胀形由于模具结构简单，工件变形均匀，能成形复杂形状的工件，其研究和应用越来越受到人们的重视，如液压胀形、橡胶胀形、爆炸胀形等。如图 5-18 所示为用胀形方法生产的不锈钢锅。

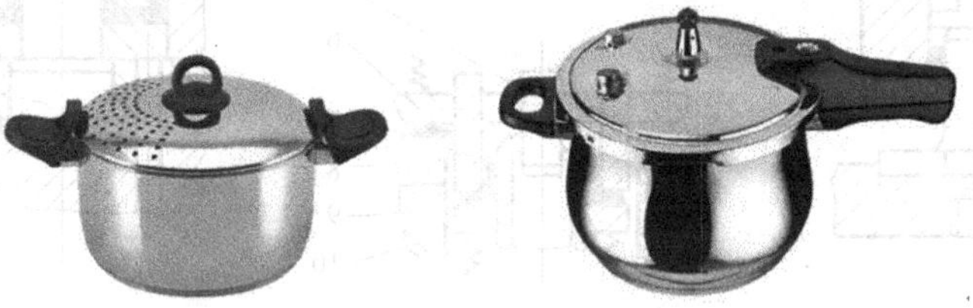

图 5-18　用胀形方法生产的不锈钢锅

1. 胀形的变形特点

图 5-19 所示为球头凸模胀形平板毛坯时的胀形变形区及其主应力和主应变图。图中涂黑部分表示胀形变形区。胀形变形具有如下特点：

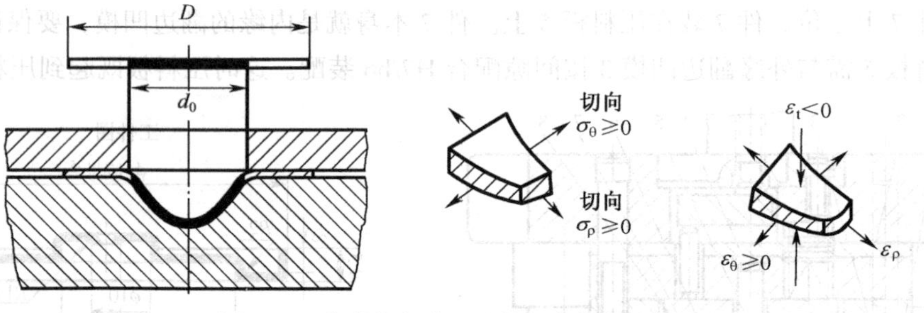

图 5-19　胀形的变形区及其应力应变示意图

（1）胀形变形时由于毛坯受到较大压边力的作用或由于毛坯的外径超过凹模孔直径的 3～4 倍，使塑性变形仅局限于一个固定的变形范围，板料不向变形区外转移，也不从变形区外进入变形区。

（2）在胀形的变形区内，胀形变形在板面方向为双向拉伸应力状态（板厚方向的应力忽略不计），变形主要是由材料厚度方向的减薄量支持板面方向的伸长量而完成的，变形后材料厚度减薄而表面积增大。

（3）由于毛坯的厚度相对于毛坯的外形尺寸极小，胀形变形时拉应力沿板厚方向的变化很小，因此当胀形力卸除后回弹小，工件的几何形状容易固定，尺寸精度容易保证。

（4）由于胀形变形时材料在板面方向处于双向受拉的应力状态，成形极限主要受拉伸破裂的限制。所以变形不易产生失稳起皱现象，成品零件表面光滑，质量好。

2. 平板坯料的起伏成形

起伏成形俗称局部胀形，凸模冲压平板毛坯，当毛坯外形尺寸大于 3 倍变形尺寸时，变形只发生在与凸模接触的区域内，此即为平板毛坯的局部胀形。生产中常见的有压制加强筋、凸包、凹坑、花纹图案及标记等。图 5-20 所示就是起伏成形的一些例子。经过起伏成形后的冲压件，由于零件惯性矩的改变和材料加工硬化，能够有效地提高零件的刚度和强度。因而，如压制加强筋的工艺在生产中应用广泛。

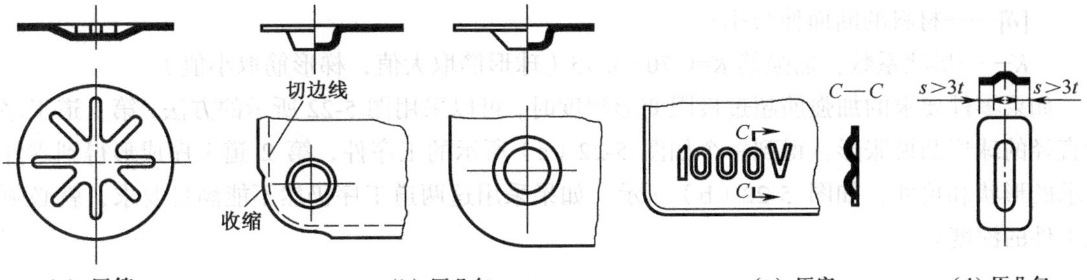

（a）压筋　（b）压凸包　（c）压字　（d）压凸包

图 5-20　胀形件实例

加强筋的形式和尺寸可参考表 5-5。当在坯料边缘局部胀形时，由于边缘材料要收缩，因此应预先留出切边余量，成形再切除。

表 5-5　　加强筋的形式和尺寸

名称	简　图	R	h	D 或 B	r	α
压筋	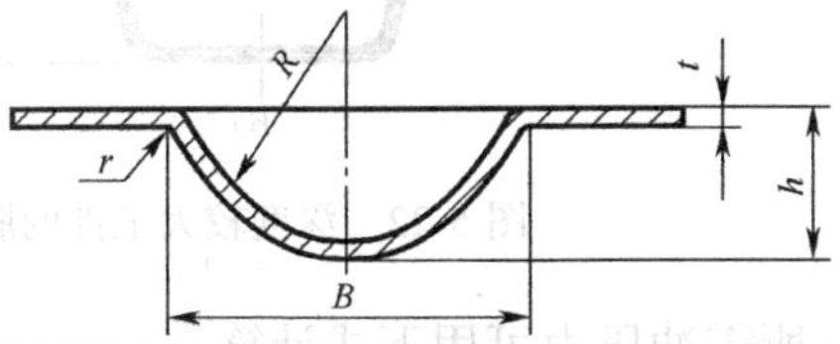	（3～4）t	（2～3）t	（7～10）t	（1～2）t	—
压凸	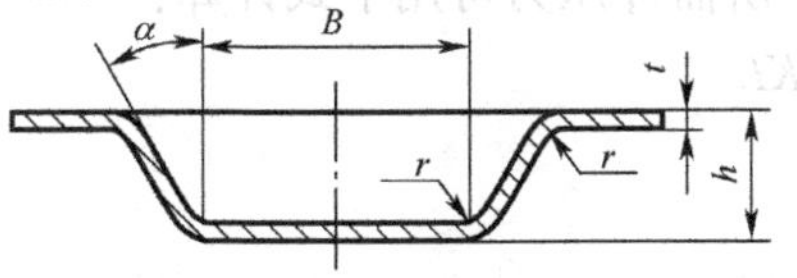	—	（1.5～2）t	≥3h	（0.5～1.5）t	15°～30°

简　图	D/mm	L/mm	l/mm
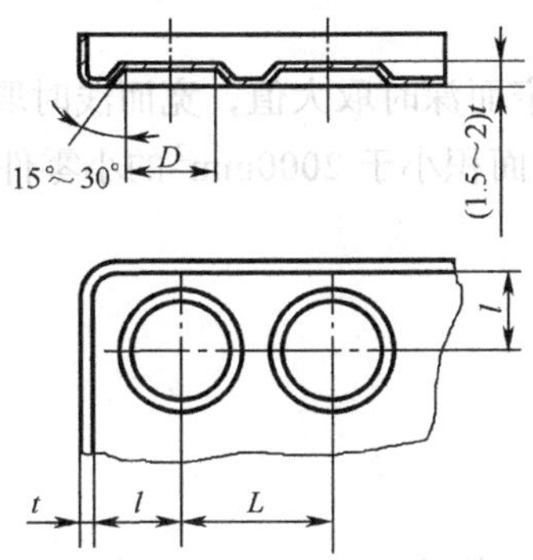	6.5	10	6
	8.5	13	7.5
	10.5	15	9
	13	18	11
	15	22	13
	18	26	16
	24	34	20
	31	44	26
	36	51	30
	43	60	35
	48	68	40
	55	78	45

起伏成形方法的极限变形程度通常有两种确定方法，即试验法和计算法。起伏成形的极限变形程度，主要受到材料的性能、零件的几何形状、模具结构、胀形的方法以及润滑等因素的影响。特别是复杂形状的零件，应力应变的分布比较复杂，其危险部位和极限变形程度，一般通过试验的方法确定。对于比较简单的起伏成形零件，则可以按下式近似地确定其极限变形程度，如图 5-21 所示。

$$\varepsilon_{极}=\frac{l-l_0}{l_0}\times 100\% \leqslant K[\delta] \tag{5-14}$$

式中：$\varepsilon_{极}$——起伏成形的极限变形程度；

l、l_0——分别为材料变形前、后的长度，mm；

$[\delta]$——材料的断面伸长率；

K——形状系数，加强筋 K=0.70～0.75（球形筋取大值，梯形筋取小值）。

如果零件要求的加强筋超过极限变形程度时，可以采用图 5-22 所示的方法，第 1 道工序用大直径的球形凸模胀形，得到一个如图 5-22（a）所示的工序件，第 2 道工序成形得到零件所要求的形状和尺寸，如图 5-22（b）所示。如果采用这两道工序仍然不能满足要求，就必须降低工件的深度。

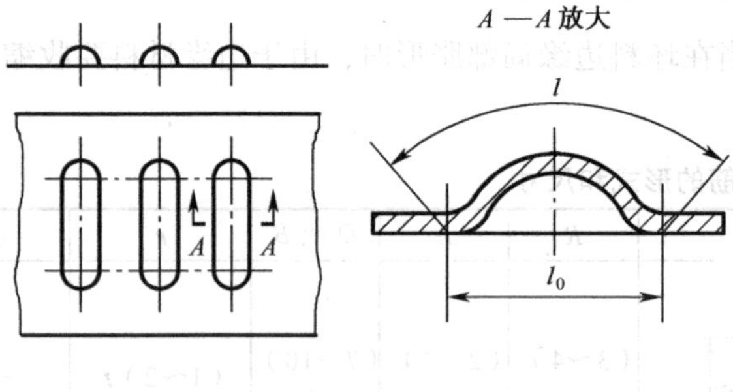

图 5-21　起伏成形前后材料的长度

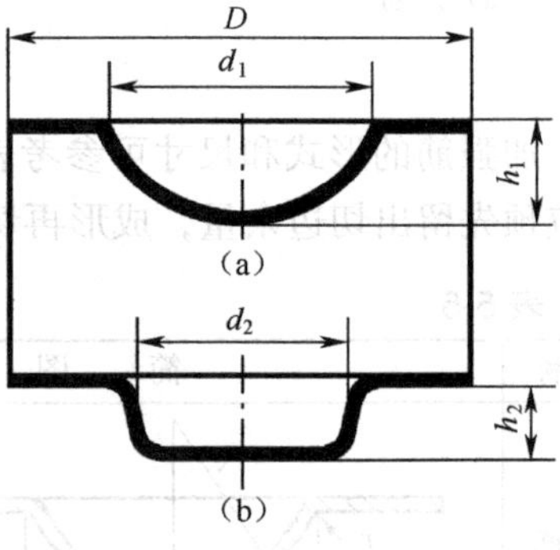

图 5-22　深度较大工件的胀形法

（1）采用刚性凸模在平板坯料压制加强筋时，所需冲压力可用下式计算：

$$F=t\sigma_b KL \tag{5-15}$$

式中：F——冲压力，N；

L——加强筋的周长，mm；

t——材料厚度，mm；

σ_b——材料的抗拉强度，MPa；

K——系数，一般 K 取 0.7～1.0（加强筋形状窄而深时取大值，宽而浅时取小值）。

（2）若在曲柄压力机上对厚度小于 1.5mm、成形面积小于 2000mm² 的小零件进行局部胀形时，所需冲压力 F 可用下式近似计算：

$$F=Kt^2A \tag{5-16}$$

式中：F——胀形冲压力，N；

t——材料厚度，mm；

A——胀形面积，mm^2；

K——系数，对于钢为 200～300N/mm⁴，对铜、铝为 50～200N/mm⁴。

3. 空心坯料的胀形

空心坯料的胀形俗称凸肚，它是将空心工序件或管状毛坯沿径向往外扩张的一种冲压工序，用这种方法可以成形高压气瓶、球形容器、波纹管、自行车三通接头等产品或零件。

（1）胀形变形程度　空心坯料胀形时，材料受拉应力作用产生拉伸变形，其极限变形程度用胀形系数 K 表示，如图 5-23 所示。

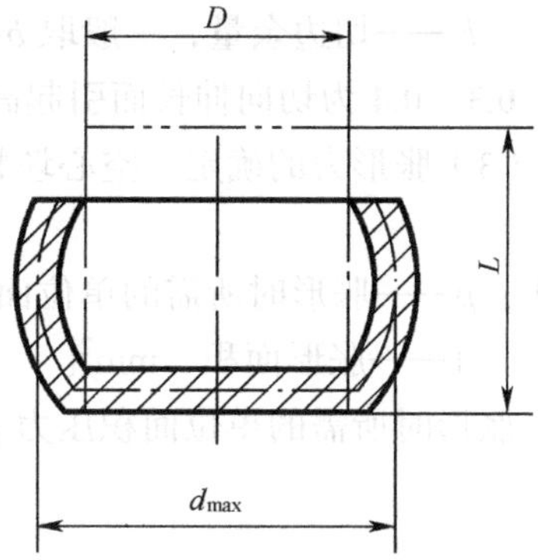

图 5-23　空心坯料胀形前后尺寸变化

$$K=\frac{d_{max}}{D} \quad (5\text{-}17)$$

式中：K——胀形系数，极限胀形系数（d_{max} 达到胀破时的极限值 d'_{max}）用 K_{max} 表示；

d_{max}——胀形后零件的最大直径，mm；

D——空心坯料的原始直径，mm。

极限胀形系数 K 和坯料切向拉伸伸长率δ的关系为：

$$\delta=\frac{d_{max}-D}{D}=K-1 \text{或} \quad K=1+\delta \quad (5\text{-}18)$$

由于坯料的变形程度受到材料伸长率的限制，所以根据材料断面伸长率就可按上式算出相应的极限胀形系数。材料的极限胀形系数的近似值可查表确定。表 5-6 和表 5-7 是一些材料的胀形系数，可供参考。

表 5-6　**胀形系数 K 的近似数值**

材　料	坯料相对厚度(t/D)×（%）			
	0.35～0.45		0.28～0.32	
	退　火	未　退　火	退　火	未　退　火
铝	1.25	1.2	1.2	1.15
10 钢	1.2	1.10	1.15	1.05

表 5-7　**铝管坯料的试验极限胀形系数**

胀 形 方 法	极限胀形系数
用橡皮的简单胀形	1.2～1.25
用橡皮并对毛坯轴向加压的胀形	1.6～1.7
局部加热至 200～500℃时的胀形	2.0～2.1
加热至 380℃用锥形凸模的端部胀形	～3.0

（2）胀形坯料的计算　由图 5-23 可知，坯料直径 D 为

$$D=\frac{d_{max}}{K} \quad (5\text{-}19)$$

坯料长度 L 为

$$L=l[1+(0.3\sim0.4)\delta]+b \quad (5\text{-}20)$$

式中：l——变形区母线的长度，mm；

δ——坯料切向拉伸的伸长率；

b——切边余量，一般取 b=5～15mm。

0.3～0.4 为切向伸长而引起高度减小所需的系数。

（3）胀形力的确定　空心坯料胀形时所需的胀形力 F 可按下式计算：

$$F = p\,\mathrm{g}A \tag{5-21}$$

式中：p——胀形时所需的单位面积压力，MPa；

A——胀形面积，mm²。

胀形时所需的单位面积压力 p 可用下式近似计算：

$$p = 1.16\sigma_b \frac{2t}{d_{max}} \tag{5-22}$$

式中：σ_b——材料抗拉强度，MPa；

d_{max}——胀形最大直径，mm；

t——材料原始厚度，mm。

（4）胀形方法　空心件胀形方法一般分刚性凸模胀形和软凸模胀形两种。

图 5-24 所示为刚性凸模胀形，凸模做成分瓣式，利用锥形芯块将分瓣凸模顶开，使工序件胀出所需形状。分瓣凸模的数目越多，工件形状和精度越好。但缺点是很难得到精度较高的正确旋转体，变形不均匀，模具结构复杂。

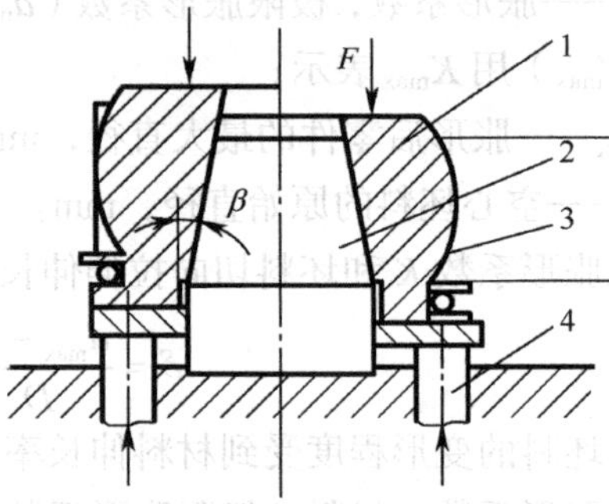

图 5-24　刚性凸模胀形

1—分瓣凸模　2—芯轴　3—毛坯　4—顶杆

图 5-25 所示是软凸模胀形，其原理是利用橡胶、液体、气体和钢丸等代替刚性凸模。软凸模胀形时坯料变形均匀，能成形形状复杂的零件，所以在生产中广泛应用。

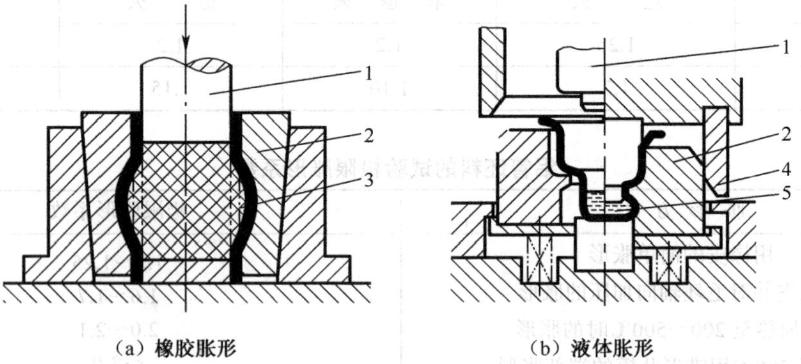

图 5-25　软凸模胀形

1—凸模　2—分块凹模　3—橡胶　4—侧楔　5—液体

（四）缩口

缩口是将管形件或预先拉深好的圆筒形件通过在敞口处施压将其口部直径缩小的一种成形工艺，缩口分为冲压缩口和旋压缩口。缩口工艺在生活中应用比较广泛，可用于子弹壳、炮弹壳、钢气瓶、自行车车架立管、自行车坐垫鞍管、钢管拉拔等的缩口加工。

1. 缩口变形程度和变形特点

图 5-26 所示是缩口的应力应变图。在缩口加工过程中，最大的主应力应该是切向压应力，在口部坯料变形区受二向压应力的作用，使坯料高度增加，壁厚和直径减小。同时，在非变形区的筒壁，在缩口压力 F 的作用下，轴向可能产生失稳变形。故缩口的极限变形程度主要受失稳条件限制，防止失稳是缩口工艺要解决的主要问题。

使用缩口系数 n 来表示缩口的变形程度（图 5-26）：

$$n=\frac{d}{D} \tag{5-23}$$

式中：d——缩口后的直径，mm；

D——缩口前的直径，mm。

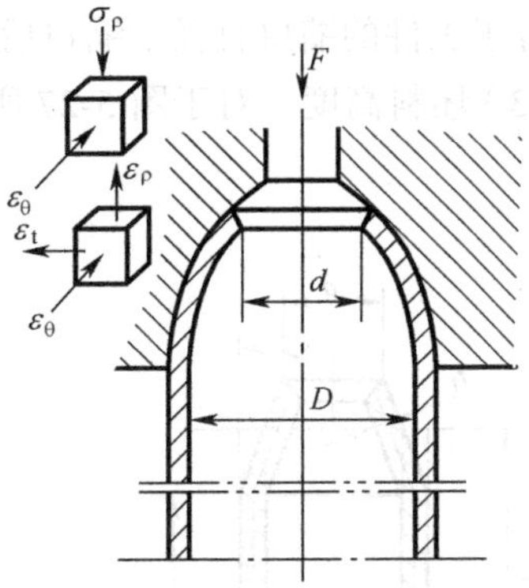

图 5-26 缩口的应力应变特点

缩口系数 n 越小，变形程度越大。表 5-8 是不同材料、不同厚度的平均缩口系数 n_0。表 5-9 是不同材料、不同支承方式下缩口的允许极限缩口系数 n_{min} 参考数值。由表 5-8、表 5-9 可以看出：材料塑性越好，厚度越大，缩口系数越小。此外模具对筒壁有支承作用时，极限缩口系数可更小。

表 5-8 平均缩口系数 n_0

材料	材料厚度 t（mm）		
	＞1	0.5～1	≤0.5
钢	0.7～0.65	0.75	0.8
黄铜	0.7～0.65	0.8～0.7	0.85

表 5-9 极限缩口系数 n_{min}

材料	支承方式		
	无支承	外支承	内外支承
铝	0.68～0.72	0.53～0.57	0.27～0.32
硬铝（退火）	0.73～0.80	0.60～0.63	0.35～0.40
硬铝（淬火）	0.75～0.80	0.68～0.72	0.40～0.43
黄铜 H62、H68	0.65～0.70	0.50～0.55	0.27～0.32
软钢	0.70～0.75	0.55～0.60	0.3～0.35

2. 缩口工艺计算

（1）缩口次数　若工件的缩口系数 n 大于允许的缩口系数时，则可以一次缩口成形。否则，需要进行多次缩口。缩口次数 k 可按下式估算：

$$k=\frac{\lg n}{\lg n_0}=\frac{\lg d-\lg D}{\lg n_0} \tag{5-24}$$

式中：n_0 为平均缩口系数，见表 5-8。

多次缩口时，一般取首次缩口系数 $n_1=0.9n_0$，以后各次取 $n_x=(1.05～1.10)n_0$，每次缩口工序后最好进行一次退火处理。

（2）各次缩口直径

$$
\begin{aligned}
d_1 &= n_1 D \\
d_2 &= n_x d_1 = n_1 n_x D \\
d_3 &= n_x d_2 = n_1 n_x^2 D \\
&\vdots \\
d_x &= n_x d_{x-1} = n_1 n_x^{x-1} D
\end{aligned}
\tag{5-25}
$$

d_x应等于工件的缩口直径。缩口后，由于回弹，工件要比模具尺寸增大 0.5%～0.8%。

（3）坯料高度　对于图 5-27 所示的缩口工件，缩口前坯料高度 H 按式（5-26）～式（5-28）计算。

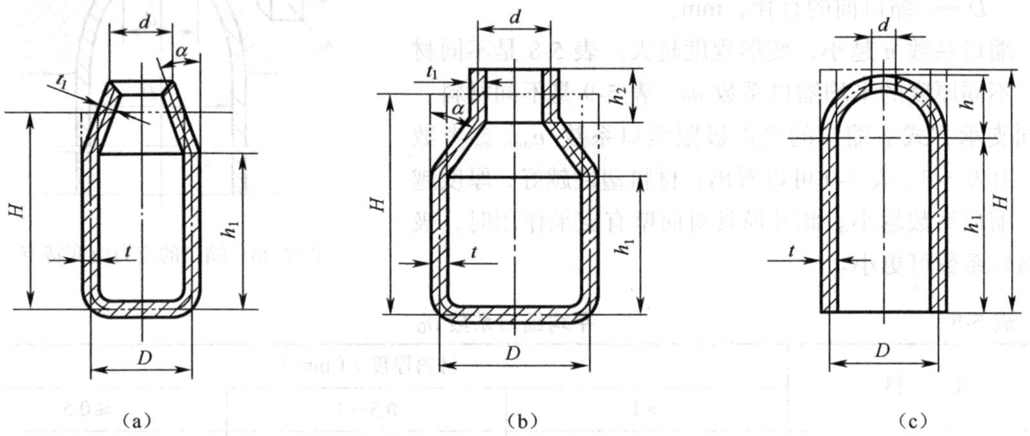

图 5-27　缩口坯料高度计算

图 5-27（a）所示工件：

$$H = 1.05\left[h_1 + \frac{D^2 - d^2}{8D\sin a}\left(1 + \sqrt{\frac{D}{d}}\right)\right] \tag{5-26}$$

图 5-27（b）所示工件：

$$H = 1.05\left[h_1 + h_2\sqrt{\frac{d}{D}} + \frac{D^2 - d^2}{8D\sin a}\left(1 + \sqrt{\frac{D}{d}}\right)\right] \tag{5-27}$$

图 5-27（c）所示工件：

$$H = h_1 + \frac{1}{4}\left(1 + \sqrt{\frac{D}{d}}\right)\sqrt{D^2 - d^2} \tag{5-28}$$

（4）缩口力　图 5-27（a）所示锥形缩口件，其缩口力可用下式计算：

$$F = K\left[1.1\pi D t \sigma_b\left(1 - \frac{d}{D}\right)(1 + \mu\cot a)\frac{1}{\cos a}\right] \tag{5-29}$$

式中：μ——坯料与凹模接触面间的摩擦系数；

σ_b——材料的抗拉强度，MPa；

K——速度系数，在曲柄压力机上工作时 $K = 1.15$。

其他符号如图 5-27 所示。

3. 缩口模具结构

图 5-28 所示为典型的缩口模结构图，它成形的材料为 08 号钢，料厚为 1mm，该工件的成形是在先拉深圆筒状之后再进行缩口工艺的。该模具工作原理：毛坯先放入外支撑套 7 内，上模下行，外支撑套 7 与凹模 8 首先接触，完成缩口成形。模具通过上打料的方式推料。

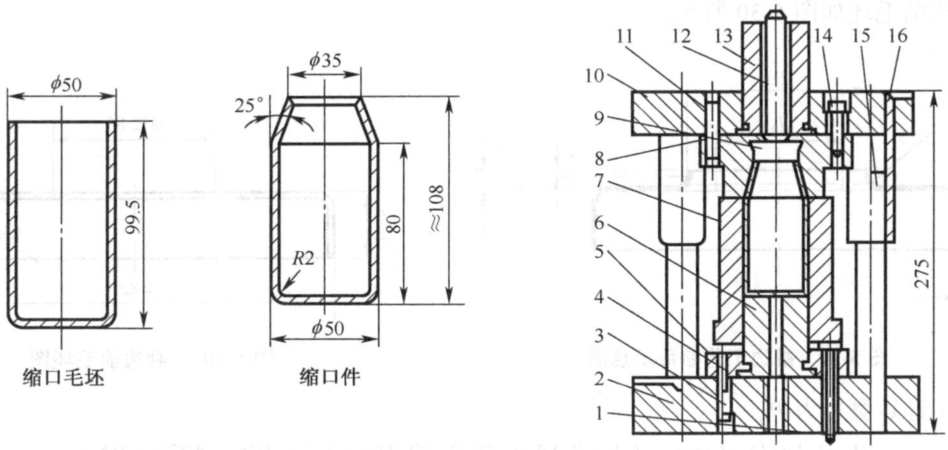

图 5-28　缩口模结构

1—顶杆　2—下模板　3、14—螺栓　4、11—销钉　5—固定板　6—垫块　7—支撑套　8—凹模　9—顶出口　10—模板　12—打料杆　13—模柄　15—导柱　16—导套

三、项目实施

（一）衬套翻边模设计

如图 5-1 所示的衬套零件，材料为 08 钢，料厚 1.2mm，生产批量为中等批量，下面详细讲解该零件翻边模具的设计。

1. 衬套翻边工艺分析

对衬套翻边件进行工艺性分析可知，ϕ40mm 处由内孔翻边成形，翻边前应预冲孔，ϕ82mm 是圆筒形拉深件直径，可一次拉深成形。工序安排为落料、拉伸、预冲孔、翻边等。翻边前为 ϕ82mm，高 14.5mm，无法兰圆筒形制件，如图 5-1 所示。

2. 衬套翻边工艺计算

在筒形零件上冲底孔后进行翻边，工艺计算包括两方面内容：一是确定底孔直径 d_0，二是校核翻边高度 H。

（1）计算毛坯的预孔直径　翻边工艺参数如图 5-29 所示。

$$d_0 = D-2(H-0.43r-0.72t) = 38.8-2\times(4.7-0.43\times2-0.72\times1.2)\approx32.85\text{mm}$$

（2）计算翻边高度 H。

$$H_{max} = 0.5D(1-K_{f\,min}) + 0.43r + 0.72t$$
$$= 0.5 \times 38.8 \times (1-0.57) + 0.43 \times 2 + 0.72 \times 1.2$$
$$= 10.066(mm)$$

当工件高度 $H > H_{max}$ 时，就难于一次翻边成形。需采用多次翻边或其他工艺方法获取工件高度（如果两次翻边之间可增加退火软化工序，对变形区进行加热翻边等工艺方法）。本项目的翻边高度 $H = 18-14.5+1.2 = 4.7$（mm），小于最大翻边高度，所以能够一次翻成。

翻边前毛坯如图 5-30 所示。

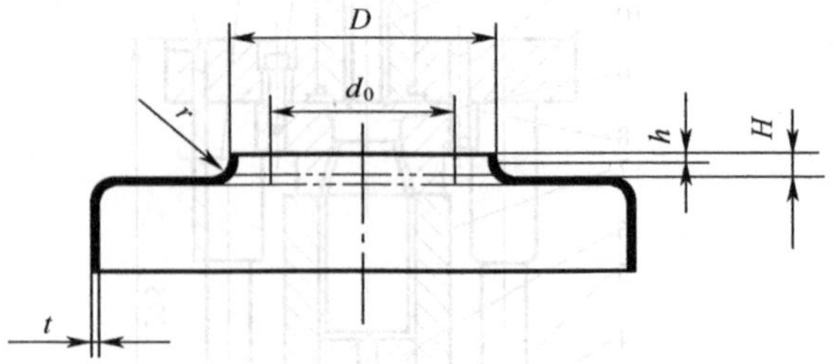

图 5-29　翻边工艺参数示意图

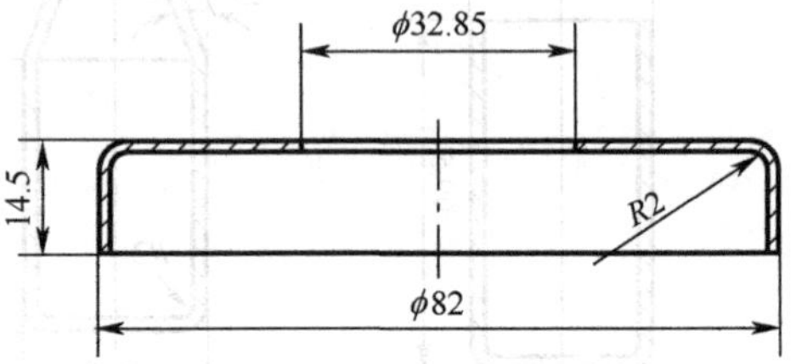

图 5-30　翻边前毛坯图

（3）计算翻边力 P。

$$P = 1.1\pi(D-d_0)t\sigma_s = 1.1 \times 3.14 \times (38.8-32.85) \times 1.2 \times 196 = 4833.67(N)$$

3. 衬套翻边模装配图的设计绘制

翻边模采用倒装结构，使用大圆角圆柱形翻边凸模，制件预冲孔套在导正销上定位，压边靠压力机标准弹顶器压边，制件若留在上模由推件器推出，选用对角滑动导向模架。

根据固定板尺寸和闭合高度选用 250kN 双柱可倾压力机。衬套翻边模如图 5-31 所示。

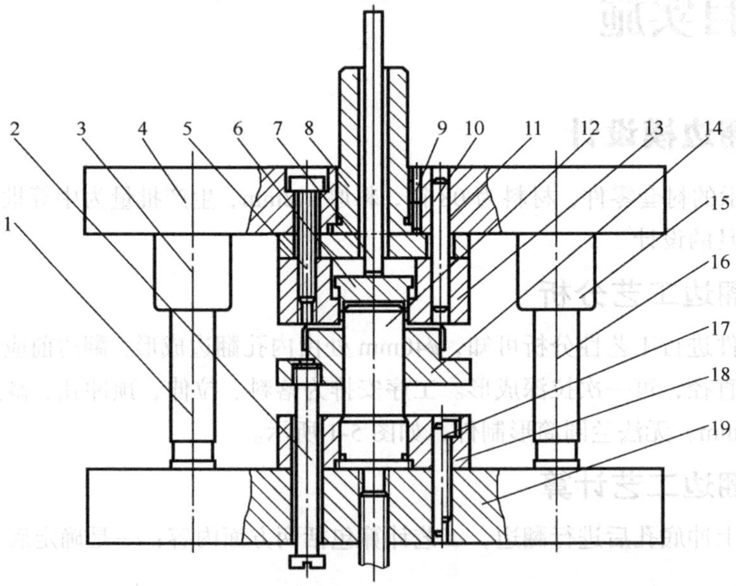

图 5-31　衬套翻边模

1、16—导柱　2—顶料杆　3、15—导套　4—上模座　5—螺钉　6—推件杆　7—推杆　8—模柄　9—防转销　10—销钉　11—凹模垫板　12—凸模　13—凹模　14—压料板　17—销钉、螺钉　18—凸模固定板　19—下模座

4. 衬套翻边模零件图的设计

衬套翻边模的零件图如图 5-32～图 5-33 所示。

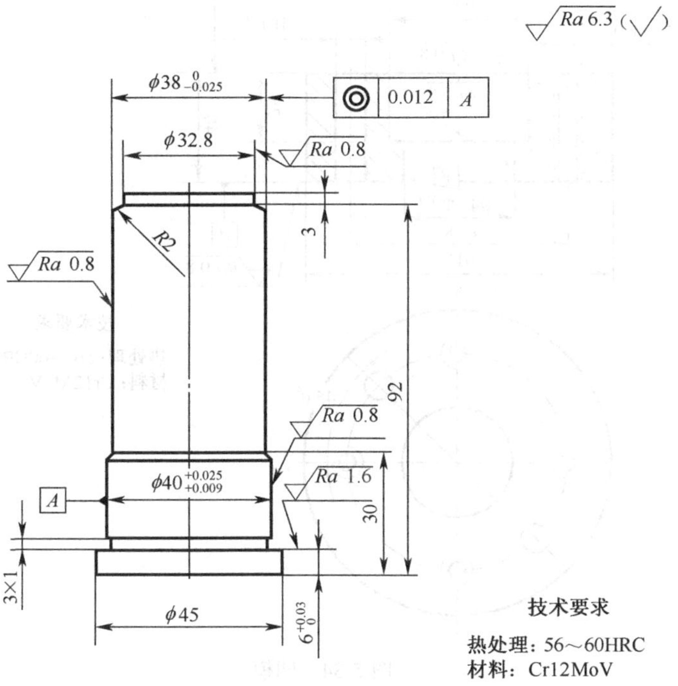

图 5-32　凸模

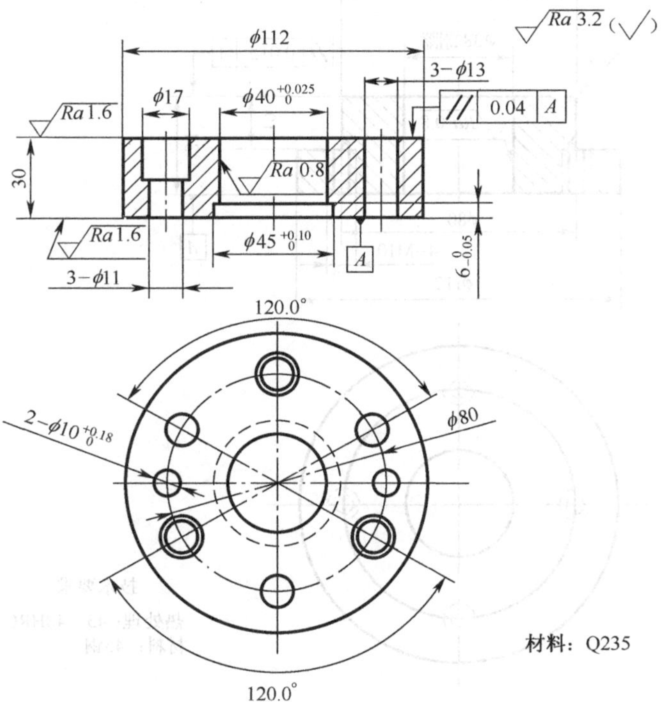

图 5-33　凸模固定板

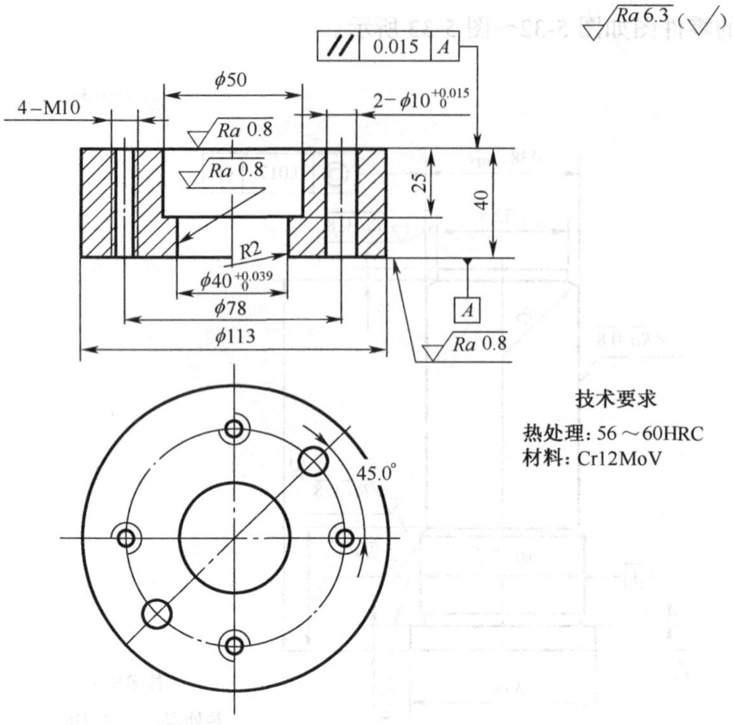

图 5-34　凹模

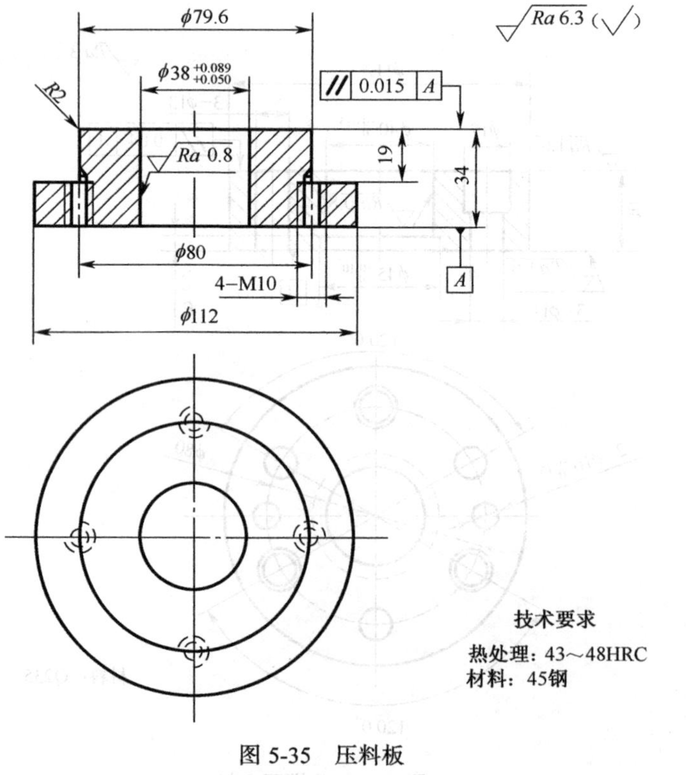

图 5-35　压料板

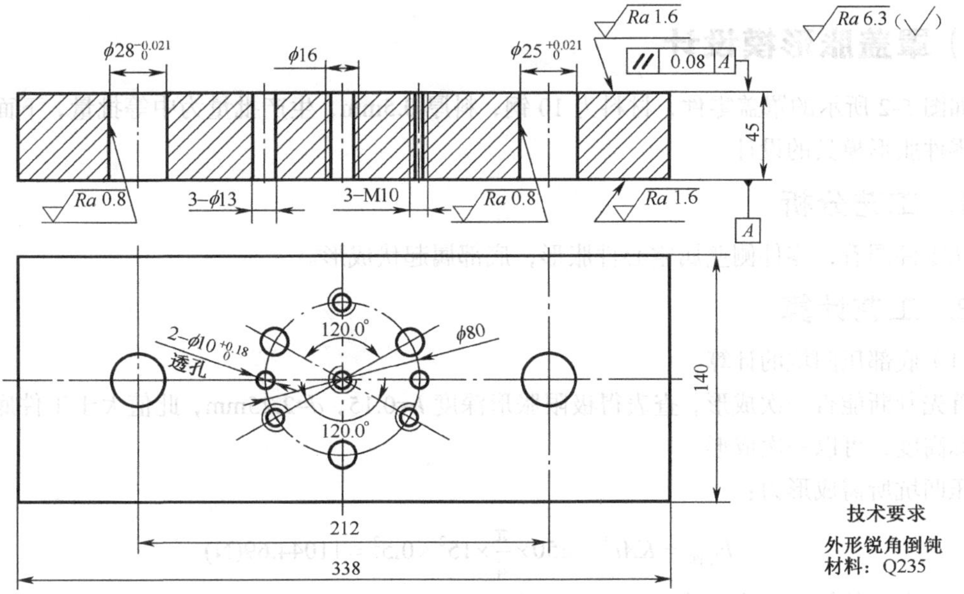

技术要求
外形锐角倒钝
材料：Q235

图 5-36 下模座

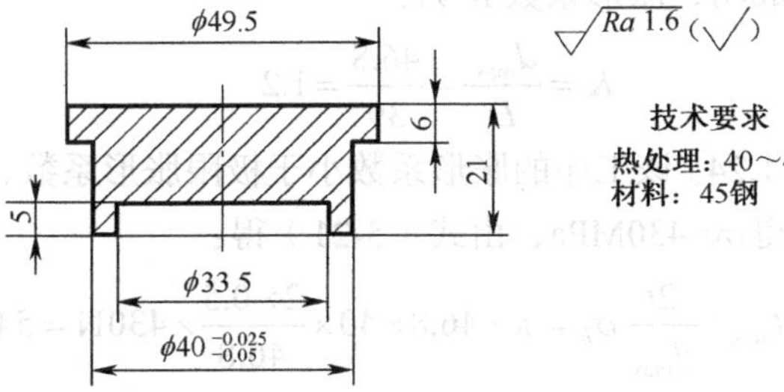

技术要求
热处理：40～45HRC
材料：45钢

图 5-37 推件板

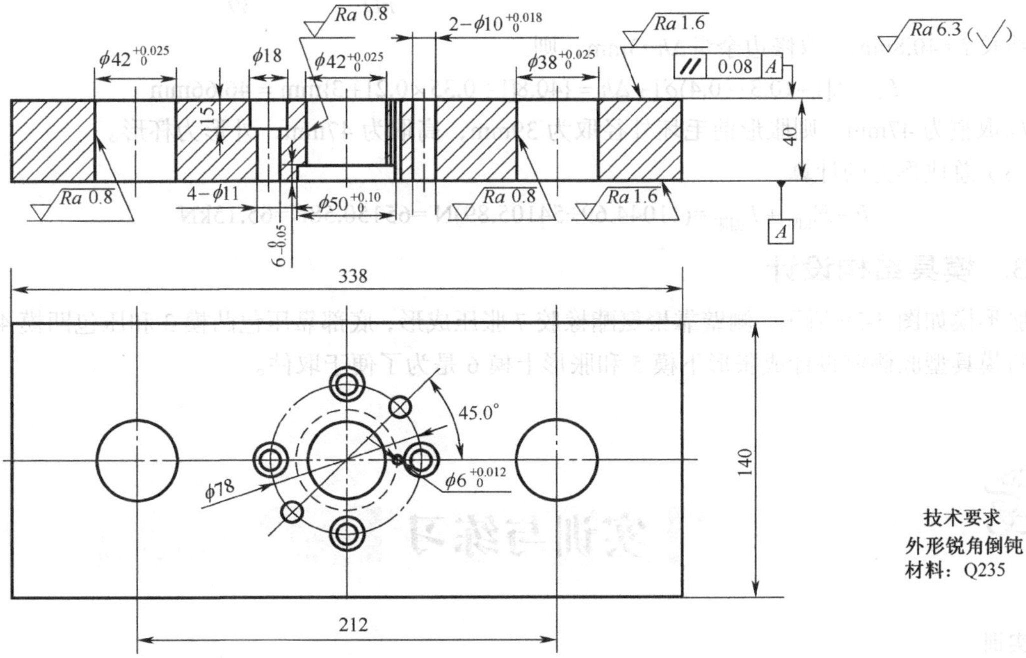

技术要求
外形锐角倒钝
材料：Q235

图 5-38 上模座

（二）罩盖胀形模设计

如图 5-2 所示的罩盖零件，材料为 10 钢，料厚 0.5mm，生产批量为中等批量，下面详细讲解该零件胀形模具的设计。

1. 工艺分析

从零件图看，零件侧壁属空心件胀形，底部属起伏成形。

2. 工艺计算

（1）底部压凹坑的计算

首先判断能否一次成形，查表得极限胀形深度 h=0.15，d=2.25mm，此值大于工件底部凹坑的实际高度，可以一次成形。

压凹坑所需成形力：

$$F_{压凹} = KAt^2 = 250 \times \frac{\pi}{4} \times 15^2 \times 0.5^2 = 11044.69(\text{N})$$

（2）空心件侧壁胀形计算

首先判断能否一次胀形成功，胀形系数 K 为：

$$K = \frac{d_{max}}{D} = \frac{46.8}{39} = 1.2$$

查表得极限胀形系数为 1.24。该工序的胀形系数小于极限胀形系数，侧壁可以一次胀成形。

侧壁成形力计算，可查得σ_b=430MPa，由式（5-21）得：

$$F_{侧胀} = Ap = \pi d_{max} L \frac{2t}{d_{max}} \sigma_b = \pi \times 46.8 \times 40 \times \frac{2 \times 0.5}{46.8} \times 430\text{N} = 54105.89\text{N}$$

胀形前毛坯的原始长度 L_0 由式（5-20）计算。$\delta = \dfrac{\pi d_{max} - \pi D}{\pi D} = \dfrac{46.8 - 39}{39} = 0.2$，可以计算工件母线长 L=40.8mm，取修边余量Δh=3mm，则

$$L_0 = L[1 + (0.3 \sim 0.4)\delta] + \Delta h = \{40.8[1 + 0.35 \times 0.2] + 3\}\text{mm} = 46.66\text{mm}$$

L_0 取整为 47mm。则胀形前毛坯外径取为 39mm，高取为 47mm，外形为杯形。

（3）总成形力的计算

$$F = F_{压凹} + F_{侧胀} = (11044.69+54105.89)\text{N} = 65150.58\text{N} = 65.15\text{kN}$$

3. 模具结构设计

胀形模如图 5-39 所示。侧壁靠聚氨酯橡胶 7 胀压成形，底部靠压包凸模 3 和压包凹模 4 成形。将模具型腔侧壁设计成胀形下模 5 和胀形上模 6 是为了便于取件。

实训与练习

一、实训

1. 内容：成形模具拆装实训

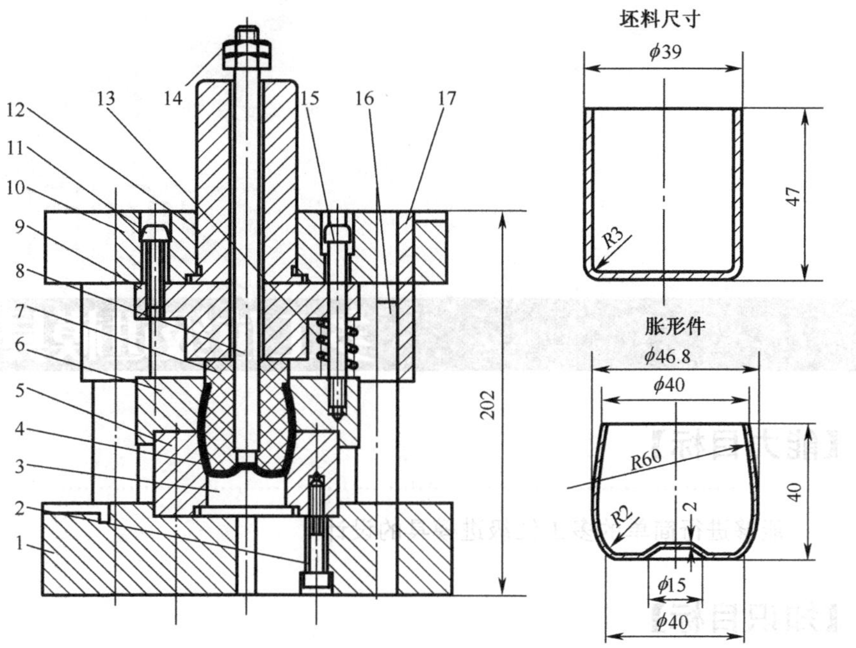

图 5-39 罩盖胀形模

1—下模板 2—螺栓 3—压包凸模 4—压包凹模 5—胀形下模 6—胀形上模 7—聚氨酯橡胶 8—拉杆 9—上固定板 10—上模板 11—螺钉 12—模柄 13—弹簧 14—螺母 15—拉杆螺钉 16—导柱 17—导套

2. 时间：2 天。

3. 实训内容：参观模具制造工厂或模具拆装实训室，挑选不同结构的成形模若干，分成 3 人一组，每组学生拆装一副成形模，了解模具的结构及动作过程，测绘并画出模具装配图。

4. 要求：了解成形模的结构组成，各部分的作用，零件间的装配形式，相互关系；熟悉成形模拆装的基本要求、方法、步骤、常用拆装工具；掌握一般成形模的工作原理；熟悉成形模结构参数的测量；测绘各个模具零件并绘制模具装配图。

二、练习

1. 何为校形、翻边、胀形、缩口？在这些成形工序中，由于变形过度而出现的材料损坏形式分别是什么？

2. 翻边、胀形、缩口的变形程度分别是如何表示的？如果零件的变形超过了材料的极限变形程度，它们在工艺上分别可以采取哪些措施？

3. 缩口与拉深在变形特点上有何相同和不同的地方？

4. 哪些冲压件需要整形？

5. 如图 5-40 所示试设计计算图示翻边件的预制孔直径及翻边系数，零件的材料为 Q235。

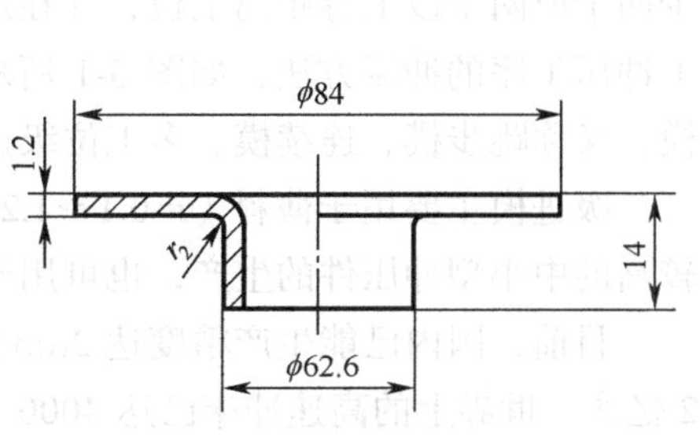

图 5-40 翻边制件零件图

项目六 多工位级进模具设计

【能力目标】

能够进行简单的多工位级进模具的设计

【知识目标】

- 熟悉多工位级进模具的特点与分类
- 掌握多工位级进冲压的排样方法
- 掌握多工位级进模具冲切刃口的设计
- 熟悉多工位级进模具的典型结构
- 掌握多工位级进模具工作零件的设计
- 熟悉多工位级进模具定位机构的设计
- 熟悉多工位级进模具卸料装置的设计

一、项目引入

多工位级进冲压是指在一副模具中沿被冲原材料（条料或卷料）的直线送进方向，具有至少两个或两个以上等距离工位，并在压力机的一次行程中，在不同的工位上完成两个或两个以上冲压工序的冲压方法，如图 6-1 所示。这种方法使用的模具即为多工位级进模具，简称级进模，又称跳步模、连续模、多工位级进模。

级进模主要用于薄料（t=0.1～1.2mm，一般不超过 2mm）、批量大、形状复杂、精度要求较高的中小型冲压件的生产，也可用于批量不大但零件很小，操作不安全的零件的生产。

目前，国内已能生产精度达 2μm 的精密多工位级进模，工位数最多已达 160 个，寿命 1～2 亿次。世界上的高速冲床已达 4000 次/min。

本项目以图 6-2 所示手柄的多工位级进模设计为载体，综合训练学生进行级进模设计的初步能力。

零件名称：手柄

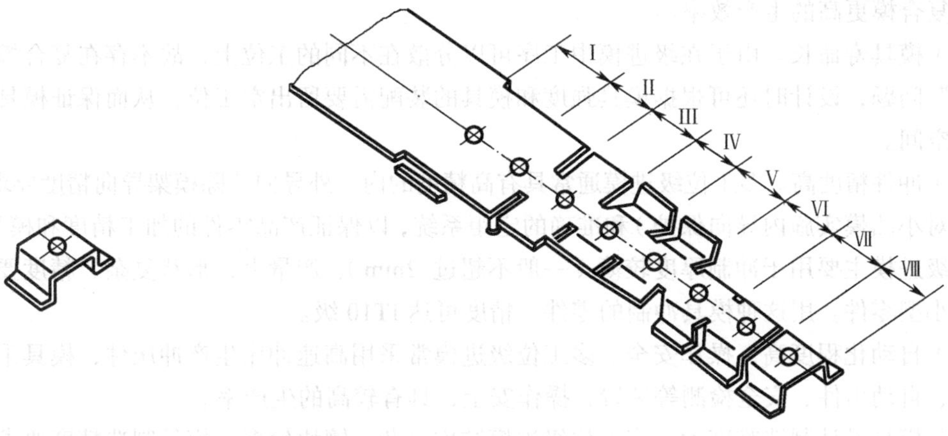

图 6-1 级进冲压工艺

生产批量：大批量

材料：Q235 钢

料厚：1.2mm

生产零件图：如图 6-2 所示。

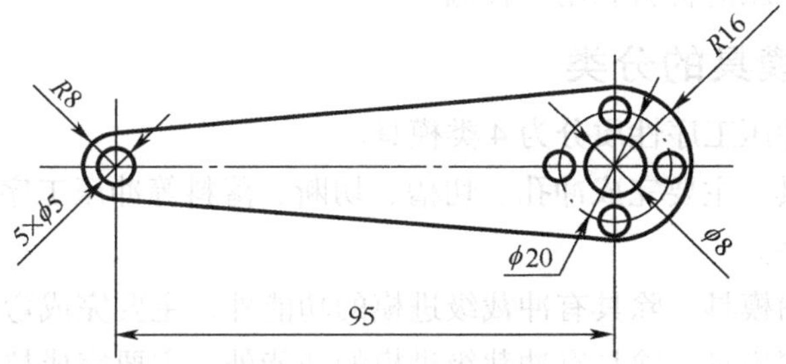

图 6-2 手柄零件图

二、相关知识

（一）多工位级进模具的特点和分类

1. 多工位级进模具的特点

多工位级进模是一种高精度、高效率、长寿命的先进模具，是技术密集型模具的重要代表，是冲模发展方向之一。这种模具除进行冲孔落料工作外，还可根据零件结构的特点和成形性质，完成压筋、冲窝、弯曲、拉深等成形工序，甚至还可以在模具中完成铆接、旋转等装配工序。一般说来，只要是中小型件，无论其形状怎样复杂，所需冲压工序怎样多，均可用一副多工位级进模冲压完成。

与其他冲压模具相比，多工位级进模具有独特的特点。

（1）生产效率高。在一副模具中可完成冲裁、弯曲、拉深、成形甚至装配等多种多道工序，具有比复合模更高的生产效率。

（2）模具寿命长。由于在级进模中工序可以分散在不同的工位上，故不存在复合模的“最小壁厚”问题，设计时还可根据模具强度和模具的装配需要留出空工位，从而保证模具的强度和装配空间。

（3）冲件精度高。多工位级进模通常具有高精度的内、外导向（除模架导向精度要求高外，还必须对小凸模实施内导向保护）和准确的定距系统，以保证产品零件的加工精度和模具寿命。多工位级进模主要用于冲制厚度较薄（一般不超过 2mm）、产量大，形状复杂、精度要求较高的中、小型零件。用这种模具冲制的零件，精度可达 IT10 级。

（4）自动化程度高，操作安全。多工位级进模常采用高速冲床生产冲压件，模具采用了自动送料、自动出件、安全检测等装置，操作安全，具有较高的生产率。

（5）模具设计制造难度大。多工位级进模结构复杂，镶块较多，模具制造精度要求很高，给模具的制造、调试及维修带来一定的难度。同时要求模具零件具有互换性，在模具零件磨损或损坏后要求更换迅速、方便、可靠。所以模具工作零件选材必须好（常采用高强度的高合金工具钢、高速钢或硬质合金等材料），必须应用慢走丝线切割加工、成形磨削、坐标镗、坐标磨等先进加工方法制造模具。

（6）模具的造价高，制造周期长，对经验的依赖性强。

（7）多工位级进冲压的材料利用率较低。

2. 级进冲压模具的分类

按所完成的主要冲压工序性质分为 4 类模具。

（1）级进冲裁模具　主要完成冲孔、切槽、切断、落料等冲压工序，有的模具还可以完成铆接、旋转等装配工序。

（2）级进冲裁弯曲模具　除具有冲裁级进模的功能外，主要完成弯曲冲压工序。

（3）级进冲裁拉深模具　除具有冲裁级进模的功能外，主要完成拉深冲压工序。

（4）级进冲裁成形模具　除具有冲裁级进模的功能外，主要完成胀形、翻边等各种冲压成形工序。

按所能完成的功能分为 2 类模具。

（1）级进冲压模具　只完成各种冲压工序的模具。

（2）多功能多工位级进冲压模具　除了完成冲压工序外，还可以实现叠压、攻丝、铆接和锁紧等组装任务，这种多功能模具生产出来的不再是单个零件，而是成批的组件，如触头与支座的组件、各种微小电机、电器及仪表的铁芯组件等。

（二）多工位级进模具的排样设计

1. 多工位级进模排样的原则

在级进冲压中，工序件在级进模内随着冲床每冲一次就向前送进一个步距，到达不同的工位，由于各工位的加工内容互不相同，因此，在级进模设计中，要确定从板料毛坯到产品零件的成形过程，即各工位所要进行的加工工序内容，这一设计过程就是排样设计。排样设计是多工位级进模设计的关键之一。排样图的优化与否，不仅关系到材料的利用率，工件的精度，模具制造的难易程度和使用寿命等，还关系到模具各工位的协调与稳定。多工位级进模的排样，除了遵守普通冲模的排样原则外，还应考虑如下几点：

（1）先制作冲压件展开毛坯样板（3～5 个），在图面上反复试排，待方案初步确定后，在排样图的开始端安排冲孔、切口、切废料等分离工位，再向另一端依次安排成形工位，最后安排工件和载体分离。在安排工位时，要尽量避免冲小半孔，以防凸模受力不均而折断。

（2）第 1 工位一般安排冲孔和冲工艺导正孔；第 2 工位设置导正销对带料导正；在以后的工位中，视其工位数和易发生窜动的工位设置导正销，也可以在以后的工位中每隔 2～3 个工位设置导正销。第 3 工位可根据冲压条料的定位精度，设置送料步距的误差检测装置。

（3）冲压件上孔的数量较多且孔的位置太近时，可分别在不同工位上冲出孔，但孔不能因后续成形工序的影响而变形；对有相对位置精度要求的多孔，应考虑同步冲出。因模具强度的限制不能同步冲出时，应有措施保证它们的相对位置精度。复杂的型孔可分解为若干简单型孔分步冲出。

（4）当局部有压筋时，一般应安排在冲孔前，防止由于压筋造成孔的变形。有突包时，若突包的中央有孔，为有利于材料的流动，可先冲一小孔，压突包后，再将孔冲到要求的尺寸。

（5）为提高凹模镶块、卸料板和固定板的强度，保证各成形零件安装位置不发生干涉，可在排样中设置空工位，空工位的数量根据模具结构的要求而定。

（6）对弯曲和拉深成形件，每一工位的变形程度不宜过大，变形程度较大的冲压件可分几次成形。这样既有利于保证质量，又有利于模具的调试修整。对精度要求较高的成形件，应设置整形工位。为避免 U 形弯曲件变形区材料产生拉深，应考虑先弯曲 45°，再弯成 90°。

（7）在级进拉深排样中，可应用拉深前切口、切槽等技术，以便材料的流动。

（8）成形方向的选择（向上或向下）要有利于模具的设计和制造，有利于送料的顺畅。若成形方向与冲压方向不同，可采用斜滑块、杠杆和摆块等机构来转换成形方向。

2. 多工位级进模排样的内容

多工位级进模排样设计的结果是排样图，排样图一经确定，也就确定了以下几方面的内容。

（1）被冲零件各部分在模具中的冲压顺序。

（2）模具的工位数及各工位的加工内容。

（3）被冲零件在条料上的排列方式、排列方位等并反映出材料利用率的高低。

（4）步距的公称尺寸和定距方式。

（5）条料的宽度。

（6）载体的形式。

（7）模具的基本结构。

级进模设计中的排样包括 3 方面的内容，即毛坯排样、冲切刃口外形设计和工序排样。

毛坯排样是指零件的展开形状在条料上的排列方式。在所有各类冲压模的设计中都必须进行毛坯排样。

冲切刃口外形设计是指对具有复杂外形或内孔的零件的几何形状进行分解以确定零件形状的冲压顺序，是工序排样前必须完成的设计工作。

工序排样确定模具由多少工位组成、每个工位的具体加工工序等，是毛坯排样和冲切刃口外形设计的综合，是级进模设计的关键。工序排样简称排样。

如图 6-3 所示为上述 3 方面排样的示意图。

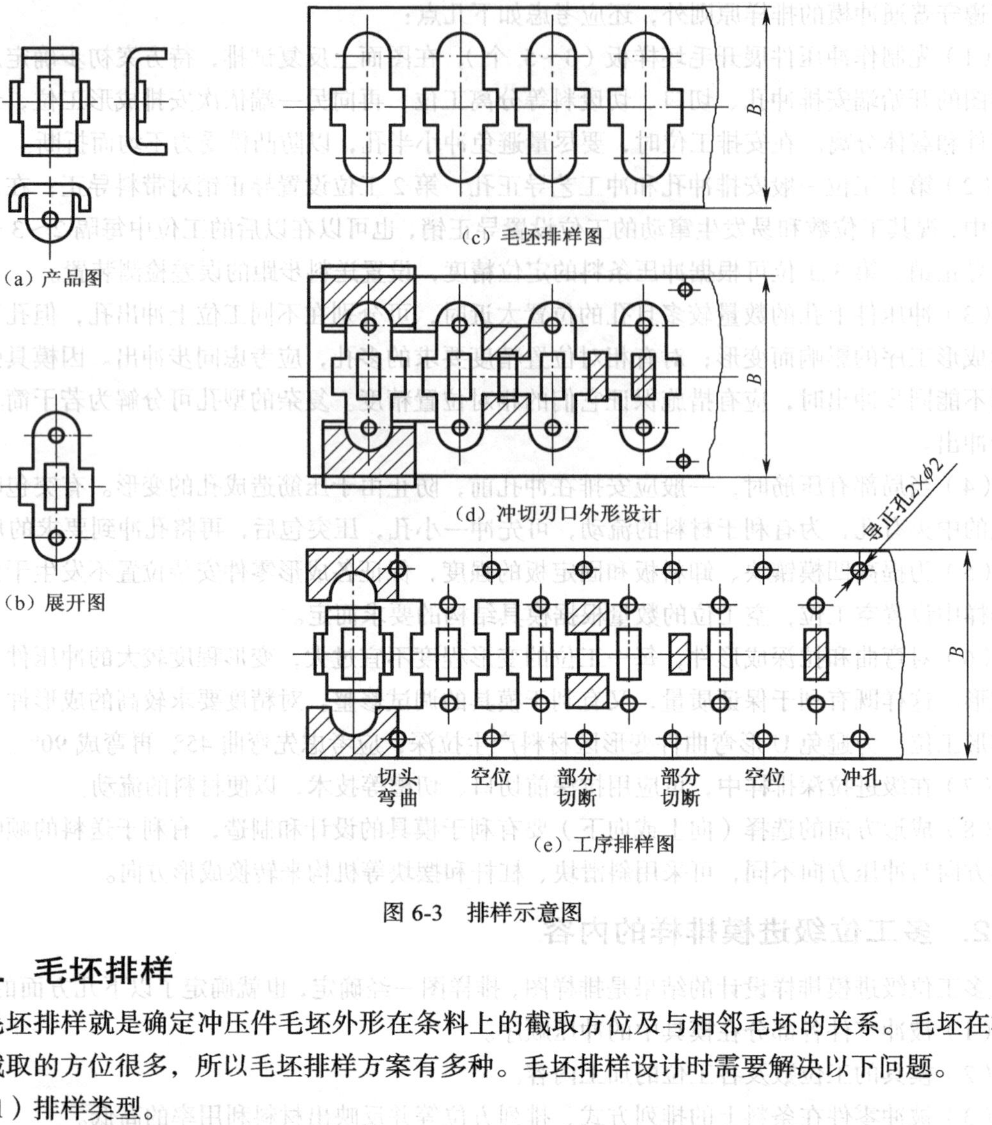

（a）产品图 （b）展开图 （c）毛坯排样图 （d）冲切刃口外形设计 （e）工序排样图

图 6-3 排样示意图

3. 毛坯排样

毛坯排样就是确定冲压件毛坯外形在条料上的截取方位及与相邻毛坯的关系。毛坯在板料上可截取的方位很多，所以毛坯排样方案有多种。毛坯排样设计时需要解决以下问题。

（1）排样类型。

（2）搭边值的确定。

（3）进（步）距的确定。

（4）条料宽度的确定。

（5）材料利用率。

上述内容中除了搭边值比普通冲压时取得大之外，其他内容与普通冲压中的基本相同，在此不再赘述。

4. 冲切刃口设计

在级进模设计中，为了实现复杂零件（如含有弯曲、拉深、成形等多种工序的冲压件）的冲压或简化模具结构，一般总是将复杂外形和内形孔分几次冲切。冲切刃口外形设计就是把复杂的内形轮廓或外形轮廓分解为若干个简单几何单元，各单元又通过组合、补缺等方式构成新的冲切轮廓，从而设计出合理的凸模和凹模刃口外形的过程。如图 6-4 所示。此过程需要解决 2 个问题。

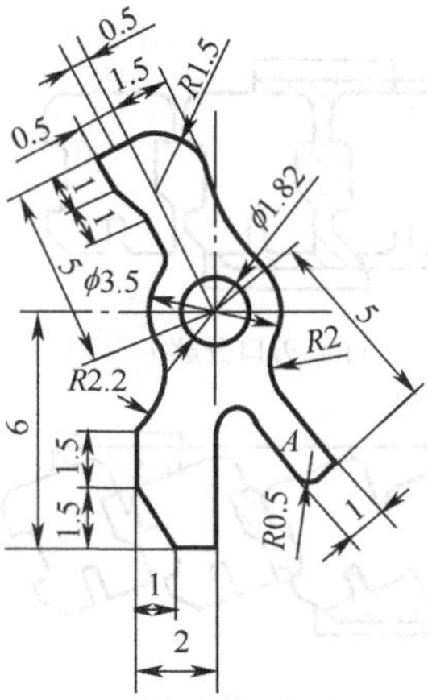

(a)工件图

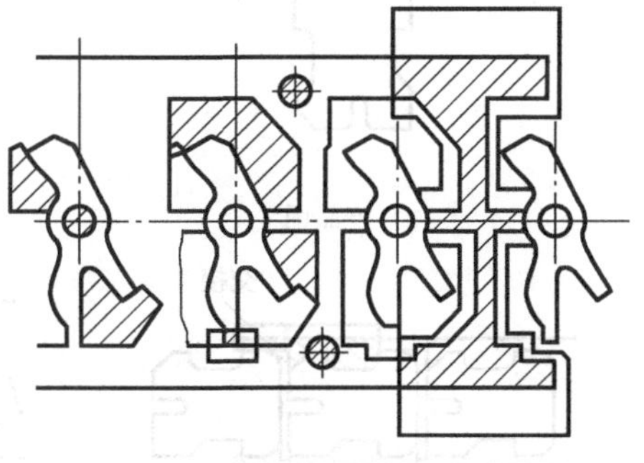
(b)外形轮廓的分解与重组

图 6-4　冲切刃口设计

（1）轮廓的分解与重组　实际生产中所遇到的冲压件往往十分复杂，冲切刃口外形设计实际上就是刃口的分解与重组，如图 6-4（b）所示。刃口的分解与重组应在毛坯排样后进行，应遵循以下原则。

① 有利于简化模具结构，分解段数应尽量少，重组后形成的凸模和凹模外形要简单、规则，要有足够的强度，要便于加工，如图 6-5 所示。

② 刃口分解应保证产品零件的形状、尺寸、精度和使用要求。

③ 内外形轮廓分解后各段间的连接应平直或圆滑。

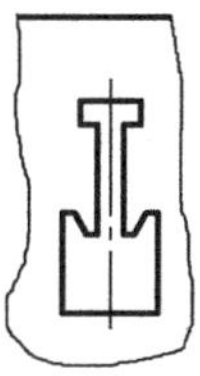
(a)异型孔

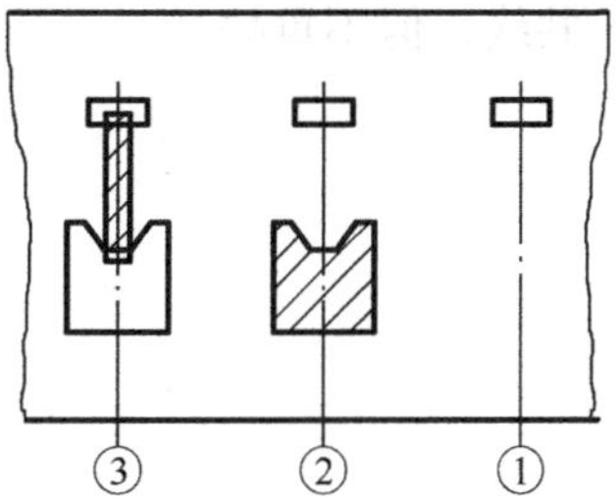

(b)异型孔分段冲

图 6-5　刃口分解的要求

④ 分段搭接点应尽量少，搭接点位置要避开产品零件的薄弱部位和外形的重要部位，放在不注目的位置。

⑤ 有公差要求的直边和使用过程中有滑动配合要求的边应在一次冲切，不宜分段，以免误差累计。如图 6-6（a）所示的 A 面，若在使用过程中是配合面，则最好选择图 6-6（c）所示的刃口分解。

⑥ 复杂内、外形以及有窄槽或细长臂的部位最好分解。

⑦ 毛刺方向有不同要求时应分解。

⑧ 刃口分解应考虑加工设备条件和加工方法，应便于加工。

刃口的分解与重组不是唯一的（如图 6-6 所示），设计过程十分灵活，经验性强，难度大，设计时应多考虑几种方案，经综合比较选出最优方案。

（2）轮廓分解时分段搭接头的基本形式　内外形轮廓分解后，各段之间必然要形成搭接头，不恰当的分解会导致搭接头处产生毛刺、错牙、尖角、塌角、不平直和不圆滑等质量问题。常见的搭接头形式有 3 种：

① 交接　如图 6-7（a）所示。交接是指毛坯轮廓经分解与重组后，冲切刃口之间相互交错，有少量重叠部分。

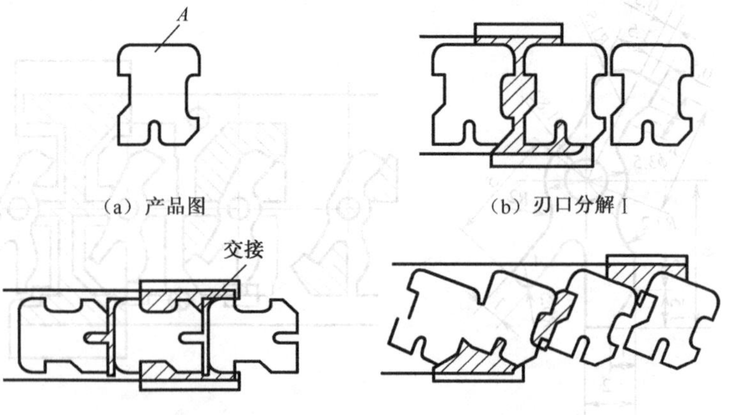

（a）产品图　（b）刃口分解 I　（c）刃口分解 II　（d）刃口分解 III

图 6-6　刃口分解示例

按交接方式进行刃口分解，对保证交接接头连接质量比较有利，使用比较普遍。交接量一般应大于 0.5 倍的料厚；若不受交接型孔尺寸的限制，交接量可达 1～2.5 倍的料厚。

② 平接　如图 6-7（b）所示。平接就是把零件的直边段分成两次冲切，两次冲切刃口平行、共线，但不重叠。

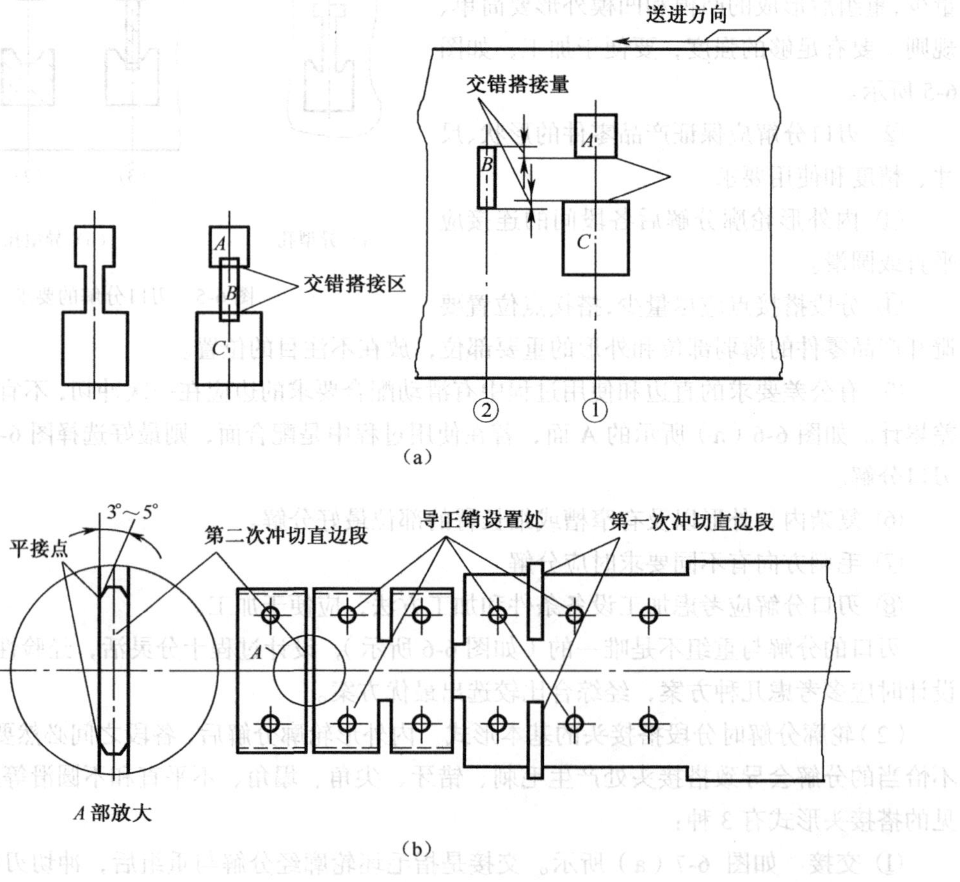

（a）

（b）

图 6-7　搭接方式

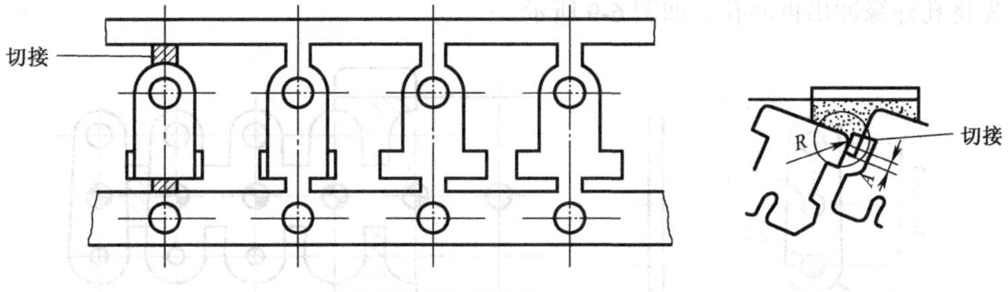

（c）

图 6-7　搭接方式（续）

平接时，其步距精度、凸模和凹模的制造精度都要求较高，易产生毛刺、错牙、不平等质量问题，除非必须如此排样，应尽量避免使用此搭接方法。平接时在平接附近要设置导正销，如果工件允许，第 2 次冲裁宽度应适当增加一些，凸模要修出微小的斜角（一般取 3°～5°）。

③ 切接　如图 6-7（c）所示。切接是在毛坯圆弧部分分段冲切时搭接形式，即在第 1 工位上先冲切一部分圆弧段，在后续工位上再切去其余部分，前后两段应相切。

5. 工序排样

工序排样需要解决的主要内容有以下几个方面。

（1）工序确定与排序　工序的顺序以有利于下道工序的进行为原则，做到先易后难，先冲平面形状后冲立体形状。

① 级进冲裁的工序排样。

a. 带孔的冲裁件，先冲孔，后冲外形，如图 6-8 所示。

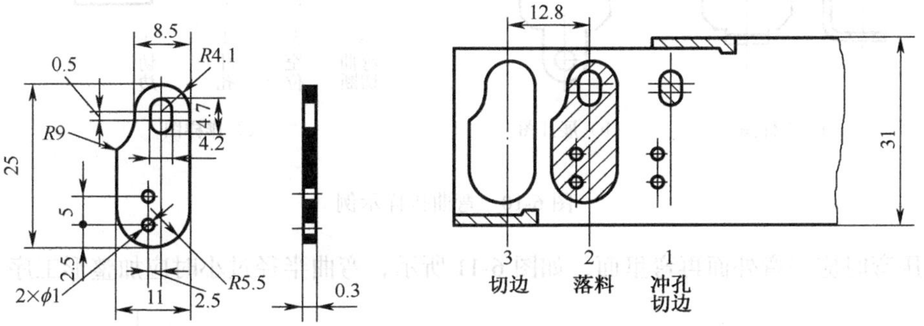

（a）工件图　　　　（b）排样图

图 6-8　级进冲裁排样示例（一）

b. 尽量避免采用复杂形状的凸模、凹模，即对复杂的型孔或外形进行分解，采用分段切除的办法，如图 6-4、图 6-5 所示。

c. 零件上有严格要求的相对尺寸，应放在同一工位冲出。若无法安排在同一工位冲出，可安排在相近工位上冲出，如图 6-9 所示。

d. 尺寸与形状要求高的轮廓应在较后的工位上冲出。

e. 外形薄弱部分的冲切应安排在较前的工位。

f. 当孔到边缘的距离较小，而孔的精度又较高时，若先冲孔后冲外形，可能会导致孔变形，此时应先将孔外缘冲出再冲孔，如图 6-9 所示。

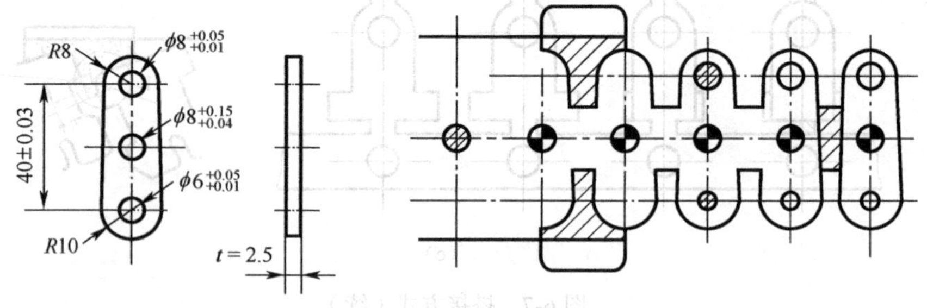

（a）工件图　　（b）排样图

图 6-9　级进冲裁排样示例（二）

g. 轮廓周界较大的冲切工艺尽量安排在中间冲切，以使压力中心与模具几何中心重合。

② 级进弯曲的工序排样。

a. 对于带孔的弯曲类零件，一般应先冲孔，再冲切掉需要弯曲部分的周边材料，然后再弯曲，最后切除其余废料，使工件与条料分离，如图 6-10 所示。但当孔靠近弯曲变形区且又有精度要求时应先弯曲后冲孔，以防孔变形。

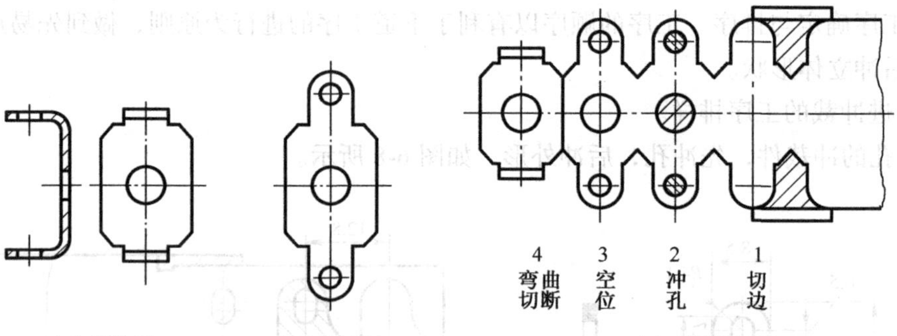

（a）工件图　　（b）展开图　　（c）排样图

图 6-10　弯曲排样示例

b. 压弯时应先弯外面再弯里面，如图 6-11 所示，弯曲半径过小时应加整形工序。

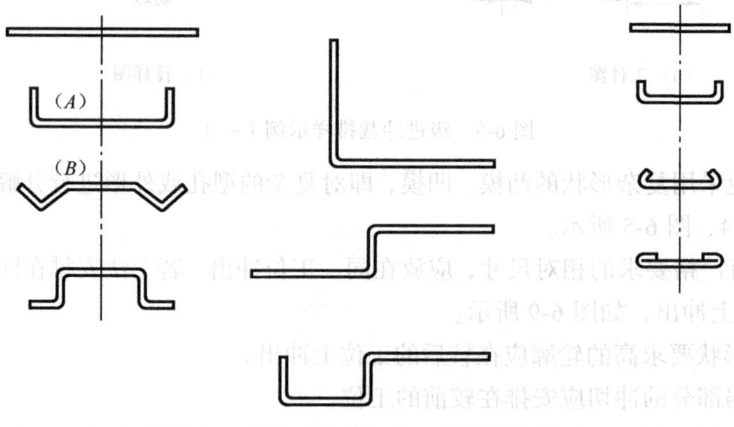

图 6-11　复杂弯曲件弯曲工序分解示意图

c. 毛刺方向一般应位于弯曲区内侧，以减少弯曲破裂的危险，改善产品外观。

d. 弯曲线应安排在与纤维方向垂直的方位，当零件在相互垂直的方向或几个方向都要进行弯曲时，弯曲线应与条料的纤维方向成 30°～60° 的角度。

e. 在一个工位上，弯曲变形程度不宜过大。对于复杂的弯曲件，应分解为简单弯曲工序的组合，经逐次弯曲而成如图 6-11 所示。对精度要求高的复杂弯曲件，应以整形工序保证工件的精度。

f. 一个零件的两个弯曲部分有尺寸精度要求时，则应在同一工位一次成形以保证尺寸精度。

g. 对于小型单角弯曲件，为避免弯曲时载体变形和侧向滑动，应尽量成对弯曲后再剖切分开。

h. 尽可能以冲床行程方向作为弯曲方向，以简化模具结构。

③ 级进拉深的工序排样。

在进行多工位级进拉深成形时，不像单工序拉深那样以散件形式单个送进坯料，它是通过带料以载体、搭体和坯件连在一起成组件形式连续送进，级进拉深成形。如图 6-12 所示。级进拉深时不能进行中间退火，故要求材料应具有较高的塑性。又由于级进拉深过程中工件间的相互制约，因此，每一工位拉深的变形程度不能太大。由于零件间留有较多的工件废料，材料的利用率有所降低。

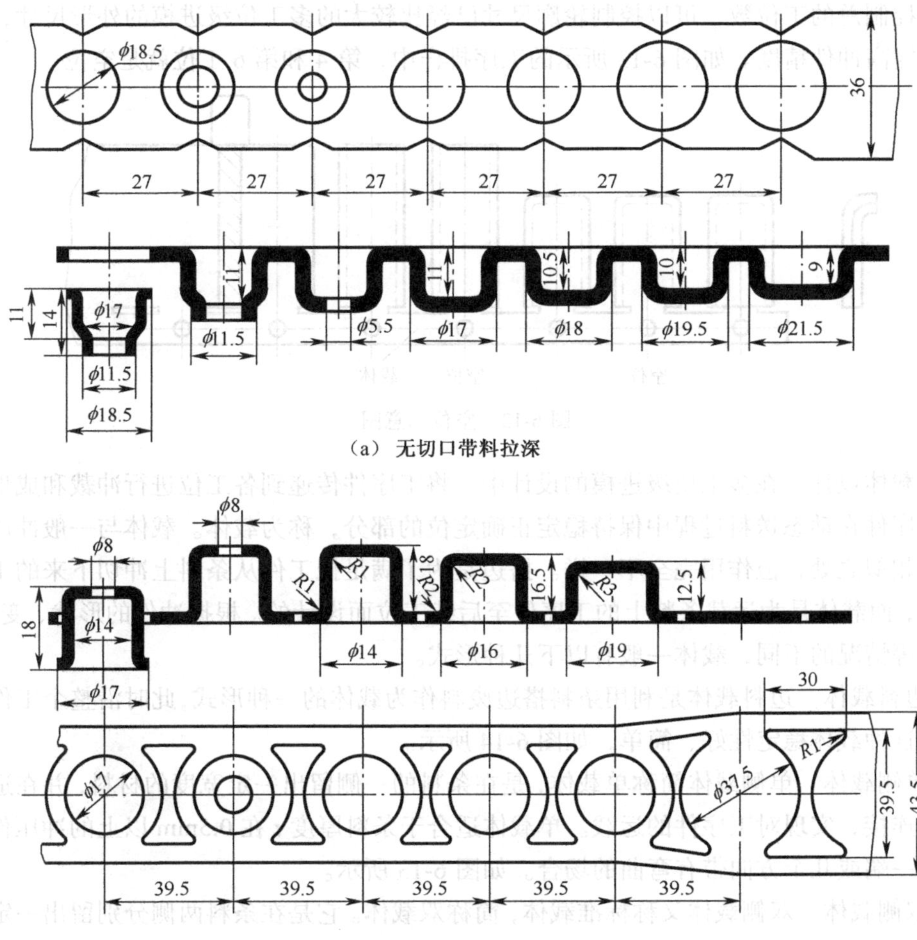

图 6-12 带料级进拉深

级进拉深按材料变形区与条料分离情况，可分为无工艺切口和有工艺切口两种工艺方法。

a. 无切口的级进拉深是在整体带料上拉深，如图 6-12（a）所示。由于相邻两个拉深工序件之间相互约束，材料在纵向流动较难，变形程度大时就容易拉裂。所以每道工序的变形程度不可能大，因而工位数较多。这种方法的优点是节省材料。

由于材料纵向流动比较困难，它只适用于拉深有较大的相对厚度[$(t/D)\times100>1$]，凸缘相对直径较小（d_t/d=1.1～1.5）和相对高度 h/d 较低的拉深件。

b. 有切口的级进拉深是在零件的相邻处切一切口或切缝，如图 6-12（b）所示。相邻两工序件相互影响和约束较小，此时的拉深与单个毛坯的拉深相似。因此，每道工序的拉深系数可小些，即拉深次数可以少些，且模具较简单。但毛坯材料消耗较多。这种拉深一般用于拉深较困难，即零件的相对厚度较小，凸缘相对直径较大和相对高度较大的拉深件。

（2）空工位设计　设计空工位是为了保证凹模强度，便于凸模安装调整和设置特殊结构或可能增加某一工位的需要。原则是：

① 步距小（小于 8mm）宜多设空工位，步距大（大于 16mm）不宜多设空工位；

② 导正销定位的可适当多设空工位，否则应少设空工位；

③ 冲件精度高的应少设空工位。

通过控制总的工位数，可以控制轮廓尺寸已经比较大的多工位级进模的外形尺寸，减少累计误差，提高冲件精度。如图 6-13 所示的工序排样中，第 4 和第 6 工位就是空位。

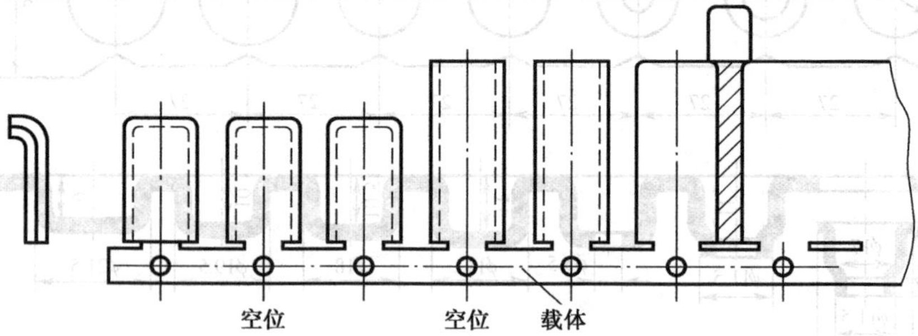

图 6-13　空位示意图

（3）载体设计　在多工位级进模的设计中，将工序件传递到各工位进行冲裁和成形加工，并且使工序件在动态送料过程中保持稳定正确定位的部分，称为载体。载体与一般冲压排样时的搭边有相似之处，但作用完全不一样。搭边是为了满足把工件从条料上冲切下来的工艺要求而设置的，而载体是为运载条料上的工序件至后续工位而设计的。根据冲件的形状、变形性质、材料厚度等情况的不同，载体一般有以下几种形式。

① 边料载体　边料载体是利用条料搭边废料作为载体的一种形式，此时沿整个工件周边都有废料。这种载体稳定性好、简单，如图 6-14 所示。

② 单侧载体　单侧载体简称单载体，是在条料的一侧留出一定宽度的材料，并在适当位置与工序件连接，实现对工序件的运载。单载体适合于条料厚度 t 在 0.5mm 以上的冲压件，特别对于零件一端或几个方向带有弯曲的场合。如图 6-13 所示。

③ 双侧载体　双侧载体又称标准载体，简称双载体。它是在条料两侧分别留出一定宽度的材料运载工序件，工序件连接在两侧载体的中间，所以双载体比单载体更稳定，具有更高的定位精度。这种载体主要用于薄料（$t\leqslant0.2$mm），工件精度较高的场合，但材料的利用率有所降

低，往往是单件排列。如图 6-15 所示。

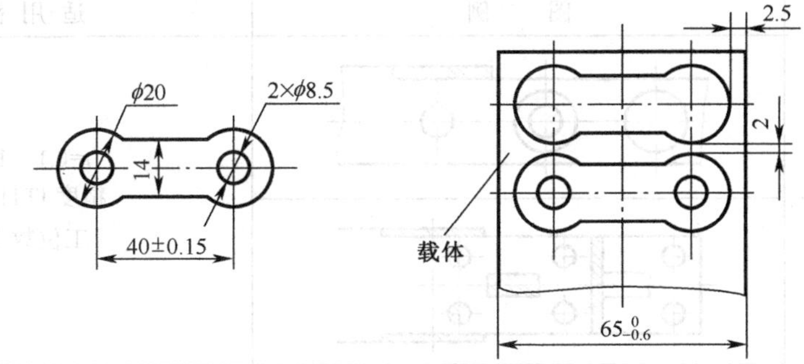

（a）工件图　　（b）排样图

图 6-14　边料载体示例

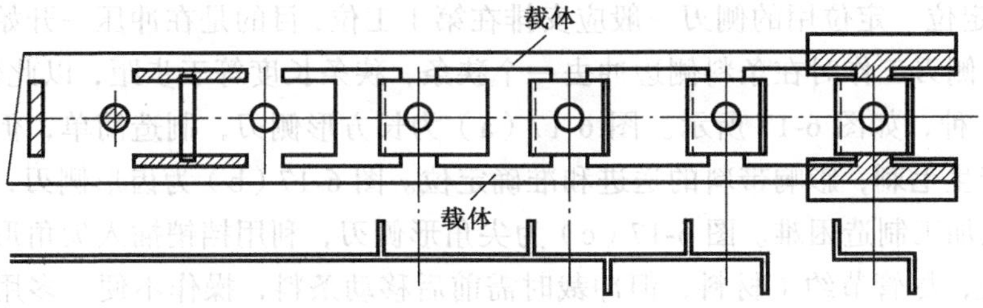

图 6-15　双侧载体

④ 中间载体　中间载体与单侧载体类似，但载体位于条料中部，如图 6-16 所示。它比单侧载体和双载侧体节省材料。在弯曲件的工序排样中应用较多，最适合材料厚度 t 大于 0.2mm 对称性两外侧有弯曲的零件。中间载体宽度可根据零件的特点灵活掌握，但不应小于单载体的宽度。

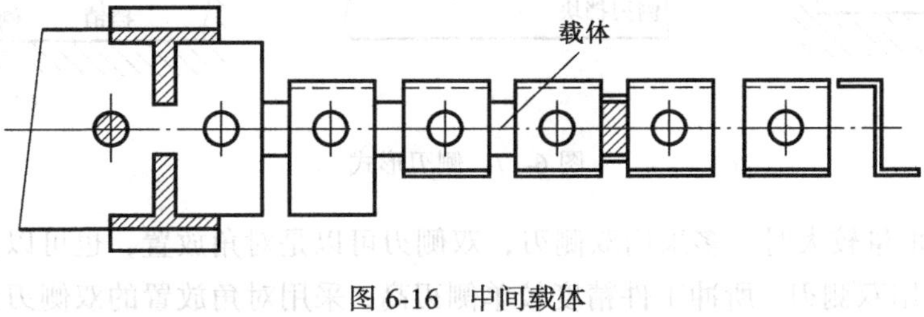

图 6-16　中间载体

（4）定位形式选择　由于多工位级进冲压是将产品的冲压加工工序分布在多个工位上完成，前后工位工序件的冲切刃口应能准确衔接、匹配，这就要求工序件在每一工位都能准确定位。

定位可分为纵向和横向，纵向沿条料送进方向，而横向与条料送进方向垂直。一般纵向定位包括定距和导正，而横向定位只导料。

级进模中常用的定位方式见表 6-1。

表 6-1　　级进模工序件的定位方式

定位方式	图　例	适用范围
挡料销	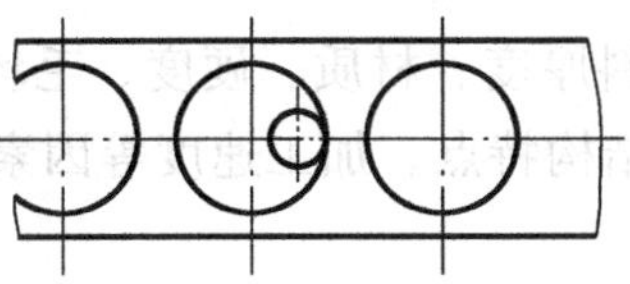	$t>1.2$mm，尺寸较大 产品精度要求（IT10～IT13） 形状简单 手工送料

续表

定位方式		图例	适用范围
侧刃	单侧刃	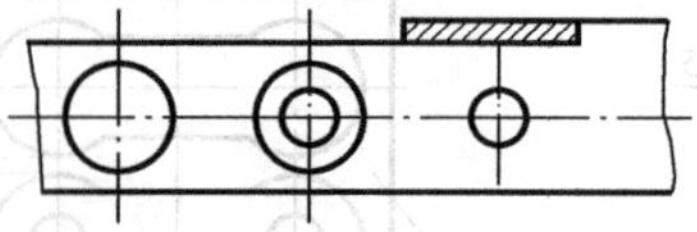	t=0.1～1.5mm 精度 IT11～IT14 工位数 3～10
	双侧刃	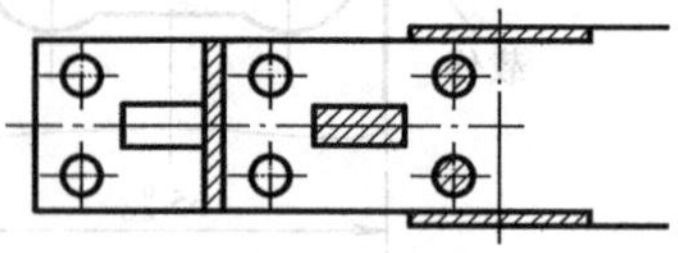	
自动送料机构			机床配有自动送料机构
导正销			精度要求高，与粗定位形式结合使用

① 侧刃定位　定位用的侧刃一般应安排在第 1 工位，目的是在冲压一开始条料就能按一定步距送进。侧刃工作时在条料侧边冲去一个狭条，狭条长度等于步距，以此作为送料进距。侧刃形状有 3 种，如图 6-17 所示。图 6-17（a）为长方形侧刃，制造简单，但侧刃变钝后，切后料边上产生毛刺，影响带料的送进和准确定位。图 6-17（b）为齿形侧刃，克服了矩形侧刃的缺点，但加工制造困难。图 6-17（c）为尖角形侧刃，利用挡销插入尖角形侧刃冲出的缺口来控制步距，尽管节约了材料，但冲裁时需前后移动条料，操作不便，多用于贵重金属的冲裁。

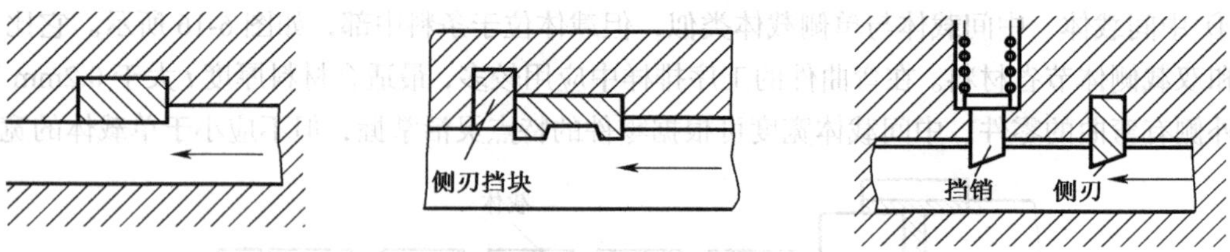

（a）　（b）　（c）

图 6-17　侧刃形式

当冲压生产批量较大时，多采用双侧刃，双侧刃可以是对角放置，也可以是对称放置。如图 6-18 所示。采用双侧刃，所冲工件精度较单侧刃高；采用对角放置的双侧刃当带料脱离一个侧刃时，第二侧刃仍能起定距作用。

侧刃厚度一般为 6～10mm，其长度为条料送进步距长度。材料可用 T10、T10A、Crl2 钢制造，淬火硬度为 62～64HRC。

② 导正销定位　如图 6-19 所示，导正销定位就是用装于上模的导正销插入条料上的导正孔以矫正条料的位置，保持凸模、凹模和工序件三者之间具有正确的相对位置。

a. 导正销孔直径　级进模的导正销孔多数是设置在条料的载体上（也可以设置在工序件的孔上），因此导正销孔直径的大小直接影响到材料的利用率，不能取得过大，但也不能取得过小，否则不能保证导正销的强度。

确定导正孔直径时，应综合考虑板料厚度、材质、硬度、毛坯尺寸、载体形式和尺寸、排样方案、导正方式、产品精度要求和结构特点、加工速度等因素。表 6-2 是导正孔直径的经验值。

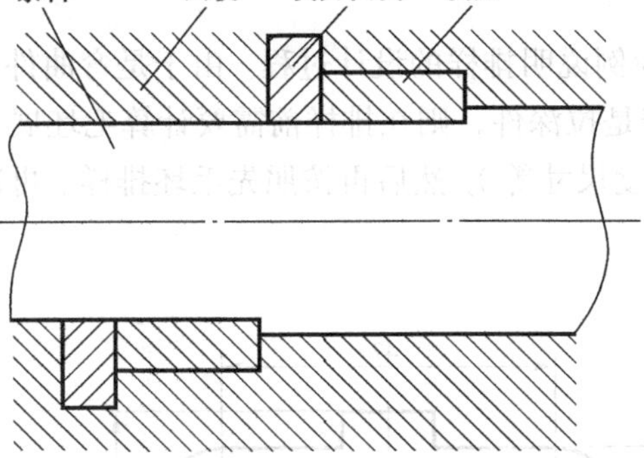

图 6-18 双侧刃形式

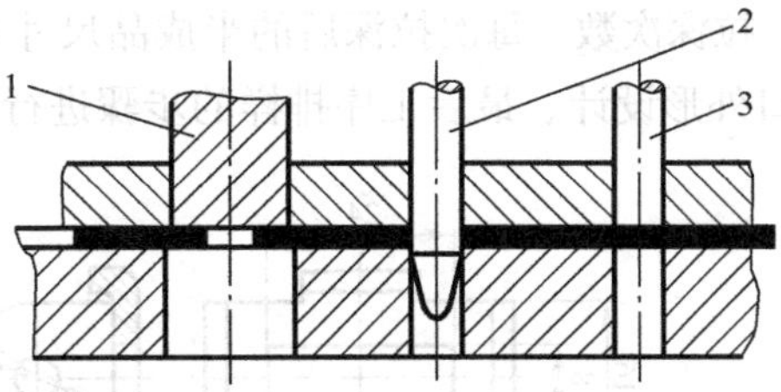

图 6-19 导正销导正原理

1—落料凸模 2—导正销 3—冲导正孔凸模

表 6-2 导正孔直径的经验值

t/mm	d_{min}/mm
< 0.5	1.5
0.5≤t≤1.5	2.0
> 1.5	2.5

b. 导正销孔位置 导正销导正的方式有两种：直接导正和间接导正。所谓直接导正就是利用产品零件本身的孔作为导正孔，导正销可安装于凸模之中，也可单独设置。间接导正是利用载体或废料上专门冲出的导正销孔进行导正。

导正销孔一般在第 1 工位冲出，紧接第 2 工位要有导正销，以后每隔 2～4 个工位等距离地设置。导正销孔可以设置双排或单排，这主要取决于工件的形状和模具结构，当条料宽度较大时尽量采用双排导正销孔。

导正销在对工序件进行精定位时，有时会引起导正孔变形或划伤。因此对精度和质量要求高的产品零件应尽量避免在工件上直接导正。

③ 侧刃与导正销混合定位 侧刃与导正消混合使用时，侧刃作为粗定位，导正销起精确定位的作用。图 6-20 所示为两者配合使用的示意图。这时侧刃和导正销孔的冲压应放在第 1 工位，导正销应设置在紧挨冲导正孔之后的位置上。

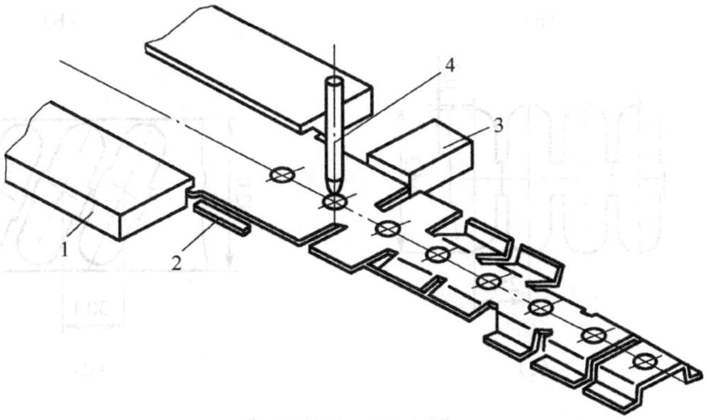

图 6-20 侧刃与导正销工作示意图

1—导尺 2—侧刃冲去的料边 3—侧刃挡块 4—导正销

6. 排样举例

（1）排样设计过程　下面以图 6-21 所示零件为例说明排样的设计过程。由于是弯曲件，首先应求出其展开图（若是冲裁件，此步可省略；若是拉深件，则在排样前需要计算毛坯展开尺寸、拉深次数、每次拉深后的半成品尺寸及条料宽度尺寸等），然后再按照先毛坯排样、再冲切刃口外形设计、最后工序排样的步骤进行。

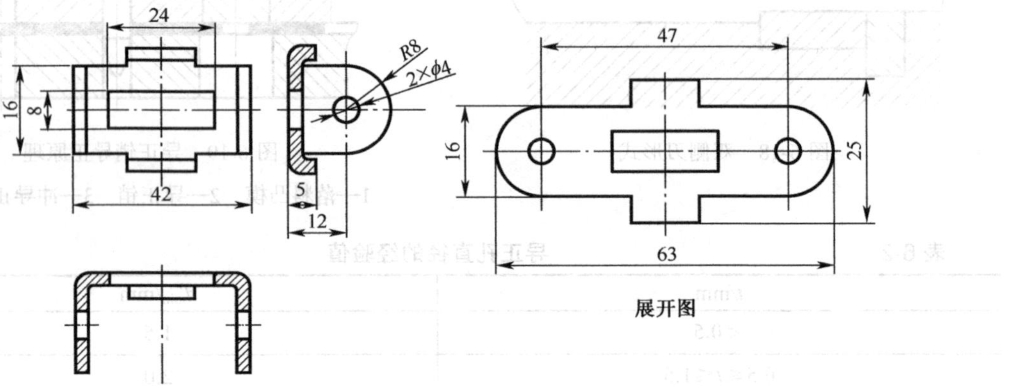

图 6-21　弯曲工件及其展开图

工件材料：黄铜　　料厚 1mm

① 毛坯排样　如图 6-22 所示为弯曲件展开后毛坯的四种排样方式。整个工件面积约为 1133.1mm^2（包括工件中间的方孔和两端的小孔）。经计算，各种排样的材料利用率分别为：η_a=1133.1/(64×26.6)=0.67，η_b=1133.1/(26×64.3)=0.68，η_c=1133.1/(25×64.3)=0.7，η_d=1133.1/(52×30.1)=0.72。

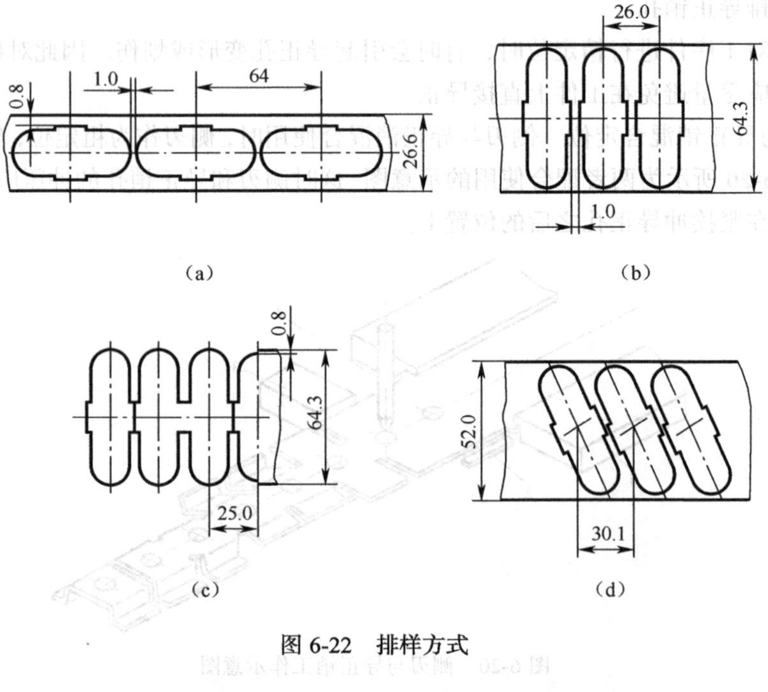

图 6-22　排样方式

由此可见，图 6-22（a）排样利用率最低，图 6-22（d）排样利用率最高，但图 6-22（d）

是使工件倾斜排列，这就要求级进模上的模块也要倾斜设置，模具制造过程复杂，图 6-22（c）排样虽有较高的材料利用率，但由于工件仅中间连接，不利于后续工位的稳定送料，一般认为图（b）和图（d）排样的送料稳定性好，因此这里选用图（b）所示的排样。

② 冲切刃口外形设计　针对确定的毛坯排样，可以设计出如图 6-23 所示的刃口分解图。首先冲导正孔、两个小孔和中间方孔，这样可以在后续的加工中利用导正销孔进行定位。由于四边都要弯曲，因此在弯曲之前需要将待弯部分与条料分离，考虑到简化模具结构并保证模具强度，这里分两步冲出两工序件之间的连接槽。接下来只需将与条料两侧相连的部分切掉就可以实现弯曲了。

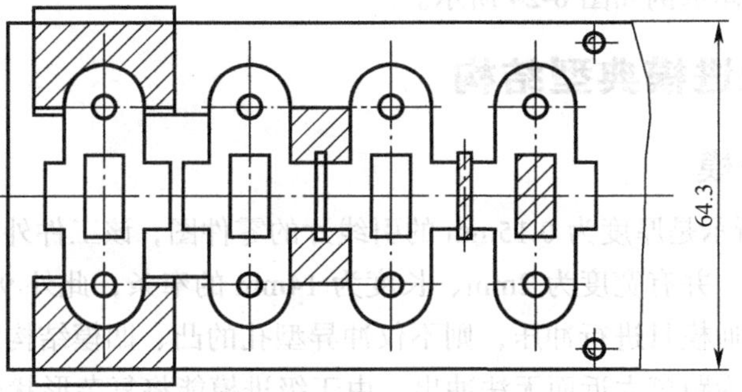

图 6-23　冲切刃口外形设计

③ 工序排样　在上述排样设计的基础上，设计出图 6-24 所示的工序排样图。总共分 6 个工位：第 1 工位冲导正孔、两个小孔和中间方孔；第 2 工位空位；第 3 和第 4 工位分两步冲出两工件之间的连接槽；第 5 工位是空位；第 6 工位弯曲并将工件与条料分离。

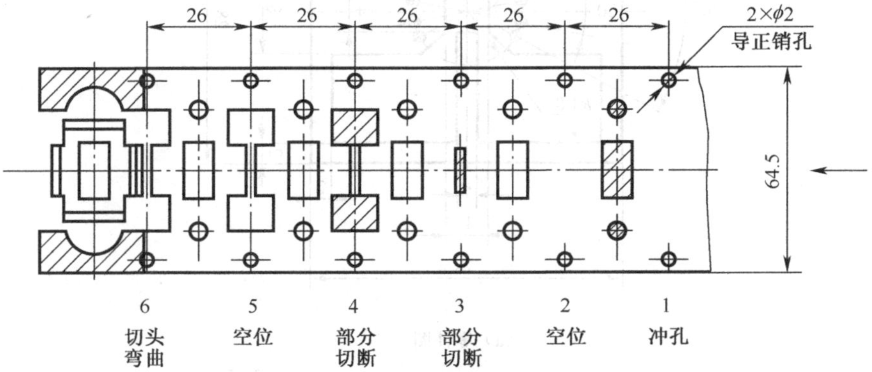

图 6-24　工序排样图

（2）排样图的绘制　排样设计完成后，最终是以排样图的形式来表达的。工序排样图可按下述步骤绘制。

① 首先绘制一条水平线，再根据确定的进距绘出各工位的中心。

② 从第 1 工位开始，绘制冲压加工的内容。如第 1 工位切口时，只需绘出切口的形状；若第 1 工位冲导正销孔或侧刃定距，则需绘出导正销孔或冲去的料边。

③ 再绘第 2 工位的加工内容，此时第 1 工位冲出的孔或切的口等也应该绘出。

④ 绘制第 3 工位的加工内容，即使是空位也应绘出，并且第 1、第 2 工位所加工出的形状也应该在此表达。

⑤ 以此类推，直到绘完所有工位，最后一步为落料时，只需绘制出落料外形就可以了。

⑥ 检查各工位的内容是否绘制正确，对不正确的地方进行修改。

⑦ 检查完后再绘制出条料的外形，如果该排样中采用了成形侧刃定位，应绘制出侧刃的加工形状，此时条料的外形和尺寸就确定了。

⑧ 为便于识图，每个工位的加工内容可以画上剖面线或分别涂上不同的颜色。

⑨ 标注必要的尺寸，如进距、料宽、导正销孔径、侧刃所冲料边宽度等，并注上送料方向、工位数及各工位冲压工序名称。

排样图绘制的具体示例如图 6-24 所示。

（三）多工位级进模典型结构

1. 冲裁级进模

如图 6-25（a）所示是厚度为 0.15mm 的引线片的零件图，该工件外形比较简单规则，但孔为异型，且较为复杂，并有宽度为 2mm、长度为 14mm 的窄条，此外 9 个 ϕ1.2mm 的小圆孔相距很近，如若采用普通模具进行冲压，则不仅冲异型孔的凸、凹模结构复杂，强度难以保证，各小圆孔之间也会因为距离太近而无法冲出。由于级进模能将复杂形状分解为若干简单形状逐

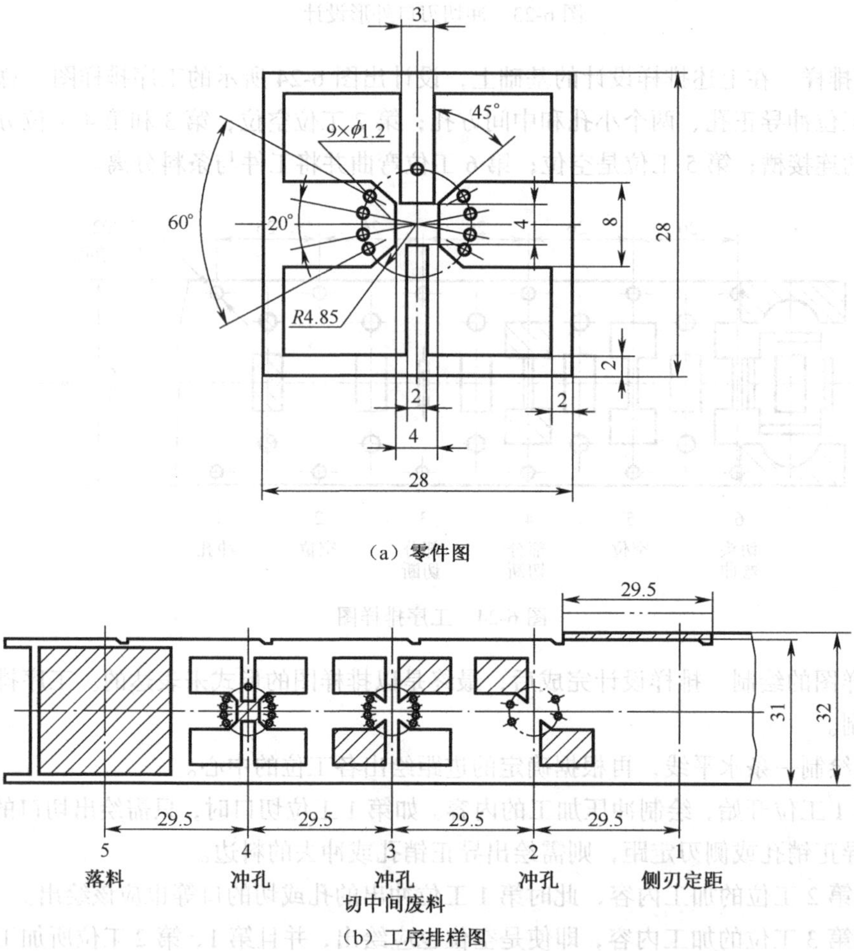

（a）零件图

（b）工序排样图

图 6-25　引线片零件图及排样图

步冲压，因此本工件比较适合采用级进冲压方法，为此设计了一个5工位的级进模，如图6-25（b）所示是排样图。从排样图中可看出，9个小孔安排在3个工位上分别冲出，异型孔也分别在3个工位上逐步冲出，如图6-26所示为按如图6-25（b）所示排样图设计的模具结构图。

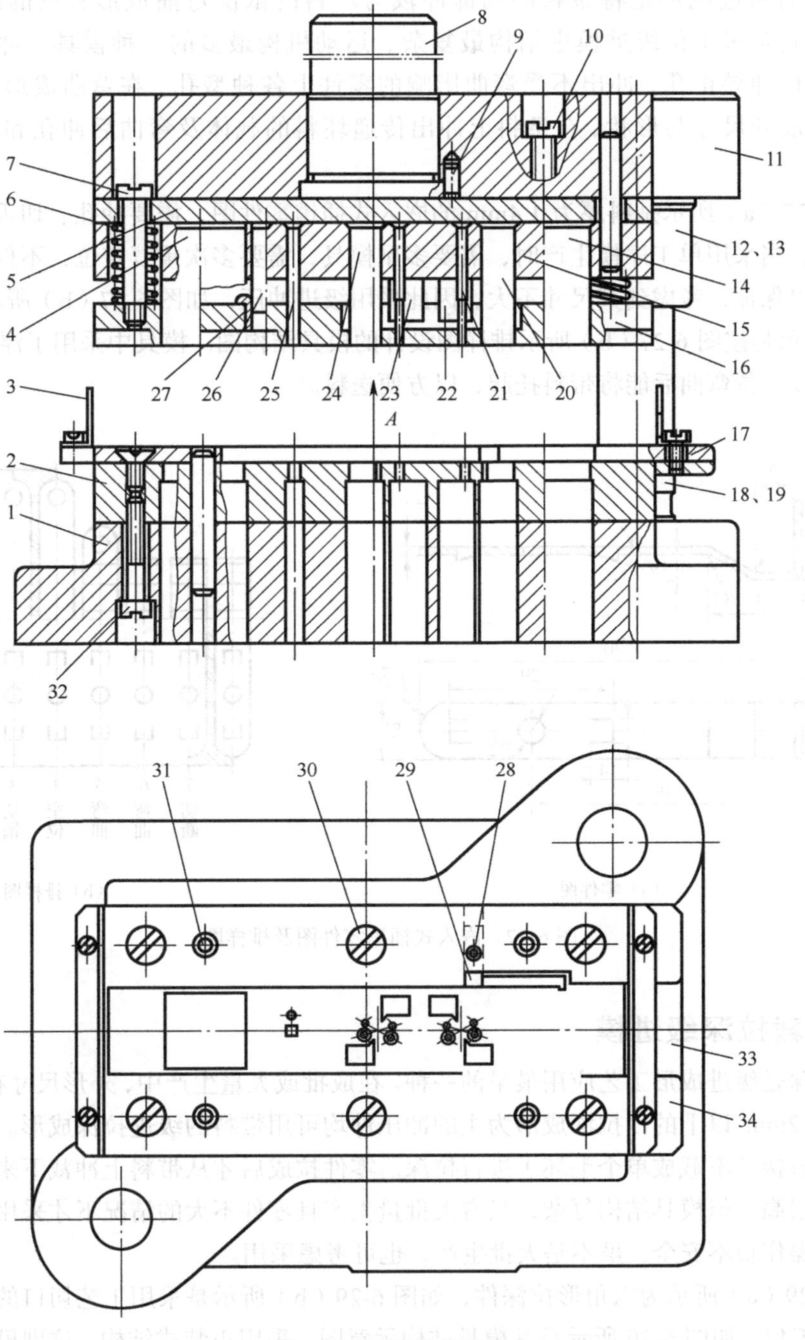

图6-26　引线片级进模

1—下模座　2—凹模　3—安全挡板　4—落料凸模　5—垫板　6—弹簧　7—卸料螺钉　8—模柄　9、31—圆柱销　10、30、32—螺钉　11—上模座　12、13—导套　14—侧刃　15—凸模固定板　16—卸料板　17—导料板　18、19—导柱　20～25—凸模　26—小导柱　27—小导套　28—圆销　29—侧刃挡块　33—托板　34—侧面导板这副模具的特点是采用了内外导向，利用小导柱 26、小导套 27 保护细小凸模，同时为增加操作的安全，设置了安全挡板 3。

2. 冲裁弯曲级进模

冲裁弯曲级进成形是将条料的局部冲裁与坯料的依次弯曲成形有机的组合在一起的成形工艺。它是多工位级进模中结构最复杂、运动机构最多的一种模具。冲裁的作用是：在规定的工位冲导正孔，冲出不受弯曲影响的零件上各种型孔，在弯曲成形工位前冲出待弯曲部位的展开尺寸与形状，在条料上冲出传递坯料的载体及弯曲后冲孔和使弯曲件与载体分离。

如图 6-27（a）所示是料厚为 1.4mm 的嵌入式插销零件图，需要冲孔、切舌、弯曲多道工序才能成形，当采用单工序模生产时，需要多副模具，需要多次重复定位，不仅生产效率低，而且精度难以保证，考虑到其尺寸不大，因此采用级进冲压，如图 6-27（b）所示是其排样图，如图 6-28 所示是按图 6-27（b）所示排样图设计的模具结构图。模具中采用了浮顶装置 16、17 以保证在第 5 工位弯曲后能将带料托起，以方便送料。

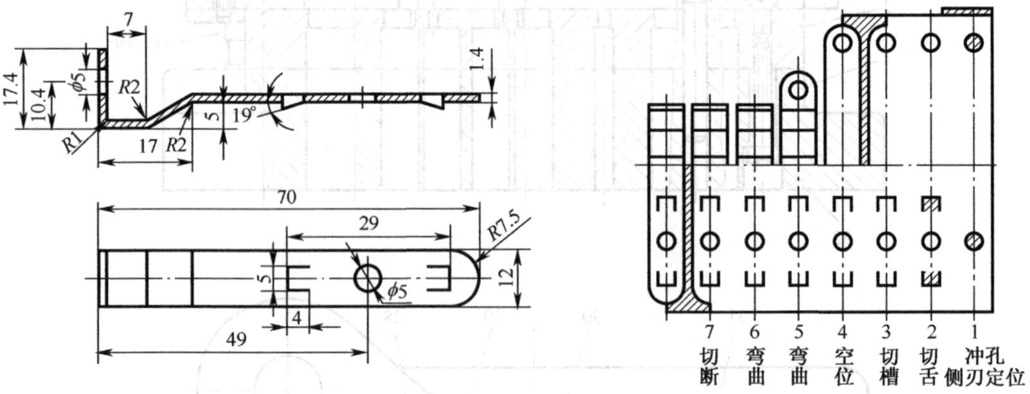

（a）零件图　　（b）排样图

图 6-27　嵌入式插销零件图及排样图

3. 冲裁拉深级进模

冲裁拉深是级进成形工艺应用最早的一种。在成批或大量生产中，外形尺寸在 60mm 以内，材料厚度在 2mm 以下的以拉深成形为主的冲压件均可用带料的级进拉深成形。带料级进拉深是在带料上直接（不截成单个毛坯）进行拉深。零件拉成后才从带料上冲裁下来。因此，这种拉深生产率很高，但模具结构复杂，只有大批量生产且零件不大的情况下才采用。或者零件特别小，手工操作很不安全，虽不是大批生产，也可考虑采用。

如图 6-29（a）所示为六角形拉深件，如图 6-29（b）所示是采用工艺切口的级进拉深排样图，共 7 个工位。如图 6-30 所示是其模具结构示意图，采用正装式结构。这副模具的主要特点是采用了双侧刃定距，避免了料尾损失，凹模全部是镶拼形式，维修方便。

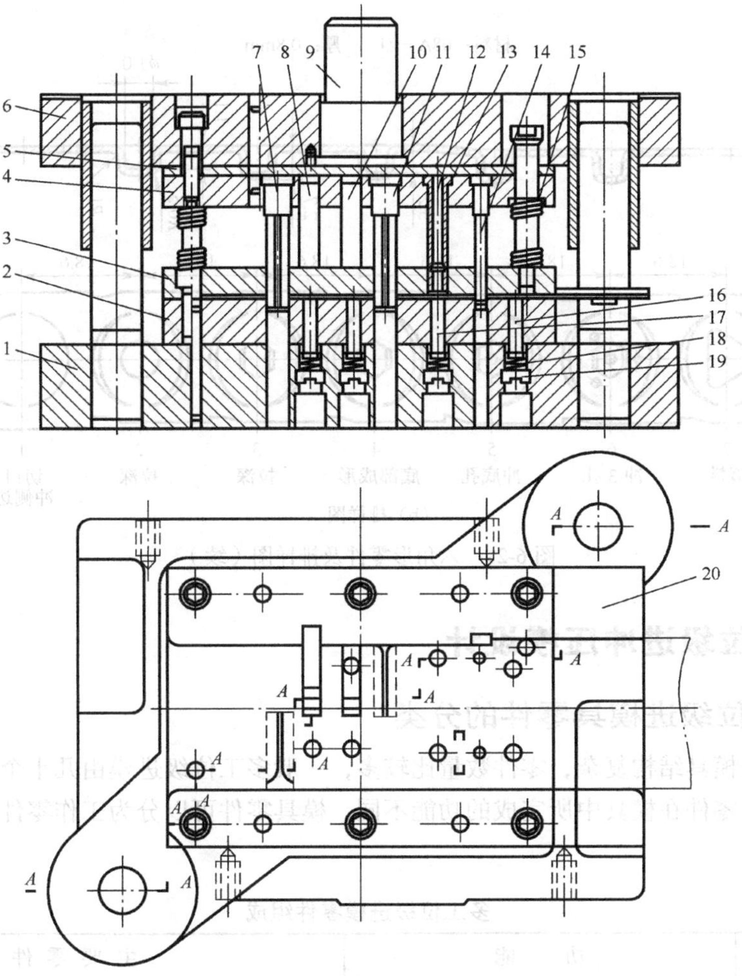

图 6-28　嵌入式插销级进模

1—下模座　2—凹模　3—卸料板　4—凸模固定板　5—垫板　6—上模座　7—裁搭边凸模　8—弯曲凸模　9—模柄　10—弯曲凸模　11—裁搭边凸模　12—顶杆　13—衬套　14—冲孔凸模　15、18—弹簧　16、17—浮顶器　19—螺塞　20—导料板

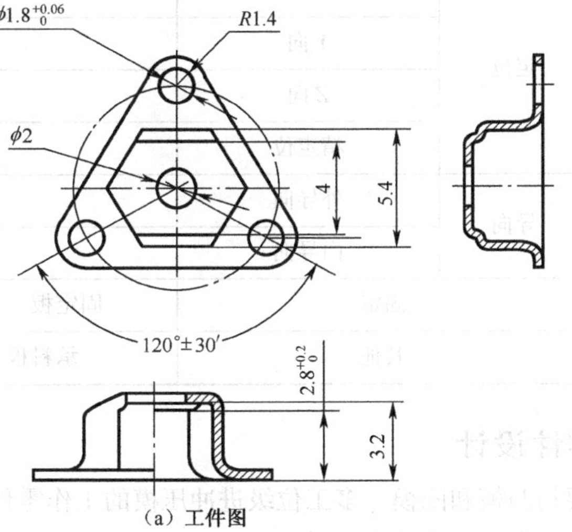

(a) 工件图

图 6-29　六角形零件及排样图

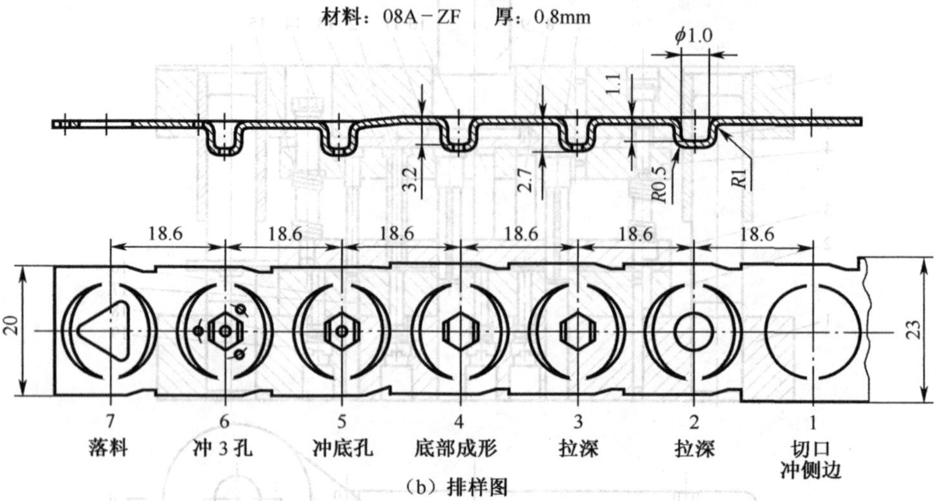

（b）排样图

图 6-29　六角形零件及排样图（续）

（四）多工位级进冲压模设计

1. 多工位级进模具零件的分类

多工位级进模具结构复杂，零件数量比较多，一般多工位级进模由几十个乃至几百个零件组成。按照模具零件在模具中所完成的功能不同，模具零件可以分为工作零件和辅助零件，详见表 6-3。

表 6-3　多工位级进模零件组成

单　元	功　能		主要零件
工作零件	冲压加工		凸模、凹模
辅助零件	卸料		卸料板、卸料螺钉、弹性元件
	定位	X 向	挡料销、侧刃
		Y 向	导料板、侧压装置
		Z 向	浮顶销等
		精定位	导正销
	导向	外导向	导柱、导套
		内导向	小导柱、小导套
	固定		固定板、上下模座、模柄、螺钉、销钉
	其他		承料板、限位板、安全检测装置等

2. 工作零件设计

工作零件主要指凸模和凹模。多工位级进冲压模的工作零件与其他冲压工艺的工作零件有许多地方是相同的，设计方法基本相同。

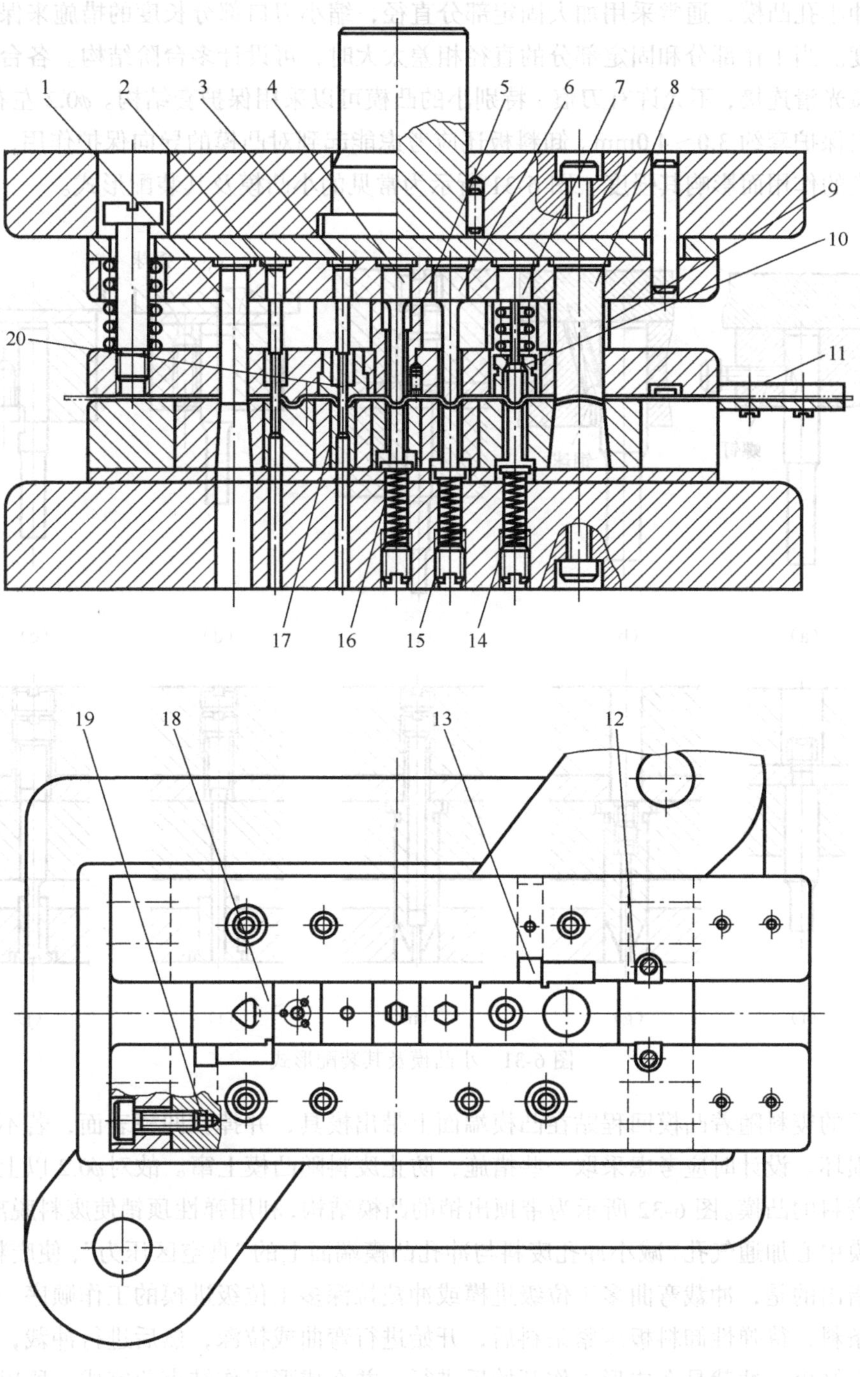

图 6-30　六角形零件级进拉深模

1—落料凸模　2、3—冲孔凸模　4、6、7—拉深凸模　5、20—护套　8—切口凸模　9—侧刃　10—压边圈　11—导料板　12—刮料板　13—侧刃挡块　14、15、16—浮顶销　17—凹模镶套　18—凹模镶块　19—凹模框

（1）凸模设计　一般的粗短凸模可以按标准选用或按常规设计。而在多工位级进模中有许多冲小孔凸模、冲窄长槽凸模、分解冲裁凸模等。这些凸模应根据具体的冲裁要求、被冲裁材料的厚度、冲压的速度、冲裁间隙和凸模的加工方法等因素来考虑凸模的结构及凸模的固定方法。

对于冲小孔凸模，通常采用加大固定部分直径，缩小刃口部分长度的措施来保证小凸模的强度和刚度。当工作部分和固定部分的直径相差太大时，可设计多台阶结构。各台阶过渡部分必须用圆弧光滑连接，不允许有刀痕。特别小的凸模可以采用保护套结构。ϕ0.2 左右的小凸模，其顶端露出保护套约 3.0～4.0mm。卸料板还应考虑能起到对凸模的导向保护作用，以消除因侧压力对凸模的作用而影响其强度。图 6-31 所示为常见的小凸模及其装配形式。

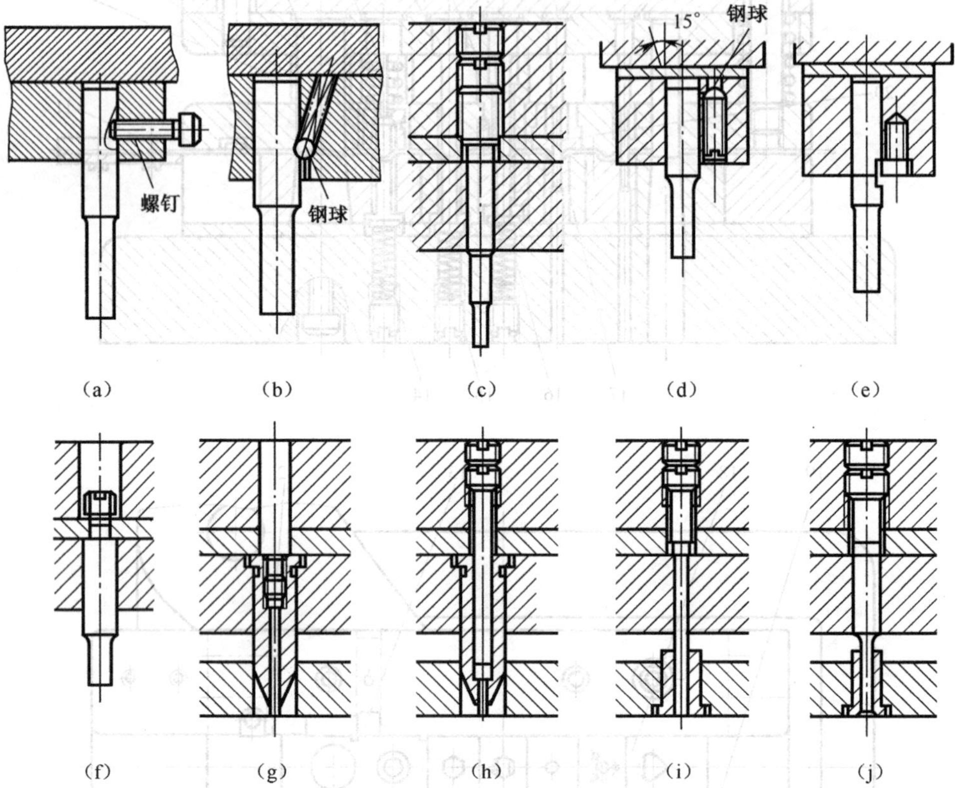

图 6-31　小凸模及其装配形式

冲孔后的废料随着凸模回程贴在凸模端面上带出模具，并掉在凹模表面，若不及时清除将会使模具损坏。设计时应考虑采取一些措施，防止废料随凸模上窜。故对ϕ0.2 以上的凸模应采用能排除废料的凸模。图 6-32 所示为带顶出销的凸模结构，利用弹性顶销使废料脱离凸模端面。也可在凸模中心加通气孔，减小冲孔废料与冲孔凸模端面上的“真空区压力”，使废料易于脱落。

需要指出的是，冲裁弯曲多工位级进模或冲裁拉深多工位级进模的工作顺序一般是先由导正销导正条料，待弹性卸料板压紧条料后，开始进行弯曲或拉深，然后进行冲裁，最后是弯曲或拉深工作结束。冲裁是在成形工作开始后进行，并在成形工作结束前完成。所以冲裁凸模和成形凸模高度是不一样的，要正确设计冲裁凸模和成形凸模高度尺寸。

（2）凹模　多工位级进模凹模的设计与制造较凸模更为复杂和困难。凹模的结构常用的类型有整体式、拼块式和嵌块式。整体式凹模由于受到模具制造精度和制造方法的限制已不适用于多工位级进模。

① 拼块式凹模　拼块式凹模的组合形式因采用的加工方法不同而分为两种结构。采用放电加工的拼块拼装的凹模，结构多为并列组合式；若将凹模型孔轮廓分割后进行成形磨削加工，

然后将磨削后的拼块拼装在所需的垫板上，再镶入凹模框并以螺栓固定，则此结构为成形磨削拼装组合凹模。图 6-33 所示为弯曲零件采用并列组合凹模的结构示意图。拼块的型孔制造用电加工完成，加工好的拼块安装在垫板上并与下模座固定。图 6-34 为该零件采用磨削拼装的凹模结构，拼块用螺钉、销钉固定在垫板上，镶入模框并装在凹模座上。圆形或简单形状型孔可采用圆凹模嵌套。当某拼块因磨损需要修正时，只需要更换该拼块就能继续使用。磨削拼块组合的凹模，由于拼块全部经过磨削和研磨，拼块有较高的精度。在组装时为确保相互有关联的尺寸，可对需配合面增加研磨工序，对易损件可制作备件。

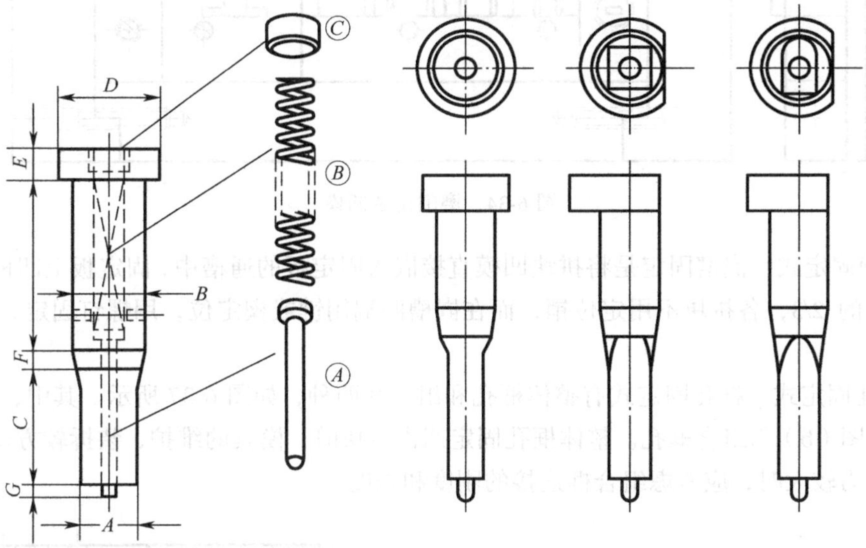

图 6-32　带顶出销的凸模

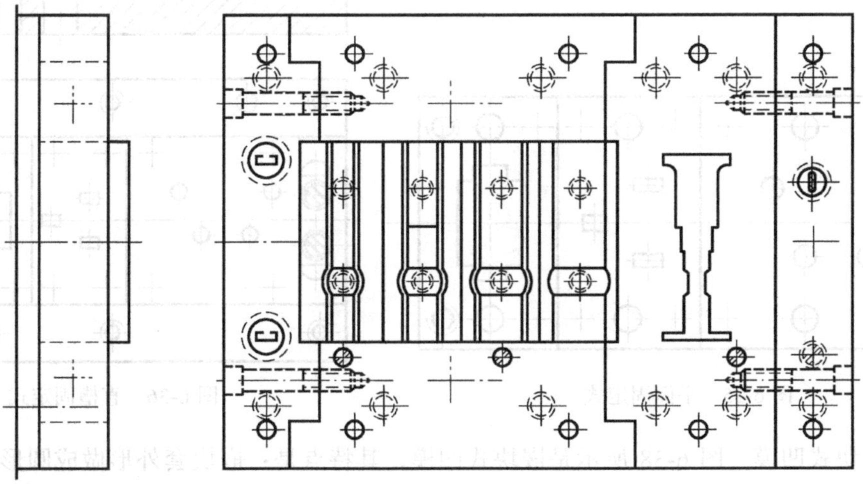

图 6-33　并列组合凹模结构

拼块凹模的固定主要有以下 3 种形式。

a. 平面固定式　平面固定是将凹模各拼块按正确的位置镶拼在固定板平面上，分别用定位销（或定位键）和螺钉定位和固定在垫板或下模座上，如图 6-35 所示。该形式适用于较大的拼块凹模，且按分段固定的方法。

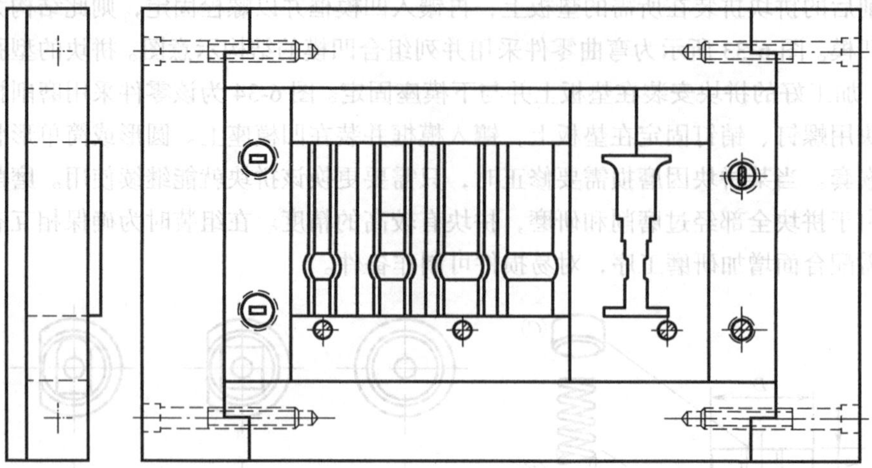

图 6-34 磨削拼装凹模

b. 嵌槽固定式 嵌槽固定是将拼块凹模直接嵌入固定板的通槽中，固定板上凹模深度不小于拼块厚度的 2/3，各拼块不用定位销，而在嵌槽两端用键或楔定位，用螺钉固定，如图 6-36 所示。

c. 框孔固定式 框孔固定式有整体框孔和组合孔两种，如图 6-37 所示。其中，图（a）为整体框孔，图（b）为组合框孔。整体框孔固定凹模拼块时，模具的维护，装拆较方便。当拼块承受的胀形力较大时，应考虑组合框连接的刚度和强度。

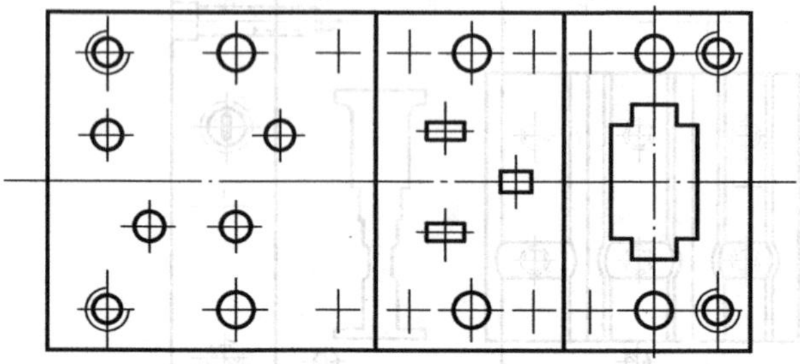

图 6-35 平面固定式

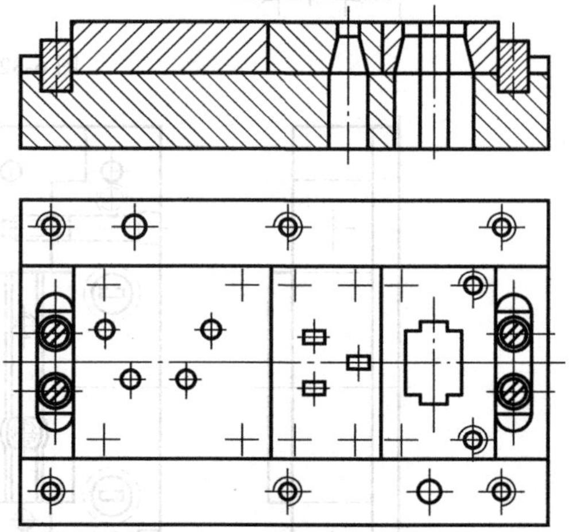

图 6-36 直槽固定式

② 嵌块式凹模 图 6-38 所示是嵌块式凹模，其特点是：嵌块套外形做成圆形，且可选用标准的嵌块加工出型孔，嵌块损坏后可迅速更换备件。嵌块固定板安装孔的加工常使用坐标镗床和坐标磨床。当嵌块工作型孔为非圆孔，由于固定部分为圆形必须考虑防转。

图 6-39 所示为常用的凹模嵌块结构，其中图 6-39（a）为整体式嵌块，图 6-39（b）为异形孔时，因不能磨削型孔和漏料孔而将它分成两块（其分割方向取决于孔的形状），考虑到其拼接缝要对冲裁有利及便于磨削加工，镶入固定板后用键使其定位。这种方法也适用于异形孔的导套。

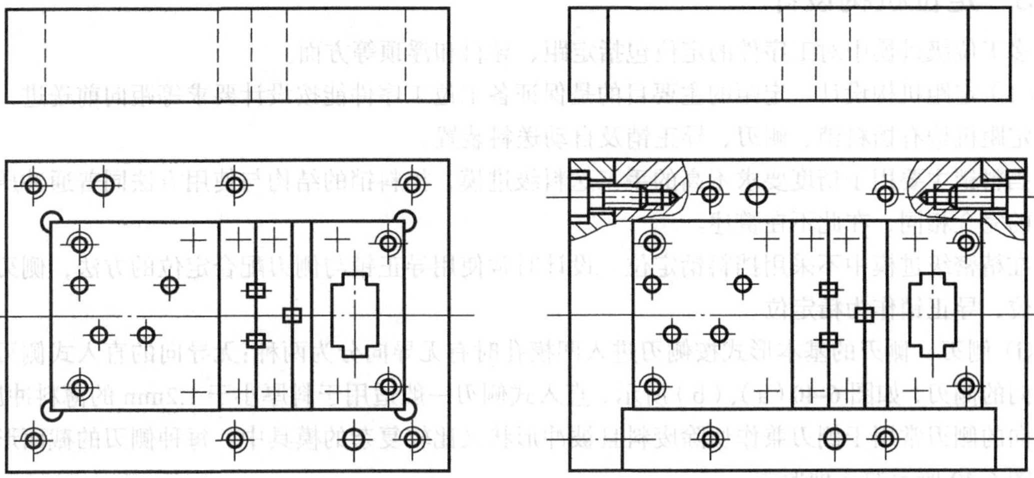

（a）　　　　（b）

图 6-37　框孔固定式

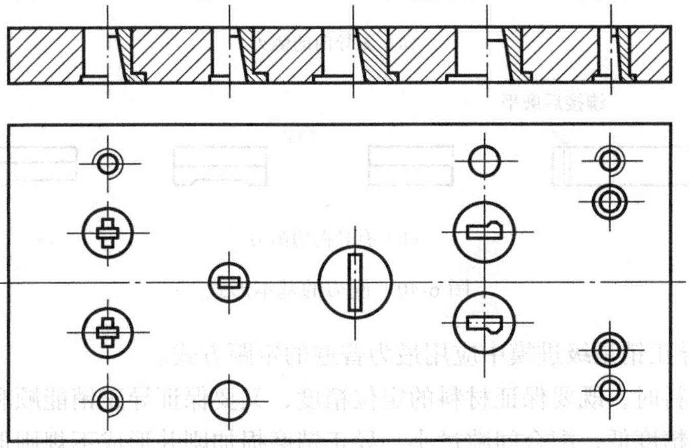

图 6-38　嵌块式凹模

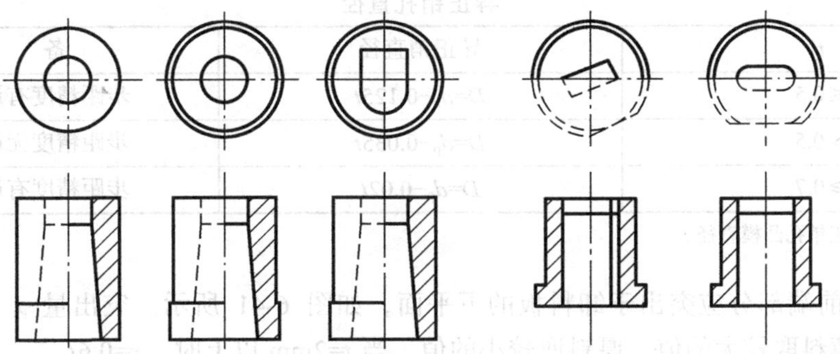

（a）　　　　（b）

图 6-39　凹模嵌块

3. 定位机构设计

多工位级进模中对工序件的定位包括定距、导料和浮顶等方面。

（1）定距机构设计　定距的主要目的是保证各工位工序件能按设计要求等距向前送进，常用的定距机构有挡料销、侧刃、导正销及自动送料装置。

挡料销主要用于精度要求不高的手工送料级进模，挡料销的结构与使用方法同普通冲压模具中的完全相同，在此不在赘述。

在精密级进模中不采用挡料销定位，设计时常使用导正销与侧刃配合定位的方法，侧刃作初定位，导正销作为精定位。

① 侧刃　侧刃的基本形式按侧刃进入凹模孔时有无导向分为两种：无导向的直入式侧刃和有导向的侧刃，如图 6-40（a）、（b）所示，直入式侧刃一般适用于料厚小于 1.2mm 的薄料冲压；有导向的侧刃常用于侧刃兼作切除废料且被冲形状又比较复杂的模具中。每种侧刃的截面形状均有图 6-40 所示的 4 种形式。

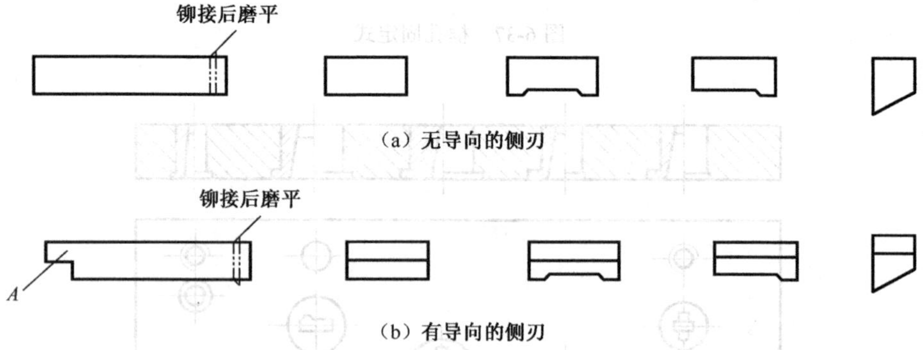

图 6-40　侧刃的基本形式

② 导正销　导正销是级进模中应用最为普遍的定距方式。

导正销导入材料时，既要保证材料的定位精度，又要保证导正销能顺利地插入导正孔。配合间隙过大，定位精度低；配合间隙过小，导正销磨损加剧并形成不规则形状，也会影响定位精度，导正销的直径见表 6-4。

表 6-4　导正销孔直径　单位：mm

t	导正销直径	备　注
≤0.5	$D=d_p-0.125t$	步距精度有严格要求
＞0.5	$D=d_p-0.035t$	步距精度无严格要求
≥0.7	$D=d_p-0.02t$	步距精度有严格要求

注：d_p—冲导正销孔凸模直径。

导正销的前端部分应突出于卸料板的下平面，如图 6-41 所示。突出量 x 的取值范围为 $0.8t<x<1.5t$。薄料取较大的值，厚料取较小的值，当 t=2mm 以上时，x=0.6t。

导正销的固定方式如图 6-42 所示。其中，图（a）为导正销固定在凸模上，图（b）为导正销固定在卸料板上，图（c）、（d）、（e）、（f）、（g）为导正销固定在固定板上。

当导正销在一副模具中多处使用时，其突出长度 x、直径尺寸和头部形状必须保持一致，以使所有的导正销承受基本相等的载荷。

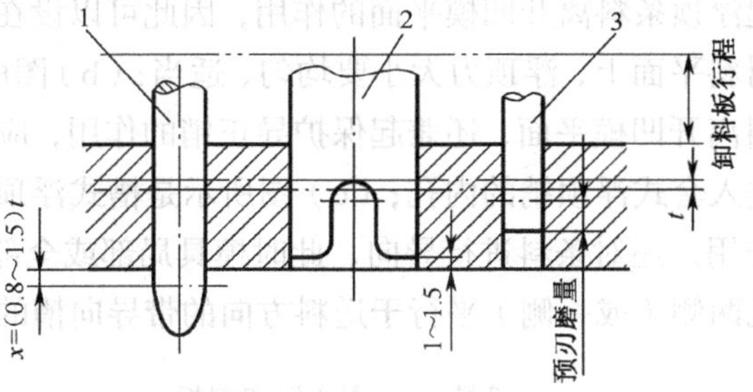

图 6-41　导正销的突出量

1—导正销　2—弯曲凸模　3—冲裁凸模

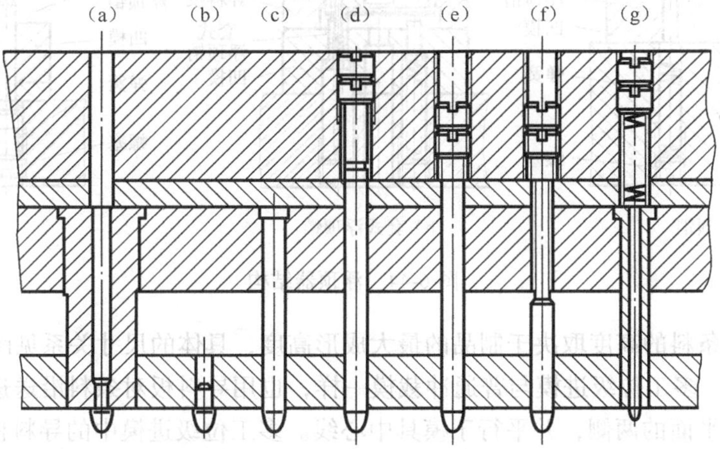

图 6-42　导正销的安装形式

（2）导向与浮顶装置设计　多工位级进冲压由于带料经过冲裁，弯曲，拉深等变形后，在条料厚度方向上会有不同高度的弯曲和突起，为了顺利送进带料，必须将已被成形的带料顶起，使突起和弯曲的部位离开凹模洞壁并略高于凹模工作表面，这种使带料顶起的结构叫浮顶装置，该机构往往和带料的导向零件（导料板）共同使用构成条料的导向系统，如图 6-43 所示。

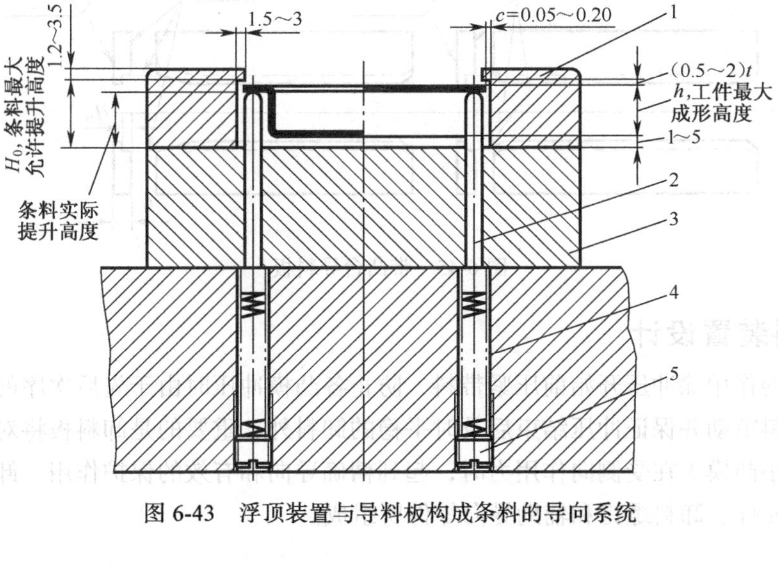

图 6-43　浮顶装置与导料板构成条料的导向系统

如图 6-44 所示是常用的浮顶器结构，由浮顶销、弹簧和螺塞组成。（a）图所示的是普通浮顶器结构，这种浮顶器只起浮顶条料离开凹模平面的作用，因此可以设在任意位置，但应注意尽量设置在靠近成形部分的材料平面上，浮顶力大小要均匀、适当；（b）图所示的是套式浮顶器结构，这种浮顶器除了浮顶条料离开凹模平面，还兼起保护导正销的作用，应设置在有导正销的对应位置上，冲压时，导正销进入套式浮顶销的内孔；（c）图所示是槽式浮顶器，这种浮顶器不仅起浮顶条料离开凹模平面的作用，还对条料进行导向，此时模具局部或全部长度上不宜安装导料板，而是由装在凹模工作型孔两侧（或一侧）平行于送料方向的带导向槽的槽式浮顶销进行导料。

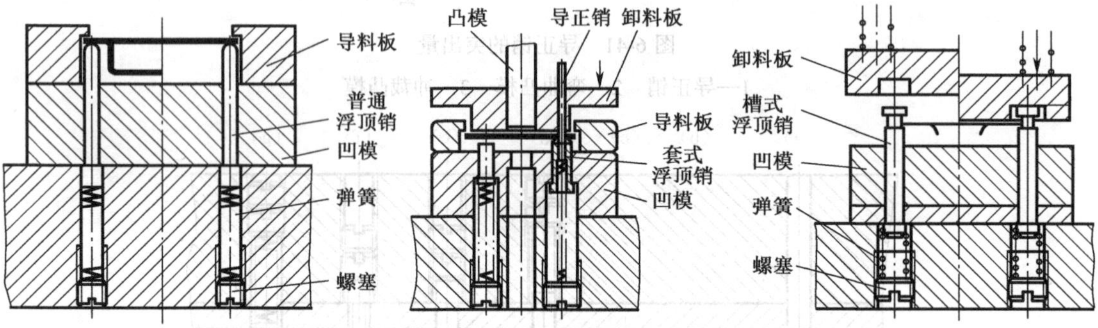

（a）普通浮顶销　（b）套式浮顶销　（c）槽式浮顶销

图 6-44　浮顶器结构

浮顶器提升条料的高度取决于制品的最大成形高度，具体的尺寸关系见图 6-43。

（3）导料板　多工位级进模与普通冲裁模一样，也用导料板对条料沿送进方向进行导向，它安装在凹模上平面的两侧，并平行于模具中心线。多工位级进模中的导料板有两种形式，一种为普通型的导料板，其结构及工作原理同普通模具，主要适用于低速、手工送料，且为平面冲裁的连续模；另一种为带凸台的导料板，如图 6-45 所示，多用于高速、自动送料，且多为带成形、弯曲的立体冲压连续模。设置凸台的目的是为了保证条料在浮动送料过程中始终保持在导料板内运动。

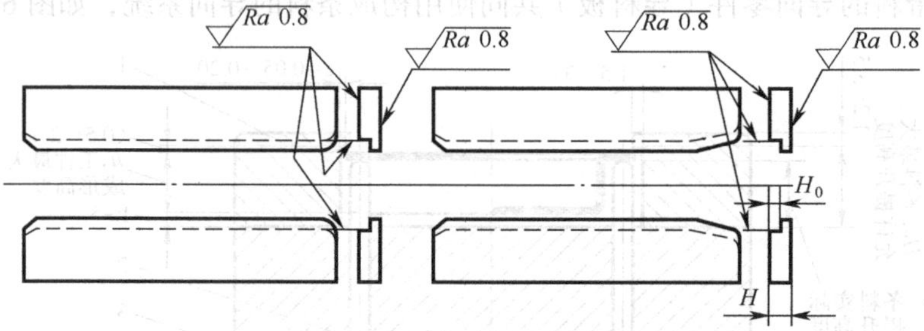

图 6-45　带凸台导料板

4. 卸料装置设计

卸料装置的作用除冲压开始前压紧带料、防止各凸模冲压时由于先后次序的不同或受力不均匀而引起带料窜动并保证冲压结束后及时平稳的卸料外，重要的是卸料板将对各工位上的凸模（特别是细小凸模）在受侧向作用力时，起到精确导向和有效的保护作用。卸料装置主要由卸料板、弹性元件、卸料螺钉和辅助导向零件所组成。

（1）卸料板的结构　多工位级进模的弹压卸料板，由于型孔多，形状复杂，为保证型孔的尺寸精度、位置精度和配合间隙，多采用分段拼装结构固定在一块刚度较大的基体上。如图 6-46 所示是由 5 个拼块组合而成的卸料板。基体按基孔制配合关系开出通槽，两端的两个拼块按位置精度的要求压入基体通槽后，分别用螺钉，销钉定位固定。中间 3 块拼块经磨削加工后直接压入通槽内，仅用螺钉与基体连接。安装位置尺寸采用对各分段的结合面进行研磨加工来调整，从而控制各型孔的尺寸精度和位置精度。

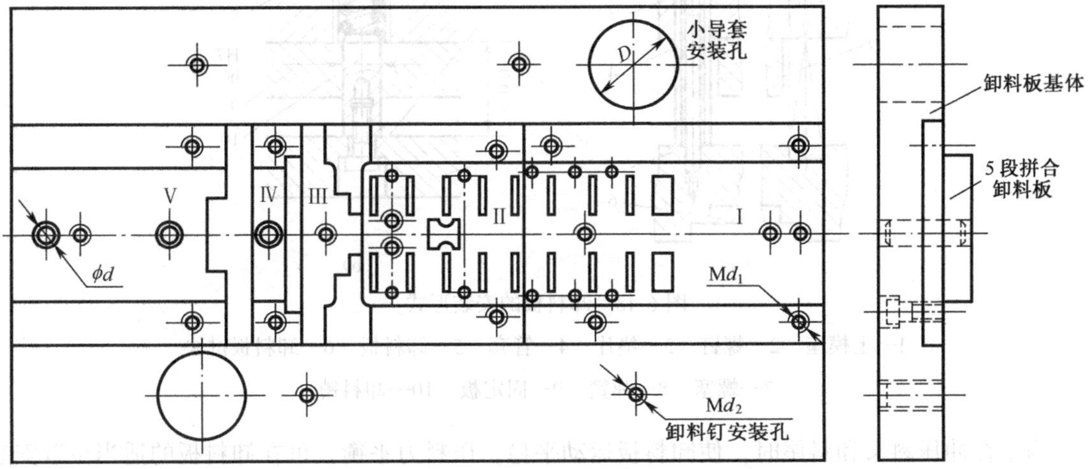

图 6-46　拼块组合式弹压卸料板

（2）卸料板的导向形式　由于卸料板有保护小凸模的作用，要求卸料板有很高的运动精度，为此要在卸料板与上模座之间增设辅助导向零件——小导柱和小导套，如图 6-47 所示。当冲压的材料比较薄，且模具的精度要求较高，工位数又比较多时，应选用滚珠式导柱导套。

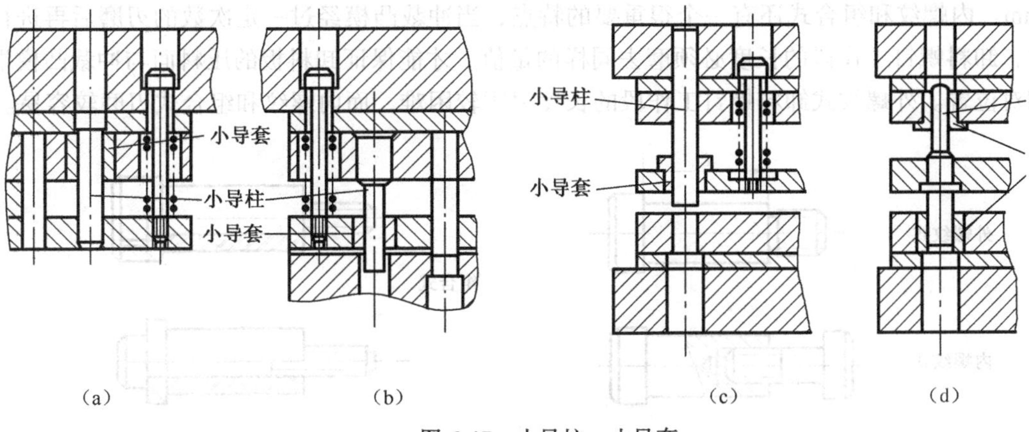

图 6-47　小导柱、小导套

（3）卸料板的安装形式　如图 6-48 所示，卸料板的安装形式是多工位级进模中常用的结构。卸料板的压料力、卸料力都是由卸料板上面安装的均匀分布的弹簧受压而产生的。由于卸料板与各凸模的配合间隙仅有 0.005mm，所以安装卸料板比较麻烦，在不必要时，尽可能不把卸料板从凸模上卸下。考虑到刃磨时既不把卸料板从凸模上取下，又要使卸料板低于凸模刃口端面便于刃磨。采用把弹簧固定在上模内，并用螺塞限位的结构。刃磨时只要旋出螺塞，弹簧即可取出，也十分方便。卸料螺钉若采用套管组合式，修磨套管尺寸可调整卸料板相对凸模的位置，修磨垫片可调整卸料板使其达到理想的动态平行度（相对于上、下模）要求。图 6-48（b）采用的是内螺纹式卸料螺钉，弹簧压力通过卸料螺钉传至卸料板。

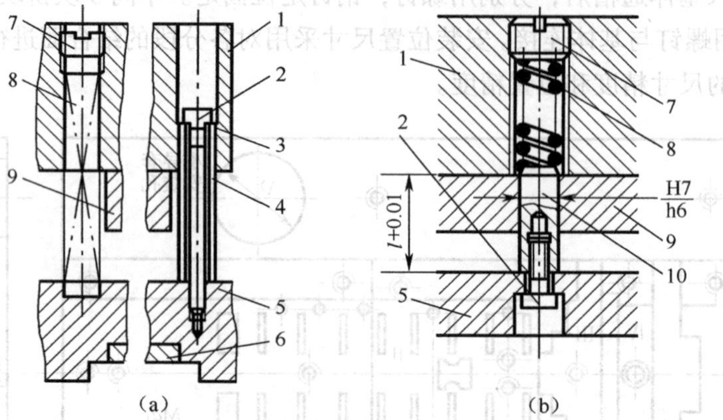

图 6-48　卸料板的安装形式

1—上模座　2—螺钉　3—垫片　4—管套　5—卸料板　6—卸料板拼块

7—螺塞　8—弹簧　9—固定板　10—卸料销

为了在冲压料头和料尾时，使卸料板运动平稳，压料力平衡，可在卸料板的适当位置安装平衡钉，保证卸料板运动的平衡。

（4）卸料螺钉　卸料板采用卸料螺钉吊装在上模。卸料螺钉应对称分布，工作长度要严格一致。如图 6-49 所示是多工位级进模使用的卸料螺钉。外螺纹式：轴长 L 的精度为±0.1mm，常使用在少工位普通级进模中；内螺纹式：轴长精度为±0.02mm，通过磨削轴端面可使一组卸料螺钉工作长度保持一致；组合式：由套管，螺栓和垫圈组合而成，它的轴长精度可控制在±0.01mm。内螺纹和组合式还有一个很重要的特点，当冲裁凸模经过一定次数的刃磨后再进行刃磨时，卸料螺钉工作段的长度必须磨去同样的量值，才能保证卸料板的压料面与冲裁凸模端面的相对位置。外螺纹式卸料螺钉工作段的长度刃磨较困难，而内螺纹和组合式刃磨较容易。

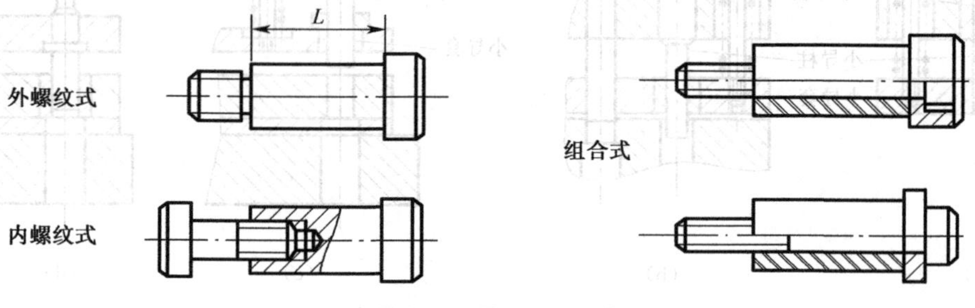

图 6-49　卸料螺钉种类

5. 辅助装置

（1）模架　级进模模架要求刚性好，精度高，因此通常将上模座加厚 5～10mm，下模座加厚 10～15mm（与 GB/T 2851～2852—1990 标准模架相比）。同时，为了满足刚性和导向精度的要求，级进模常采用四导柱模架。

精密级进模的模架导向，一般采用滚珠导柱（GB/T 2861.8—1990）导向，滚珠（柱）与导柱、导套之间无间隙，常选用过盈配合，其过盈量为0.01～0.02mm（导柱直径为20～76mm）。导柱导套的圆柱度均为0.003mm，其轴心线与模板的垂直度对于导柱为0.01：100。图6-50所示为目前国内外使用的一种新型导向结构。滚柱表面由3段圆弧组成，靠近两端的两段凸弧4与导套内径相配（曲率相同），中间凹弧5与导柱外径相配，通过滚柱达到导套在导柱上的相对运动。这种滚柱导向以线接触代替了滚珠导向以点接触，避免了大的偏心载荷，也提高了导向精度和寿命，增加了刚性，其过盈量为0.003～0.006mm。为了方便刃磨和装拆，常将导柱做成可卸式，即锥度固定式（其锥度为1：10）或压板固定式（配合部分长度为4～5mm，按T7/h6配合，让位部分比固定部分小0.04mm左右，如图6-51所示）。导柱材料常用GGr15淬硬60～62HRC，粗糙度最好能达到*Ra*值0.1μm，此时磨损最小，润滑作用最佳。为了更换方便，导套也采用压板固定式，如图6-51（d）、（e）所示。

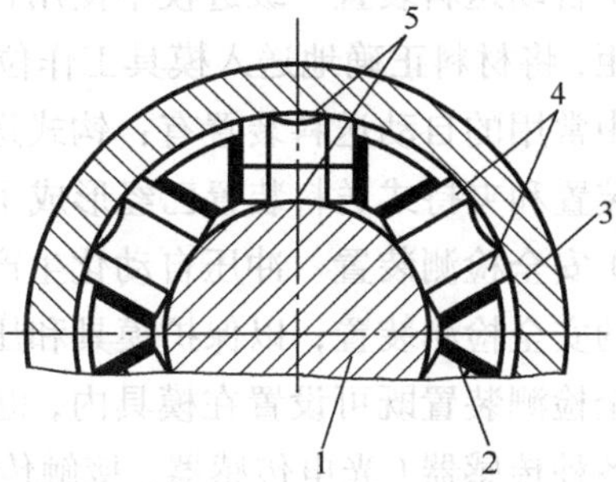

图6-50　滚柱导向结构

1—导柱　2—滚柱保持圈　3—导套　4、5—滚柱面

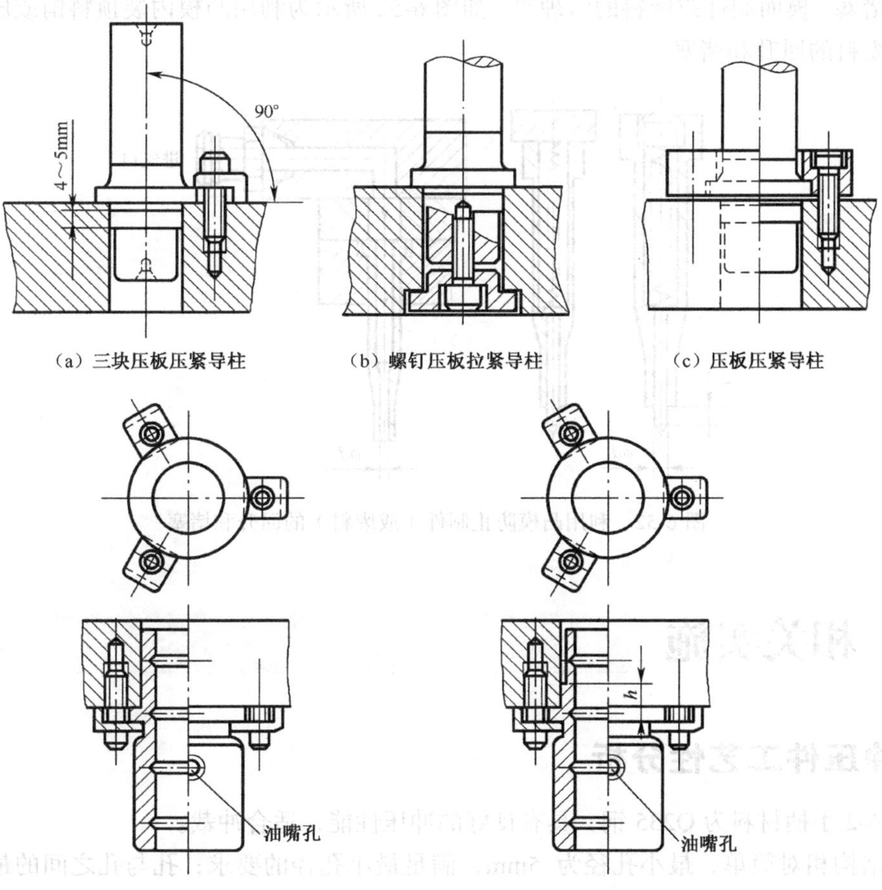

（a）三块压板压紧导柱　（b）螺钉压板拉紧导柱　（c）压板压紧导柱

（d）三块压板压紧导套　（e）三块压板压紧导套

图6-51　压板可卸式导柱导套

（2）固定板　多工位级进模的凸模固定板不仅要安装多个凸模，还可在其相应位置安装导正销、斜楔、弹性卸料装置、小导柱、小导套等，因此固定板应具有足够的厚度和一定的耐磨性。固定板厚度可按凸模设计长度的40%选用。一般连续模固定板可选用45钢，淬火硬度43～48HRC，精度要求高的连续模，固定板应选用T10A、CrWMn等，淬火硬度52～56HRC，在低速冲压，各凸模不需经常拆卸时，固定板可以不淬火。

级进模中的其他辅助装置还有：垫板、模柄、紧固螺钉、销钉等，应尽量选用标准件。

（3）自动送料装置　级进模中使用自动送料装置的目的是将原材料（钢带或线材）按所需要的步距，将材料正确地送入模具工作位置，在各个不同的冲压工位完成预先设定的冲压工序。级进模中常用的自动送料装置有：钩式送料装置、辊式送料装置、夹持式送料装置等。目前辊式送料装置和夹持式送料装置已经形成了一种标准化的冲压自动化周边设备。

（4）安全检测装置　冲压自动化生产，不但要有自动送料装置，还必须在生产过程中有防止失误的安全检测装置，以保护模具和压力机免受损坏。

安全检测装置既可设置在模具内，也可设置在模具外。当发生失误影响到模具正常工作时，其中的各种传感器（光电传感器、接触传感器等）就能迅速地将信号反馈给压力机的制动部分，使压力机停机，并报警，实现自动保护。

此外，为消除安全隐患，在模具设计时，也应设计一些安全保护装置。如防止制件或废料的回升和堵塞、模面制件或废料的清理等。如图6-52所示为利用凸模内装顶料销或压缩空气防止制件或废料的回升和堵塞。

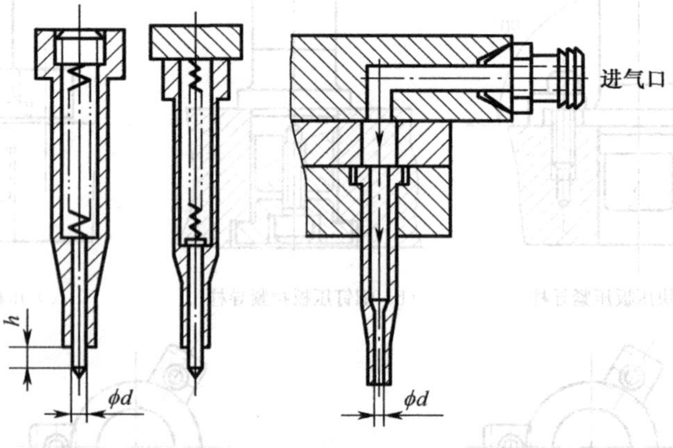

图6-52　利用凸模防止制件（或废料）的回升和堵塞

三、相关实施

（一）冲压件工艺性分析

如图6-2手柄材料为Q235钢，具有良好的冲压性能，适合冲裁。

零件结构相对简单，最小孔径为5mm，满足最小孔径的要求；孔与孔之间的最小距离为3.5mm，满足最小孔距的要求，因此可以同时冲出；孔与边缘之间的最小距离也为3.5mm，也满足要求。

精度全部为未注公差，可看作 IT14 级，满足普通冲裁的经济精度要求。

综上所述，该制件的冲压工艺性良好。

（二）冲压工艺方案的确定

由图 6-2 可以看出，生产该制件的冲压工序为：落料和冲孔。根据上述工艺分析的结果，可以采用下述几种方案。

方案一：先落料，后冲孔。采用单工序模生产。

方案二：落料冲孔复合冲压。采用复合模生产。

方案三：冲孔、落料级进冲压。采用级进模生产。

方案一模具结构简单，但生产效率低，不能满足大量生产对效率的要求；方案二工件的精度及生产效率都较高，但模具比较复杂，制造难度大，而且操作不便；方案三生产效率高，操作方便，工件精度也能满足要求。因此选用方案三。

（三）模具结构形式确定

1. 模具类型的选择

根据上述方案，这里选用级进模。

2. 定位方式的选择

利用无侧压装置的导料板导料，侧刃定距，导正销精定距。

3. 卸料、出件方式的选择

采用刚性卸料和下出件方式。

4. 导向方式的选择

为保证导向精度，这里选用中间导柱的导向方式。

（四）主要设计计算

1. 排样设计

由于该工件为冲裁件，且外形和孔型结构都比较简单，因此可直接进行工序排样设计。

根据工件的结构，选用直排，查表得搭边值为 1.5mm，侧搭边值为 1.8mm，则条料宽度计算为：

$$B=95+16+8+1.8\times 2=122.6\ (\text{mm})$$

由于采用侧刃定位，侧刃冲裁的料宽取 1.5 mm，所以条料总宽为(122.6+1.5)mm =124.1 mm。

步距确定为：

$$L=16+16+1.5=33.5\ (\text{mm})$$

此工件只需落料和冲孔两道工序，因此排样时，第 1 工位冲孔，同时为定位，在冲孔的同时利用侧刃冲去等于进距的料边，第二工位空位，第 3 工位落料，落料时可以用第一工位冲出的孔进行定位，这里空位的目的是增大冲 ϕ5mm 孔凹模和落外形凹模之间的壁厚，以保证凹模强度。

设计的排样图如图 6-53 所示。

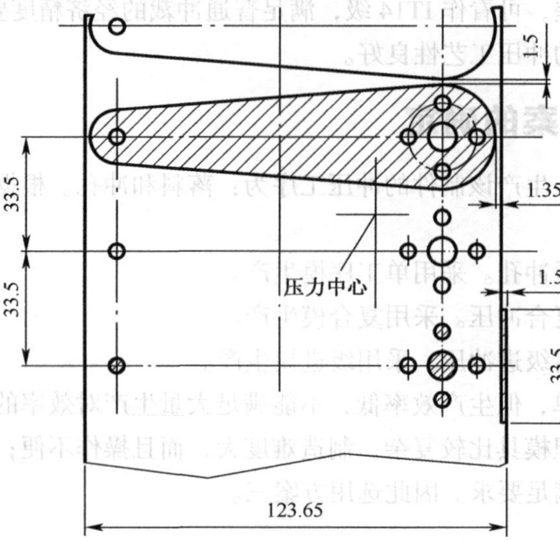

图 6-53　排样图

2. 冲压力计算

该工件在冲压过程中需要的冲压工艺力有：

冲 5 个ϕ5mm 孔及一个ϕ8mm 孔需要的冲孔力，侧刃冲料边需要的力，落外形需要的落料力及卸料力。由于选用的是刚性卸料，因此选择设备时不需要考虑卸料力的大小，只需计算各冲孔力、冲侧边力和落料力。

由公式 2-12 得：

$$F=KLt\tau= 1.3\times320\times1.2\times406=202.7\text{（kN）}$$

式中：τ为 320MPa；L是 6 个孔的总周长、侧边的冲切长度与外形轮廓长度之和，经计算约为 406mm。

根据上述计算结果，冲压设备拟选用 J23-25。

3. 压力中心的确定

压力中心即冲裁合力的作用点，计算压力中心的目的是在模具设计时保证模具的压力中心与模柄的中心线重合。压力中心可按下述步骤进行。

（1）按比例绘制出各凹模型孔图，如图 6-54 所示。

（2）按照项目二所介绍的方法分别求出每一型孔的压力中心位置。这里的各孔为圆形，其压力中心位置在其圆心，因此这里只需求出落外形的压力中心和定距用侧边的压力中心，对于外形，可建立入图 6-54 所示的 x_1o_1y 坐标系，根据合力对某一轴的力矩等于各分力对同一根轴的力矩之和求出压力中心坐标为（25.7，0）。对于侧刃冲去的料边，可建立如图 6-54 所示的 xo_2y_1 坐标系，同样求出压力中心坐标为（0.06，0）。

（3）求模具的压力中心，可建立如图 6-54 所示的 xoy 坐标系，按照同样的方法计算出压力中心的位置

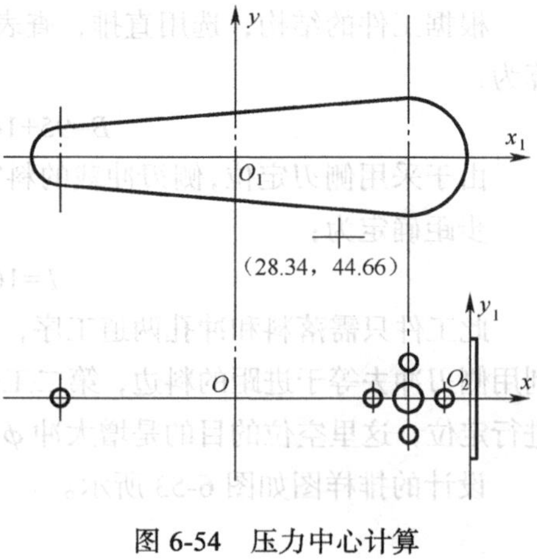

图 6-54　压力中心计算

（28.34，44.66）。

4. 工作零件刃口尺寸计算

因工作零件的形状相对较简单，适宜采用线切割机床分别加工落料凸模、凹模、凸模固定板以及卸料板，这种加工方法可以保证这些零件各个孔的同轴度，使装配工作简化。具体计算结果见表 6-5 所示。

表 6-5　　凸、凹模刃口尺寸　　单位：mm

序　号	加 工 对 象	公差值（IT14）	凸　模	凹　模
1	$\phi5$ 孔	+0.3	$5.15_{-0.075}^{0}$	$5.276_{0}^{+0.075}$
2	$\phi8$ 孔	+0.36	$8.18_{-0.09}^{0}$	$8.306_{0}^{+0.09}$
3	$R8$	−0.36	$7.69_{-0.09}^{0}$	$7.82_{0}^{+0.09}$
4	$R16$	−0.43	$15.659_{-0.11}^{0}$	$15.785_{0}^{+0.11}$
5	孔间距（95）	±0.435	95±0.11	

（五）模具总体设计

手柄模具总装图如图 6-55 所示。

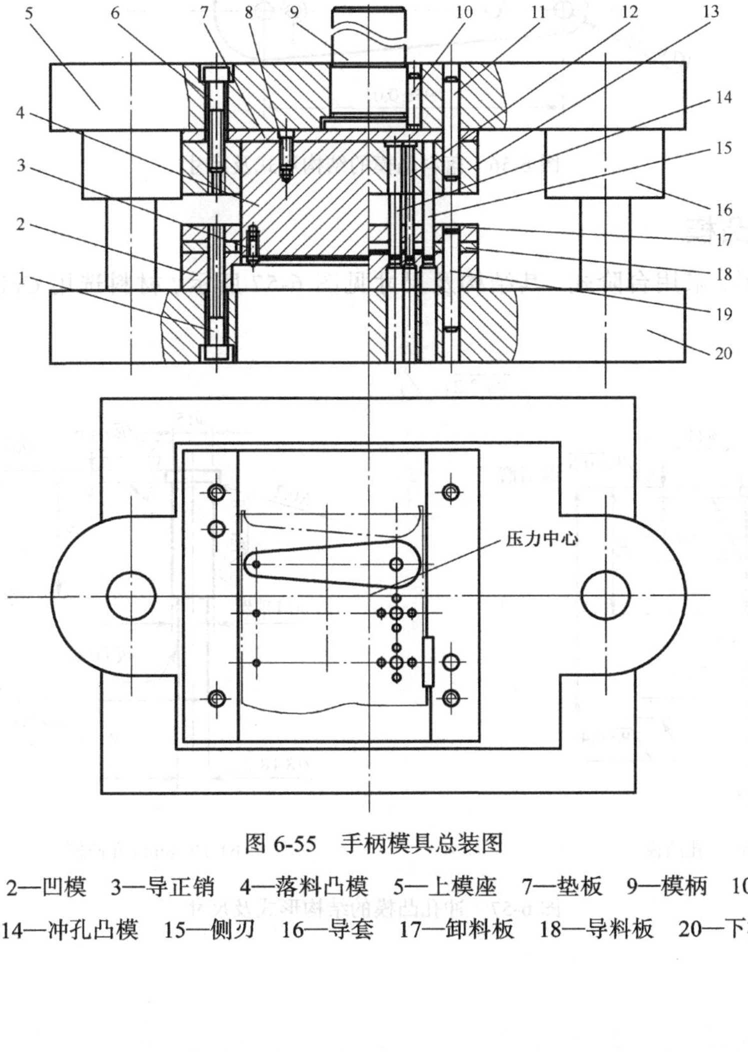

图 6-55　手柄模具总装图

1、6、8—螺钉　2—凹模　3—导正销　4—落料凸模　5—上模座　7—垫板　9—模柄　10、11、19—销钉　12、14—冲孔凸模　15—侧刃　16—导套　17—卸料板　18—导料板　20—下模座

（六）模具主要零件设计

1. 落料凸模

落料凸模的结构形式及尺寸见图 6-56 所示，材料选用 Cr12，热处理 58～60HRC。

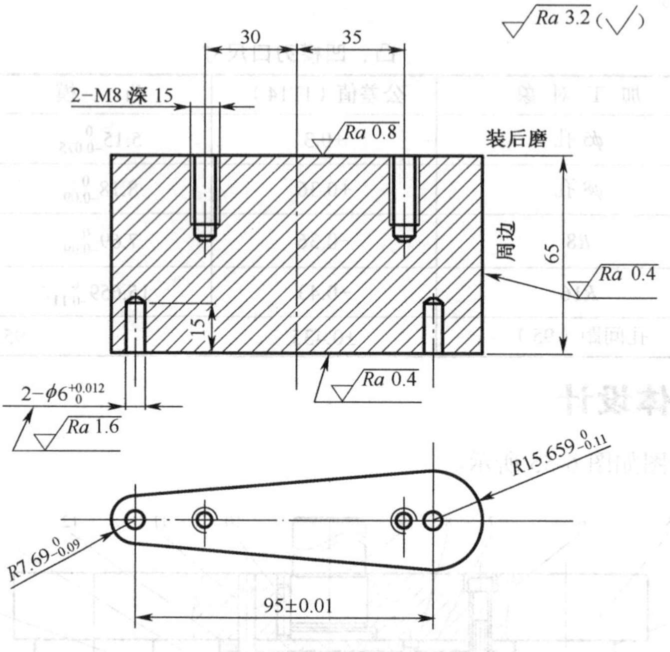

图 6-56　落料凸模的结构形式及尺寸

2. 冲孔凸模

由于是圆形，采用台阶式，其结构及尺寸见图 6-57 所示，材料选用 Cr12，热处理 58～60HRC。

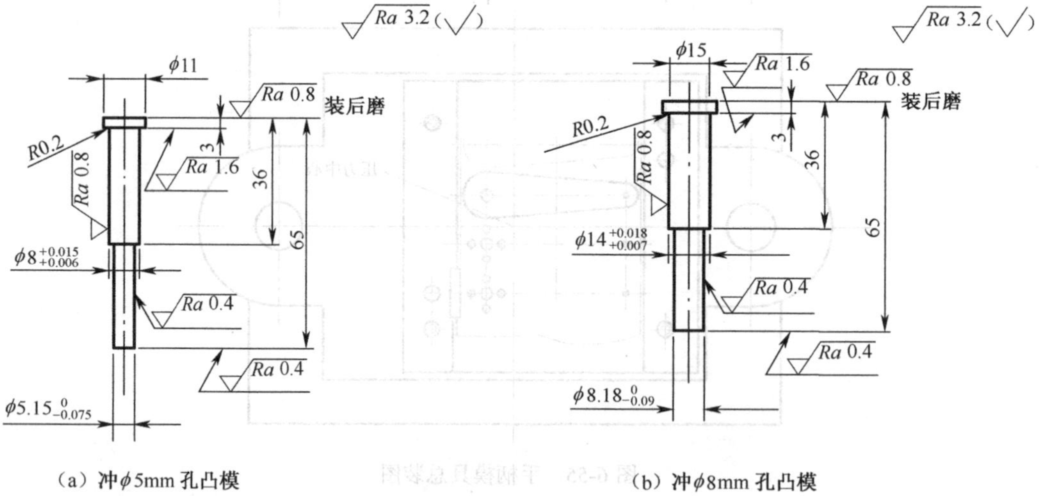

（a）冲φ5mm 孔凸模　　（b）冲φ8mm 孔凸模

图 6-57　冲孔凸模的结构形式及尺寸

3. 凹模

采用整体凹模，其结构与尺寸见图 6-58 所示，材料选用 Cr12，热处理 60～62HRC。

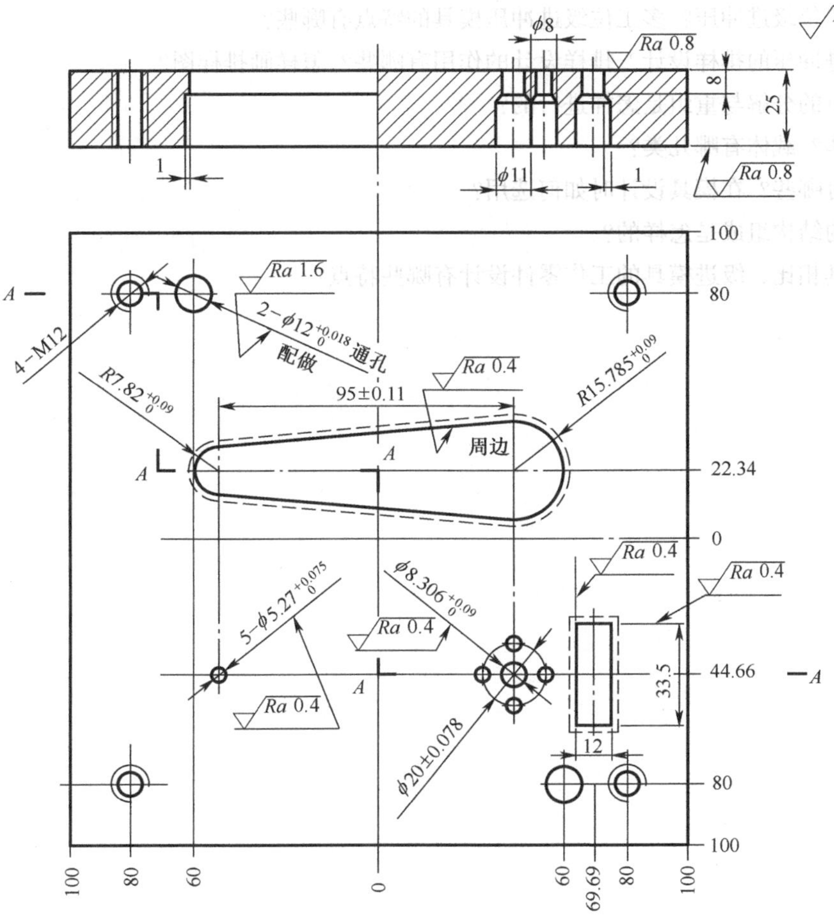

图 6-58 凹模的结构及尺寸

实训与练习

一、实训

1. 内容：多工位级进模具拆装实训。

2. 时间：2.5 天。

3. 实训内容：参观模具制造工厂或模具拆装实训室，挑选不同结构的多工位级进模具若干，分成 4 人一组，每组学生拆装一副模具，了解模具的结构及动作过程，测绘并画出模具装配图。

4. 要求：了解多工位级进模具的结构组成，各部分的作用，零件间的装配形式，相互关系；熟悉多工位级进模拆装的基本要求、方法、步骤、常用拆装工具；熟悉多工位级进模结构参数的测量；

测绘各个模具零件并绘制模具装配图。

二、练习

1. 什么是多工位级进冲压？多工位级进冲压模具的特点有哪些？
2. 什么是级进冲压的排样设计？排样设计的作用有哪些？怎样画排样图？
3. 级进模刃口的分解与重组是怎样进行的？
4. 什么是载体？载体有哪几类？
5. 定位元件有哪些？在模具设计时如何选用？
6. 级进模具的结构组成是怎样的？
7. 与普通模具相比，级进模具的工作零件设计有哪些特点？

项目七

冲压设备的选用与操作

【能力目标】

能够根据不同的冲压模具选择相应的冲压设备

【知识目标】

- 熟悉校形的目的与方法
- 掌握圆孔翻边的计算方法
- 掌握圆孔翻边的模具结构
- 了解胀形的工艺方法
- 熟悉缩口的工艺计算与模具结构
- 熟悉多工位级进模的用途与结构

一、项目引入

冲压设备是指材料冲压加工所用的工艺设备。

冲压加工以金属材料为主要加工原料，在常温下利用金属具有塑性的特性，在冲压设备上通过冲压模具成形各种不同形状的金属制件。冲压加工已成为现代工业生产的重要工艺手段，而且具有广阔的发展前景。常用的冲压设备如图 7-1 所示。

我国冲压设备的发展，经历了从无到有，从仿制到自行设计制造，从自我发展到中外联合的过程，改革开放以来更是得到很大的发展，无论是设备的种类和数量都基本上满足了国民经济各部门生产的需要，而且开始进入国际市场。“工欲善其事，必先利其器”，先进的加工设备是集机械、电子、光学、液压、气动、检测于一体的多功能、高精度、高自动化、高可靠性、低噪声的设备。今后，我国经济实力的进一步提高和科学技术的发展，将为冲压加工提供更多、更好的设备。

本项目以项目二和项目三所设计的模具为载体，综合训练学生选用冲压设备的初步能力。

（a）通用压力机

（b）液压机

图 7-1　常用的冲压设备

二、相关知识

（一）通用压力机的工作原理和构成

压力机按工作原理分为曲柄压力机、螺旋压力机和液压机；按工艺用途分为通用压力机和专用压力机。

通用压力机是采用曲柄滑块机构的锻压机械，因此也称为通用曲柄压力机。下面以 JB23-63 型通用压力机为例说明它的工作原理和结构组成。

如图 7-2 所示，JB23-63 型压力机的工作原理为：电动机 1 通过小带轮 2 和传动带把能量和速度传给大带轮 3，再经过传动轴和小齿轮 4、大齿轮 5 传给曲轴 7。连杆 9 上端装在曲轴上，下端与滑块 10 连接，通过曲轴上的曲柄把旋转运动变为滑块的往复直线运动。滑块运动的最高位置称为上止点位置，而最低位置称为下止点位置。冲压模具的上模 11 装在滑块上，下模 12 装在垫板 13 上。因此，当板料放在上模 11、下模 12 之间时，即可以进行冲裁或成形加工。

曲轴 7 上装有离合器 6 和制动器 8，只有当离合器 6 和大齿轮 5 啮合时，曲轴 7 才开始转动。曲轴停止转动可通过离合器与齿轮脱开啮合和制动器制动实现，当制动器制动时，曲轴停止转动，但大齿轮仍在曲轴上旋转。压力机在一个工作周期内有负荷的工作时间很短，大部分时间为无负荷的空程运转。为了使电动机的负荷均匀，有效地利用能量，大带轮 3 起着用来储存能量的飞轮作用。

参看图 7-2，通用压力机一般由以下部分组成。

（1）动力传动系统　从电动机至曲轴组成通用压力机的动力传动系统，作用是能量传递和速度转换。它包括能量机构，如电动机和飞轮；传动机构，如齿轮传动、带传动等机构。

（2）工作机构　它由曲轴、连杆、滑块等零件组成，称曲柄滑块机构或称曲柄连杆机构。其作用是将曲柄的旋转运动转变为滑块的往复直线运动，由滑块带动模具工作。

（3）操纵系统　包括离合器、制动器和操纵机构等部件以及控制工作机构工作、停止和工作方式的由电器、气动、液压等部分组成的整个操纵系统。

（4）机身　它是压力机的支承部分，把压力机所有的零部件连接成一个整体。

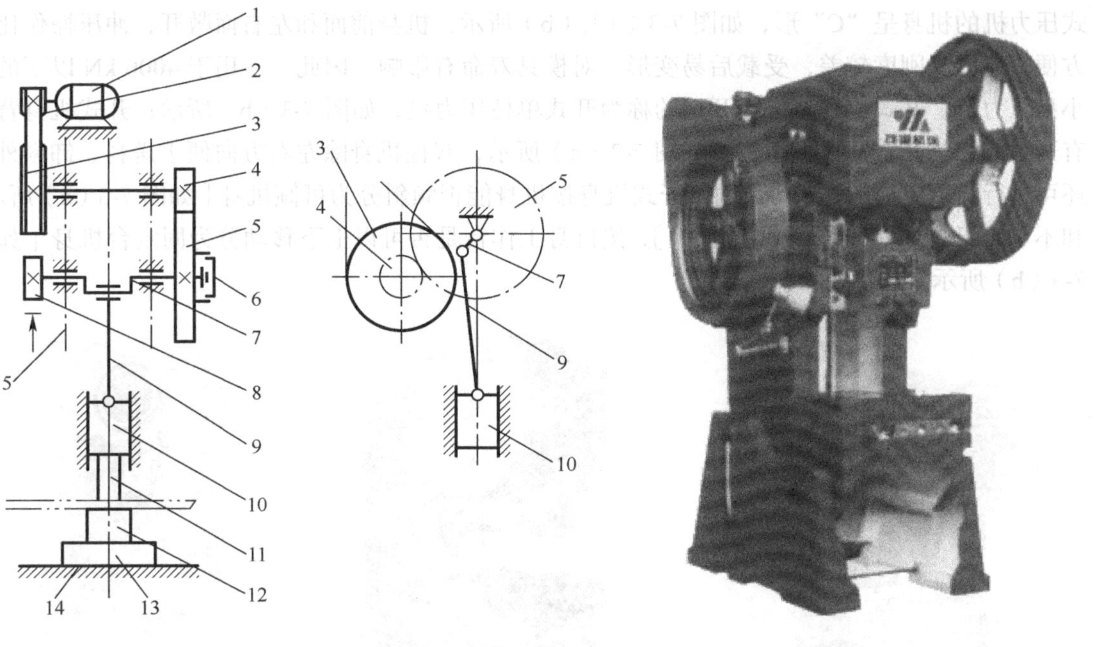

（a）运动原理示意图　　（b）实物照片

图 7-2　JB23-63 型压力机运动原理图

1—电动机　2—小带轮　3—大带轮　4—小齿轮　5—大齿轮　6—离合器　7—曲轴　8—制动器　9—连杆　10—滑块　11—上模　12—下模　13—垫板　14—工作台　15—机身

（5）辅助系统和装置　如润滑系统、过载保护装置以及气垫等。

（二）通用压力机的分类和表示方法

1. 通用压力机的分类

机械压力机类（J）分为 10 组 9 型，从用途上分，第 1 组至第 3 组称为通用压力机，第 1 组为单柱压力机，第 2 组为开式压力机，第 3 组为闭式压力机。每一组根据具体结构不同，又分若干型。通用压力机的分类和组型代号见表 7-1。

表 7-1　通用压力机的分类和组型代号

组	型	通用压力机名称及代号	组	型	通用压力机名称及代号
1. 单柱压力机	1	11 单柱固定台压力机	2. 开式压力机	8	28 开式柱形台压力机
	2	12 单柱活动台压力机		9	29 开式底传动压力机
	3	13 单柱柱形台压力机	3. 闭式压力机	1	31 闭式单点压力机
2. 开式压力机	1	21 开式固定台压力机		2	32 闭式单点切边压力机
	2	22 开式活动台压力机		3	33 闭式侧滑块压力机
	3	23 开式可倾压力机		6	36 闭式双点压力机
	4	24 开式转台压力机		7	37 闭式双点切边压力机
	5	25 开式双点压力机		9	39 闭式四点压力机

（1）按机身结构形式分　按压力机机身结构形式不同，分为开式压力机和闭式压力机。开

式压力机的机身呈“C”形，如图 7-3（a）、（b）所示，机身前面和左右面敞开，冲压操作比较方便，但机身刚度较差，受载后易变形，对模具寿命有影响，因此，多用于 4000 kN 以下的中小型压力机。开式机身背部无开口的称为开式单柱压力机，如图 7-3（b）所示；开式机身背部有开口的称为开式双柱压力机，如图 7-3（a）所示，双柱机身除左右方向便于送料、卸料外，还可进行前后方向的送料、卸料。开式机身按机身能否倾斜分为可倾机身［如图 7-3（a）所示］和不可倾机身［如图 7-3（b）所示］。按机身工作台是否可以上下移动分为固定台机身［如图 7-3（b）所示］和活动台机身。

（a）开式双柱可倾机身　（b）开式单柱固定台机身　（c）闭式整体机身

图 7-3　压力机机身类型示意图

闭式压力机机身为框架结构，如图 7-3（c）所示。其机身前后敞开，两侧封闭，机身刚度大，适用于大中型压力机。闭式压力机按机身结构不同又分成整体式压力机［如图 7-3（c）所示］和组合式压力机。组合式机身由上横梁、立柱、工作台和拉紧螺柱等组合而成。

（2）按压力机连杆数量分　按压力机连杆数量不同，分为单点压力机、双点压力机和四点压力机。单点压力机的滑块由一个连杆带动，一般均为小型压力机。双点压力机的滑块由两个连杆带动，运动平稳、精度高，一般为中型压力机。四点压力机的滑块由两对连杆带动，运动平稳，一般为大型压力机。如图 7-4 所示为单点、双点、四点通用压力机示意图。

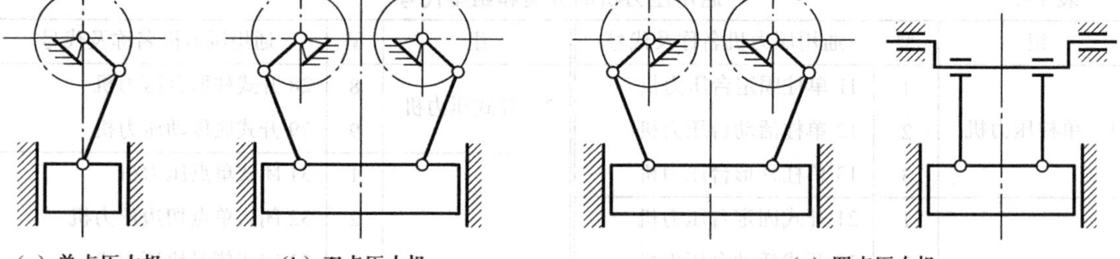

（a）单点压力机　（b）双点压力机　（c）四点压力机

图 7-4　压力机按连杆数分类示意图

（3）按压力机工作台特点分　按压力机工作台特点分为固定工作台压力机［如图 7-3（b）所示］、可倾工作台压力机［如图 7-3（a）所示］、升降工作台压力机、可移动工作台压力机和回转工作台压力机。

2. 锻压设备型号表示方法

按照国家行业标准（ZB-J6 2030—1990）锻压设备型号编制方法的规定，锻压设备的型号由锻压设备名称、结构特征、主参数等项目的代号组成，用汉语拼音字母和阿拉伯数字表示。表示方法如下：

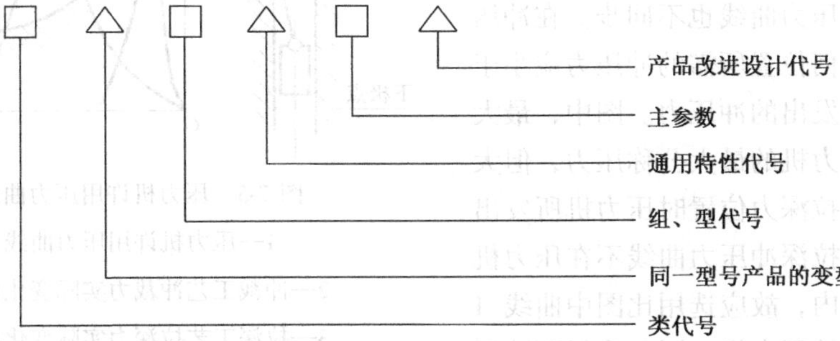

例如 JB23-63A 的含义如下。

第 1 部分是类代号。“J”是机械压力机类代号，是机械压力机中“机”字汉语拼音的第一个字母，用汉语拼音正体大写字母表示。锻压设备共分 8 类，另外 7 类是：液压机（Y）、自动锻压机（Z）、锤机（C）、锻机（D）、剪切机（Q）、弯曲校正机（W）、其他（T）。

第 2 部分是变型设计代号。当基本型号的主参数相同，而次要参数不同时，称为变型设计，以 A、B、C…表示。本例“B”表示第二次变型设计。

第 3 部分是组、型代号（见表 6-1）。本例“23”表示结构特征是开式可倾压力机。

第 4 部分是通用特性代号。用汉语拼音正体大写字母表示。分别为数控（K）、自动（Z）、半自动（B）、高速（G）、精密（M）、气动（Q）等。本例为通用压力机，无特性代号。如 J92K-25 表示 250 kN 数控压力机。

横线后面的第 5 部分是设备的主参数。通用压力机的主参数是公称压力，用法定计量单位“kN”的 1/10 表示。此例的“63“表示公称压力为 630 kN 。

第 6 部分表示改进设计代号。以 A、B、C…表示。当压力机的结构和性能做了改进时，称为改进设计。本例的“A”表示第一次改进设计。

（三）通用压力机的规格及选择

在选择压力机时，应根据变形力的大小、冲压件尺寸和模具尺寸来确定设备的规格。具体地说，在完成某一工序而选用压力机时，必须考虑下列主要技术参数。

1. 公称压力的确定

压力机滑块下滑过程中的冲击力就是压力机的压力。压力的大小随滑块下滑的位置不同，也就是随曲柄旋转的角度不同而不同，图 7-5 中曲线 1 所示为压力机许用压力曲线。

（1）压力机的公称压力　我国规定滑块下滑到距下止点某一特定的距离 Sp（此距离称为公称压力行程，随压力机不同此距离也不同，如 JC23-40 规定为 7mm，JA31-400 规定为 13mm）或曲柄旋转到距下止点某一特定角度α（此角度称为公称压力角，随压力机不同公称压力角也不相同）时，滑块上所允许的最大冲击力称为压力机的公称压力。公称压力的大小，表示压力机本身能够承受冲击的大小。压力机的强度和刚性就是按公称压力进行设计的。

（2）压力机的公称压力与实际所需冲压力的关系　冲压工序中冲压力的大小也是随凸模（或压力机滑块）的行程而变化的。在图 7-5 中曲线 2、3 分别表示冲裁、拉深的实际冲压力曲线。从图中可以看出两种实际冲压力曲线不同步，与压力机许用压力曲线也不同步。在冲压过程中，凸模在任何位置所需的冲压力应小于压力机在该位置所发出的冲压力。图中，最大拉深力虽然小于压力机的最大公称压力，但大于曲柄旋转到最大拉深力位置时压力机所发出的冲压力，也就是拉深冲压力曲线不在压力机许用压力曲线范围内，故应选用比图中曲线 1 所示压力更大吨位的压力机。因此为保证冲压力足够，一般冲裁、弯曲时压力机的吨位应比计算的冲压力大 30%左右。拉深时压力机吨位应比计算出的拉深力大 60%～100%。

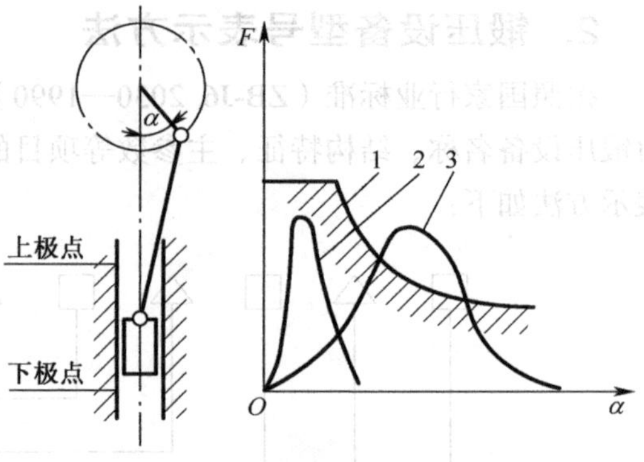

图 7-5　压力机许用压力曲线

1—压力机许用压力曲线

2—冲裁工艺冲裁力实际变化曲线

3—拉深工艺拉深力实际变化曲线

2. 滑块行程长度选择

滑块行程长度是指曲柄旋转一周滑块所移动的距离，其值为曲柄半径的两倍。选择压力机时，滑块行程长度应保证毛坯能顺利地放入模具和冲压件能顺利地从模具中取出。特别是成形拉深件和弯曲件应使滑块行程长度大于制件高度的 2.5～3.0 倍。

3. 行程次数选择

行程次数即滑块每分钟冲击次数。应根据材料的变形要求和生产率来考虑。

4. 工作台面尺寸的选择

工作台面长、宽尺寸应大于模具下模座尺寸，并每边留出 60～100mm，以便于安装固定模具用的螺栓、垫铁和压板。当制件或废料需下落时，工作台面孔尺寸必须大于下落件的尺寸。对有弹顶装置的模具，工作台面孔尺寸还应大于下弹顶装置的外形尺寸。

5. 滑块模柄孔尺寸确定

模柄孔直径要与模柄直径相符，模柄孔的深度应大于模柄的长度。

6. 闭合高度的选择

压力机的闭合高度是指滑块在下止点时，滑块底面到工作台上平面（即垫板下平面）之间的距离。

压力机的闭合高度可通过调节连杆长度在一定范围内变化。当连杆调至最短（对偏心压力机的行程应调到最小），滑块底面到工作台上平面之间的距离，为压力机的最大闭合高度；当连杆调至最长（对偏心压力机的行程应调到最大），滑块处于下止点，滑块底面到工作台上平面之间的距离，为压力机的最小闭合高度。

压力机的装模高度指压力机的闭合高度减去垫板厚度的差值。没有垫板的压力机，其装模高度等于压力机的闭合高度。

模具的闭合高度是指冲模在最低工作位置时，上模座上平面至下模座下平面之间的距离。

模具闭合高度与压力机装模高度的关系，如图 7-6 所示。

$$H_{max}-5 \geqslant H+T \geqslant H_{min}+10 \qquad (7\text{-}1)$$

式中：H——模具的闭合高度，mm；

H_{max}——压力机的最大闭合高度，mm；

H_{min}——压力机的最小闭合高度，mm；

T——垫板厚度，mm。

工作台尺寸一般应大于模具下模座 60～100mm（单边），以便于安装，垫板孔径应大于制件或废料投影尺寸，以便于漏料。

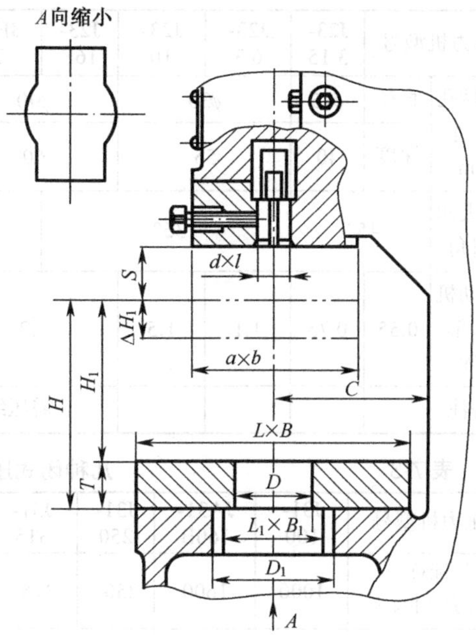

图 7-6 模具安装尺寸与压力机的关系

7. 电动机功率的选择

必须保证压力机的电动机功率大于冲压时所需要的功率。

常用压力机的技术参数可查阅有关手册。

表 7-2 和表 7-3 分别列举了几种国产开式、闭式压力机的主要技术参数。

表 7-2 几种开式压力机的主要技术参数

压力机型号		J23-3.15	J23-6.3	J23-10	J23-16F	JH2-25	JH23-40	JC23-63	J11-50	J11-100	JA1-250	JH2-80	JA2-160	J21-400A
标称压力（KN）		31.5	63	100	160	250	400	630	500	1000	2500	800	1600	4000
滑块行程（mm）		25	35	45	70	75	80	120	10～90	20～100	120	160	160	200
滑块行程次数(次·min^{-1})		200	170	145	120	80	55	50	90	65	37	40～75	40	25
最大封闭高度（mm）		120	150	180	205	260	330	360	270	420	450	320	450	550
封闭高度调节量（mm）		25	35	35	45	55	65	80	75	85	80	80	130	150
立柱间距（mm）		120	150	180	220	270	340	350					530	896
喉深（mm）		90	110	130	160	200	250	260	235	340	325	310	380	480
工作台尺（mm）	前后	160	200	240	300	370	460	480	450	600	630	600	710	900
	左右	250	310	370	450	560	700	710	650	800	1100	950	1120	1400
垫板尺寸（mm）	厚度	30	30	35	40	50	65	90	80	100	150		130	170
	孔径	φ110	φ140	φ170	φ210	φ260	φ320	φ250	φ130	φ160				φ300

续表

压力机型号		J23-3.15	J23-6.3	J23-10	J23-16F	JH2-25	JH23-40	JC23-63	J11-50	J11-100	JA1-250	JH2-80	JA2-160	J21-400A
模柄孔尺寸（mm）	直径	$\phi25$	$\phi30$		$\phi40$		$\phi50$			$\phi60$	$\phi70$	$\phi50$	$\phi70$	$\phi100$
	深度	40	55		60		70	80			90	60	80	120
最大倾斜角	45°		35°			30°								
电动机功率（kW）	0.55	0.75	1.1	1.5	2.2		5.5			7	18.1	7.5	11.1	32.2
备注					需压缩空气							需压缩空气		

表 7-3　　几种闭式压力机的主要技术参数

压力机型号		J31-100	JA31-160B	J31-250	J31-315	J31-400	JA31-630	J31-800	J31-1250	J36-160	J36-250	J36-400	J36-630
标称压力（kN）		1000	1600	2500	3150	4000	6300	8000	12500	1600	2500	4000	6300
标称压力行程（mm）			8.16	10.4	10.5	13.2	13	13	13	10.8	11	13.7	26
滑块行程（mm）		165	160	315	315	400	400	500	500	315	400	400	500
滑块行程次数（次·min^{-1}）		35	32	20	20	16	12	10	10	20	17	16	9
最大装模高度（mm）		445	375	490	490	710	700	700	830	670	590	730	810
装模高度调节量（mm）		100	120	200	200	250	250	315	250	250	250	315	340
导轨间距离（mm）		405	590	900	930	850	1480	1680	1520	1840	2640	2640	3270
退料杆行程（mm）				150	160	150	250						
工作台尺寸（mm）	前后	620	790	950	1100	1200	1500	1600	1900	1250	1250	1600	1500
	左右	620	710	1000	1100	1250	1700	1900	1800	2000	2780	2780	3450
滑块底面尺寸（mm）	前后	300	560	850	960	1000	1400	1500	1560	1050	1000	1250	1270
	左右	360		980	910	1230				1980	2540	2550	3200
工作台孔尺寸（mm）		$\phi250$	430×430			620×620							
垫板厚度（mm）		125	105	140	140	160	200			130	160	185	190
模柄尺寸（mm）	直径	$\phi65$	$\phi75$										
	深底	120											
备注			需压缩空气			备气垫							

（四）其他类型的通用压力机

1. 拉深压力机

拉深压力机主要用于将板料拉深成各种筒形件、盒形件以及像汽车覆盖件那样的复杂空心件，或用于进一步改变制件形状的成形。在拉深过程中变形区的失稳起皱是其主要问题，所以拉深压力机带有压边装置以此来防止失稳起皱。拉深过程中滑块的速度快慢对成形至关重要，因此拉深压力机滑块在拉深时应保持较低而均匀的速度有利于成形。同时由于拉深工作行程较大，则拉深变形功也较大，因此拉深压力机的飞轮惯量和电动机的功率都比较大。

拉深压力机按照压力机的主要用途分为通用拉深压力机和专用拉深压力机。专用拉深压力机按滑块动作分为单动、双动和三动拉深压力机。

图 7-7 所示为上传动双动拉深压力机，它具有双滑块结构：一个外滑块和一个内滑块。外滑块在机身导轨上做下止点有“停顿”的上下往复运动；内滑块在外滑块的内导轨中做上下往复运动。外滑块用来落料或压紧坯料的边缘，防止起皱，内滑块用于拉深成形。

双动拉深压力机按传动方式不同，可分为机械双动拉深压力机和液压双动拉深压力机。而机械双动拉深压力机按传动系统布置的不同，又可分为上传动和下传动两种。如图 7-8 所示为下传动双动拉深压力机。

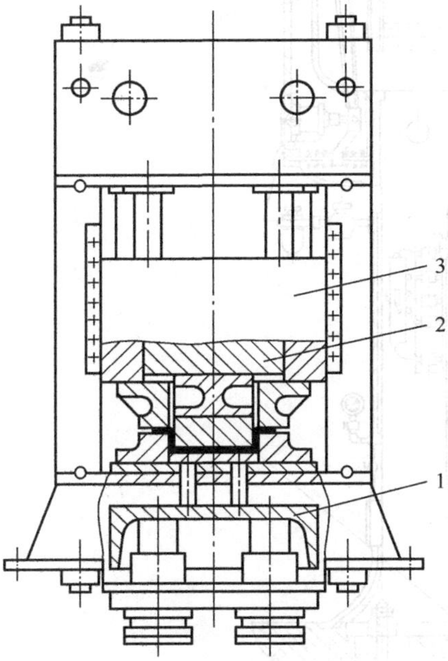

图 7-7　上传动双动拉深压力机
1—拉深垫　2—内滑块　3—外滑块

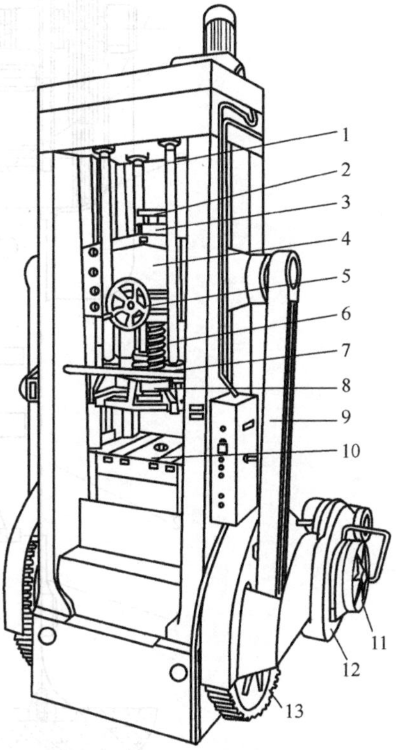

图 7-8　下传动双动拉深压力机
1—压边螺杆　2—手轮　3—锁紧手轮　4—拉深滑块
5—上模调节手轮　6—装模螺杆　7—菱形压板
8—压边滑块　9—连杆　10—工作台
11—离合器　12—飞轮　13—大齿轮

拉深工艺除要求内滑块有较大的行程外，还要求内、外滑块的运动密切配合。在内滑块拉深之前，外滑块先压紧坯料的边缘，在内滑块拉深过程中，外滑块应保持始终压紧的状态，拉深完毕，外滑块应稍滞后于内滑块回程，以便将拉深件从凸模上卸下来。

2. 摩擦螺旋压力机

摩擦螺旋压力机简称为摩擦压力机，它是以摩擦传动机构带动螺杆滑块工作机构，依靠传递的动能进行工件的塑性加工成形设备。它兼有锻锤和压力机的双重工作特性。

由此可见，摩擦压力机由于具有双重特性，所以工艺适应性强，不仅可用于模锻，也可用于冲压；结构简单、安装调整操作方便，制造和使用成本低，但能量损失大，传动效率低（其总效率为10%～15%），生产效率不高。

摩擦螺旋压力机按摩擦传动机构分为双盘摩擦螺旋压力机、三盘摩擦螺旋压力机、双锥盘摩擦螺旋压力机和无盘摩擦螺旋压力机，应用最广泛的是双盘摩擦压力机，图7-9所示为3000kN双盘摩擦压力机结构。

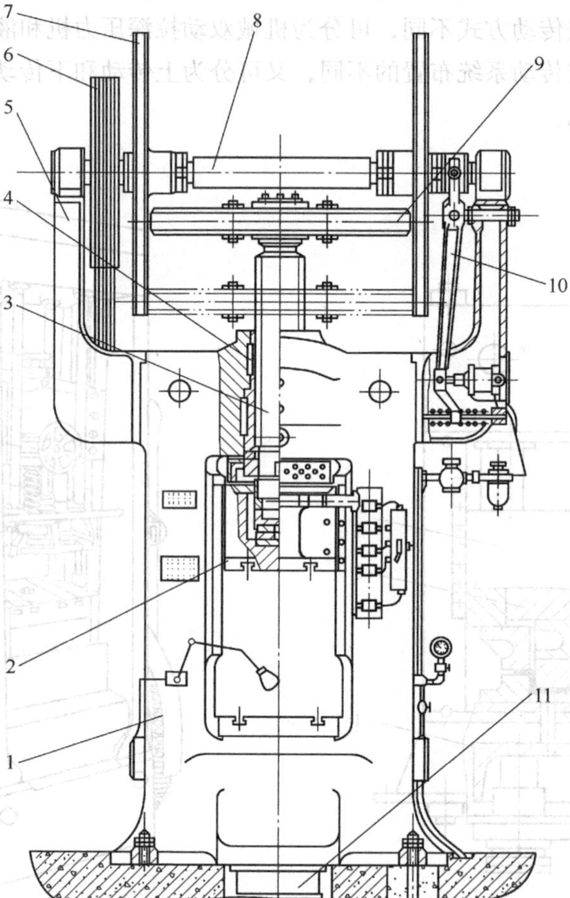

图7-9　3000kN双盘摩擦压力机结构

1—机身　2—滑块　3—螺杆　4—螺母　5—支臂　6—带轮　7—摩擦盘
8—横轴　9—飞轮　10—拨叉　11—顶出器

电动机启动后，通过带轮 6 使横轴 8 顺时针方向转动。横轴上装有两个摩擦盘 7，两盘与飞轮 9 的轮缘大约有 4mm 的原始间隙，横轴在拨叉 10 的推动下有微小移动。当向下行程时，控制系统使拨叉推动横轴向右移动，左摩擦盘压紧飞轮，并通过它们之间的摩擦力矩驱动飞轮和螺杆 3 作顺时针方向旋转，进而推动滑块 2 向下运动。飞轮逐渐加速储蓄能量，当滑块下行到要求位置时，控制系统使摩擦盘与飞轮脱开，横轴恢复原始位置，运动部分以其储存的能量进行打击。打击结束时，由于螺杆的螺纹不自锁，故在压力机受力零件，模具和锻件的弹性恢复力作用下，飞轮反转，滑块回跳，受力零件卸载。回升行程时，控制系统让拨叉推动横轴向左移动，右摩擦盘压紧飞轮，驱动飞轮反向旋转，滑块回升。滑块回升到一定位置后，控制系统使摩擦盘与飞轮脱开，滑块借惯性继续向上运动，达到行程终点时，由制动系统吸收剩余能量，滑块停止在上面位置。

摩擦压力机的优点是：当超负荷时，只会引起飞轮与摩擦盘之间的滑动，而不致损坏机件。它适用于中小型件的冲压加工，对于校正、压印和成形等冲压工序尤为适宜。其缺点是飞轮轮缘磨损大，生产率比偏心和曲轴压力机低。

3. 高速自动压力机

高速自动压力机是指滑块每分钟行程次数为相同公称压力通用压力机的 5～9 倍，并借助各种自动送料机构对板料进行冲压的特殊曲柄压力机，简称为高速自动压力机。目前高速压力机主要用于电子、仪器仪表、轻工、汽车等行业中的特大批量冲压件的生产。它的行程次数已从每分钟几百次发展到每分钟一千多次，吨位也从几百千牛发展到上千千牛。近年来，高速压力机的应用范围在不断扩大，数量也在不断增加。预计不久的将来，高速压力机在冲压压力机中的比例将会明显增大。

高速压力机的一个重要特性就是滑块行程次数高，它直接反映压力机的生产效率。目前高速压力机行程次数可达到 1000～3000 次/min，但滑块和模具的高速往复运动，会产生很大的惯性力，造成惯性振动，影响压力机和模具的寿命。另外，高速压力机机床刚度和滑块导向精度高、送料精度高，辅助装置较齐全，如有高精度的间歇送料装置、平衡装置、减振消音装置、事故监测装置等。

高速自动压力机按机身结构分为开式、闭式和四柱式。按传动方式分为上传式、下传式。按连杆数目分为单点式、双点式。但从工艺用途和结构特点上分类，可分为 3 大类：第 1 类是采用硬质合金材料的级进模或简单模来冲裁卷料，它的特点是行程很小，但行程次数很高；第 2 类是以级进模对卷料进行冲裁、弯曲、浅拉深和成形的多用途高速自动压力机，它的行程大于第 1 类压力机，但行程次数要低些；第 3 类是以第 2 类压力机为基础，将第 1、2 类综合为一个统一系列，每个规格有 2～3 个型号，主要改变行程和行程次数，提高了压力机的通用化程度及经济效益。

图 7-10 为高速自动压力机及其辅助装置。高速自动压力机除压力机主体以外，还包括开卷、校平和送料机等。充分发挥高速自动压力机的作用，需要高质量的卷料、送料精度高的自动送料机构以及高精度、高寿命的级进模。

（五）压力机类型的选择

冲压加工用的设备主要有通用压力机、专用压力机和液压机等。压力机类型的选择，主要取决于冲压件的工艺要求和生产批量，一般应遵循以下几点原则：

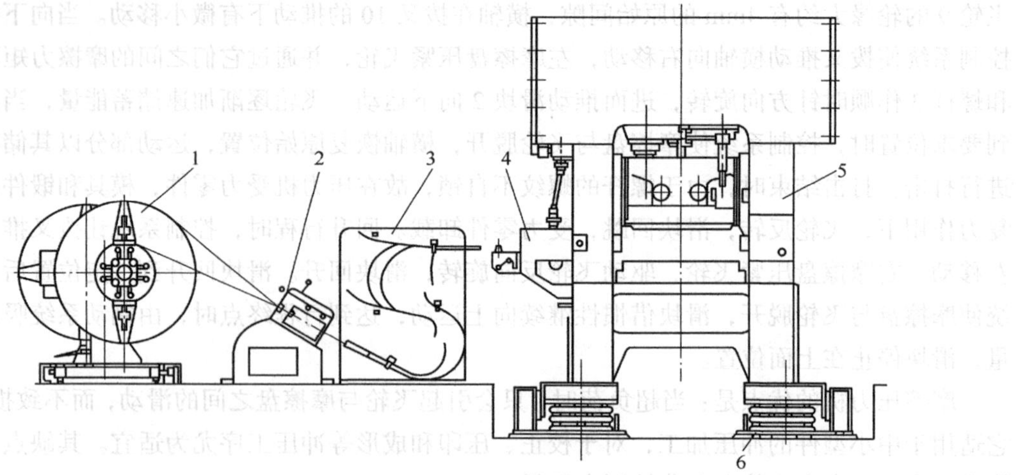

图 7-10　高速压力机及其辅助装置

1—开卷机　2—校平机构　3—供料缓冲机构　4—送料机构　5—高速自动压力机　6—弹性支撑

（1）中小形状的冲裁件、拉深件、弯曲件，主要选择开式通用压力机。开式压力机机身刚度较差，在冲压力的作用下易产生变形，影响冲裁件质量，但只要冲压能力选择适当，还是胜任的。而且使用比较方便，容易操作，便于实现机械化和自动生产。因此，中小形状和精度要求不高的冲压件多采用这类开式压力机。

（2）大中形状和精度要求较高的冲压件，要选择刚度较好的闭式通用压力机。根据冲压件的大小，可以选择双点式、四点式压力机。

（3）对于形状较复杂、大量生产的中小形状冲压件，应该选择高效率压力机或自动压力机。

（4）对于生产批量较小的大型厚板冲压件，应选用液压机。液压机虽然生产速度慢，效率低，制件尺寸精度受操作影响，但是压力大，不会因板厚而过载，适用于厚板生产。

（5）对于精密冲裁件，最好在专用精冲压力机上进行。当生产批量不大时，可在通用压力机或液压机上，增加压料装置和反压装置，进行精密冲裁。

（6）对于大型拉深件，要选用上传动的闭式双动拉深压力机；对于中小型拉深件，常选用下传动的双动拉深压力机；对于大型复杂拉深件，可以选用三动压力机。

（7）对于校正弯曲、整形、压印等工序，要求压力机有足够的刚度，应优先选用精压机，以得到较高的冲压件尺寸精度；当生产批量不大时，可以选用摩擦压力机。

（8）对于薄板冲裁，应当选用精度和刚度高的压力机。

冲压类型与冲压设备选用对照表可参见表 7-4。

表 7-4　冲压类型与冲压设备选用对照表

冲压设备 \ 冲压类型	冲裁	弯曲	简单拉深	复杂拉深	整形校平	立体成型
小行程通用压力机	√	○	×	×	×	×
中行程通用压力机	√	○	√	○	○	×
大行程通用压力机	√	○	√	○	√	√
双动拉深压力机	×	×	○	√	×	×

续表

冲压类型 / 冲压设备	冲裁	弯曲	简单拉深	复杂拉深	整形校平	立体成型
高速自动压力机	√	×	×	×	×	×
摩擦压力机	○	√	×	×	√	√

注：表中√表示适用，○表示尚可使用，×表示不适用。

（六）液压机的用途和分类

1. 液压机的用途

液压机是一种以液体为介质来传递能量以实现多种锻压工艺的机器。液压机与其他压力机相比，具有压力和速度可在较大范围内无级调节、动作灵活、各执行机构动作可方便地达到所希望的配合关系等优点。同时液压元件的通用化和标准化，也给其设计、制造和使用带来了方便。自从1795年英国人布拉曼取得第一个手动液压机专利至今，液压机发展十分迅速，在冶金、锻压、机加工、交通运输、航空航天等行业部门，特别是在粉末冶金，管、线型材挤压，胶合板压制，打包，人造金刚石、耐火砖压制，电缆包覆，碳极压制成形，零件压装、校直等方面应用广泛。

2. 液压机的分类

液压机在锻压机械标准ZB-J62030—1990中属于第2类，类别代号为"Y"。

液压机按其用途分为十个组别:

（1）手动液压机（0组） 用于完成压力较小，可手工操作的简单工作。

（2）锻造液压机（1组） 用于自由锻造、钢锭开坯以及有色与黑色金属模锻。

（3）冲压液压机（2组） 用于各种薄板及厚板冲压，其中有单动、双动及橡皮模冲压等。

（4）一般用途液压机（3组） 包括各种万能式通用液压机。

（5）校正、压装用液压机（4组） 用于零件校形及装配。

（6）层压液压机（5组） 用于胶合板、刨花板、纤维板及绝缘材料板的压制。

（7）挤压液压机（6组） 分别用于挤压各种有色金属及黑色金属的线材、管材、棒材、型材及工件的拉深和穿孔等工艺。

（8）压制液压机（7组） 分别用于各种粉末制品的压制成形，如粉末冶金、人造金刚石、耐火砖、碳极、塑料及橡胶制品的压制等。

（9）打包、压块液压机（8组） 用于将金属切屑及废料压块与打包、非金属废料的打包等。

（10）其他液压机（9组） 用于冲孔、拔伸、轮轴压装等。

各种规格的液压机如图7-11所示。

（七）液压机的优缺点

1. 液压机的优点

液压机与其他压力加工设备相比较有以下优点:

（1）基于液压传动原理，执行元件结构简单。结构上易于实现很大的作用力，可有较大的工作空间及较长的行程。因此适应性强，便于压制大型工件或较长较高的工件。

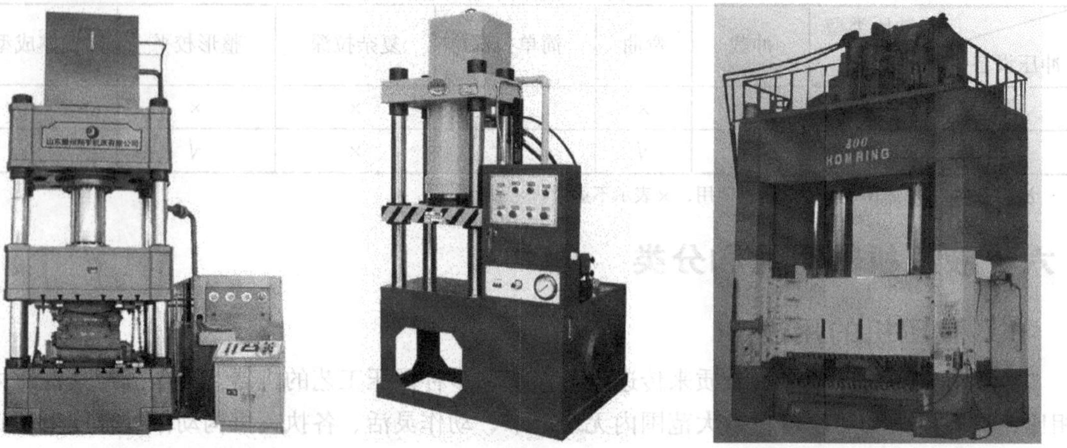

图 7-11　各种规格的液压机

（2）在行程的任何位置均可产生压力机额定的最大压力。可以在下转换点长时间保压，这对许多工艺是十分需要的。

（3）可以用简单的方法（各种阀门）在一个工作循环中调压或限压，而不至超载，容易保护各种模具。

（4）滑块（活动横梁）的总行程可以在一定范围内任意地改变，滑块行程的下转换点可以根据压力或行程的位置来控制或改变。

（5）滑块速度可在一定范围内进行调节，从而适应工艺过程对滑块速度的不同要求。用泵直接传动时，滑块速度的调节与压力及行程无关。

（6）与锻锤相比，工作平稳，撞击、振动和噪声较小，对工人的健康、厂房基础、周围环境及设备本身都有很大好处。

2. 液压机的缺点

液压机的缺点是：

（1）用泵直接传动时，安装功率比相应的机械压力机大。

（2）由于工作缸内升压及降压都需要一定时间，阀的换向时间较长以及空程速度不够高，因此在快速性方面不如机械压力机，高速冲压自动机仍以机械压力机为主。

（3）由于液体具有可压缩性，如卸载时瞬时释放能量，会引起振动（压力机本体或系统），因此不太适合于冲裁、剪切等工艺。

（4）工作液体有一定使用寿命，到一定时间需更换。

在实际生产中，由于压力机的行程速度较快，生产率高，所以冲压加工设备多数采用曲柄压力机。但是对成形速度有要求的某些冲压加工，液压机较慢的工作行程速度更符合其工艺的要求，而且容易做到保压和调节工作行程长度，因此，在一定范围内得以应用。

（八）通用液压机的用途和技术参数

1. 通用液压机的用途

通用液压机是一种用途广泛的液压机，在液压机类中属于第 3 组，称为一般用途液压机，也称万能液压机。第 3 组共有 5 种类型，其中 Y30 系列为单柱液压机，Y31 系列为双柱液压机，Y32 系列为四柱液压机，Y33 系列为四柱上移式液压机，Y36 系列为切边液压机。它们常用于材料的压制工艺，如冲裁、弯曲、翻边以及薄板拉深等，也可用于校正、压装、砂轮成形，金属零件冷挤压成形，粉末制品压制成形以及塑料制品压制成形等工艺。这类液压机多用在生产批量不大但工艺要求多样化的车间。

2. 通用液压机的技术参数

（1）公称压力（公称吨位）及其分级隔　公称压力是指液压机名义上能产生的最大力，在数值上等于工作液体压强和工作柱塞总工作面积的乘积。它反映了液压机的主要工作能力，是通用液压机的主参数。一般大中型液压机将公称压力分为两级或三级。泵直接传动的液压机不分级。

（2）最大净空距（开口高度）H　最大净空距 H 是指活动横梁停止在上限位置时，从工作台上表面到活动横梁下表面的距离，如图 7-12 所示。最大净空距反映了液压机高度方向上工作空间的大小。

（3）最大行程 s　最大行程 s 指活动横梁能够移动的最大距离。

（4）工作台尺寸（长×宽）　工作台尺寸指工作台面上可以利用的有效尺寸。如图 7-12 中的 B 与 T。

（5）回程力　回程力由活塞缸下腔工作或单独设置的回程缸来实现。

（6）活动横梁运动速度（滑块速度）　可分为工作行程速度、空行程速度及回程速度。工作行程速度由工艺要求来确定；空行程速度及回程速度可以高一些，以提高生产率。

（7）允许最大偏心距　允许最大偏心距是指工件变形阻力接近公称压力时所能允许的最大偏心值。

（8）顶出器公称压力及行程　有些液压机下横梁装有顶出器。其压力和行程可按工艺要求确定。

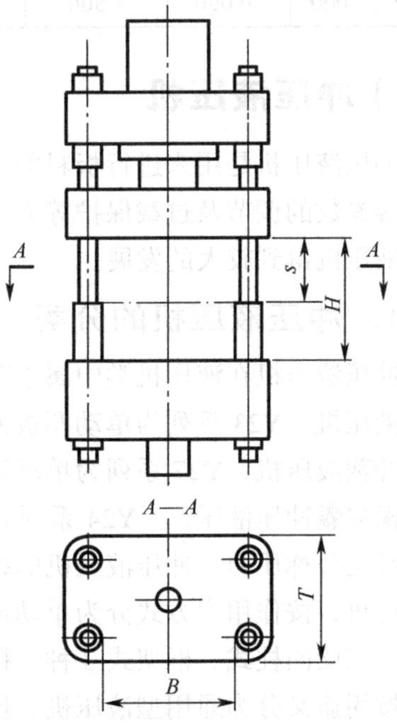

图 7-12　基本参数示意图

天津锻压机床总厂生产的 Y32 系列通用液压机的主要技术参数如表 7-5 所示。

表 7-5　通用液压机（四柱式）主要技术参数

名称 型号	公称力（kN）	滑块行程（mm）	滑块开口高度（mm）	滑块工作速度（mm/s）	工作台尺寸（mm）	液压垫力（kN）	液体工作压强（MPa）	电动机功率（kW）
YB32-63C	630	400	600	9	520×490	190	25	8.3
THP32C-80	800	2 400	3 800	1～5	1 500×1 200		25	5.5
YT32-100A	1 000	600	900	10	630×630	250	25	11

续表

名称 / 型号	公称力（kN）	滑块行程（mm）	滑块开口高度（mm）	滑块工作速度（mm/s）	工作台尺寸（mm）	液压垫力（kN）	液体工作压强（MPa）	电动机功率（kW）
YT32-200A	2 000	710	1 120	6～18	900×900	400	25	22.75
YT32-315A	3 150	800	1 250	6～12	1 200×1 120	630	25	22.75
YT32-500B	5 000	900	1 500	10	1 400×1 400	1 000	25	45.5
YT32-630D	6 300	1 000	1 800	6	2 600×1 600	1 250	25	—
THP32C-700	7 000	1 250	2 100	0.5～0.6	1 100×1 200	—	25	5.5
THP32-800	8 000	1 250	1 800	13	2 000×1 600	1 600	25	—
THP32-1000	10 000	900	1 500	4～12	1 500×1 500	1 000	25	68
THP32-2000	20 000	2 000	2 400	8～18	3 000×4 000	1 000	25	196.5
THP32-3000	30 000	1 500	2 800	1～6	2 200×2 200	6 300	25	269.5

（九）冲压液压机

冲压液压机是用来进行板料的冲裁、弯曲及拉深成形等工序的，由于液压机在压力、行程、速度等参数的调节及过载保护等方面都比较简单、易行且可靠，本体结构也不复杂，所以板料冲压液压机得到较大的发展。

1. 冲压液压机的分类

冲压液压机在液压机类中属于第“2”组，目前第 2 组共有 7 个型，其中 Y21 系列为单臂冲压液压机，Y23 系列为单动厚板冲压液压机，Y24 系列为双动厚板拉深液压机，Y26 系列为精密冲裁液压机，Y27 系列为单动薄板冲压液压机，Y28 系列为双动薄板拉深液压机，Y29 系列为橡皮囊冲压液压机。Y24 系列和 Y28 系列的主参数是公称拉深压力和总压力。其余系列的主参数是公称压力。冲压液压机的种类较多。按照压制板材厚度分为薄板冲压液压机和厚板冲压液压机，按作用力方式分为单动冲压液压机和双动冲压液压机，按照液压机本体结构分为单臂式、三梁四柱式、框架式 3 种，按传动介质分为以水（乳化液）为介质和以油为介质的两大类，按用途又分为通用型液压机、橡皮囊液压机、汽车纵梁液压机、液压板料折弯机、液压剪板机等。

2. 单动薄板冲压液压机

下面以 YA27-500 型为例说明单动薄板冲压液压机的典型结构，如图 7-13 所示。该机属于立式三梁四柱式结构，上梁内装有主工作缸，带动活动横梁上下运动，完成各种冲压工作。下横梁装有液压垫，供顶出工件或拉深时压边用。为便于更换模具设有移动工作台，由液压马达驱动，通过齿轮、齿条传动可将工作台移动。

3. 厚板冲压液压机

厚板冲压液压机属于重型压力加工设备，在液压机类别中属于第“2”组，有“23”、“24”两个组型，主要用于厚板的冷热弯曲、冲裁、拉深、成形、精整和矫正等工艺，是生产大型封头，拉深圆筒、大型厚板容器、桥梁、热交换器等特殊零件必不可少的重要设备。

图 7-13　三梁四柱式冲压液压机结构简图

厚板冲压液压机可分为单动厚板冲压液压机和双动厚板冲压液压机两种，单动厚板冲压液压机用于厚板的成形、校平、压印、弯曲等工艺。双动厚板冲压液压机主要用于压制锅炉和化工容器的封头，也可完成弯曲、校正、成形和拉深等工艺。

（十）双动拉深液压机

1. 拉深成形与拉深液压机

双动拉深液压机属于液压机类 Y28 系列，主要用于金属薄板零件的拉深成形、翻边、弯曲和冲压等工艺，例如制造各种汽车覆盖件，脸盆、茶缸等搪瓷制品，洗衣机内桶等家用电器零件。拉深液压机在汽车、航空、拖拉机、电器、仪表、电子、化工、日用搪瓷、厨房用具等工业部门得到广泛的应用。

板料在进行拉深时，为防止坯料周边起皱，必须采用压边圈将坯料四周压紧，压边力要适当，过大易使坯料被拉破，过小则坯料四周仍会起皱，不能保证产品质量。对于形状复杂而又不对称的工件，则要求坯料周边不同位置具有不同的压边力。所以拉深液压机的动梁一般做成内外两个，拉深动梁装在里边，压边动梁装在外边。在进行双动拉深时，拉深动梁和压边动梁可一起快速下降，接近坯料时改为慢速下降，当压边动梁压住坯料四周时就不再下降而变为保压状态，此时，拉深动梁继续下降进行拉深，拉深工艺完成后，拉深动梁可实现保压、延时、卸压和快速回程，压边动梁相应也可实现卸压和快速回程，然后顶出缸进行顶出，最后顶出缸回程，拉深动梁和压边动梁停止运动，完成了一个工作循环。有的拉深液压机采用四个压边缸布置在压边动梁的四周，分别调整压力，以适应拉深复杂零件的要求，拉深液压机还设有移动工作台，以便于更换模具。拉深液压机下横梁上设有顶出缸，其顶杆通过工作台中间的顶杆孔对制成的工件进行顶出。

2. 双动拉深液压机的工作过程

如图 7-14 所示为普通的三梁四柱式双动拉深压力机示意图。压边动梁 6 由压边缸 4 驱动，用来压边。压边缸固定在拉深动梁 5 上，随拉深动梁一起运动，也有固定在下横梁上单独运动的。拉深动梁和压边动梁靠四个立柱分别导向。拉深凸模部分固定在拉深动梁 5 上，穿过压边动梁和模具压边圈中部的孔进行拉深。

双动拉深液压机的工作过程，即拉深动梁、压边动梁及顶出缸的工作顺序由液压系统控制，其工作过程如下：

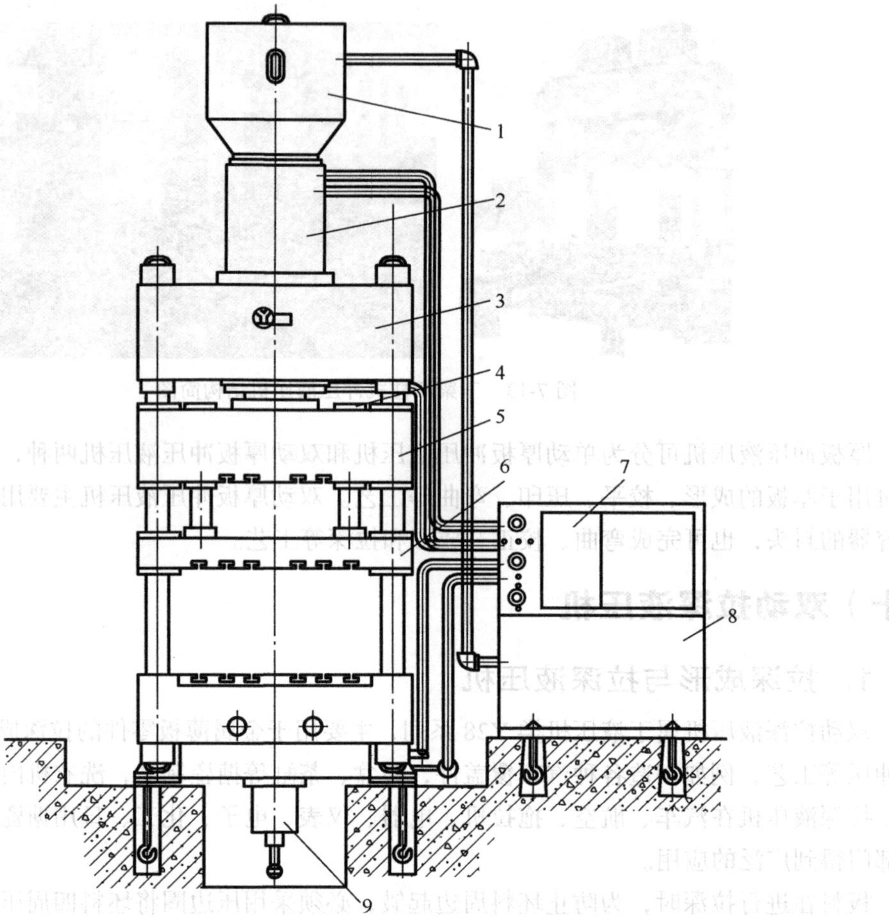

图 7-14　三梁四柱式双动拉深液压机示意图

1—充液罐　2—主缸　3—上模梁　4—压边缸　5—拉深动梁　6—压边动梁

7—操纵机构　8—液压装置　9—顶出缸

（1）拉深动梁和压边动梁的快速下降　液压动力机构的电动机启动，液压泵在卸荷状态下工作，拉深动梁和压边动梁靠自重快速下行。

（2）慢速下降　当压边动梁接近毛坯时，触动行程开关，液压泵驱动主缸，使拉深动梁和压边动梁慢速下行。

（3）加压　当压边圈与毛坯接触时压边动梁停止运动，并由压边缸施加压边力，保持至拉深结束，其压边力可以调节，在压边动梁停止下行后，拉深动梁带动拉深凸模继续下行，直到拉深成形完成。

（4）保压、卸压　在拉深成形时，由于拉深动梁、压边动梁的运动突然停止和加载后的突然卸载造成液压冲击，引起压力冲击和管道振动。通过液压缓冲装置使主缸压力经卸荷阀逐渐卸压，可避免液压冲击。

（5）回程　当主缸压力下降到一定数值时（拉深已结束），拉深动梁开始回程，压边动梁不动，当拉深动梁回程到一定位置时，通过拉杆带动压边动梁回程。

（6）停止　回程到预定位置时，触动行程开关使电磁铁断电，液压泵卸荷，拉深动梁和压边动梁停止回程。

（7）顶出缸顶出及退回　顶出缸带动顶出活塞上升，顶出工件，顶出缸退回，电动机停止运转，一个工作行程结束。

（十一）曲柄压力机的操作与维护

曲柄压力机的使用寿命与操作者能否正确使用和切实地维护保养有很大的关系，同其他机械设备一样，只有正确使用、切实维护，才能减少机械故障，延长其使用寿命，同时充分发挥其功能，保证产品质量，并最大限度地避免事故的发生。

1. 曲柄压力机结构的正确使用

压力机的操作者必须明确自己所用压力机的各种性能指标、加工能力（公称压力、许用负荷图、电机额定功率），并且在使用过程中，让压力机的能力留有余地。这对延长压力机部件寿命、模具寿命及避免超负荷使压力机破坏都是至关重要的。超负荷工作对压力机、模具及工件等均有不良影响，避免超负荷是使用压力机的最基本条件。

压力机各活动连接处的间隙不能太大，否则磨损加大，将降低精度。在进行滑块导向间隙调整时，注意不要过分追求精度而使滑块过紧，过紧将产生摩擦、发热、磨损。有适当的间隙对改善润滑、延长使用寿命是很重要的。各相对运动部分都必须保证良好的润滑，按要求添加润滑油（脂）。

压力机的离合器、制动器是确保压力机安全运转的重要部件。离合器、制动器发生故障，必然会导致大的事故发生。因此，操作者必须充分了解所使用的压力机的离合器、制动器的结构，而且，每天开机前都要试车检查离合器、制动器的动作是否准确、灵活、可靠。气动摩擦离合器、制动器使用的压缩空气必须达到要求的压力标准。滑块平衡装置，应在每次更换模具后，根据模具的重量加以调整，保证平衡效果。

2. 压力机的正确操作

（1）压力机正确无误的操作　压力机的操作是一项很简单的工作，但是，错误的操作会使压力机、模具、工件遭受破坏，甚至会导致人身事故的发生。所以，正确操作是安全使用压力机的重要前提，应高度重视。

① 操作压力机必须经过学习，掌握设备的结构、性能，熟悉操作规程并取得操作许可方可独立操作。

② 正确使用设备上安全保护和控制装置，不得任意拆动。

③ 检查机床各传动、连接、润滑等部位及防护保险装置是否正常，装模具的螺钉必须牢固，不得移动。

④ 机床在工作前应作空运转 2～3 分钟，检查脚闸等控制装置的灵活性，确认正常后方可使用，不得带病运转。

⑤ 安装模具要牢固，上、下模对正，保证位置正确，用手搬转机床试冲（空车），确保在模具处于良好情况下工作。

⑥ 开车前要注意润滑，取下床面上的一切浮放物品。

⑦ 压力机运转时或冲制中，操作者站立要恰当，手和头部应与压力机保持一定的距离，并时刻注意冲头动作，严禁与他人闲谈。

⑧ 冲制短小工件时，应用专门工具，不得用手直接送料或取件。

⑨ 冲制长体零件时，应设制安全托料架或采取其他安全措施，以免受伤。

⑩ 单冲时，手脚不准放在手、脚闸上，必须冲一次搬（踏）一下，严防事故。

⑪ 两人以上共同操作时，负责搬（踏）闸者，必须注意送料人的动作，严禁一面取件，一面搬（踏）闸。

⑫ 工作完毕后，应使离合器脱开，然后才能切断电源，清除工作台上的杂物，用布揩拭，并在未涂油漆部分涂上一层防锈油。

（2）压力机上模具的安装　模具在完成装配制造之后，根据压力机的冲压力大小、闭合高度、工作台尺寸等技术参数，将模具安装在合适的压力机上进行工作。冲压模的安装过程如下。

① 切断电源，检查模具和压力机是否完好正常，熟悉冲压工艺和冲压模具图纸，在确保正常情况下，动手安装模具。

② 检查安装模具所使用的紧固螺栓、螺母、压板、垫块、垫板等零件是否齐全。

③ 卸下打料横杆，将滑块下降到下止点，测量待装模具高度，据此调节装模高度，使其略大于模具的闭合高度。

④ 清除黏附在冲压模上下表面、压力机滑块底面与工作台面上的杂物，并擦洗干净。

⑤ 取下模柄锁紧块，将上模、下模同时推到工作台，注意将下弹顶装置放入工作台落料孔，并让模柄进入压力机滑块的模柄孔内，合上锁紧块。将压力机滑块停在下止点，并调整压力机滑块高度，使滑块与模具顶面贴合，紧固锁模块。

⑥ 将下模部分用压板轻轻紧固在工作台上，但不要将螺栓拧得太紧。

⑦ 用压力机上的连杆调整装模高度，上、下模闭合高度适当后，将压板螺栓拧紧，使滑块上升到上止点，装入打料横梁。

⑧ 试空车，检查压力机和模具有无异常。开动压力机，先将上下模之间放入纸片，并逐步调整滑块高度，使纸片刚好切断。然后放入试冲材料正式冲件，刚好冲下零件后，将可调连杆螺钉锁紧。

⑨ 调整压力机的打料横梁限止螺钉，以打料横梁能通过打料杆打下上模内的冲压废料为准。

⑩ 冲5～10件正式冲压件，确认质量是否符合要求。

工作过程：工作时，条料沿落料凹模的上平面送进，固定挡料销、导料销对条料进行定位，上模部分随压力机滑块向下运动，凸模冲入凹模内，完成对板料的冲裁分离，随后上模部分上行，包在凸模的废料和落料凹模内的制件被推出，然后坯料再一次送进，准备下一次冲裁。

（3）压力机上模具的拆卸　冲压模具在使用完之后，要从压力机上卸下，其步骤如下。

① 用手动或点动使压力机滑块下降，使模具处于完全闭合状态。

② 待压力机停稳后松开模柄紧固螺钉、模具锁模块上的锁紧螺栓，让模柄或上模座与滑块松开分离。

③ 将滑块上升到上止点位置并离开模具的上模部分，切断压力机的电源，在滑块上升前应用手锤敲打一下上模座，以免上模座随滑块上升后又重新掉下来损坏模具刃口。

④ 卸开下模座压板螺钉，将模具从压力机工作台面上移出，完成卸模的全部工作。

3. 对压力机的定期检修保养

压力机经过长时间的使用，机械和传动部分便会磨损，轻者使压力机不能发挥正常的功能，重者则出现机械故障，甚至发生事故，因此要对压力机定期检修，通过每日、每周、每月、每半年或一年进行检查维修，使压力机始终保持完好的状态，以保证压力机的正常运转和确保操作者人身安全。压力机的定期检修保养，一般应完成下述几项内容：

（1）紧固零件的检修　经过长时间使用和机器的震动，都会使紧固零件松动，松动现象的判定，在压力机接受负荷之后，只要观察机架的底座和立柱的结合面是否有油出入即可。有油出入，说明有缝隙，拉紧螺栓松动。在拉紧螺栓松动的状态下进行压力机作业是很危险的，必须重新紧固。

（2）润滑装置的检修　压力机各相对旋转和滑动部分如果给油不足，自然引起干摩擦，出现故障。因此，应该经常认真检查供油情况，使其保持良好润滑状态。

首先要检查油箱、油池、油杯、泵等油量是否充足，有无污物；其次，检查各注油部位、输油管、接头有无漏油，如有漏油需立即更换密封件。漏出的油一旦黏附在离合器或制动器上，将影响其功能，造成危险，故应特别注意。另外，滤油器的清理、电磁阀前装设的油雾器的补油、油雾器的滴油量是否适当，都是不可遗漏的事项。

（3）制动装置的定期保养　要保证离合器、制动器动作安全准确，摩擦盘的间隙必须调准。间隙过大将使动作时间延迟，密封件磨损，需气量增大，造成不良影响；而间隙过小或摩擦盘的齿轮花键轴滑动不良、返回弹簧破损等，将造成离合器、制动器脱开时，摩擦盘互相碰撞，产生摩擦声，引起发热，使摩擦片磨损，影响制动效果。

（4）其他螺栓类松动的修正　各部分螺栓（包括附属装置的安装螺栓）是否松动，也是应该定期检查的事项。如有松动，应立即拧紧。压力机进行冲压作业，振动大，特别是高速压力机，振动频率越高，螺栓松动得就越快，螺栓松动往往引起难以预料的事故，必须认真对待。

（5）精度的定期检查　随着使用时间的延续，压力机的精度也在下降。因此，应该定期进行精度检查，发现精度下降，及早地使其恢复，以免影响冲压产品的精度以及模具寿命。一般的压力机最低要求是，精度下降一级后，必须尽快修正恢复，这样也便于今后的质量管理。

除上述各项外，压力机定期检修保养，还应包括传动系统、电气系统及各种辅助装置功能的检查维修。日常检查是定期检修保养的重要环节，它可防患于未然，因此，必须列入压力机操作规程，在每天作业前、开机加工中、作业后，都要进行相应项目的检查，发现问题及时解决。

三、项目实施

（一）紫铜板冲孔模（项目二所设计模具）的设备选用

1. 压力机类型的选择

压力机类型选择主要依据所要完成的冲压性质、生产批量、冲压件的尺寸及精度要求等。本例属于结构简单的中、小型冲裁件，小批量生产，冲压件的尺寸及精度要求不高，故选用开式机械压力机。

2. 压力机规格的选择

压力机规格选择主要依据冲压件尺寸、变形力大小及模具尺寸等，初选压力机时主要选择压力机的公称压力、行程次数等参数，闭合高度要在模具零件设计完成后，进行必要的校核后再确定具体尺寸。

（1）公称压力的选择　冲裁时，压力机的施力行程较小（小于公称压力 P_0 行程），因此所选压力机的公称压力只要大于冲压力的总和即可。

$$P_0>P_{总}$$

因为本项目的　　　　$P_{总}$=128.587（KN）

所以，本项目压力机的公称压力可初选为 P_0=160KN，型号为 J23-16 的开式双柱可倾式曲柄压力机。

（2）行程次数　行程次数是指滑块每分钟冲击的次数，即滑块每分钟往复运动的次数。主要考虑以下因素。

① 为了提高生产率，就要增加行程次数。

② 考虑操作方式（进、出料时间的快慢）。

③ 不能忽略金属变形速度这一因素（金属流动速度）。

④ 行程次数太高，将缩短设备寿命。

J23-6 型压力机的行程次数为 120 次/min，远远满足小批量冲裁件的生产效率要求。

（3）滑块行程（S）　是指滑块的最大运动距离，即曲柄旋转一周，上止点至下止点的距离。其值为曲柄半径的两倍：$S=2R$，主要考虑以下因素。

① 要保证毛坯放进和工件取出，应使滑块行程大于工件高度（$H_{工}$）的两倍以上，即：

$$S>2H_{工}$$

② 与行程次数有密切关系，行程长，则次数少，所以限制行程，可提高生产率。

J23-16 型压力机的滑块行程为 50mm，远远满足冲裁件的冲压行程。

（4）闭合高度　压力机的闭合高度是指滑块在下止点时，滑块底面到工作台上平面之间的距离。

① 压力机的闭合高度可以通过调整连杆长度来改变其大小，将连杆调至最短时，闭合高度最大，称最大闭合高度。将连杆调至最长时，闭合高度最小，称最小闭合高度。J23-16 型压力机的最大闭合高度为 220mm，连杆调节量为 45mm，故最小闭合高度为 175mm。

② 当压力机工作台面上有垫板时，用压力机的闭合高度减去垫板厚度，就是压力机的装模高度，没有垫板的压力机，其装模高度与闭合高度相等。

③ 模具的闭合高度是指模具在最低工作位置时，上模座上平面至下模座下平面之间的距离。压力机的配合应该遵守式（7-1）

$$220-5(\text{mm})>H>175+10(\text{mm})$$

$$215(\text{mm})>H>185(\text{mm})$$

式中：H_{max}——压力机的最大闭合高度，mm；

H_{min}——压力机的最小闭合高度，mm；

H——模具的闭合高度，mm；

H_d——压力机垫板厚度，mm。

如果压力机上不设置垫板，本例所设计的模具闭合高度 H 在 185～215mm 之间。加上垫板，模具闭合高度将减小。本项目所设计模具的闭合高度为 149mm，而 J23-16 型开式双柱可倾式压力机的最小闭合高度为 175mm，不能满足所设计的模具要求，所以模具在压力机安装时须加垫板，垫板的厚度按下式选取

$$H_{max}-H_d-5>H>H_{min}-H_d+10$$
$$H_{max}-H-5>H_d>H_{min}-H+10$$
$$215-419-5>H_d>175-149+10$$
$$61>H_d>36$$
取 40mm

即本项目选用的 J23-16 型开式双柱可倾式压力机在使用时需要增加一个 40mm 高的垫板。

（5）工作台面尺寸　压力机工作台面尺寸应大于下模周界 60～100mm。J23-16 型压力机的工作台面尺寸（前后 左右）为 300mm 450mm，那么，设计时的模具的下模座（宽 长）不要超过 200mm × 350mm 即可。

（6）模柄孔尺寸　J23-16 型开式双柱可倾式压力机的模柄孔尺寸（直径 X 深度）为 30mm X 50mm，那么，设计时模具的模柄尺寸要与模柄孔尺寸匹配即可。

综合以上因素，本项目选用 J23-16 型开式双柱可倾式压力机。

（二）支承板弯曲模（项目三所设计模具）的设备选用

1. 公称压力的选择

选择压力机时，要根据模具结构来确定，当施力行程较大时（50%～60%）$P_0>P_{总}$即冲压时工艺力的总和不能大于压力机公称压力的 50%～60%。校正弯曲时，更要使额定压力有足够的富余，一般压力机的公称压力要大于校正弯曲力的 1.5～2 倍，在本项目中取为 1.8 倍，即

公称压力　$P_0=1.8\times200=360$（KN）

选择压力机的公称压力为 400KN，即 J23-40 型压力机。

2. 行程次数

选择用于弯曲的压力机的行程次数主要考虑以下因素。

（1）操作方式（进、出料速度的快慢）。

（2）弯曲时，金属变形需要过程，限制了行程次数增加。

（3）该件为小批量，不需要以较大的行程次数来提高生产效率。

J23-40 型压力机的行程次数有 45 次/min 和 90 次/min 等，依据上述因素综合分析，选择 45 次/min。

3. 滑块行程（S）

滑块行程是指滑块的最大运动距离，即曲柄滑动一周，上止点至下止点的距离。其值为曲柄半径的两倍：$S=2R$。

选择用于弯曲的压力机的滑块行程主要考虑以下因素。

（1）要保证毛坯放进和工件取出，应使滑块行程大于工件高度的两倍以上，$S>2H_{T}$。

（2）该件为小批量，不需要以限制行程来增加行程次数，提高生产效率。

J23-40 型压力机的行程为 80mm，大于工件高度的两倍，满足紫铜板弯曲时的冲压行程。即

$$S>2H_{T}$$
$$80>2\times30$$

4. 模具的闭合高度

压力机的闭合高度是指滑块在下止点时，滑块底面到工作台上平面之间的距离。

（1）压力机的闭合高度可以通过调整连杆长度来改变其大小，将连杆调至最短时，闭合高度最大，称最大闭合度。将连杆调至最长时，闭合度最小，称为最小闭合度。J23-40 型压力机的最大闭合度为 330mm，连杆调节量为 65mm，故最小闭合高度为 265mm。

（2）当压力机的工作台面上有垫板时，用压力机的闭合高度减去厚度，就是压力机的装模高度，没有垫板的压力机，其装模高度与闭合高度相等。

（3）模具的闭合高度是指压力机滑块在下止点位置时，模具上模座上平面至下模座下平面之间的距离。它与压力机的配合应该遵守式（7-1）。

$$(H_{max}-H_d)-5>H>(H_{min}-H_d)+10$$

$$330-5>H>265+10$$

$$325>H>275$$

如果压力机上不设置垫板，本例所设计的闭合高度 H 在 275—325 之间。加上垫板，模具的闭合高度将减小。

式中：H_{max}——压力机的最大闭合高度，mm；

H_{min}—— 压力机的最小闭合高度，mm；

H—— 模具的闭合高度，mm；

H_d—— 压力机垫板厚度，mm。

本项目所设计模具的闭合高度符合要求。

5. 工作台面尺寸

压力机工作台尺寸应大于下模周界 60～100mm。J23-40 型压力机的工作台尺寸（前后 × 左右）为 460mm × 700mm。那么，设计时模具的下模座（宽 × 长）不要超过 360mm × 600mm。

6. 模柄孔尺寸

J23-40 型压力机的模柄孔尺寸（直径 × 深度）为 50mm × 70mm，那么，设计时模具的模柄尺寸要与模柄孔尺寸匹配即可。

综合以上因素，本项目选用 J23-40 型压力机。

实训与练习

一、实训

JB23-63 型通用曲柄压力机的操作。

时间：0.5 天。

在实训车间，老师讲解压力机操作要领，学生分组进行操作。

操作 JB23-63 型通用曲柄压力机的一般程序如下：

1. 合上电源开关。

2. 起动空气压缩机或接通压缩空气管路。

3. 按下电气控制箱上的电动机起动按钮，起动电动机。

4. 选择压力机工作方式，按操作要求操作压力机。

5. 工作完毕后，按下电动机停止按钮，关闭空气压缩机或压缩空气管路，打开电源开关，放掉压力机储气筒内的剩余压缩空气。

二、练习

1. 简述曲柄压力机的主要结构组成及特点和工作原理。

2. 解释：JC23-63A，JH23-40 的含义。

3. 装模高度调节通常有哪些途径？一般通过什么方式进行？

4. 如何选择冲压设备的类型和规格？

5. 如何正确操作冲压设备？

项目八

冲压模具制造与装配

【能力目标】

能够进行简单的冲压模具的制造与装配

【知识目标】

- 熟悉模具各类零件的加工特点
- 掌握冲裁模凸、凹模常用的加工方法
- 掌握模具零件的常用连接方法
- 熟悉模具间隙及位置的控制
- 了解弯曲模和拉深模凸、凹模常用的加工方法
- 了解模具调试中容易出现的主要问题及解决方法

一、项目引入

冲压模具的装配，就是按照设计要求、结构特点和技术条件，以一定的装配顺序和方法，把模具的组成零件按照图纸的要求连接或固定起来成为模具，并能够生产出合格制品的过程。

冲压模的种类很多，其中冲裁模装配难度较大，特别是复合冲裁模由于零件数量多，结构复杂，间隙小等特点，对装配精度的要求也高，本项目以如图 8-1 所示落料冲孔复合模的装配为载体，综合训练学生进行模具装配的能力。

模具按图纸要求装配好后，必须在符合实际生产条件的环境中进行试冲生产，如果试冲发现模具设计与制造中有缺陷，必须找出产生的原因，对模具进行适当的修理后再试冲，直到模具能正常工作才能交付生产使用。

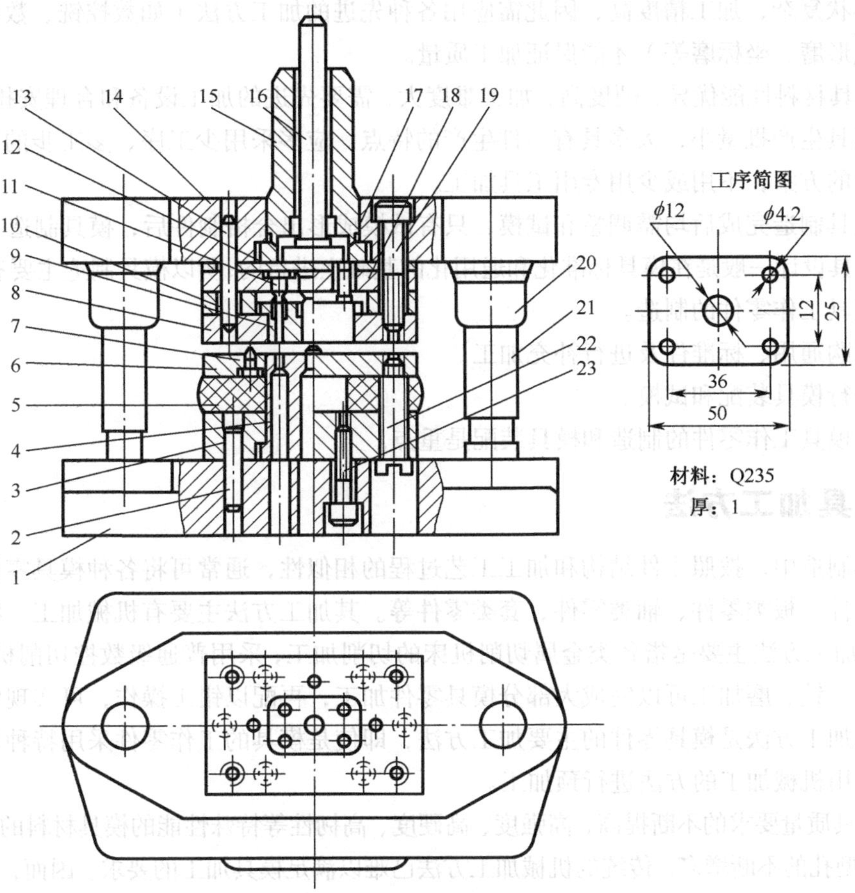

图 8-1　落料冲孔复合模

1—下模座　2、13—定位销　3—凸凹模固定板　4—凸凹模　5—橡皮弹性件　6—卸料板　7—定位钉　8—凹模　9—推板　10—空心垫板　11—凸模　12—垫板　14—上模座　15—模柄　16—打杆　17—推杆　18—凸模固定板　19、22、23—螺钉　20—导套　21—导柱

二、相关知识

（一）模具制造特点

现代工业产品的生产对模具要求越来越高，模具结构日趋复杂，制造难度日益增大。模具制造正由过去的劳动密集和主要依靠工人的手工技巧及采用传统机械加工设备转变为技术密集，更多地依靠各种高效、高精度的数控切削机床、电加工机床，从过去的机械加工时代转变成机、电结合加工以及其他特殊加工时代，模具钳工量正呈逐渐减少之势。现代模具制造集中了制造技术的精华，体现了先进的制造技术，已成为技术密集型的综合加工技术。

一般说来，模具制造属于单件生产。尽管采取了一些措施，如模架标准化、毛坯专用化、零件商品化等，适当集中模具制造中的部分内容，使其带有批量生产的特点，但对整个模具制造过程，尤其对工作零件的制造仍然属于单件生产。其制造具有以下特点。

（1）形状复杂，加工精度高，因此需应用各种先进的加工方法（如数控铣、数控电加工、坐标镗、成形磨、坐标磨等）才能保证加工质量。

（2）模具材料性能优异，硬度高，加工难度大，需要先进的加工设备和合理安排加工工艺。

（3）模具生产批量小，大多具有单件生产的特点。应多采用少工序、多工步的加工方案，即工序集中的方案；不用或少用专用工具加工。

（4）模具制造完成后均需调整和试模，只有试模成形出合格制件后，模具制造方算合格。

现代模具设计一般是在模具标准化和通用化的基础上进行的，所以模具制造主要有3项工作。

（1）模具工作零件的制造。

（2）配购通用、标准件及进行补充加工。

（3）进行模具装配和试模。

其中，模具工作零件的制造和模具装配是重点。

（二）模具加工方法

在模具制造中，按照零件结构和加工工艺过程的相似性，通常可将各种模具零件大致分为工作型面零件、板类零件、轴类零件、套类零件等。其加工方法主要有机械加工、特种加工两大类，机械加工方法主要是指各类金属切削机床的切削加工，采用普通级数控切削机床进行车、铣、刨、镗、钻、磨加工可以完成大部分模具零件加工，再配以钳工操作，可实现整套模具的制造。机械加工方法是模具零件的主要加工方法，即使是模具的工作零件采用特种加工方法加工，也需要用机械加工的方法进行预加工。

随着模具质量要求的不断提高，高强度、高硬度、高韧性等特殊性能的模具材料的不断出现和复杂型面、型孔的不断增多，传统的机械加工方法已难以满足模具加工的要求。因而，直接利用电能、热能、光能、化学能、电化学能、声能等特种加工的工艺方法得到了很快的发展，目前以电加工为主的特种加工方法在现代模具制造中已得到了广泛应用，它是对机械加工方法的重要补充。

模具常用的加工方法如表8-1所示。

表8-1　　模具常用的加工方法

<table>
<tr><th>类　别</th><th>加工方法</th><th>机　床</th><th>使用工具</th><th>适用范围</th></tr>
<tr><td rowspan="14">切削加工</td><td rowspan="3">平面加工</td><td>龙门刨床</td><td>刨刀</td><td rowspan="3">对模具坯料的六面进行加工</td></tr>
<tr><td>牛头刨床</td><td>刨刀</td></tr>
<tr><td>龙门铣床</td><td>端面铣刀</td></tr>
<tr><td rowspan="3">车削加工</td><td>车床</td><td>车刀</td><td rowspan="3">各种模具零件</td></tr>
<tr><td>NC 车床</td><td>车刀</td></tr>
<tr><td>立式车床</td><td>车刀</td></tr>
<tr><td rowspan="6">钻孔加工</td><td>钻床</td><td>钻头、铰刀</td><td rowspan="5">加工模具零件的各种孔</td></tr>
<tr><td>横臂钻床</td><td>钻头、铰刀</td></tr>
<tr><td>铣床</td><td>钻头、铰刀</td></tr>
<tr><td>数控铣床</td><td>钻头、铰刀</td></tr>
<tr><td>加工中心</td><td>钻头、铰刀</td></tr>
<tr><td>深孔钻</td><td>深孔钻头</td><td>加工注射模冷却水孔</td></tr>
</table>

续表

类别	加工方法	机床	使用工具	适用范围
切削加工	镗孔加工	卧式镗床	镗刀	镗削模具中的各种孔
		加工中心	镗刀	
		铣床	镗刀	
		坐标镗床	镗刀	镗削高精度孔
	铣加工	铣床	立铣刀、端面铣刀	铣削模具各种零件
		NC 铣床	立铣刀、端面铣刀	
		加工中心	立铣刀、端面铣刀	
		仿形铣床	球头铣刀	进行仿形加工
		雕刻机	小直径立铣刀	雕刻图案
	磨削加工	平面磨床	砂轮	模板各平面
		成形磨床	砂轮	各种形状模具零件的表面
		NC 磨床	砂轮	
		光学曲线磨床	砂轮	
		坐标磨床	砂轮	精密模具型孔
		内、外圆磨床	砂轮	圆形零件的内、外表面
		万能磨床	砂轮	可实施锥度磨削
	电加工	型腔电加工	电极	用切削方法难以加工的部位
		线切割加工	线电极	精密轮廓加工
		电解加工	电极	型腔和平面加工
	抛光加工	手持抛光工具	各种砂轮	去除铣削痕迹
		抛光机或手工	锉刀、砂纸、油石、抛光剂等	对模具零件进行抛光
非切削加工	挤压加工	压力机	挤压凸模	难以进行切削加工的型腔
	铸造加工	铍铜压力铸造	铸造设备	铸造塑料模型腔
		精密铸造	石膏模型、铸造设备	
	电铸加工	电铸设备	电铸母型	精密注塑模型腔
	表面装饰纹加工	蚀刻装置	装饰纹样板	加工注塑模型腔表面

表 8-2～表 8-4 所示为模具上常见孔、平面和外圆表面的加工方案，可供制定工艺时参考。

表 8-2　　孔加工方案

序号	加工方案	经济精度	表面粗糙度 *Ra*（μm）	适用范围
1	钻	IT11～12	12.5	加工未淬火钢及铸铁，也可用于加工有色金属
2	钻—铰	IT9	3.2～1.6	
3	钻—铰—精铰	IT7～8	0.8～1.6	
4	钻—扩	IT10～11	6.3～12.5	同上，孔径可大于 20mm
5	钻—扩—铰	IT8～9	1.6～3.2	

续表

序　号	加 工 方 案	经 济 精 度	表面粗糙度Ra(μm)	适 用 范 围
6	钻—扩—粗铰—精铰	IT7	1.6～0.8	
7	粗镗（或扩孔）	IT10～11	6.3～12.5	除淬火钢以外的各种材料，毛坯有铸出孔或锻出孔
8	粗镗（粗扩）—半精镗（精扩）	IT8～9	1.6～3.2	
9	粗镗（扩）—半精镗（精扩）—精镗（铰）	IT7～8	0.8～1.6	
10	粗镗（扩）—半精镗（精扩）—精镗（浮动镗刀精镗）	IT6～7	0.4～0.8	
11	粗镗（扩）—半精镗磨孔	IT7～8	0.2～0.8	主要用于淬火钢，也可用于未淬火钢，但不宜用于有色金属
12	粗镗（扩）—半精镗—精镗—金刚镗	IT6～7	0.1～0.2	

表 8-3　　平面加工方案

序　号	加 工 方 案	经 济 精 度	表面粗糙度Ra(μm)	适 用 范 围
1	粗车—半精车	IT9	6.3～3.2	主要用于端面加工
2	粗车—半精车—精车	IT7～8	0.8～1.6	
3	粗车—半精车—磨削	IT8～9	0.2～0.8	
4	粗刨（或粗铣）—精刨（或精铣）	IT7～8	6.3～1.6	一般不淬硬平面
5	粗刨（或粗铣）—精刨（或精铣）—刮研	IT6～7	0.1～0.8	精度要求较高的不淬硬平面，批量较大时宜采用宽刃精刨
6	粗刨（或粗铣）—精刨（或精铣）—磨削	IT7	6.3～3.2	精度要求高的淬硬平面或未淬硬平面
7	粗刨（或粗铣）—精刨（或精铣）—粗磨—精磨	IT6～7	0.02～0.4	
8	粗铣—精铣—磨削—研磨	IT6 以上	< 0.1（R_z为 0.05μm）	高精度的平面

表 8-4　　外圆表面加工方案

序　号	加 工 方 案	经 济 精 度	表面粗糙度Ra(μm)	适 用 范 围
1	粗车	IT11 以下	12.5～50	适用于淬火钢以外的各种金属
2	粗车—半精车	IT8～10	3.2～6.3	
3	粗车—半精车—精车		1.6～0.8	
4	粗车—半精车—磨削	IT7～8	0.4～0.8	主要用于淬火钢，也可用于未淬火钢。但不宜加工有色金属
5	粗车—半精车—粗磨—精磨	IT6～7	0.1～0.4	
6	粗车—半精车—粗磨—精磨—超精加工（或轮式超粗磨）	IT5	0.1（R_y为 0.1μm）	
7	粗车—半精车—精车—金刚石车	IT6～7	0.025～0.4	主要用于有色金属加工
8	粗车—半精车—粗磨—精磨—超精磨或镜面磨	IT6 以上	<0.025（R_y为 0.05μm）	极高精度的外圆加工
9	粗车—半精车—粗磨—精磨—研磨	—	—	—

各种加工方法均有可能达到的最高精度和经济精度。为了降低生产成本，根据模具各部位的不同要求尽可能使用各种加工方法的经济精度。因为各种加工方法的可能精度，是在特殊要求的条件下耗费大量时间进行细致操作才能达到的精度。常用加工方法的可能精度和经济精度及表面粗糙度如表 8-5 和表 8-6 所示。

表 8-5　各种加工方法的精度

加 工 方 法	可能精度（mm）	经济精度（mm）
仿形加工	±0.02	±0.1
数控加工	±0.01	±0.02
坐标镗加工	±0.002	±0.005
坐标磨加工	±0.002	±0.005
电加工	±0.002	±0.02～0.03
线切割加工	±0.005	±0.01
成形磨削加工	±0.002	±0.005～±0.01

表 8-6　各种加工方法可能达到的表面粗糙度

加 工 方 法	表面粗糙度 *Ra*（μm）			
	粗	半　精	细	精
车	12.5～6.3	6.3～3.2	6.3～1.6	0.8～0.2
铣	12.5～3.2	—	3.2～0.8	0.8～0.4
高速铣	1.6～0.8	—	0.4～0.2	—
刨	12.5～6.3	—	6.3～1.6	0.8～0.2
钻	12.5～0.8			
铰	6.3～1.6	1.6～0.4	0.8～0.1	—
镗	12.5～6.3	6.3～3.2	3.2～0.8	0.8～0.4
磨	3.2～0.8	0.8～0.2	0.2～0.025	—
研磨	0.8～0.2	0.2～0.05	0.05～0.025	—
珩磨	0.8～0.2	—	0.2～0.025	—

（三）冲压模具装配基本知识

1. 冲压模具装配的组织形式及方法简介

（1）模具装配的组织形式　模具装配的组织形式，主要取决于模具生产批量的大小。主要的组织形式有固定式装配和移动式装配两种。

① 固定式装配　固定式装配是指从零件装配成部件或模具的全过程是在固定的工作地点完成。它又可分为集中装配和分散装配两种形式。

② 移动式装配　移动式装配是指每一装配工序按一定的时间完成，装配后的组件、部件或模具经传送工具输送到下一个工序。根据输送工具的运动情况可分为断续移动式和连续移动式两种。

（2）模具的装配方法　模具的装配方法是根据模具的产量和装配的精度要求等因素来确定

的。目前，模具装配常用的方法有以下几种。

① 互换装配法　根据模具装配零件能够达到的互换程度，可分为完全互换法和不完全互换法。

② 分组装配法　分组装配法是将模具各配合零件按实际测量尺寸进行分组，在装配时按组进行互换装配使其达到装配精度的方法。

③ 修配装配法　修配装配法是将指定零件的预留修配量修去，达到装配精度要求的方法。修配方法又分为指定零件修配法、合并加工修配法两种。

④ 调整装配法　调整装配法是用改变模具中可调整零件的相对位置或选用合适的调整零件，以达到装配精度的方法。

2. 冲压模具装配的技术要求

装配质量的好坏，将直接影响到制件的质量、模具的技术状态和使用寿命，因此模具的装配是模具制造的关键工序。冲压模具装配的主要技术要求如下。

（1）模具外观和安装尺寸。

① 模具的闭合高度、安装于压力机上的各配合部位尺寸，应符合所选用的设备规格。

② 模具外露部分锐角应倒钝，安装面应光滑平整，螺钉、销钉头部不能高出安装基面，无明显毛刺及击伤等痕迹。

③ 模具上应打有模具编号和产品零件图号。大、中型冲压模具，应设有起吊孔。

（2）模具的总体装配精度。

① 模具各零件的材料、几何形状、尺寸精度、表面粗糙度和热处理硬度等均需符合图样要求。各零件的工作表面不允许有裂纹和机械损伤等缺陷。

② 装配后，必须保证模具各零件间的相对位置精度。尤其是制件的有些尺寸与几个冲模零件尺寸有关时，需特别注意。

③ 模具的紧固零件，应固定得牢固可靠，不得出现松动和脱落。

④ 模具所有活动部分，应保证位置准确、配合间隙适当、动作可靠、运动平稳。

⑤ 所选用的模架精度等级应满足制件所需的精度要求。

⑥ 模板圆柱部分应与上模座上平面垂直，其垂直度允差，在全长范围内不大于0.05mm。

⑦ 凸模与凹模间的间隙应符合图样要求，且整个轮廓上间隙应均匀一致。

⑧ 所有凸模应垂直于固定板装配基准面。

⑨ 模具的出件与排料应通畅无阻。

⑩ 装配后的冲压模具，应符合装配图上除上述要求外的其他技术要求。

（四）冲压模具安装与调试基本知识

1. 冲压模具安装的一般注意事项

冲模安装时应注意以下几点。

（1）整理工作台，准备工具、材料、图纸、模具。

（2）安装前，应将上、下模座和滑块底面的油污揩拭干净，并检查有无遗物，防止影响正确安装和发生意外事故。

（3）检查压力机和冲模的闭合高度，压力机的闭合高度应略大于冲模的闭合高度。

（4）检查压力机上的打料装置，应将其暂时调整到最高位置，以免调整压力机闭合高度时折弯。

（5）检查下模顶杆和上模打杆是否符合压力机打料装置要求（大型压力机，则检查气垫装置）。

（6）切断压力机开关。

（7）给压力机注油，合上开关让压力机空转，观察设备的运行状况，观察离合器、制动器、弹簧以及安全装置的状况，如有异常，要进行修理。

2. 冲压模具的安装步骤

冲压模的安装步骤如下。

（1）安装冲压模前，熟悉冲压工艺和冲压模具图纸，检查所要安装的冲模和压力机是否完好正常。

（2）冲压模放入压力机之前，清除黏附在冲压模上下表面、压力机滑块底面与工作台面上的杂物，并擦洗干净。

（3）测量冲压模的闭合高度，并根据测量的尺寸调整压力机滑块的高度，使滑块在下止点时，滑块底面与压力机工作台面之间的距离略大于冲压模的闭合高度。

（4）准备好安装冲压模所需要的紧固螺栓、螺母、压板、垫块、垫板及冲压模上的附件（顶杆、打杆等）。

（5）取下模柄锁紧块，将冲压模推入，使模柄进入压力机滑块的模柄孔内，合上锁紧块，将压力机滑块停在下止点，并调整压力机滑块高度，使滑块与冲压模顶面贴合。

（6）紧固锁模块，安装下模压板，如模具有弹顶器时，应先安装弹顶器。

（7）调整压力机上的连杆，将滑块向上调 3～5mm，开动压力机使滑块停在上止点，擦净导柱导套部位并加润滑油后，再点动压力机，使滑块上下运动 1～2 次后使滑块停在下止点，靠导柱导套将上下模具的位置导正后，将压板螺栓拧紧。

（8）开动压力机，并逐步调整滑块高度，先将上下模之间放人纸片，使纸片刚好切断后再放入试冲材料，刚好冲下零件后，将可调连杆螺钉锁紧。

（9）若上模有顶杆（打料杆）时，要在压力机上装入打料横杆，并调整压力机的打料横杆限止螺钉，以便打料横杆能通过打料杆打下上模内的冲压废料或工件。

（10）安装好后进行试冲，如出现故障，则要从分析原因入手进行模具的调整或修理，直至模具工作正常并冲出合格的冲压件为止。

3. 模具安装后进行试模与调试的原因

模具按图纸技术要求加工与装配后，必须要经过试模与调整工序，其目的如下。

（1）鉴定制件和模具的质量。模具的试冲和调整简称调试。调试的主要目的是确定制品零件和模具质量的好坏。根据试冲时出现的问题，分析产生的原因，设法加以修整和解决，使模具不仅能生产出合格的零件，而且能安全稳定地投入生产使用。

（2）确定成形零件毛坯形状、尺寸及用料标准。在冷冲模中，有些形状复杂或精度要求较高的弯曲、拉深、成形等制品零件，很难在设计时精确地计算出变形前毛坯的尺寸和形状。为了要得到较准确的毛坯形状和尺寸以及型腔模的用料标准，只有通过反复调试才能确定。

（3）确定产品的成形条件和工艺规程。模具通过试冲与调整制出合格样品后，可以在试冲时掌握了解模具的使用性能，制品零件成形条件、方法和规律，从而可对模具成批生产时的工艺规程制定、指导生产提出可靠的依据。

（4）确定工艺设计、模具设计的某些设计尺寸。对于一些在模具设计和工艺设计中难以用计算方法确定的工艺尺寸，如拉深模的凸、凹模圆角，成形模浇口尺寸，必须经过试模和调整制出合格零件后，才能准确确定。调试后将暴露出来的有关工艺、模具设计与制造等问题，加以总结、改进、供下次设计和制造时参考，进一步提高模具设计和加工水平。

（5）验证模具质量和精度，作为交付生产的依据。

4. 模具调试的内容

（1）将装配后的模具顺利地装在指定的压力机上。

（2）用指定的坯料（或材料）稳定地在模具上制出合格的制品零件。

（3）检查成品零件的质量。若发现制品零件存有缺陷，应分析原因，设法对模具进行修整和调制，直到能生产出一批完全符合图纸要求的零件为止。

（4）根据设计要求，进一步确定出某些模具需经试验后所决定的尺寸，并修整这些尺寸，直到符合要求为止。

（5）在试模时，应排除影响生产、安全、质量和操作等各种不利因素，使模具达到能稳定、批量生产的目的。

（6）经试模后，为工艺部门提供编制模具成批生产制品的工艺规程依据。

（五）冲压模具零件加工特点

冲压模具是由工作零件和结构零件组成的能实现指定功能的一个有机装配体，不同的零件在模具中的功能和作用不同，其材料和热处理、精度（尺寸公差、形位公差、表面粗糙度等）、装配等技术要求必然不同。常用冲压模具零件的公差配合要求和表面粗糙度要求如表 8-7 和表 8-8 所示。有关冲模零件技术要求详情可查阅 GB/T 14662—2006《冲模技术条件》等标准。显然，零件形状结构和技术要求不同，其制造方法必然不同。

在制定模具零件加工工艺方案时，必须根据具体加工对象，结合企业实际生产条件进行，以保证技术上先进和经济上合理。从制造观点看，按照模具零件结构和加工工艺过程的相似性，可将各种模具零件大致分为工作型面零件、板类零件、轴类零件、套类零件等，其加工特点如下所述。

1. 轴、套类零件

轴、套类零件主要指导柱和导套等导向零件，它们一般是由内、外圆柱表面组成。其加工精度要求主要体现在内、外圆柱表面的表面粗糙度及尺寸精度和各配合圆柱表面的同轴度等。导向零件的形状比较简单，加工工艺不复杂，加工方法一般在车床进行粗加工和半精加工，有时需要钻、扩和镗孔后，再进行热处理，最后在内、外圆磨床上进行精加工，对于配合要求高、精度高的导向零件，还要对配合表面进行研磨。

2. 板类零件

板类零件是指模座、凹模板、固定板、垫板、卸料板等平板类零件，由平面和孔系组成，一般遵循先面后孔的原则，即先刨、铣、平磨等加工平面，然后用钻、铣、镗等加工孔，对于复杂异型孔可以采用线切割加工。孔的精加工可采用坐标磨等。

表 8-7　冲压模具零件的公差配合要求

序号	配合零件名称	配合要求	序号	配合零件名称	配合要求
1	导柱或导套与模座	H7/r6	9	固定挡料销与凹模	H7/m6
2	导柱与导套	H7/r6 或 H6/h5	10	活动挡料销与卸料板	H9/r8 或 H9/h9
3	压入式模柄与上模座	H7/m6	11	初始挡料销与导料板	H8/f9
4	凸缘式模柄与上模座	H7/h6	12	侧压板与导料板	H8/f9
5	模柄与压力机滑块模柄孔	H11/d11	13	固定式导正销与凸模	H7/r6
6	凸模或凹模与固定板	H7/m6	14	推（顶）件块与凹模或凸模	H8/f8
7	导板与凸模	H7/h6	15	销钉与固定板、模座	H7/n6
8	卸料板与凸模或凸凹模	0.1～0.5mm（单边）	16	螺钉与螺杆孔	0.5～1mm（单边）

表 8-8　冲压模具零件的表面粗糙度要求

表面粗糙度 *Ra*（μm）	使用范围	表面粗糙度 *Ra*（μm）	使用范围
0.2	抛光的成形面或平面	1.6	1. 内孔表面——在非热处理零件上配合用； 2. 底板平面
0.4	1. 成形工序的凸模和凹模工作表面； 2. 圆柱表面和平面的刃口； 3. 滑动和精确导向的表面	3.2	1. 不磨加工的支承、定位和紧固表面——用于非热处理零件； 2. 底板平面
0.8	1. 成形的凸模和凹模刃口； 2. 凸、凹模镶块的接合面； 3. 过盈配合和过渡配合的表面——用于热处理零件； 4. 支承定位和紧固表面——用于热处理零件； 5. 磨削加工的基准平面； 6. 要求准确的工艺基准表面	6.3～12.5	不与冲压零件及模具工作零件表面接触的表面
		25	粗糙、不重要的表面

3. 工作型面零件

工作型面零件形状、尺寸差别较大，有较高的加工要求。凸模的加工主要是外形加工；凹模的加工主要是孔（系）、型腔加工，而外形加工比较简单。一般遵循先粗后精，先基准后其他，先平面后轴孔，且工序要适当集中的原则。加工方法主要有机械加工和机械加工再辅以电加工等方法。

（六）冲裁模的制造与装配

1. 凸、凹模技术要求与加工特点

冲裁属于分离工序，冲裁模凸、凹模要求带有锋利刃口，凸、凹模之间的间隙要合理，其

加工具有如下特点：

（1）材料好、硬度高　凸、凹模材质一般是工具钢或合金工具钢，热处理后的硬度一般为58～62 HRC，凹模比凸模稍硬一些。

（2）精度要求高　凸、凹模精度主要根据冲裁件精度决定，一般尺寸精度在IT6～IT9，工作表面粗糙度在 Ra 值为1.6～0.4μm。

（3）刃口锋利、间隙合理　凸、凹模工作端带有锋利刃口，刃口平直（斜刃除外），安装固定部分要符合配合要求；凸、凹模装配后应保证均匀的最小合理间隙。

凸模的加工主要是外形加工，凹模的加工主要是孔（系）加工。凹模型孔加工和直通式凸模加工常用线切割方法。

2. 凸、凹模加工

凸模和凹模的加工方案根据其设计计算方案的不同，一般有分开加工和配合加工两种，其加工特点和适用范围见表8-9。

表8-9　凸模和凹模两种加工方案比较

加工方案	分开加工	配合加工	
		方案一	方案二
加工特点	凸、凹模分别按图纸加工至尺寸要求，凸模和凹模之间的冲裁间隙是由凸、凹模的实际尺寸之差来保证	先加工好凸模，然后按此凸模配作凹模，并保证凸模和凹模之间的规定间隙值大小	先加工好凹模，然后按此凹模配作凸模，并保证凹模和凸模之间的规定间隙值大小
适用范围	① 凸、凹模刃口形状较简单，特别是圆形。直径一般大于5mm时，基本都用此法； ② 要求凸模或凹模具有互换性时； ③ 成批生产时； ④ 加工手段比较先进，分开加工不难保证尺寸精度时	① 刃口形状一般比较复杂时。非圆形冲孔模，可采用方案一；非圆形落料模，可采用方案二； ② 凸、凹模间的配合间隙比较小时	

凸模和凹模的加工方法主要根据凸模和凹模的形状和结构特点，并结合企业实际生产条件来决定。

（1）凸模的加工方法。

① 圆形凸模的加工方法　各种圆形凸模的加工方法基本相同，即车削加工毛坯，淬火后，精磨，最后工件表面抛光及刃磨。

② 非圆形凸模的加工方法　非圆形凸模的加工方法分两种情况：

a. 台肩式凸模　对于无间隙模或设备条件较差的工厂，一般采用压印修锉法进行，即车、铣或刨削加工毛坯，磨削安装面和基准面，划线铣轮廓，留0.2～0.3mm单边余量，凹模（已加工好）压印后修锉轮廓，淬硬后抛光、磨刃口；对于一般要求的凸模采用仿形刨削方法加工，即粗加工轮廓，留0.2～0.3mm单边余量，用凹模（已加工好）压印后仿形精刨，最后淬火、抛光、磨刃口。

b. 直通式凸模　对于形状较复杂或较小、精度较高的凸模，一般采用线切割方法加工，即粗加工毛坯，磨安装面和基准面，划线加工安装孔、穿丝孔，淬硬后磨安装面和基准面，切割成形、抛光、磨刃口；对于形状不太复杂、精度较高的凸模或镶块，一般采用成形磨削方法加工，即粗加工毛坯，磨安装面和基准面，划线加工安装孔，加工轮廓，留 0.2～0.3mm 单边余量，淬硬后磨安装面，再成形磨削轮廓。

凸模、型芯的形状是多种多样的，加工要求不完全相同，各工厂的生产条件又各有差异。这里仅以图 8-2 所示的凸模为例说明其加工工艺过程。

例 8-1 如图 8-2 所示凸模的主要技术要求有：材料为 CrWMn，表面粗糙度为 *Ra*=0.63μm，硬度为 HRC58～62，与凹模双面配合间隙为 0.03mm。该凸模加工的特点是凸、凹模配合间隙小，精度要求高，在缺乏成形加工设备的条件下，可采用压印锉修进行加工。其工艺过程如下。

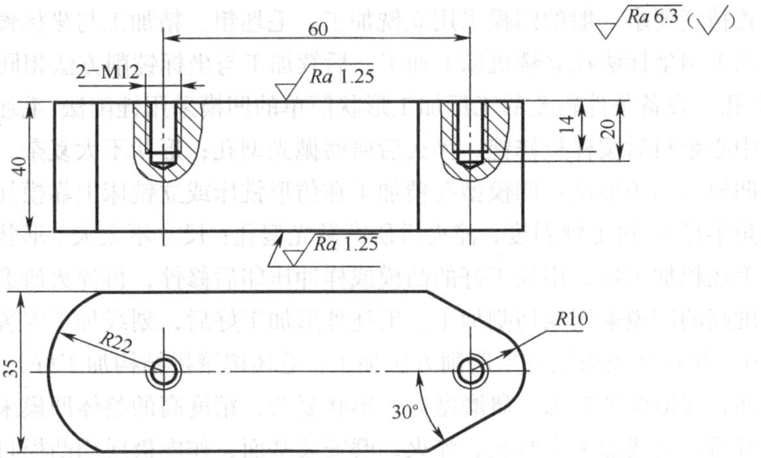

图 8-2　凸模零件图

① 下料　采用热轧圆钢，按所需直径和长度用锯床切断。

② 锻造　将毛坯锻造成矩形。

③ 热处理　进行退火处理。

④ 粗加工　刨削 6 个平面，留单面余量 0.4～0.5mm。

⑤ 磨削平面　磨削 6 个平面，保证垂直度，上、下平面留单面余量 0.2～0.3mm。

⑥ 钳工划线　划出凸模轮廓线及螺孔中心位置线。

⑦ 工作型面粗加工　按划线刨削刃口形状，留单面余量 0.2mm。

⑧ 钳工修整　修锉圆弧部分，使余量均匀一致。

⑨ 工作型面精加工　用已经加工好的凹模进行压印后，进行钳工修锉凸模，沿刃口轮廓留热处理后的研磨余量。

⑩ 螺孔加工　钻孔、攻丝。

⑪ 热处理　淬火、低温回火，保证硬度为 HRC 58～62。

⑫ 磨削端面　磨削上、下平面，消除热处理变形以便于精修。

⑬ 研磨　研磨刃口侧面，保证配合间隙。

综合以上所列工艺过程，本例凸模工艺可概括为：备料→毛坯外形加工→划线→刃口轮廓粗加工→刃口轮廓精加工→螺孔加工→热处理→研磨或抛光。

在上述工艺过程中，刃口轮廓精加工可以采用锉削加工、压印锉修加工、仿形刨削加工、铣削加工等方法。如果用磨削加工，其精加工工序应安排在热处理工序之后，以消除热处理变形，这对制造高精度的模具零件尤其重要。

（2）凹模的加工方法。冲裁凹模一般根据型孔的形式采用不同的加工方法。

① 圆形孔　当孔径小于 5mm 时采用钻铰法：车削加工毛坯上、下底面及外圆，钻、铰工作型孔，淬硬后磨上、下底面和工作型孔、抛光；当孔径较大时采用磨削法：车削加工毛坯上、下底面，钻、镗工作型孔，划线加工安装孔，淬硬后磨上、下底面和工作型孔、抛光孔较大的凹模。

② 圆形孔系　对于位置精度要求高的凹模采用坐标镗削：粗、精加工毛坯上、下底面和凹模外形，磨上、下底面和定位基面，划线、坐标镗削型孔系列，加工固定孔，淬火后研磨抛光型孔。对于位置精度要求一般的凹模采用立铣加工：毛坯粗、精加工与坐标镗削方法相同，不同之处为孔系加工用坐标法在立铣机床上加工，后续加工与坐标镗削方法相同。

③ 非圆形孔　设备条件较差的工厂加工形状简单的凹模采用锉削法：毛坯粗加工后按样板轮廓线，切除中心余料后按样板修锉，淬火后研磨抛光型孔；形状不太复杂，精度不太高，过渡圆角较大的凹模采用仿形铣：凹模型孔精加工在仿形铣床或立铣床上靠模加工（要求铣刀半径小于型孔圆角半径），钳工锉斜度，淬火后研磨抛光型孔；尺寸不太大、形状不复杂的凹模采用压印加工：毛坯粗加工后，用加工好的凸模或样冲压印后修锉，再淬火研磨抛光型孔；各种形状复杂、精度高的凹模采用线切割加工：毛坯外形加工好后，划线加工安装孔，淬火，磨安装基面，割型孔；镶拼凹模采用成形磨削方法加工：毛坯按镶拼结构加工好，划线粗加工轮廓，淬火后磨安装面，成形磨削轮廓，研磨抛光；形状复杂，精度高的整体凹模采用电火花加工：毛坯外形加工好后，划线加工安装孔，淬火，磨安装基面，作电极或用凸模打凹模型孔，最后研磨抛光。

例 8-2　落料冲孔复合模的落料凹模如图 8-3 所示，材料为 T10A，硬度为 60～64 HRC，表面粗糙度为 *Ra* =0.63μm，与凹模双面配合间隙为 0.04mm，制定其加工工艺路线。

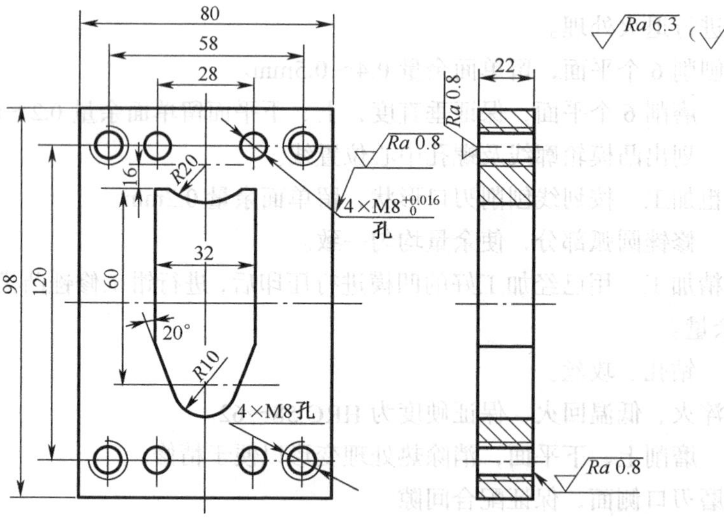

图 8-3　落料凹模

基于企业具备模具生产的一般条件，但不具有电加工设备的特点，制定落料凹模的加工工艺过程如表 8-10 所示。

表 8-10 落料凹模的加工工艺过程

工序号	工序名称	工艺说明
1	下料	凹模坯料，多采用轧制的圆钢，按下料计算方法计算出长度，在锯床上切断，并留有余量
2	锻造	将坯料锻成矩形，留取双面加工余量为 5mm
3	热处理	退火，消除内应力，便于加工
4	粗加工（刨）	刨六面，留取 0.5mm（双面）磨削余量
5	磨	磨六面，到规定的尺寸
6	划线	划出凹模孔轮廓线及各螺孔，销孔位置
7	工作型孔粗加工	按划线去除废料，在铣床上按划线加工形孔（单边余料 0.15～0.25mm）和凹模孔斜度
8	凹模孔精加工	采用压印锉修法，按凸模配作，压印锉修时，保证凸、凹模间隙值及均匀性
9	孔加工	加工各螺孔、销孔，并精铰销孔和攻丝
10	热处理	60～64HRC
11	磨刃口及精修	平面磨床磨上、下平面后，钳工修整

（3）凸、凹模加工的典型工艺路线。凸、凹模加工的典型工艺路线主要有以下几种形式。

① 下料→锻造→退火→毛坯外形加工（包括外形粗加工、精加工、基面磨削）→划线→刃口轮廓粗加工→刃口轮廓精加工→螺孔、销孔加工→淬火与回火→研磨或抛光。此工艺路线钳工工作量大，技术要求高，适用于形状简单、热处理变形小的零件。

② 下料→锻造→退火→毛坯外形加工（包括外形粗加工、精加工、基面磨削）→划线→刃口轮廓粗加工→螺孔、销孔加工→淬火与回火→采用成形磨削进行刃口轮廓精加工→研磨或抛光。此工艺路线能消除热处理变形对模具精度的影响，使凸、凹模的加工精度容易保证，可用于热处理变形大的零件。

③ 下料→锻造→退火→毛坯外形加工→螺孔、销孔、穿丝孔加工→淬火与回火→磨削加工上下面及基准面→线切割加工→钳工修整。此工艺路线主要用于以线切割加工为主要工艺的凸、凹模加工，尤其适用形状复杂、热处理变形大的直通式凸模、凹模零件。

3. 其他零件加工

模具零件除工作型面零件外，还有模座、导柱、导套、固定板、卸料板等其他模具零件，它们主要是板类零件、轴类零件和套类零件等。其他模具零件的加工相对于工作型面零件要容易些，下面介绍这些零件的常用加工方法。

（1）模座的常用加工方法。模座是组成模架的主要零件之一，属于板类零件，一般都是由平面和孔系组成。其加工精度要求主要体现在模座的上、下平面的平行度，上、下模座的导套、导柱安装孔中心距应保持一致，模座的导柱、导套安装孔的轴线与模座的上、下平面的垂直度，以及表面粗糙度和尺寸精度。

模座的加工主要是平面加工和孔系的加工。在加工过程中为了保证技术要求和加工方便，一般遵循先面后孔的加工原则，即先加工平面，再以平面定位加工孔系。模座的毛坯经过刨削或铣削加工后，再进行磨削可以提高模座平面的平面度和上下平面的平行度，同时，容易保证孔的垂直度要求。孔系的加工可以采用钻、镗削加工，对于复杂异型孔可以采用线切割加工。为了保证导柱、导套安装孔的间距一致，在镗孔时经常将上、下模座重叠在一起，一次装夹同时镗出导柱和导套的安装孔。

例 8-3 如图 8-4 所示的后侧导柱标准冲模座的加工工艺过程如表 8-11 所示，下模座的加工基本同上模座。

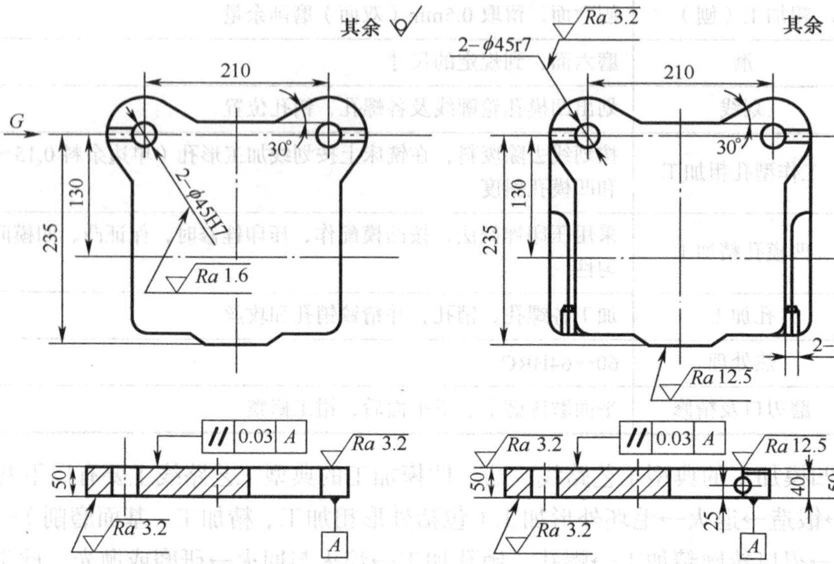

（a）上模座 （b）下模座

图 8-4 冲模模座

表 8-11 加工上模座的工艺过程

工序号	工序名称	工序内容	设备	工序简图
1	备料	铸造毛坯		
2	刨平面	刨上、下平面，保证尺寸 50.8	牛头刨床	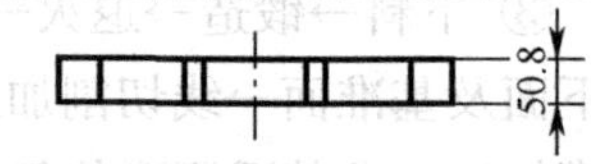
3	磨平面	磨上、下平面，保证尺寸 50	平面磨床	
4	钳工划线	划前部平面和导套孔中心线		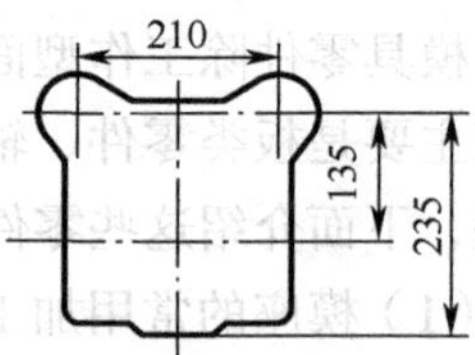
5	铣前部平面	按划线铣前部平面	立式铣床	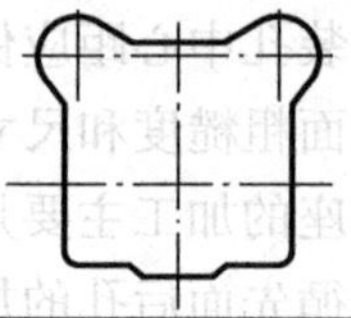

续表

工序号	工序名称	工序内容	设备	工序简图
6	钻孔	按划线钻导套孔至ϕ43	立式钻床	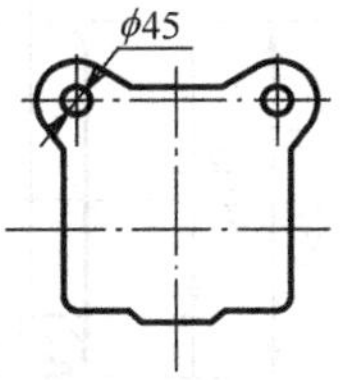
7	镗孔	和下模座重叠，一起镗孔至ϕ45 H7	镗床或立式铣床	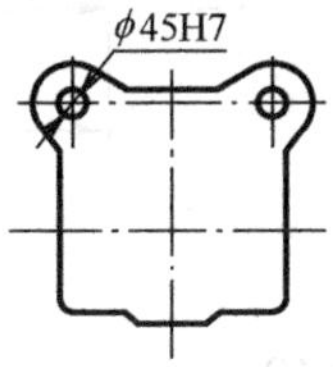
8	铣槽	按划线铣 R2.5 的圆弧槽	卧式铣床	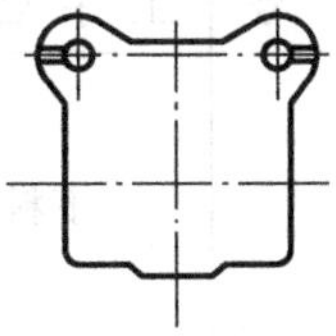
9	检验			

（2）导柱、导套的常用加工方法。滑动式导柱和导套属于轴类和套类零件，一般是由内、外圆柱表面组成。其加工精度要求主要体现在内、外圆柱表面的表面粗糙度及尺寸精度上，各配合圆柱表面的同轴度等。导向零件的配合表面都必须进行精密加工，而且要有较好的耐磨性。

导向零件的形状比较简单。加工方法一般采用普通机床进行粗加工和半精加工后再进行热处理，最后用磨床进行精加工，消除热处理引起的变形，提高配合表面的尺寸精度和减少配合表面的粗糙度。对于配合要求高、精度高的导向零件，还要对配合表面进行研磨，才能达到要求的精度和表面粗糙度。导向零件的加工工艺路线一般是：备料→粗加工→半精加工→热处理→精加工→光整加工。

导套和导柱一样，是模具中应用最广泛的导向零件。尽管其结构形状因应用部位不同而各异，但构成导套的主要表面是内、外圆柱表面，可根据其结构形状、尺寸和材料的要求，直接选用适当尺寸的热轧圆钢为毛坯。

在机械加工过程中，除保证导套配合表面的尺寸和形状精度外，还要保证内外圆柱配合表面的同轴度要求。导套的内表面和导柱的外圆柱面为配合面，使用过程中运动频繁，为保证其耐磨性，需有一定的硬度要求。因此，在精加工之前要安排热处理，以提高其硬度。在不同的生产条件下，导套的制造所采用的加工方法和设备不同，制造工艺也不相同。根据图 8-5 所示导套的精度和表面粗糙度要求，其加工方案可选择为：备料→粗加工→半精加工→热处理→精加工→光整加工，其加工工艺过程如表 8-12 所示。

例 8-4 如图 8-5 所示的冲压模滑动式导套，材料 20 钢，表面渗碳深度 0.8～1.2mm，热处理硬度 58～62HRC，确定其制造的工艺过程。

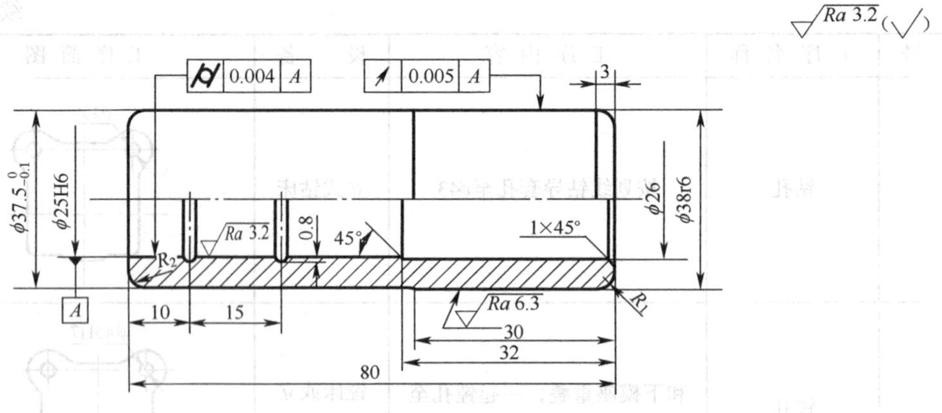

图 8-5　冲压模具滑动式导套

表 8-12　　　　导套的加工工艺过程

工　序　号	工 序 名 称	工 序 内 容	设　　备	工 序 简 图
1	下料	按尺寸$\phi42\times85$切断	刨床	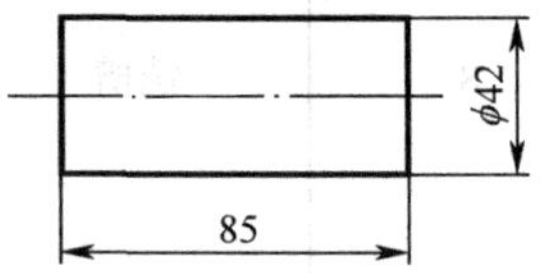
2	车外圆及内孔	车端面保证长度 82.5； 钻$\phi25$内孔至$\phi23$； 车$\phi38$外圆至$\phi38.4$并倒角； 镗$\phi25$内孔至$\phi24.6$和油槽至尺寸； 镗$\phi26$内孔至尺寸并倒角	车床	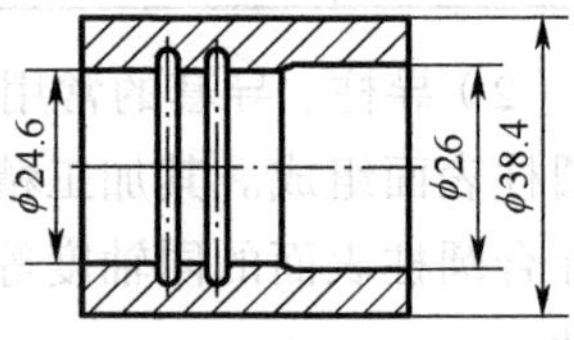
3	车外圆倒角	车$\phi37.5$外圆至尺寸，车端面至尺寸	车床	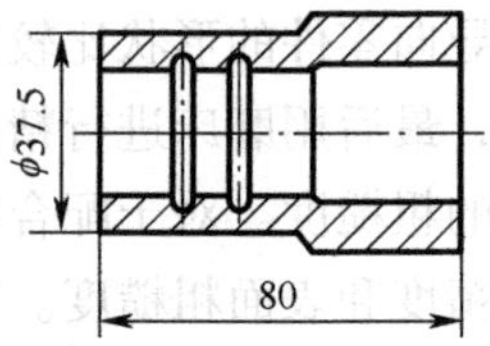
4	检验			
5	热处理	按热处理工艺进行，保证渗碳层深度为 0.8～1.2mm； 硬度为 58～62HRC		
6	磨削内、外圆	磨$\phi38$外圆达图纸要求； 磨内孔$\phi25$留研磨余量 0.01	万能磨床	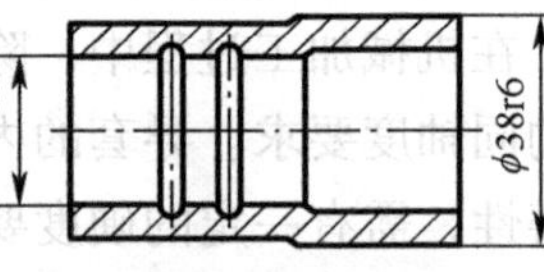
7	研磨内孔	研磨$\phi25$ 内孔达图纸要求 研磨 $R2$ 圆弧	车床	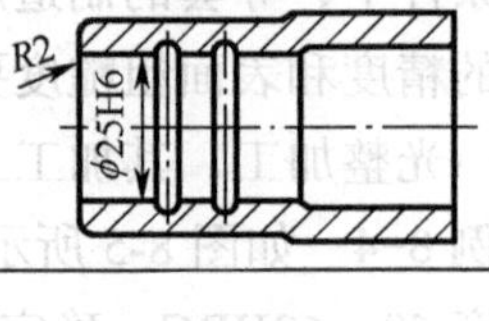
8	检验			

（3）固定板、卸料板的常用加工方法。固定板和卸料板的加工方法与凹模板十分类似，主要根据型孔形状来确定加工方法，对于圆孔可采用车削，矩形和异形孔可采用铣削或线切割，对系列孔可采用坐标镗削加工。

4. 模具零件的连接方法

模具零件的连接方法随模具零件结构及加工方法不同、工作时承受压力的大小不等有许多种。下面介绍常用的几种。

（1）紧固件法　如图 8-6 所示，这种方法工艺简便。

（2）压入法　压入法如图 8-7 所示。凸模利用端部台阶轴向固定，与固定板按 H7/m6 或 H7/n6 配合。压入法经常用于截面形状较规则（如圆形、方形）的凸模连接，台阶尺寸一般为单边宽度 1.5～2.5mm、台阶高度 3～8mm。

（3）铆接法　铆接法如图 8-8 所示，它主要用于连接强度要求不高的场合，由于工艺过程比较复杂，此类方法应用越来越少。

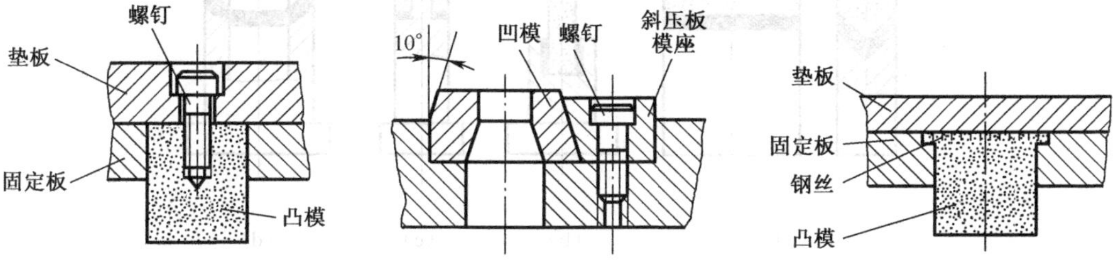

（a）螺钉固定　　（b）斜压块和螺钉固定　　（c）钢丝固定

图 8-6　紧固法固定模具零件

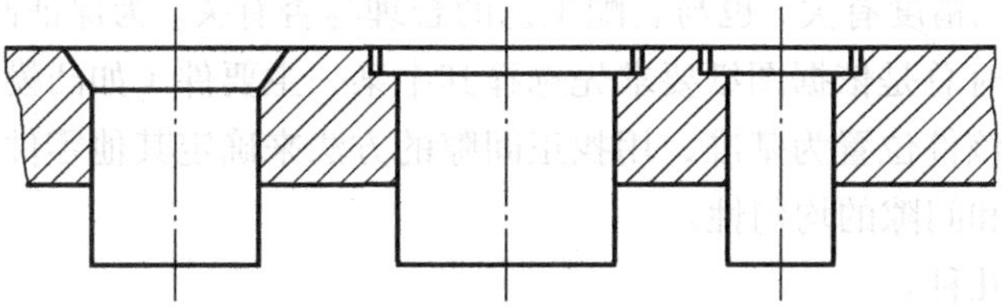

图 8-7　压入法固定模具零件

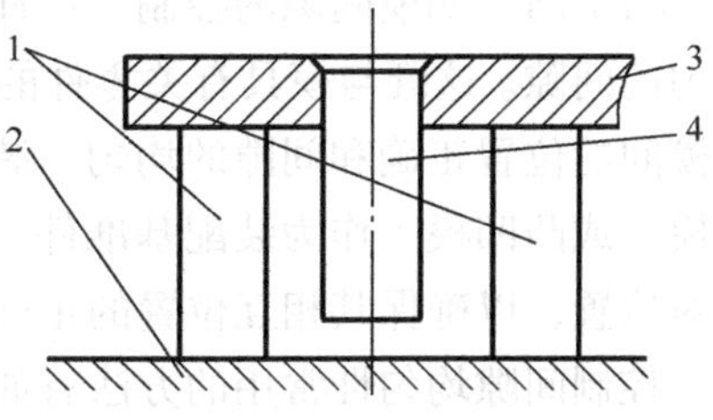

图 8-8　铆接法

1—等高垫块　2—平台　3—固定板　4—凸模

（4）热套法　热套法常用于固定凸、凹模拼块以及硬质合金模块。仅单纯起固定作用时，其过盈量一般较小；当要求有预应力时，其过盈量要稍大一些。如图 8-9 所示为热套法固定的 3 个例子。

（5）焊接法　焊接法如图 8-10 所示。主要应用于硬质合金模。焊接前要在 700～800℃进行预热，并清理焊接面，再用火焰钎焊或高频钎焊，在 1000℃左右焊接，焊缝为 0.2～0.3mm，焊料为黄铜，并加入脱水硼砂。焊后放入木碳中缓冷，最后在 200～300℃，保温 4～6 小时去应力。

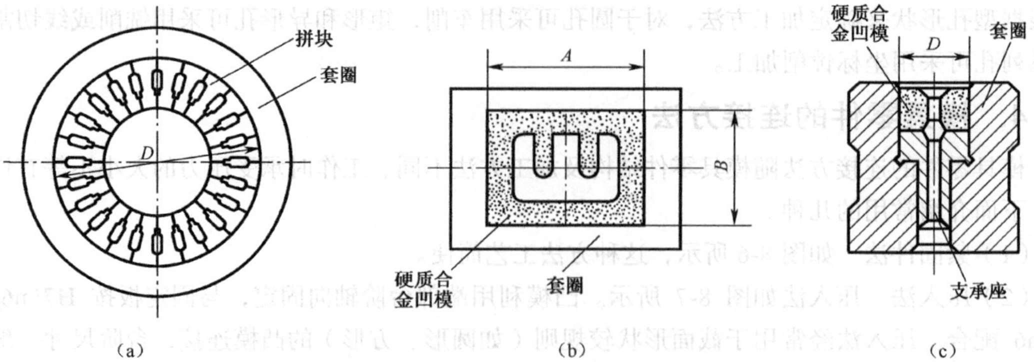

图 8-9 热套法示例

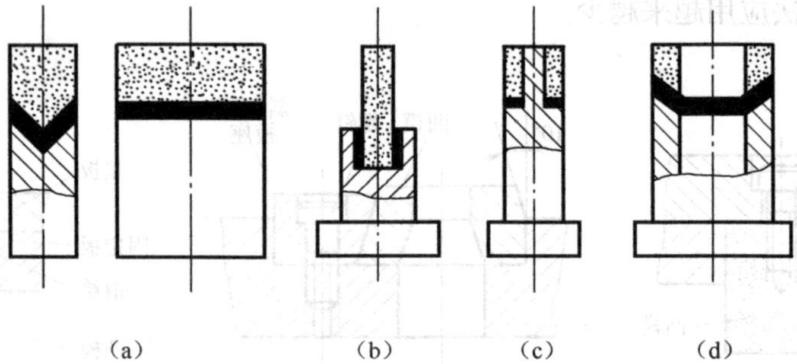

图 8-10 焊接法

5. 模具间隙及位置的控制

（1）凸、凹模间隙的控制　冷冲模装配的关键是如何保证凸、凹模之间具有正确合理而又均匀的间隙。这既与模具有关零件的加工精度有关，也与装配工艺的合理与否有关。为保证凸、凹模间的位置正确和间隙的均匀，装配时总是依据图纸要求先选择其中某一主要件（如凸模或凹模、或凸凹模）作为装配基准件。以该件位置为基准，用找正间隙的方法来确定其他零件的相对位置，以确保其相互位置的正确性和间隙的均匀性。

控制间隙均匀性常用的方法有如下几种。

① 测量法　测量法是将凸模和凹模分别用螺钉固定在上、下模板的适当位置，将凸模插入凹模内（通过导向装置），用厚薄规（塞尺）检查凸、凹模之间的间隙是否均匀，根据测量结果进行校正，直至间隙均匀后再拧紧螺钉、配作销孔及打入销钉。

② 透光法　透光法是将上、下模合模后，用灯光从底面照射，观察凸、凹模刃口四周的光隙大小，来判断冲裁间隙是否均匀，如果间隙不均匀，再进行调整、固定、定位。这种方法适合于薄料冲裁模，对装配钳工的要求较高。如用模具间隙测量仪表检测和调整更好。

③ 试切法　当凸、凹模之间的间隙小于 0.1mm 时，可将其装配后试切纸（或薄板）。根据切下制件四周毛刺的分布情况（毛刺是否均匀一致）来判断间隙的均匀程度，并作适当的调整。

④ 垫片法　如图 8-11 所示，在凹模刃口四周的适当地方安放垫片（纸片或金属片），垫片厚度等于单边间隙值，然后将上模座的导套慢慢套进导柱，观察凸模Ⅰ及凸模Ⅱ是否顺利进入凹模与垫片接触，由等高垫铁垫好，用敲击固定板的方法调整间隙直到其均匀为止，并将上模

座事先松动的螺钉拧紧。放纸试冲，由切纸观察间隙是否均匀。不均匀时再调整，直至均匀后再将上模座与固定板同钻，铰定位销孔并打入销钉。

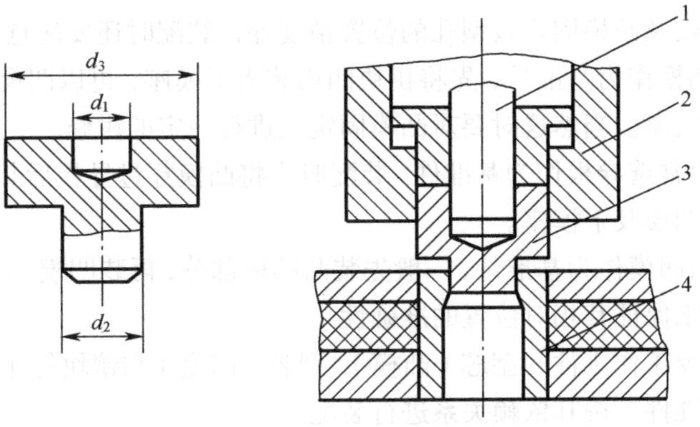

（a）放垫片　　（b）合模观察调整

图 8-11　凹模刃口处用垫片控制间隙

1—凸模　2—凹模　3—工艺定位器　4—凸凹模

⑤ 镀铜法　对于形状复杂、凸模数量又多的冲裁模，用上述方法控制间隙比较困难，这时可以将凸模表面镀上一层软金属（如镀铜等）。镀层厚度等于单边冲裁间隙值，然后按上述方式调整、固定、定位。镀层在装配后不必去除，在冲裁时会自然脱落。

⑥ 利用工艺定位器调整间隙　工艺定位器法见图 8-12 所示。装配之前，做一个二级装配工具即工艺定位器如图 8-12（a）所示。其中 d_1 与冲孔凸模滑配，d_2 与冲孔凹模滑配，d_3 与落料凹模滑配，d_1、d_2、和 d_3 尺寸应在一次装夹中加工成形，以保证 3 个直径的同心度。装配时利用工艺定位器来保证各部分的冲裁间隙如图 8-12（b）所示。工艺定位器法也适用于塑料模等壁厚的控制。

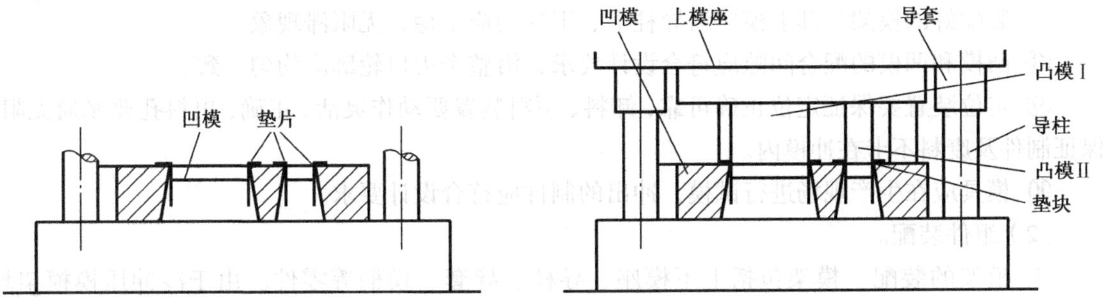

（a）工艺定位器　　（b）工艺定位器装配示意图

图 8-12　工艺定位器

⑦ 涂层法　涂层法是在凸模表面涂上一层如磁漆或氨基醇酸漆之类的薄膜，涂漆时应根据间隙大小选择不同粘度的漆，或通过多次涂漆来控制其厚度，涂漆后将凸模组件放于烘箱内在 100～120℃烘考 0.5～1 小时，直到漆层厚度等于冲裁间隙值，并使其均匀一致，然后按上述方法调整、固定、定位。

⑧ 利用工艺尺寸调整间隙　对于圆形凸模和凹模，可在制造凸模时在其工作部分加长 1～

2mm，并使加长部分的尺寸按凹模孔的实测尺寸零间隙配合来加工，以便装配时凸、凹模对中（同轴），并保证间隙的均匀。待装配完后，将凸模加长部分磨去。

（2）凸、凹模位置的控制　为了保证级进模、复合模及多冲头简单凸、凹模相互位置的准确，除要尽量提高凹模及凸模固定板型孔的位置精度外，装配时还要注意以下几点：

① 级进模常选凹模作为基准件，先将拼块凹模装入下模座，再以凹模定位，将凸模装入固定板，然后再装入上模座。当然这时要对凸模固定板进行一定的钳修。

② 多冲头导板模常选导板作为基准件。装配时应将凸模穿过导板后装入凸模固定板，再装入上模座，然后再装凹模及下模座。

③ 复合模常选凸凹模作为基准件，一般先装凸凹模部分，再装凹模、顶块以及凸模等零件，通过调整凸模和凹模来保证其相对位置的准确性。

型腔模常以其主要工作零件—型芯（凸模）、型腔（凹模）和镶块等作为装配的基准件，或以导柱、导套作为基准件，按其依赖关系进行装配。

6. 模具的装配

冲压模具的装配包括组件装配和总装配。即在完成模架、凸模、凹模部分组件装配后，进行模具的总装。

（1）冲裁模具装配的技术要求。

① 装配好的冲模，其闭合高度应符合设计要求。

② 模柄装入上模座后，其轴心线对上模座上平面的垂直度误差，在全长范围内不大于0.05mm。

③ 装入模架的每对导柱和导套的配合间隙（或过盈）应符合手册的规定。

④ 导柱与导套装配后，其轴心线应分别垂直于下模座的底平面和上模座的上平面。

⑤ 上模座的上平面应与下模座的底平面平行。

⑥ 装配好的导柱，其固定端面与下模座下平面应保留 1～2mm 距离，选用 B 型导套时，装配后其固定端面应低于上模座上平面 1～2mm。

⑦ 装配好的模架，其上模座沿导柱上、下移动应平稳，无阻滞现象。

⑧ 凸模和凹模的配合间隙应符合设计要求，沿整个刃口轮廓应均匀一致。

⑨ 定位装置要保证定位正确可靠，卸料、顶料装置要动作灵活、正确，出料孔要畅通无阻，保证制件及废料不卡在冲模内。

⑩ 模具应在生产现场进行试模，冲出的制件应符合设计要求。

（2）组件装配。

① 模架的装配　模架包括上下模座、导柱、导套、模柄等零件。由于冷冲压模模架均已实现标准化，上、下模座、导柱、导套由专业厂完成生产。所以模架的装配工作只需装配模柄。

压入式模柄的装配过程如图 8-13 所示。装配前要检查模柄和上模座配合部位的尺寸精度和表面粗糙度，并检验模座安装面与平面的垂直度精度。装配时将上模座放平，在压力机上将模柄慢慢压入（或用铜棒打入）模座，要边压边检查模柄垂直度，直至模柄台阶面与安装孔台阶面接触为止，检查模柄相对上模座上平面的垂直度精度，合格后，加工骑缝销孔，安装骑缝销，最后磨平端面。

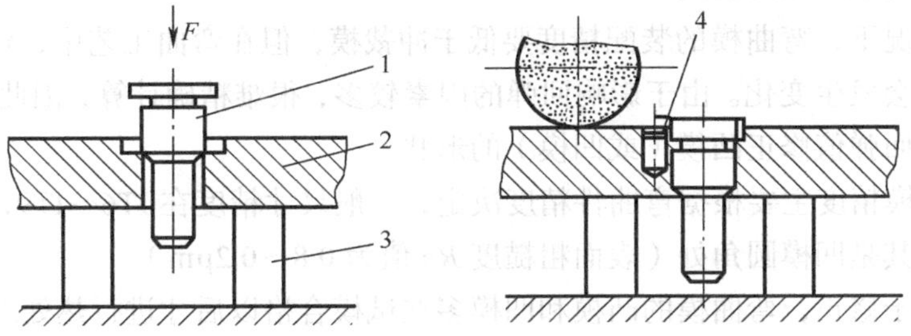

（a）压入式模柄　　（b）磨平端面

图 8-13　压入式模柄的装配

1—模柄　2—上模座　3—等高垫块　4—骑缝销

② 凸模、凹模组件装配　凸模、凹模组件的装配主要是指凸模、凹模与固定板的装配。具体装配方法见模具零件的连接方法。

（3）总装。

总装时，首先，应根据主要零件的相互依赖关系，以及装配方便和易于保证装配精度要求来确定装配基准件，例如复合模一般以凸凹模作为装配基准件，级进模以凹模作为装配基准件；其次，应确定装配顺序，根据各个零件与装配基准件的依赖关系和远近程度确定装配顺序。

冲压模具上模部分通过模柄安装在压力机的滑块上，是模具的活动部分。下模部分被固定在压力机的工作台上，是模具的固定部分。模具工作时，上模部分和下模部分的工作零件必须保证正确的相对位置，才能使模具正常工作。模具装配时，为了方便地将上、下两部分的工作零件调整到正确位置，并使凸模、凹模具有均匀的间隙，要正确安排上、下模的装配顺序。

装配有模架的模具时，一般是先装配模架，再进行模具工作零件和其他结构零件的装配。上、下模的装配顺序应根据上模和下模上所安装的模具零件在装配和调整过程中所受限制的情况来决定。如果上模部分的模具零件在装配和调整时所受限制最大，则应先装上模部分，并以它为基准调整下模部分的零件，保证凸、凹模配合间隙均匀。反之，则应先装模具的下模部分，并以它为基准调整上模部分的零件。

上、下模的装配顺序应根据模具的结构来决定。对于无导柱的模具，凸、凹模的配合间隙是在模具安装到压力机上时才进行调整，上、下模的装配可以分别进行。

装配结束后，要进行试冲，通过试冲发现问题，并及时调整和修理直至模具冲出合格零件为止。

（七）弯曲模的制造与装配

弯曲模制造过程与冲裁模是类似的，差别主要体现在凸、凹模上，而其他零件（如板类零件）与冲裁模相似。

1. 凸、凹模技术要求与加工特点

弯曲是塑性成形中最常见的工序，弯曲模不同于冲裁模，凸、凹模不带有锋利刃口，而带有圆角半径和型面，表面质量要求更高，凸、凹模之间的间隙也要大些（单边间隙略大于坯料厚度）。弯曲模的凸、凹模技术要求及加工特点有以下几个方面。

（1）凸、凹模材质应具有高硬度、高耐磨性、高淬透性，热处理变形小，形状简单的凸、凹模一般用 T10A、CrWMn 等，形状复杂的凸、凹模一般用 Cr12、Cr12MoV、W18Cr4V 等，

热处理后的硬度为 58～62 HRC。

（2）一般情况下，弯曲模的装配精度要低于冲裁模，但在弯曲工艺中，弯曲件因为材料回弹在成形后形状会发生变化。由于影响回弹的因素较多，很难精确计算，因此，在制造模具时，常要按试模时的回弹值修正凸模（或凹模）的形状。

（3）凸、凹模精度主要根据弯曲件精度决定，一般尺寸精度在 IT6～IT9，工作表面质量一般要求很高，尤其是凹模圆角处（表面粗糙度 *Ra* 值为 0.8～0.2μm）。

（4）为了便于修正，弯曲模的凸模和凹模多在试模合格以后才进行热处理。

（5）凸、凹模圆角半径和间隙的大小、分布要均匀。

（6）凸、凹模一般是外形加工，有些弯曲件的毛坯尺寸要经过试模后才能确定。所以，弯曲模的调整工作比一般冲裁模要复杂。

2. 凸、凹模加工

弯曲模凸、凹模加工与冲裁模凸、凹模加工不同之处主要在于前者有圆角半径和型面的加工，而且表面质量要求高。

弯曲模凸、凹模工作面一般是敞开面，其加工一般属于外形加工。对于圆形凸、凹模加工一般采用车削和磨削即可，比较简单。非圆形凸、凹模加工则有多种方法，如表 8-13 所示。

3. 弯曲模的装配要点

一般情况下，弯曲模的装配精度要低于冲裁模，但在弯曲工艺中，弯曲件因为材料回弹，在成形后形状会发生变化。由于影响回弹的因素较多，很难精确计算，因此，在制造模具时，常要按试模时的回弹值修正凸模（或凹模）的形状。

为了便于修正，弯曲模的凸模和凹模多在试模合格以后才进行热处理。另外，有些弯曲件的毛坯尺寸要经过试模后才能确定。所以，弯曲模的调整工作比一般冲裁模要复杂。

表 8-13　非圆形弯曲模凸、凹模常用加工方法

常用加工方法	加工过程	适用场合
刨削加工	毛坯准备后粗加工，磨削安装面、基准面，划线，粗、精刨型面，精修后淬火，研磨刨光	大中型弯曲模型面
铣削加工	毛坯准备后粗加工，磨削基面，划线，粗、精铣型面，精修后淬火，研磨抛光	中小型弯曲模
成形磨削加工	毛坯加工后磨基面，划线粗加工型面，安装孔加工后淬火，磨削型面，抛光	精度要求较高，不太复杂的凸、凹模
线切割加工	毛坯加工后淬火，磨安装面和基准面，线切割加工型面，抛光	小型凸、凹模（型面长小于 100mm）

（八）拉深模的制造与装配

拉深模制造过程与冲裁模是类似的，差别主要体现在凸、凹模上，而其他零件（如板类零件）与冲裁模相似。

1. 凸、凹模技术要求与加工特点

拉深也是塑性成形中最常见的工序，拉深模与弯曲模比较相近，如凸、凹模的形状、型面、圆角半径、表面质量、间隙大小与分布、材料选用等方面基本相同，同时也具有以下几个方面的特点。

（1）凸、凹模精度主要根据拉深件精度决定，一般尺寸精度在 IT6～IT9，拉深时，由于材料要在模具表面滑动，拉深凸、凹模的工作表面粗糙度要小，端部要求有光滑的圆角过渡。凹模圆角和孔壁要求表面粗糙度 *Ra* 值为 0.2～0.8μm，凸模工作表面粗糙度 *Ra* 值为 0.8～1.6μm。

（2）由于拉深时材料变形复杂，导致凸、凹模尺寸的计算值与实际要求值往往存在误差。因此凸、凹模工作部分的形状和尺寸设计应合理，要留有试模后的修模余地，一般先设计和加工拉深模，后设计和加工冲裁模。

（3）拉深模装配时必须安排试装试冲工序，复杂拉深件的毛坯尺寸一般无法通过设计计算确定，所以，拉深模一般先安排试装。凸、凹模淬火有时可以在试模后进行，以便试模后的修模。

（4）凸、凹模圆角半径根据制件的要求确定，如果制件的圆角半径过小，需要增加整形工序才能达到制件的技术要求。

（5）拉深凸、凹模的加工方法主要根据工作部分断面形状决定。圆形一般车削加工。非圆形一般划线后铣削加工，然后淬硬，最后研磨、抛光。

2. 凸、凹模加工

拉深模凸模的加工一般是外形加工，而凹模的加工则主要是型孔或型腔的加工。凸、凹模常用加工方法如表 8-14 和表 8-15 所示。

表 8-14　　拉深凸模常用加工方法

冲件类型		常用加工方法	适用场所
旋转体类	筒形和锥形	毛坯锻造后退火，粗车、精车外形及圆角，淬火后磨装配处成形面，修磨成形端面和圆角 *R*，抛光	所有筒形零件的拉深凸模
	曲线旋转体	方法 1：成形车　毛坯加工后，粗车，用成形刀或靠模成形曲面和过渡圆角，淬火后研磨，抛光	凸模要求较低，设备条件较差
		方法 2：成形磨　毛坯加工后粗车、半精车成形面，淬火后磨安装面，成形磨，成形曲面和圆角，抛光	凸模精度要求较高
盒形冲件		方法 1：修锉法　毛坯加工后，修锉方形和圆角，再淬火、研磨，抛光	精度要求低的小型件，工厂设备条件差
		方法 2：铣削加工　毛坯加工后，划线铣成形面，修锉圆角后淬火、研磨、抛光	精度要求一般的通用加工法
		方法 3：成形刨　毛坯加工后，划线，粗、精刨成形面及圆角、淬火、研磨、抛光	精度要求稍高的制作凸模
		方法 4：成形磨　毛坯加工后，划线，粗加工型面，淬火后，成形磨削型面、抛光	精度要求较高的凸模
非回转体冲件		方法 1：铣削加工　毛坯加工后，划线，铣型面，修锉圆角后、淬火，研磨，抛光（也可用靠模铣削）	型面不太复杂、精度较低
非回转体冲件		方法 2：仿形刨　毛坯加工后，划线，粗加工型面仿形刨，淬火后，研磨，抛光	型面较复杂、精度较高
		方法 3：成形磨　毛坯加工后，划线，粗加工型面，淬火后，成形磨削型面、抛光	结构不太复杂、精度较高的凸模

3. 拉深模的装配要点

拉深时，由于材料要在模具表面滑动，拉深凸、凹模的工作表面粗糙度要小，端部要求有光滑的圆角过渡。由于拉深时材料变形复杂，拉深出的制件不一定合格，因此试模后常常要对模具进行修整。

表 8-15　　　　拉深凹模常用加工方法

冲件类型及凹模结构			常用加工方法	适用场合
旋转体类	筒形和锥形		毛坯加工后，粗、精车型孔，划线加工安装孔，淬火，磨型孔或研磨型孔，抛光	各种凹模
	曲线旋转体	无底模	与筒形凹模加工方法相同	无底中间拉深凹模
		有底模	毛坯加工后，粗、精车型孔，精车时，可用靠模、仿形、数控等方法，也可用样板精修，淬火后抛光	需整形的凹模
盒形冲件			方法 1：铣削加工　毛坯加工后，划线，铣型孔，最后钳工修圆角，淬火后研磨、抛光	精度要求一般的无底凹模
			方法 2：插削加工　毛坯加工后，划线，插型孔，最后钳工修锉圆角，淬火花后研磨、抛光	
			方法 3：线切割　毛坯加工后，划线，加工安装孔，淬火后磨安装面等，最后切割型孔，抛光	精度要求较高的无底凹模
			方法 4：电火花　毛坯加工后，划线，加工安装孔，淬火后磨基面，最后电火花加工型腔，抛光	精度要求较高、需整形的凹模
非旋转体曲面形冲件			方法 1：仿形铣　毛坯加工后，划线，仿形铣型腔，精修后淬火、研磨、抛光	精度要求一般的有底凹模
			方法 2：铣削或插削　毛坯加工后，划线，铣或插型孔，修锉圆角后淬火，研磨、抛光	精度要求一般的无底凹模
			方法 3：线切割　毛坯加工后，划线，加工安装孔，淬火后磨基面，线切割型孔，抛光	精度要求较高的无底凹模
			方法 4：电火花　毛坯加工后，划线，加工安装孔，淬火后磨基面，用电火花加工型腔，抛光	精度要求较高、小型有底凹模

拉深模装配时必须安排试装试冲工序，因为复杂拉深件的毛坯尺寸一般无法通过设计计算确定。试装后，选择与冲压件相同厚度及相同材质的材料，用手工或线切割加工方法，按毛坯设计计算的参考尺寸制成若干个样件进行试冲，根据试冲结果，逐渐修正毛坯尺寸。通常，必须根据试冲得到的毛坯尺寸来制造落料模。

三、项目实施——落料冲孔复合模的装配

对于图 8-1 所示的落料冲孔复合模，其装配过程如下。

（一）组件装配

（1）将压入式模柄 15 装配于上模座 14 内，并磨平端面。

（2）将凸模 11 装入凸模固定板 18 内，为凸模组件。

（3）将凸凹模 4 装入凸凹模固定板 3 内，为凸凹模组件。

（二）总装

1．确定装配基准件

落料冲孔复合模应以凸凹模为装配基准件，首先确定凸凹模在模架中的位置。

2．安装凸凹模组件

（1）在确定凸凹模组件在下模座上的位置后，用平行夹板将凸凹模组件与下模座夹紧，在下模座上划出漏料孔线。

（2）加工下模座漏料孔，下模座漏料孔尺寸应比凸凹模漏料孔尺寸单边大 0.5～1mm。

（3）安装固定凸凹模组件，将凸凹模组件在下模座重新找正定位，用平行夹板夹紧。钻、铰销孔和螺孔，装入定位销 2 和螺钉 23。

3．安装上模

（1）检查上模各个零件尺寸是否能满足装配技术条件要求，如推板 9 推出端面应凸出落料凹模端面，打料系统各零件尺寸是否合适，动作是否灵活等。

（2）安装上模、调整冲裁间隙，将上模系统各零件分别装于上模座 14 和模柄 15 孔内。用平行夹板将落料凹模 8、空心垫板 10、凸模组件、垫板 12 和上模座 14 轻轻夹紧，然后调整凸模组件、凹模 8 和凸凹模 4 的冲裁间隙。可以采用垫片法调整，并用纸片进行手动试冲，直至内、外形冲裁间隙均匀，再通过平行夹板将上模各板夹紧。

（3）钻铰上模各销孔和螺孔。把上模部分用平行夹板夹紧，在钻床上以凹模 8 上的销孔和螺钉孔作为引钻孔，钻铰销钉孔和钻螺纹通孔，然后安装定位销 13 和螺钉 19，拆掉平行夹板。

4．安装弹压卸料部分

（1）将弹压卸料板套在凸凹模上，弹压卸料板和凸凹模组件端面垫上平行垫块，保证弹压卸料板上端面与凸凹模上平面的装配位置尺寸，用平行夹板将弹压卸料板和下模夹紧，然后在钻床上同钻卸料螺钉孔，拆掉平行夹板，最后将下模各板卸料螺钉孔加工到规定尺寸。

（2）安装卸料橡皮和定位钉，在凸凹模组件上和弹压卸料板上分别安装卸料橡皮 5 和定位钉 7，拧紧卸料螺钉 22。

（三）检验

按照冲裁模装配的技术要求，对装配的模具进行检验。

（四）试冲

对装配好的模具进行试冲生产，以发现模具设计与制造中的缺陷，找出产生的原因，对模具进行适当的修理后再试冲，直到模具能正常工作然后交付生产使用。

说明：图 8-1 所示的上模部分，最佳设计方案为两组圆柱销和螺钉，分别对凸模组件和凹模进行定位、固紧，使装配过程方便，装配精度也容易保证。

实训与练习

一、实训

1. 内容：凸、凹模加工工艺制定。
2. 时间：1 天。
3. 实训内容：在模具制造工厂或模具拆装实训室，挑选不同结构的模具若干，分成 3 人一组，每组学生拆装一副模具，测绘并画出凸、凹模零件图，制定其加工工艺。

二、练习

1. 模具轴、套类零件的加工有什么特点？
2. 模具工作型面类零件的加工有什么特点？
3. 模具凸模的常用加工方法有哪些？
4. 模具凹模的常用加工方法有哪些？
5. 模具零件的常用连接方法有哪些？
6. 模具间隙如何控制？

项目九

冲压模具课程设计

【能力目标】

能够根据要求进行冲压模具的课程设计

【知识目标】

- 了解课程设计的目的和意义
- 掌握进行模具课程设计的方法、步骤
- 掌握模具装配图和零件图的绘制

一、项目引入

模具设计与制造专业的学生在学完《冲压模具设计与制造》、《冲压与塑压成形设备》和《模具制造工艺学》等技术基础课和专业课之后，需要设置一个重要的实践性教学环节，来达到以下目的：

1. 综合运用和巩固冲压模具设计与制造等课程及有关课程的基础理论和专业知识，培养学生从事冲压模具设计与制造的初步能力，为后续毕业设计和实际工作打下良好的基础。

2. 培养学生分析问题和解决问题的能力。经过实训环节，学生能全面理解和掌握冲压工艺、模具设计、模具制造等内容；掌握冲压工艺与模具设计的基本方法和步骤、模具零件的常用加工方法及工艺规程编制、模具装配工艺制订；独立解决在制订冲压工艺规程、设计冲压模具结构、编制模具零件加工工艺规程中出现的问题；学会查阅技术文献和资料，以完成在模具设计与制造方面所必须具备的基本能力训练。

能够实现以上目的的重要的实践性教学环节就是冲压模具课程设计。

二、相关知识

（一）课程设计的内容及步骤

1. 设计的内容

冲压模具设计与制造分课程设计和毕业设计两种形式。课程设计通常在学完《冲压模具设计与制造》课程后进行，时间为1.5～3周，一般以设计较为简单的、具有典型结构的中小型模具为主，要求学生独立完成模具装配图一张，工作零件图3～5张，设计计算说明书一份。毕业设计则是在学生学完全部课程后进行，时间一般为7～12周，以设计中等复杂程度以上的大中型模具为主，要求每个学生独立完成冲压件工艺设计，冲压模具结构设计与计算，典型零件制造工艺规程制订，模具装配工艺制订等工作，并完成一至两套不同类型的模具总装配图、组件装配图和全部零件图及设计计算说明书一份。毕业设计完成后要进行毕业答辩。

2. 设计的步骤

冲压件的生产过程一般都是从原材料剪切下料开始，经过各种冲压工序和其他必要的辅助工序加工出图纸所要求的零件，对于某些组合冲压或精度要求较高的冲压件，还需要经过切削、焊接或铆接等工序，才能完成。

进行冲压模具课程设计就是根据已有的生产条件，综合考虑各方面因素，合理安排零件的生产工序，优化确定各工艺参数的大小和变化范围，合理设计模具结构，正确选择模具加工方法，选用冲压设备等，使零件的整个生产达到优质、高产、低耗和安全的目的。

（1）分析冲压零件的工艺性　根据设计题目的要求，分析冲压零件成形的结构工艺性，分析冲压件的形状特点、尺寸大小、精度要求及所用材料是否符合冲压工艺要求。如果发现冲压零件工艺性差，则需要对冲压零件产品提出修改意见，但要经产品设计者同意。

（2）制订冲压件工艺方案　在分析了冲压件的工艺性之后，通常可以列出几种不同的冲压工艺方案，从产品质量、生产效率、设备占用情况、模具制造的难易程度和模具寿命高低、工艺成本、操作方便和安全程度等方面，进行综合分析、比较，然后确定适合于具体生产条件的最经济合理的工艺方案。

（3）确定毛坯形状、尺寸和下料方式　在最经济的原则下，确定毛坯的形状、尺寸和下料方式，并确定材料的消耗量。

（4）确定冲压模具类型及结构形式　根据所确定的工艺方案和冲压零件的形状特点、精度要求、生产批量、模具制造条件等选定冲模(冲压模具简称冲模，下同)类型及结构形式，绘制模具结构草图。

（5）进行必要的工艺计算。

① 计算毛坯尺寸，以便在最经济的原则下合理使用材料。

② 排样设计计算并画排样图。

③ 计算冲压力(包括冲裁力、弯曲力、拉深力、卸料力、推件力、压边力等)，以便选择压力机。

④ 计算模具压力中心，防止模具因受偏心负荷作用影响模具精度和寿命。

⑤ 确定凸、凹模的间隙，计算凸、凹模刃口尺寸和各工作部分尺寸。

⑥ 计算或估算模具各主要零件(凹模、凸模固定板、垫板、模架等)的外形尺寸，以及卸料橡胶或弹簧的自由高度等。

⑦ 对于拉深模，需要计算是否采用压边圈，计算拉深次数、半成品的尺寸和各中间工序模具的尺寸分配等。

⑧ 其他零件的计算。

（6）选择压力机　压力机的选择是冲模设计的一项重要内容，设计冲模时，学生可根据《冲压与塑压成形设备》所学的知识把所选用压力机的类型、型号、规格确定下来。

压力机型号的确定主要取决于冲压工艺的要求和冲模结构情况。选用曲柄压力机时，必须满足以下要求。

① 压力机的公称压力 F_i 必须大于冲压计算的总压力 F_z，即 $F_i>F_z$。

② 压力机的装模高度必须符合模具闭合高度的要求，即

$$H_{max}-5 \geqslant H_m \geqslant H_{min}+10$$

式中：H_{max}、H_{min}——分别为压力机的最大、最小装模高度，mm；

H_m——模具闭合高度，mm。

当多副模具联合安装到一台压力机上时，多副模具应有同样的闭合高度。

③ 压力机的滑块行程必须满足冲压件的成形要求。对于拉深工艺，为了便于放料和取料，其行程必须大于拉深件高度的 2～2.5 倍。

④ 为了便于安装模具，压力机的工作台面尺寸应大于模具尺寸，一般每边大 50～70mm。台面上的孔应保证冲压零件或废料能漏下。

（7）绘制模具总装配图和模具零件图　根据上述分析、计算及方案确定后，绘制模具总装配图及零件图。

（8）编写设计计算说明书　计算说明书页数约为 25～35 页。

（9）设计总结及答辩　按照院系要求进行。

（二）课程设计应注意的问题

冲模课程设计的整个过程是从分析总体方案开始到完成全部技术设计，这期间要经过分析、方案确定、计算、绘图、CAD 应用、修改、编写计算说明书等步骤。

1. 合理选择模具结构

根据零件图样及技术要求，结合生产实际情况，选择模具结构方案，进行初步分析、比较，确定最佳模具结构。

2. 采用标准零部件和通用零件

应尽量选用国家标准件、行业通用零件或者公司及工厂冲模通用零件。使冲模设计典型化及制造简单化，缩短模具设计与制造周期，降低模具成本。

3. 其他注意的问题

（1）设计前准备　课程设计前必须预先准备好设计资料、手册、图册、绘图仪器、计算器、图板、图纸、报告纸等。

（2）设计原始资料　应对模具设计与制造的原始资料进行详细分析，明确课程设计要求与任务后再进行工作。原始资料包括：冲压零件图、生产批量、原材料牌号与规格、现有冲压设备的型号与规格、模具零件加工条件等。

（3）定位销的用法　冲模中的定位销常选用圆柱销，其直径与螺钉直径相近，不能太细，每个模具上须要成对使用销钉，其长度勿太长，其进入模体长度是直径的 2～2.5 倍。

（4）螺钉用法　固定螺钉拧入模体的深度勿太深。如拧入铸铁件，深度是螺钉直径的 2～2.5 倍；如果是钢件，拧入深度一般是螺钉直径的 1.5～2 倍。

（5）打标记　铸件模板要设计有加工、定位及打印编号的凸台。

（6）取放制件方便　设计拉深模时，所选设备的行程应是拉深深度（即拉深件高度）的 2～2.5 倍。

（三）冲压模具装配图设计

1. 图纸幅面要求

图纸幅面尺寸按国家标准的有关机械制图规定选用，并按规定画出图框。要用模具设计中的习惯和特殊规定作图。最小图幅为 A4。手工绘图比例最好 1∶1，直观性好，计算机绘图的尺寸必须按机械制图的要求缩放。

2. 装配总图

模具装配总图主要用来表达模具的主要结构形状、工作原理及零件的装配关系。视图的数量一般为主视图和俯视图两个，必要时可以加绘辅助视图；视图的表达方法以剖视为主，来表达清楚模具的内部组成和装配关系。主视图应画模具闭合时的工作状态，而不能将上模与下模分开来画。主视图的布置一般情况下应与模具的工作状态一致。

图面右下角是标题栏，标题栏上方绘出明细表。图面右上角画出用该套模具生产出来的制件形状尺寸图和制件排样图。

（1）标题栏　装配图的标题栏和明细表的格式按有关标准绘制。目前无统一规定，可以用各单位的标题栏。也可采用图 9-1 所示的格式。其中图 9-1（a）为装配图的标题栏，图 9-1（b）为零件图的标题栏。

（2）明细表　明细表中的件号自下往上编，从零件 1 开始，按照顺序编写，同时标出零件的图号、数量、材料、热处理要求及其他要求。

（3）制件图及排样图。

① 制件图严格按比例画出，其方向应与冲压方向一致，复杂制件图不能按冲压方向画出时须用箭头注明。

② 在制件图右下方注明制件名称、材料及料厚。若制件图比例与总图比例不一致时，应标出比例。

③ 排样图的布置应与送料方向一致，否则要用箭头注明。排样图中应标明料宽、搭边值和进距，简单工序可以省略排样图。

（4）尺寸标注。

① 装配图主视图上标注的尺寸。

a. 注明轮廓尺寸、安装尺寸及配合尺寸。

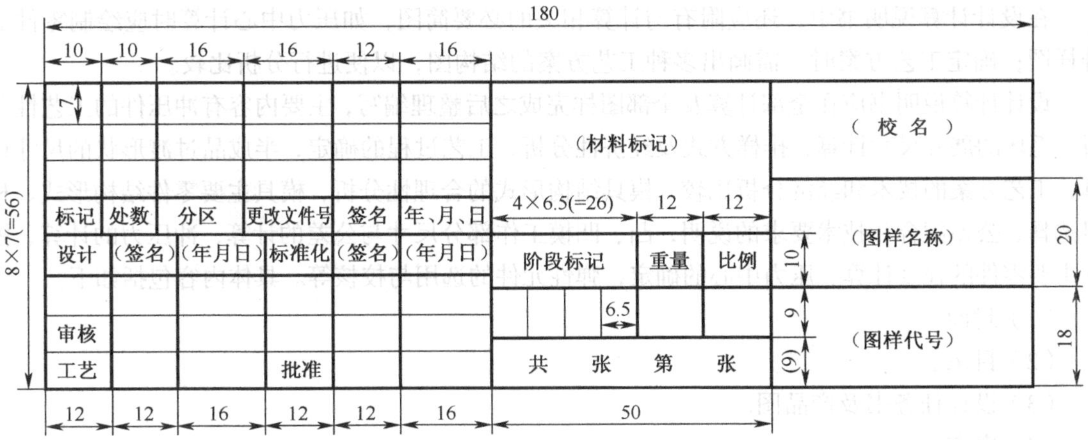

（a）

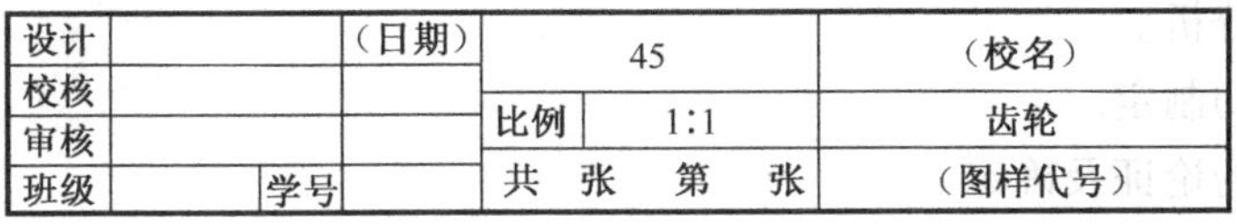

（b）

图 9-1　标题栏格式、分栏及尺寸

b. 注明封闭高度尺寸。

c. 带导柱的模具最好剖出导柱，固定螺钉、销钉等同类型零件至少剖出一个。

d. 带斜楔的模具应标出滑块行程尺寸。

② 装配图俯视图上应标注的尺寸。

a. 在图上用双点画线画出条料宽度及用箭头表示出送料方向。

b. 与本模具相配的附件(如打料杆、推件器等)应标出装配位置尺寸。

c. 俯视图与主视图的中心线重合，标注前后、左右平面轮廓尺寸。

装配图侧视图、局部视图和仰视图等标注必要的尺寸，一般省略。图和尺寸都是宜少勿多。

3. 技术条件

技术要求中一般只简要注明对本模具的使用、装配等要求和应注意的事项，例如冲压力大小、所选设备型号、模具标记及相关工具等。当模具有特殊要求时，应详细注明有关内容。

绘制模具总装图时，一般是先按比例勾画出总装草图，经仔细检查认为无误后，再画成正规总装图。应当知道，模具总装图中的内容并非是一成不变的。在实际设计中可根据具体情况，允许做出相应的增减。

（四）编写设计计算说明书

设计计算说明书是整个设计计算过程的整理和总结，也是图样设计的理论依据，同时还是审核设计能否满足生产和使用要求的技术文件之一。因此，设计计算说明书应能反映所设计的模具是否可靠和经济合理。

设计者除了用工艺文件和图样表达自己的设计结果外，还必须编写设计说明书，用以阐明自己的设计观点、方案的优势、依据和过程。设计计算说明书应以计算内容为主，要求写明整个设计的主要计算及简要的说明。

在设计计算说明书中，还应附有与计算相关的必要简图，如压力中心计算时应绘制零件的排样图；确定工艺方案时，需画出多种工艺方案的结构图，以便进行分析比较。

设计计算说明书应在全部计算及全部图样完成之后整理编写，主要内容有冲压件的工艺性分析，毛坯的展开尺寸计算，排样方式及经济性分析，工艺过程的确定，半成品过渡形状的尺寸计算，工艺方案的技术和经济分析比较，模具结构形式的合理性分析，模具主要零件结构形式、材料选择、公差配合和技术要求的说明，凸、凹模工作部分尺寸与公差的计算，冲压力的计算，模具主要零件的强度计算、压力中心的确定，弹性元件的选用与校核等。具体内容包括如下。

（1）封面。

（2）目录。

（3）设计任务书及产品图。

（4）序言。

（5）制件的工艺性分析。

（6）冲压工艺方案的制定。

（7）模具结构形式的论证及确定。

（8）排样图设计及材料利用率计算。

（9）模具工作零件刃口尺寸及公差的计算。

（10）工序压力计算及压力中心确定。

（11）冲压设备的选择及校核。

（12）模具零件的选用、设计及必要的计算。

（13）其他需要说明的问题和发展方向等。

（14）致谢。

（15）参考文献目录。

说明书中所选参数及所用公式应注明出处、各符号所代表的意义及单位；后面应附有主要参考文献目录，包括书刊名称、作者、出版社、出版年份，在说明书中引用所列参考资料时，只需在方括号里注明其序号及页数。

（五）总结和答辩

总结与答辩是冲压模具课程设计的最后环节，是对整个设计过程的系统总结和评价。学生在完成全部图样及编写设计计算说明书之后，应全面分析此次设计中存在的优缺点，找出设计中应该注意的问题，掌握通用模具设计的一般方法和步骤。通过总结，提高分析与解决实际工程设计的能力。

设计答辩工作，应对每个学生单独进行，在进行的前一天，由教师拟定并公布答辩顺序。答辩小组的成员，应以设计指导教师为主，聘请与专业课有关的各门专业课教师，必要时可聘请 1～2 名工程技术人员组成。

答辩中所提问题，一般以设计方法、方案及设计计算说明书和设计图样中所涉及的内容为限，可就计算过程、结构设计、查取数据、视图表达尺寸与公差配合、材料及热处理等方面广泛提出质疑让学生回答，也可要求学生当场查取数据等。

通过学生系统地回顾总结和教师的质疑、答辩，使学生能更进一步发现自己设计过程中存在的问题，搞清尚未弄懂的、不甚理解或未曾考虑到的问题。从而取得更大的收获，圆满地达到整个课程设计的目的及要求。

（六）考核方式及成绩评定

课程设计成绩的评定，应以设计计算说明书、设计图样和在答辩中回答的情况为依据，并参考学生设计过程中的表现进行评定。冲压模具设计与制造课程设计成绩的评定包括冲压工艺与模具设计、模具制造、计算说明书等，具体所占分值可参考表 9-1。

表 9-1　　　　课程设计评分标准

项　目		分　值	指　标
冲压工艺与模具设计	冲压工艺编制	10%	工艺是否可行
	零件图	30%	结构正确、图样绘制与技术要求符合国家标准、图面质量、数量
	装配图	20%	结构合理、图样绘制与技术要求符合国家标准、图面质量
模具制造	零件加工工艺	20%	符合图纸要求，保证质量
实训报告	说明书撰写质量	20%	条理清楚、文理通顺、语句符合技术规范、字迹工整、图表清楚

根据表 9-1 所列的评分标准，冲压模具设计及制造实训的成绩分为以下 5 个等级。

1. 优秀

（1）冲压工艺与模具结构设计合理，内容正确，有独立见解或创造性。

（2）设计中能正确运用专业基础知识，设计计算方法正确，计算结果准确。

（3）全面完成规定的设计任务，图纸齐全，内容正确，图面整洁，且符合国家制图标准。

（4）编制的模具零件的加工工艺规程符合生产实际，工艺性好。

（5）计算说明书内容完整，书写工整清晰，条理清楚。

（6）在讲评中回答问题全面正确、深入。

（7）设计中有个别缺点，但不影响整体设计质量。

（8）所加工的模具完全符合图纸要求，试模成功，能加工出合格的零件。

2. 良好

（1）冲压工艺与模具结构设计合理，内容正确，有一定见解。

（2）设计中能正确运用本专业的基础知识，设计计算方法正确。

（3）能完成规定的全部设计任务，图纸齐全，内容正确，图面整洁，符合国家制图标准。

（4）编制的模具零件的加工工艺规程符合生产实际。

（5）计算说明书内容较完整、正确，书写整洁。

（6）讲评中思路清晰，能正确回答教师提出的大部分问题。

（7）设计中有个别非原则性的缺点和小错误，但基本不影响设计的正确性。

（8）所加工的模具符合图纸要求，试模成功，能加工出合格的零件。

3. 中等

（1）冲压工艺与模具结构设计基本合理，分析问题基本正确，无原则性错误。

（2）设计中基本能运用本专业的基础知识进行模拟设计。

（3）能完成规定的设计任务，附有主要图纸，内容基本正确，图面清楚，符合国家制图标准。

（4）编制的模具零件的加工工艺规程基本符合生产实际。

（5）计算说明书中能进行基本分析，计算基本正确。

（6）讲评中回答主要问题基本正确。

（7）设计中有个别小原则性错误。

（8）所加工的模具基本符合图纸要求，经调整试模成功，能加工出合格的零件。

4. 及格

（1）冲压工艺与模具结构设计基本合理，分析问题能力较差，但无原则性错误。

（2）设计中基本上能运用本专业的基础知识进行设计，考虑问题不够全面。

（3）基本上能完成规定的设计任务，附有主要图纸，内容基本正确，基本符合标准。

（4）编制的模具零件的加工工艺规程基本可行，但工艺性不好。

（5）计算说明书的内容基本正确完整，书写工整。

（6）讲评中能回答教师提出的部分问题。

（7）设计中有一些原则性小错误。

（8）所加工的模具经过修改才能够加工出零件。

5. 不及格

（1）设计中不能运用所学知识解决工程问题，在整个设计中独立工作能力较差。

（2）冲压工艺与模具结构设计不合理，有严重的原则性错误。

（3）设计内容没有达到规定的基本要求，图纸不齐全或不符合标准。

（4）没有在规定的时间内完成设计。

（5）计算说明书文理不通，书写潦草，质量较差。

（6）讲评中自述不清楚，回答问题时错误较多。

（7）所加工的模具不符合图纸的要求，不能够使用。

三、项目实施

以 3～5 个学生为一组，选择如图 9-2～图 9-13 所示的制件中的一个，或者由老师制定一个制件，进行课程设计。

冲压件名称	角垫片	材料	Q235	板厚	2mm	工件精度	IT9

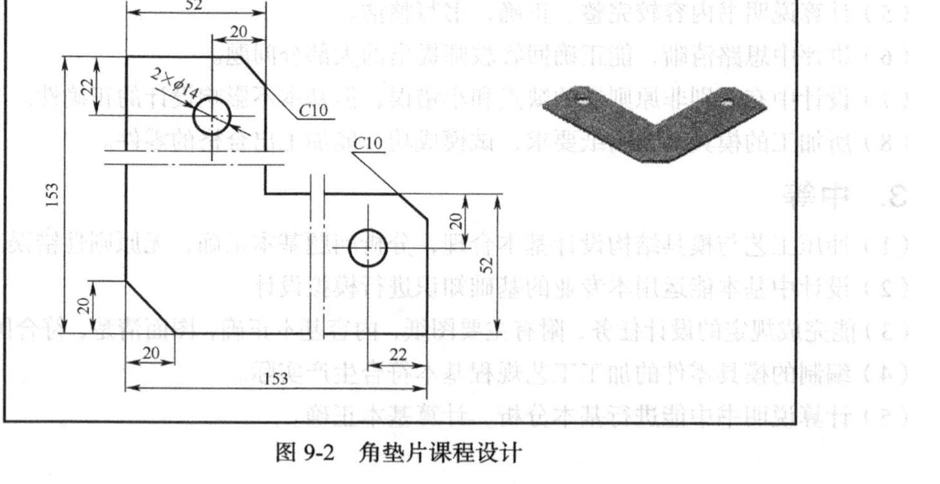

图 9-2　角垫片课程设计

冲压件名称	止动片	材料	H62	板厚	0.7mm	工件精度	IT9

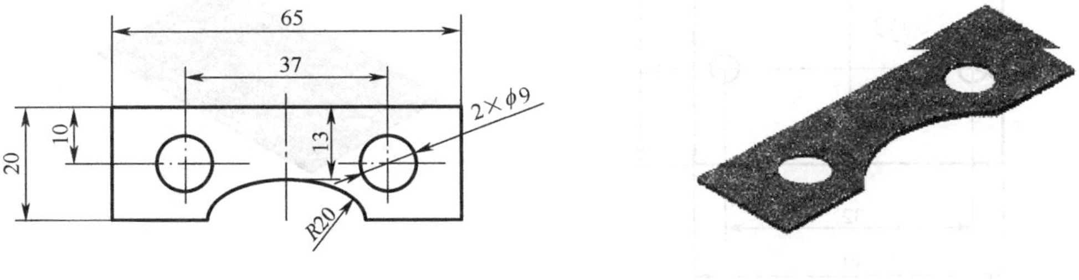

图 9-3　止动片课程设计

冲压件名称	仪表指针	材料	LY12	板厚	0.3mm	工件精度	IT8

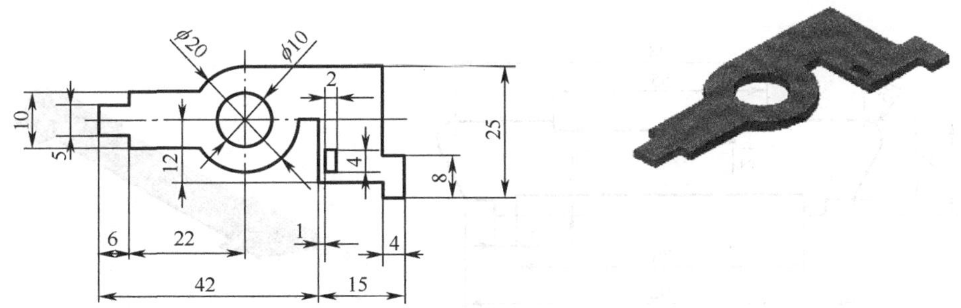

图 9-4　仪表指针课程设计

冲压件名称	导电片	材料	T2	板厚	0.3mm	工件精度	IT10

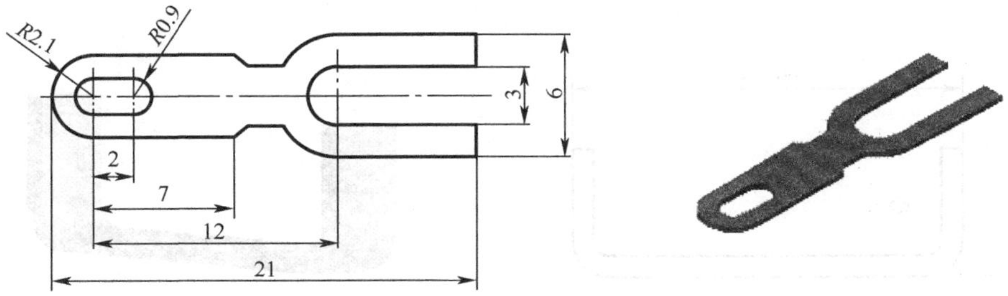

图 9-5　导电片课程设计

冲压件名称	云母片	材料	云母片	板厚	0.8mm	工件精度	IT11

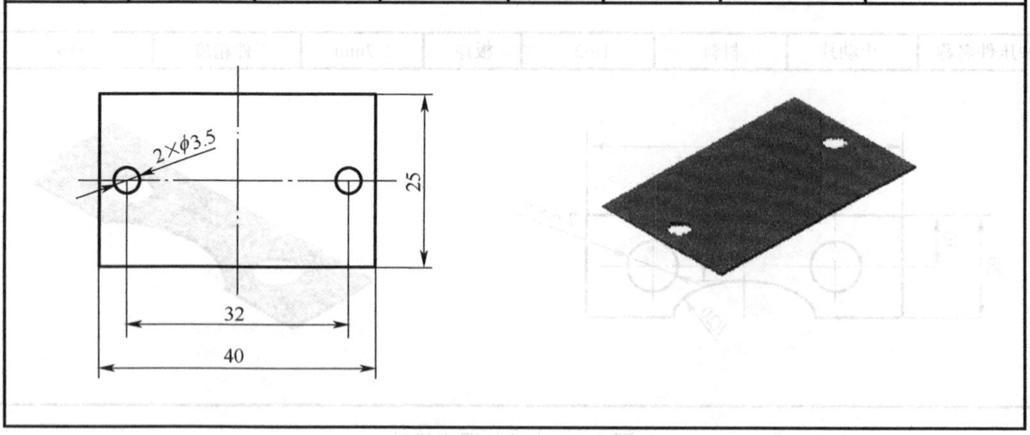

图 9-6　云母片课程设计

冲压件名称	摩擦片	材料	15 钢镀锡	板厚	0.6mm	工件精度	IT10

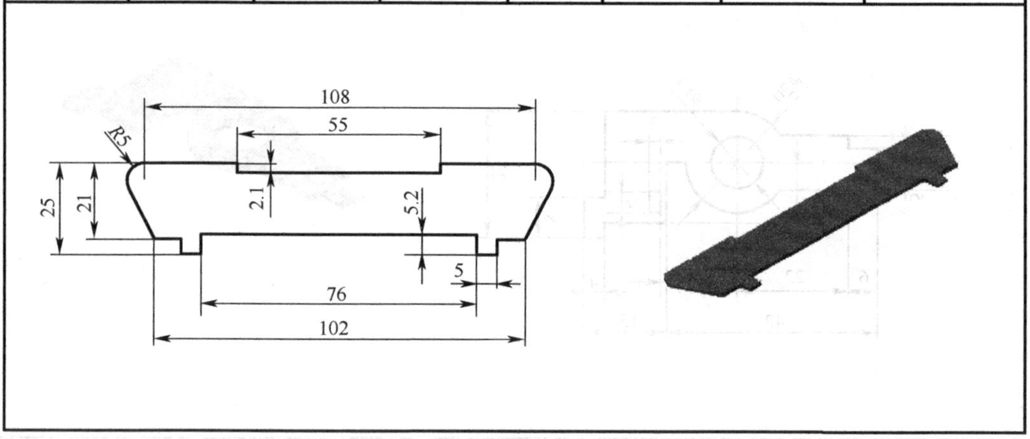

图 9-7　摩擦片课程设计

冲压件名称	U 形件	材料	15 钢	板厚	1.5mm	板宽	10mm

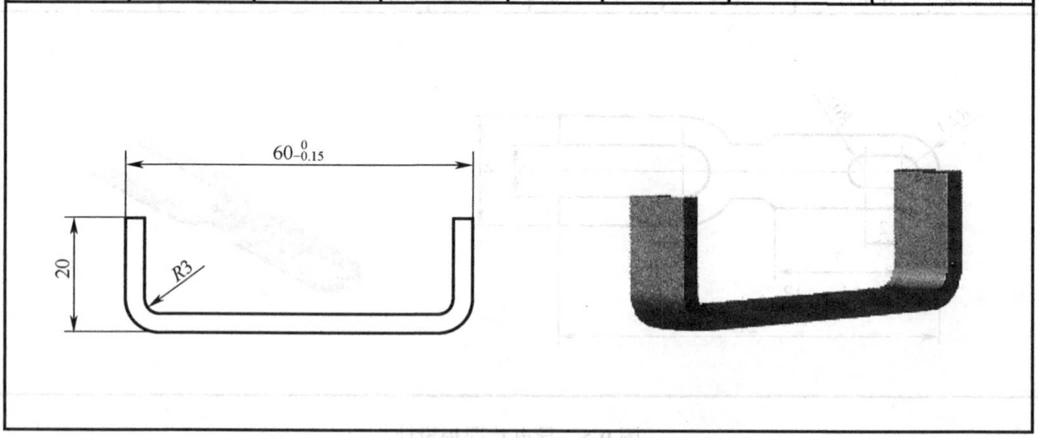

图 9-8　U 形件课程设计

冲压件名称	开口环	材料	H62	板厚	0.5mm	板宽	6mm

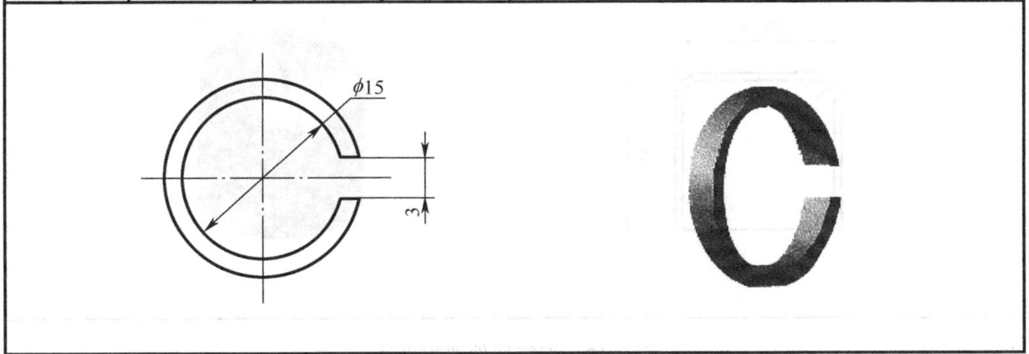

图 9-9　开口环课程设计

冲压件名称	弯板	材料	Q235	板厚	1.0mm	工件精度	IT12

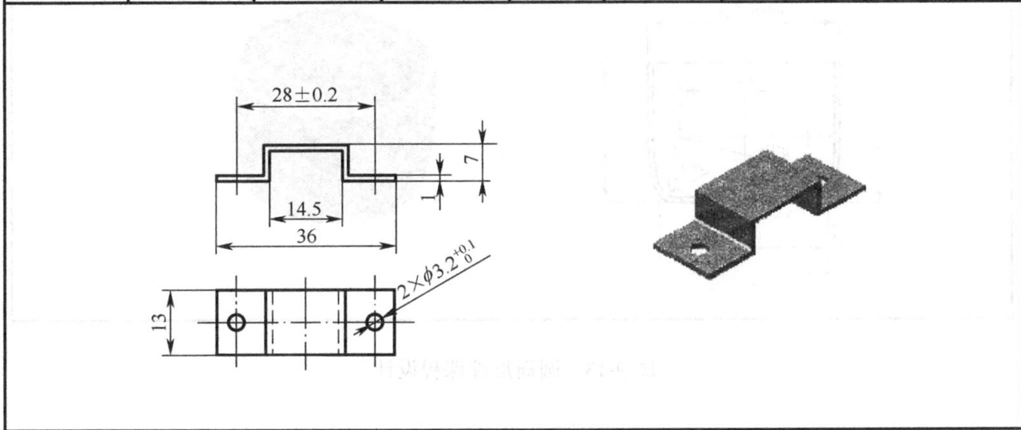

图 9-10　弯板课程设计

冲压件名称	弯垫板	材料	10 钢	板厚	1.5mm	工件精度	IT10

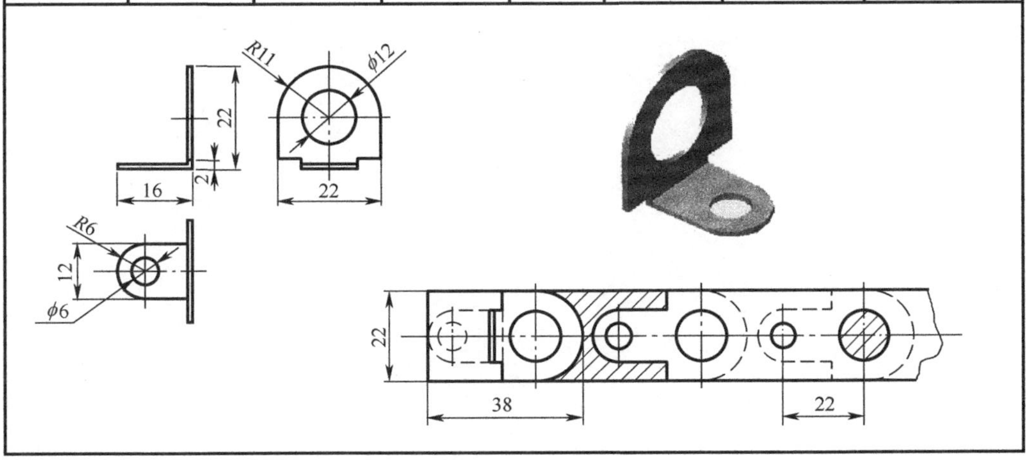

图 9-11　弯垫板课程设计

冲压件名称	直筒	材料	79NiMo4	板厚	1mm	工件精度	IT11

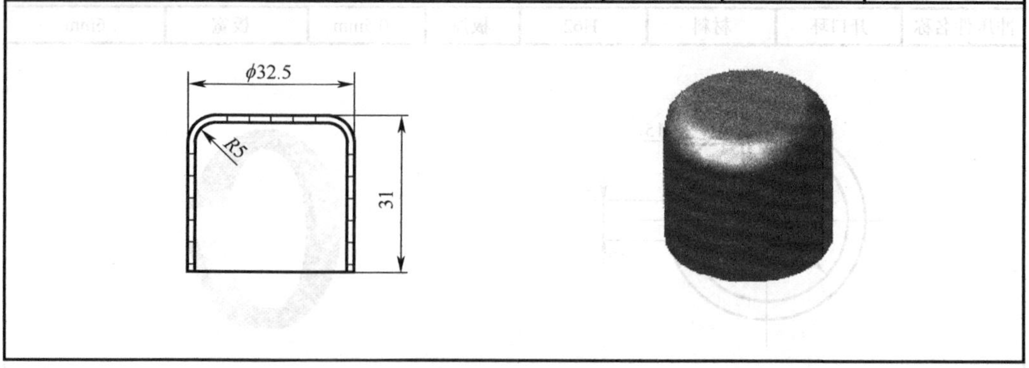

图 9-12　直筒形件课程设计

冲压件名称	圆筒	材料	08F	板厚	1.2mm	工件精度	IT11

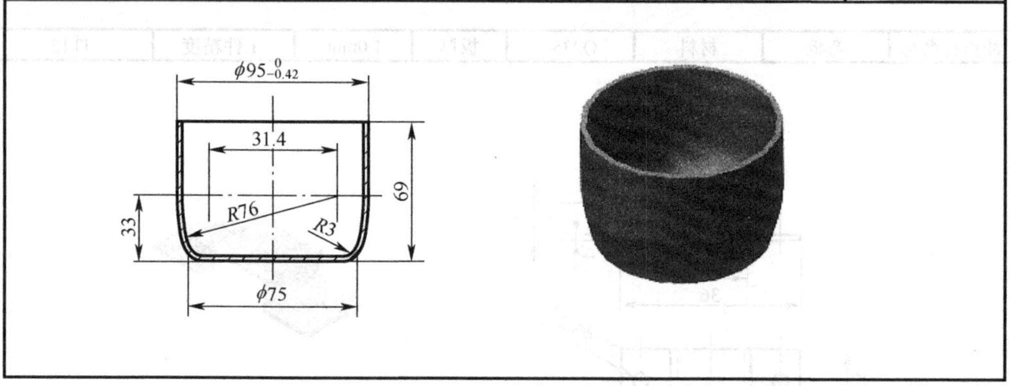

图 9-13　圆筒形件课程设计

参考文献

[1] 杨占尧. 冲压模具图册. 北京：高等教育出版社，2008.
[2] 杨占尧. 现代模具工手册. 北京：化学工业出版社，2007.
[3] 杨占尧. 模具设计与制造. 北京：人民邮电出版社，2009.
[4] 原红玲. 冲压工艺与模具设计. 北京：机械工业出版社，2008.
[5] 王立华. 模具制作实训. 北京：清华大学出版社，2006.
[6] 刘建超. 冲压模具设计与制造. 北京：高等教育出版社，2004.
[7] 李奇，朱江峰. 模具设计与制造. 北京：人民邮电出版社，2007.
[8] 郭铁良. 模具制造工艺学. 北京：高等教育出版社，2002.
[9] 张景黎. 模具加工与制造. 北京：化学工业出版社，2007.
[10] 丁松聚. 冷冲模设计. 北京：机械工业出版社，1998.
[11] 苏伟， 朱红梅. 模具钳工技能实训. 北京：人民邮电出版社，2007.
[12] 王孝培. 冲压手册. 北京：机械工业出版社，1990.
[13] 林承全，胡绍平. 冲压模具课程设计指导与范例. 北京：化学工业出版社，2008.
[14] 成虹. 冲压工艺与模具设计. 北京：高等教育出版社，2002.
[15] 吴伯杰. 冲压工艺与模具. 北京：电子工业出版社，2005.
[16] 薛启翔. 冲压模具与制造. 北京：化学工业出版社，2005.
[17] 梅伶. 模具课程设计指导. 北京：机械工业出版社，2007.
[18] 曾霞文. 模具设计. 西安：西安电子科技大学出版社，2006.
[19] 刘华刚. 冲压工艺及模具. 北京：化学工业出版社，2007.
[20] 马朝兴. 冲压工艺与模具设计. 北京：化学工业出版社，2006.
[21] 李双义. 冷冲模具设计. 北京：清华大学出版社，2002.
[22] 翁其金，徐新成. 冲压工艺及冲模设计. 北京：机械工业出版社，2005.
[23] 王小彬. 冲压工艺与模具设计. 北京：电子工业出版社，2006.
[24] 周玲. 冲模设计实例详解. 北京：化学工业出版社，2007.
[25] 肖景荣，姜奎华. 冲压工艺学. 北京：机械工业出版社，2002.
[26] 吴桓文. 机械加工工艺基础. 北京：高等教育出版社，2001.
[27] 徐慧民. 模具制造工艺学. 北京：北京理工大学出版社，2007.
[28] 白传悦，王芳等. 机械制造技术基础. 西安：陕西科学技术出版社，2003.
[29] 中国机械工业教育协会. 冷冲模设计及制造. 北京：机械工业出版社，2002.
[30] 模具实用技术丛书编委会. 冲模设计应用实例. 北京：机械工业出版社，2000.
[31] 孙凤勤. 冲压与塑压设备. 北京：机械工业出版社，1997.
[32] 张荣清. 模具设计与制造. 北京：高等教育出版社，2008.
[33] 高鸿庭，刘建超. 冲压模具设计及制造. 北京：机械工业出版社，2002.
[34] 翁其金. 冲压工艺与冲模设计. 北京：机械工业出版社，1999.